# ESTRUTURAS DE AÇO PARA EDIFÍCIOS

## Aspectos tecnológicos e de concepção

CB006875

**VALDIR PIGNATTA SILVA**

Professor Doutor da Escola Politécnica da Universidade de São Paulo
<www.lmc.ep.usp.br/people/valdir>

**FABIO DOMINGOS PANNONI**

Doutor pela Escola Politécnica da Universidade de São Paulo.
Consultor Técnico da Gerdau S.A.

# ESTRUTURAS DE AÇO PARA EDIFÍCIOS

## Aspectos tecnológicos e de concepção

*Estrutura de aço para edifícios*

© 2010  Valdir Pignatta Silva

Fabio Domingos Pannoni

4ª reimpressão – 2017

Editora Edgard Blücher Ltda.

# Blucher

Rua Pedroso Alvarenga, 1245, 4º andar

04531-934 – São Paulo – SP – Brasil

Tel.: 55 11 3078-5366

**contato@blucher.com.br**

**www.blucher.com.br**

Segundo o Novo Acordo Ortográfico, conforme 5. ed. do *Vocabulário Ortográfico da Língua Portuguesa*, Academia Brasileira de Letras, março de 2009.

FICHA CATALOGRÁFICA

Silva, Valdir Pignatta

Estruturas de aço para edifícios: aspectos tecnológicos e de concepção / Valdir Pignatta Silva, Fabio Domingos Pannoni. – São Paulo: Blucher, 2010.

ISBN 978-85-212-0538-8

1. Edifícios 2. Estruturas de aço 3. Estruturas metálicas I. Pannoni, Fabio Domingos. II. Título

10-04516                                                    CDD-620.17

Índices para catálogo sistemático:

1. Estruturas de aço: Edifícios: Aspectos tecnológicos e de concepção: Engenharia civil   620.17

*À Marcia Olivieri Silvério Pannoni*
(esposa do Fabio Domingos Pannoni)


*A Leandro de Souza e Silva e Olga Pignatta e Silva* – in memorian
(pais do Valdir Pignatta Silva)


*À Andressa Regina e Silva*
(filha do Valdir Pignatta Silva)

# Conteúdo

# ASPECTOS TECNOLÓGICOS

# Capítulo 1

# O Processo Siderúrgico

O aço é a mais versátil e a mais importante das ligas metálicas conhecidas pelo ser humano. A produção mundial de aço em 2006 foi superior a 1,249 bilhão de toneladas, e a participação brasileira foi de 31 milhões de toneladas. Cerca de cem países produzem aço e o Brasil, já há algum tempo, é um dos dez maiores produtores mundiais.

Mas, o que é o aço? O aço é uma liga de ferro e carbono, que contém de 0,008% a 2,11%, em peso, de carbono. De modo geral, o teor de carbono não ultrapassa 1%. Contém, ainda, certos elementos químicos secundários, como manganês, silício, enxofre e fósforo, que integravam as matérias-primas utilizadas em sua fabricação ou foram deliberadamente adicionados para lhe conferir determinadas propriedades.

A concentração de carbono no aço exerce profundo efeito em suas propriedades mecânicas, propiciando, em conjunto com os outros elementos de liga, a produção de um grande número de produtos. Há mais de 3.500 especificações de aço, cada qual atendendo eficientemente uma ou mais aplicações.

A classificação de um aço é feita, em geral, pela sua quantidade de carbono. Os aços de baixo carbono, comumente laminados a frio e recozidos, são destinados à estampagem na indústria automobilística. Aços de médio carbono são empregados, por exemplo, como perfis estruturais e vergalhões na construção civil, assim como em chapas destinadas à confecção de tanques de estocagem, tubulações e reatores em geral. Os aços de alto carbono são empregados, por exemplo, na confecção de molas, arames de alta resistência e certos implementos agrícolas sujeitos à abrasão.

Os aços são produzidos, atualmente, em duas rotas principais. A primeira, que corresponde a 60% da produção mundial, é denominada *siderur-*

*gia integrada*. Essa rota utiliza o alto-forno e o conversor na produção do aço. A outra rota, denominada *siderurgia semi-integrada* (ou *siderurgia a forno elétrico a arco*), produz cerca de 34% do aço mundial, e utiliza a sucata ferrosa como insumo básico. Trataremos a seguir da descrição sucinta desses processos.

## 1.1 Como o aço é produzido?

O processo siderúrgico trata, fundamentalmente, da extração do ferro metálico existente no minério de ferro, eliminando-se, em grande parte, as impurezas contidas nele.

O aço é obtido de minério de ferro (em geral, a hematita), de carvão mineral adequado ao processo siderúrgico (o chamado carvão metalúrgico) e de fundentes. Os minérios de ferro são distribuídos por todo o planeta, e o Brasil é o seu maior produtor. O carvão mineral adequado ao uso nas siderúrgicas só é encontrado em certos países; o Brasil possui reservas consideráveis de carvão metalúrgico, mas, para ser utilizado em grande escala em nossas usinas, é necessário um custoso beneficiamento para a redução do teor de enxofre e de cinzas. Por isso, esse insumo não tem sido utilizado, recorrendo-se à importação.

O ponto de partida para a obtenção do aço é, assim, o minério de ferro. A transformação do minério em aço é feita em quatro estágios:

- Estágio 1: Tratamento do minério de ferro e do carvão metalúrgico.

- Estágio 2: Obtenção do ferro-gusa.

- Estágio 3: Obtenção do aço e seu enobrecimento.

- Lingotamento e conformação do aço.


A Figura 1.1 ilustra as rotas mais importantes utilizadas na produção dos aços estruturais.

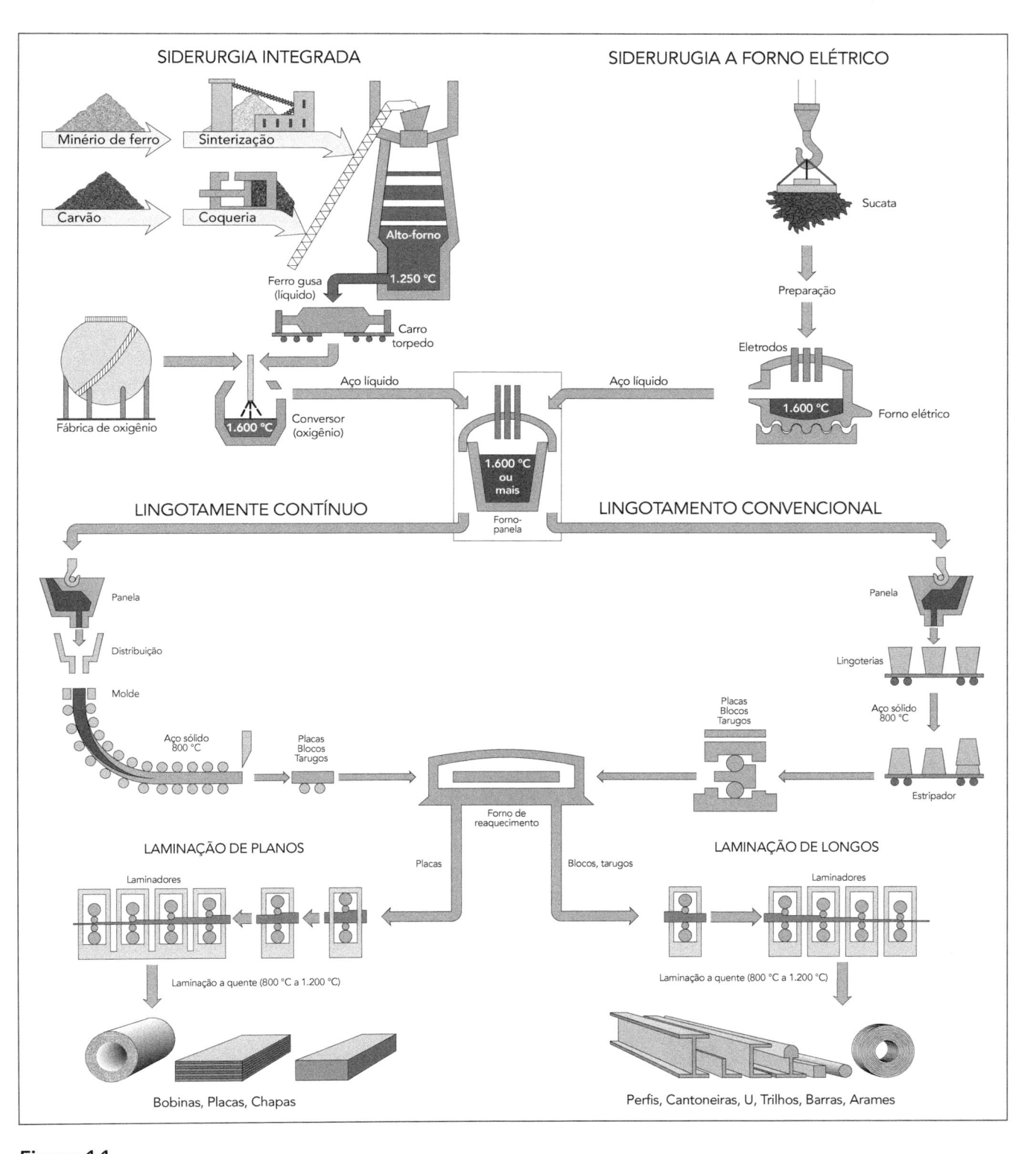

**Figura 1.1**
Ilustração representativa dos atuais caminhos de produção do aço: a siderurgia integrada e a siderurgia a forno elétrico.

## 1.2 O preparo das matérias-primas: a sinterização

O preparo prévio das matérias-primas em geral tem como objetivo aumentar a eficiência operacional do alto-forno, que é um grande reator que trabalha em contracorrente: materiais sólidos são transportados (e sofrem reações químicas) em direção oposta a um fluxo gasoso. Minérios de ferro muito finos podem obstruir esse fluxo de gases, causando sérios problemas à operação do alto-forno. Para que isso não ocorra, os minérios são aglomerados usando-se vários processos, como a sinterização, a pelotização e a briquetagem, dentre os quais a sinterização é o mais importante.

Essa tecnologia foi originalmente desenvolvida, no início do século XX, para o tratamento dos finos – indesejáveis – gerados na extração e no manuseio do minério de ferro. Desde então, o sínter de minério de ferro se tornou o material mais amplamente aceito e preferido como carga do alto-forno. Mais de 70% do aço bruto produzido no mundo pela siderurgia integrada é gerado do sínter de minério de ferro.

O resultado do primeiro estágio da produção do aço é, assim, a produção do sínter, produto rico em ferro (> 60% em peso), bastante poroso, mecanicamente resistente e de granulometria adequada à operação do alto-forno. A porosidade resultante aumenta em muito a superfície de contato com os gases, acelerando o processo de redução no reator.

Os materiais utilizados em uma sinterização são os seguintes: finos de minério de ferro (< 10 mm), moinha de coque (< 3 mm), finos de calcário e dolomita (< 3 mm) e outros rejeitos metalúrgicos, como a carepa de laminação. Os materiais são individualmente (e continuamente) pesados, umedecidos e homogeneizados em um misturador rotatório. A mistura a sinterizar é carregada na máquina de sínter através de uma tremonha, diretamente sobre uma grelha móvel. A Figura 1.2 ilustra o processo.

A superfície superior da mistura é queimada e entra em ignição usando-se queimadores estacionários, a cerca de 1 200 °C. A moinha de coque da mistura fornece o combustível necessário à queima. Conforme a grelha se move, o ar é succionado pela chamada *caixa de vento*, situada abaixo da grelha. Uma região de combustão de alta temperatura é, assim, criada na carga. Em decorrência da movimentação da grelha, o processo de sinterização se move verticalmente, no sentido inferior (isto é, ocorre uma *frente de queima*).

O sínter é produzido como resultado combinado da fusão limitada, difusão superficial na superfície dos grãos e recristalização dos óxidos de ferro. Ao término do processo de sinterização, o bolo de sínter é britado e resfriado. Em seguida, é peneirado, e a fração > 6 mm e < 25 mm é enviada ao alto-forno. A fração inferior a 6 mm é recirculada e enviada de volta à sinterização, como sínter de retorno.

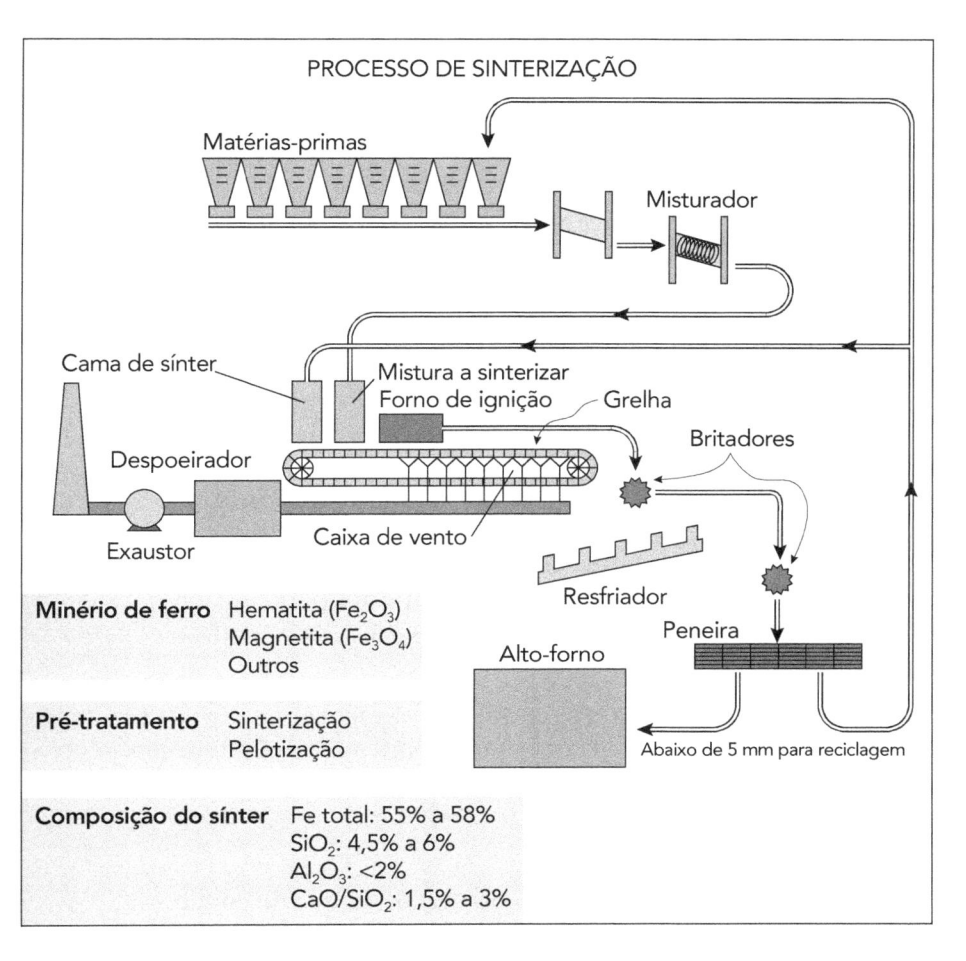

**Figura 1.2**
Ilustração representativa do processo de sinterização do minério de ferro.

## 1.3 O preparo das matérias-primas: a coqueria

Embora os óxidos de ferro possam ser reduzidos a ferro metálico por muitos agentes, o carbono – direta ou indiretamente – é o melhor agente redutor para a produção comercial do ferro-gusa.

A operação de um moderno alto-forno necessita do coque metalúrgico, um produto obtido pela destilação destrutiva, na ausência do ar (isto é, pirólise) de carvões coqueificáveis, em temperaturas compreendidas entre 900 °C e 1 100 °C.

O carvão é constituído de material vegetal parcialmente decomposto, na presença de umidade, temperatura e pressão, pela ação geológica. É uma mistura complexa de compostos orgânicos, sendo os principais elementos químicos o carbono e o hidrogênio, com pequenas quantidades de oxigênio, nitrogênio e enxofre. Contém, ainda, algum material não combustível, chamado de cinza.

Quando aquecido a altas temperaturas, na ausência de ar, as moléculas orgânicas se quebram, gerando gases, líquidos e um resíduo carbonáceo chamado de coque. Carvões coqueificáveis são aqueles que, quando aquecidos na ausência do oxigênio, inicialmente fundem, indo a um estado plástico, incham e ressolidificam, produzindo uma massa sólida coerente. Alterações físicas e químicas acontecem juntamente com a evolução de gases e vapores; o resíduo sólido que resta é chamado de coque.

A coqueificação convencional é feita em uma bateria de fornos de coque. Uma bateria consiste de um grande número de fornos contíguos (de 10 a mais de 100). Um único forno de coqueificação possui, de modo geral, altura de 1,8 m a 7 m, comprimento de 9 m a 16 m e largura de 0,3 m a 0,5 m. Os fornos são dispostos de modo que, em suas laterais, haja câmaras regenerativas onde uma mistura de gás de coqueria e gás de alto-forno (o chamado gás misto) é queimado. O carvão é carregado no topo do forno, através de aberturas, e, depois de sua transformação em coque, é empurrado lateralmente para fora do forno, com o auxílio de um equipamento próprio. O processo de coqueificação dura aproximadamente 18 horas; ao término desse tempo, o forno é esvaziado e nova carga de carvão é colocada.

No período de coqueificação, os fornos são fechados por portas, o que impede a liberação dos gases e líquidos para a atmosfera. Esses compostos são coletados e tratados, de forma a produzir importantes derivados, como o piche, antraceno, naftaleno, benzeno, tolueno, xileno e outros produtos químicos.

A Figura 1.3 ilustra parte de uma bateria de fornos de coque.

Como mencionado, durante a carbonização os carvões coqueificáveis sofrem transformação para um estado plástico (em torno de 350 °C a 400 °C), então incham e ressolidificam (em torno de 500 °C a 550 °C), produzindo um semicoque e, por fim, o coque.

Coque metalúrgico, então, é um resíduo poroso, composto basicamente de carbono, de alta resistência mecânica, oriundo da destilação, na ausência de ar, do carvão metalúrgico.

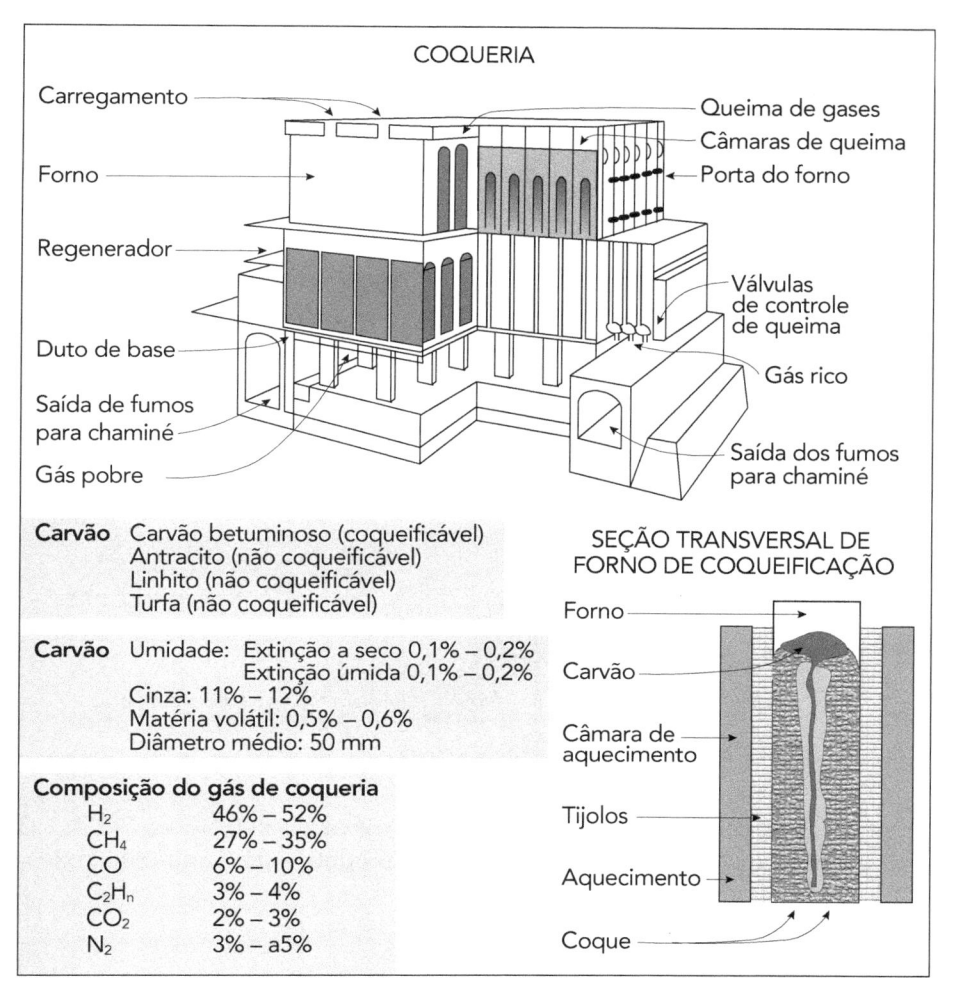

**Figura 1.3**
Ilustração representativa do processo de coqueificação.
Corte transversal de uma bateria e vista das alterações sofridas pelo carvão durante a coqueificação em um forno.

## 1.4 Produção do ferro-gusa: o alto-forno

O alto-forno é um grande reator vertical e, ao mesmo tempo, um trocador de calor que trabalha em contracorrente. A carga sólida (sínter de minério de ferro, algum minério de ferro, coque e fundentes, como o calcáreo) é carregada pelo topo e ar aquecido é insuflado próximo à sua base. Os gases, provenientes da queima do coque, sobem, então, em contrafluxo. Um grande alto-forno moderno tem cerca de 100 m de altura, aproximadamente 5 500 m$^3$ de volume interno, e pode produzir cerca de 80.000 toneladas de ferro gusa por semana. A Figura 1.4 ilustra, de forma esquemática, um alto-forno.

Ao descer, o coque é aquecido pelos gases quentes que ascendem, e, ao entrar em contato com o ar, na parte inferior do forno, ele queima, de acordo com:

$$C + O_2 \rightarrow CO_2$$

**Figura 1.4**
Ilustração representativa do processo de produção do ferro-gusa em um alto-forno.

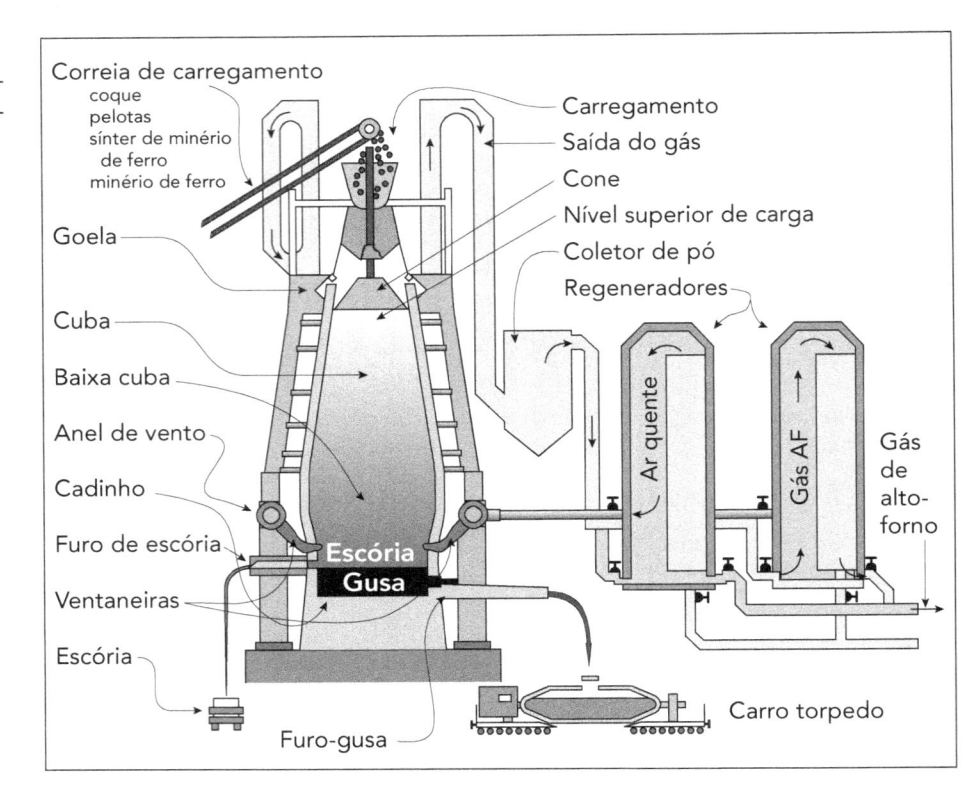

Quando o coque queima, a temperatura se eleva a 1 600 °C – 1 700 °C. O $CO_2$ que é formado entra em reação com mais coque, deixando-o incandescente, reduzindo-se a CO, de acordo com:

$$CO_2 + C \rightarrow 2\ CO$$

A mistura gasosa aquecida, composta de CO, $CO_2$ e $N_2$ (proveniente do ar insuflado), sobe e, entrando em contato com os materiais da carga que descem, os aquece de forma ininterrupta, criando, assim, em diferentes partes do forno, regiões de diferentes temperaturas.

Na parte superior, há a secagem dos materiais e a liberação da água de hidratação. Nas partes média e inferior, em temperaturas que variam de 400 °C a 900 °C, o CO atua sobre o sínter e o minério de ferro, de acordo com as reações (simplificadas):

$$3\ Fe_2O_3 + CO \rightarrow 2\ Fe_3O_4 + CO_2$$

$$2\ Fe_3O_4 + 2\ CO \rightarrow 6\ FeO + 2\ CO_2$$

$$6\ FeO + 6\ CO \rightarrow 6\ Fe + 6\ CO_2$$

$$3\ Fe_2O_3 + 9\ CO \rightarrow 6\ Fe + 9\ CO_2 \text{ (reação global)}$$

Os grãos de ferro, assim reduzidos, começam a unir-se, criando pequenos pedaços de ferro esponjoso na região inferior do forno, acima da região das ventaneiras. Ali, as temperaturas alcançam 1 100 °C a 1 200 °C; o manganês, o silício e o fósforo são agora reduzidos, e se dissolvem no ferro. Paralelamente, ocorre a saturação do ferro com carbono, formando-se o carboneto de ferro:

$$3\ Fe + 2\ CO \rightarrow Fe_3C + CO_2$$

O carboneto de ferro formado e o carbono sólido se dissolvem no ferro esponjoso, o qual, à medida que se satura, é convertido em ferro-gusa líquido. Na região das ventaneiras, há o gotejamento contínuo de ferro-gusa, que é acumulado na região inferior do forno, denominada cadinho.

O minério de ferro contém compostos inertes chamados ganga. A ganga é constituída de silicatos variados, que apresentam elevado ponto de fusão. Os fundentes são adicionados no alto-forno para que a ganga (e as cinzas do carvão) possam se fundir a temperaturas mais baixas, formando a escória de alto-forno. Essa é a razão de serem chamados de fundentes. A escória tem a importante tarefa de reduzir a concentração de certas impurezas prejudiciais ao aço, como o enxofre e o fósforo. Além disso, deve ter composição tal que possa ser aproveitada, por exemplo, na fabricação de cimento, lã de rocha etc.

A parte inferior do alto-forno, chamado de cadinho, acumula o ferro-gusa líquido. Sobre este flutua a escória, que possui um peso específico menor e vaza a cada hora por um furo situado a uma altura apropriada. O ferro-gusa é vazado a cada 3 ou 4 horas abrindo-se o furo de corrida, situado no fundo do cadinho, por meio de máquinas de furar e lanças de oxigênio. No fim da corrida, fecha-se o furo com argila aplicada por equipamento adequado para esse fim.

O ferro-gusa é coletado em vagões especiais, revestidos por refratários, denominados carros-torpedo.

A Figura 1.5 ilustra como os processos até aqui descritos (sinterização, coqueria e alto-forno) estão relacionados em uma siderúrgica integrada.

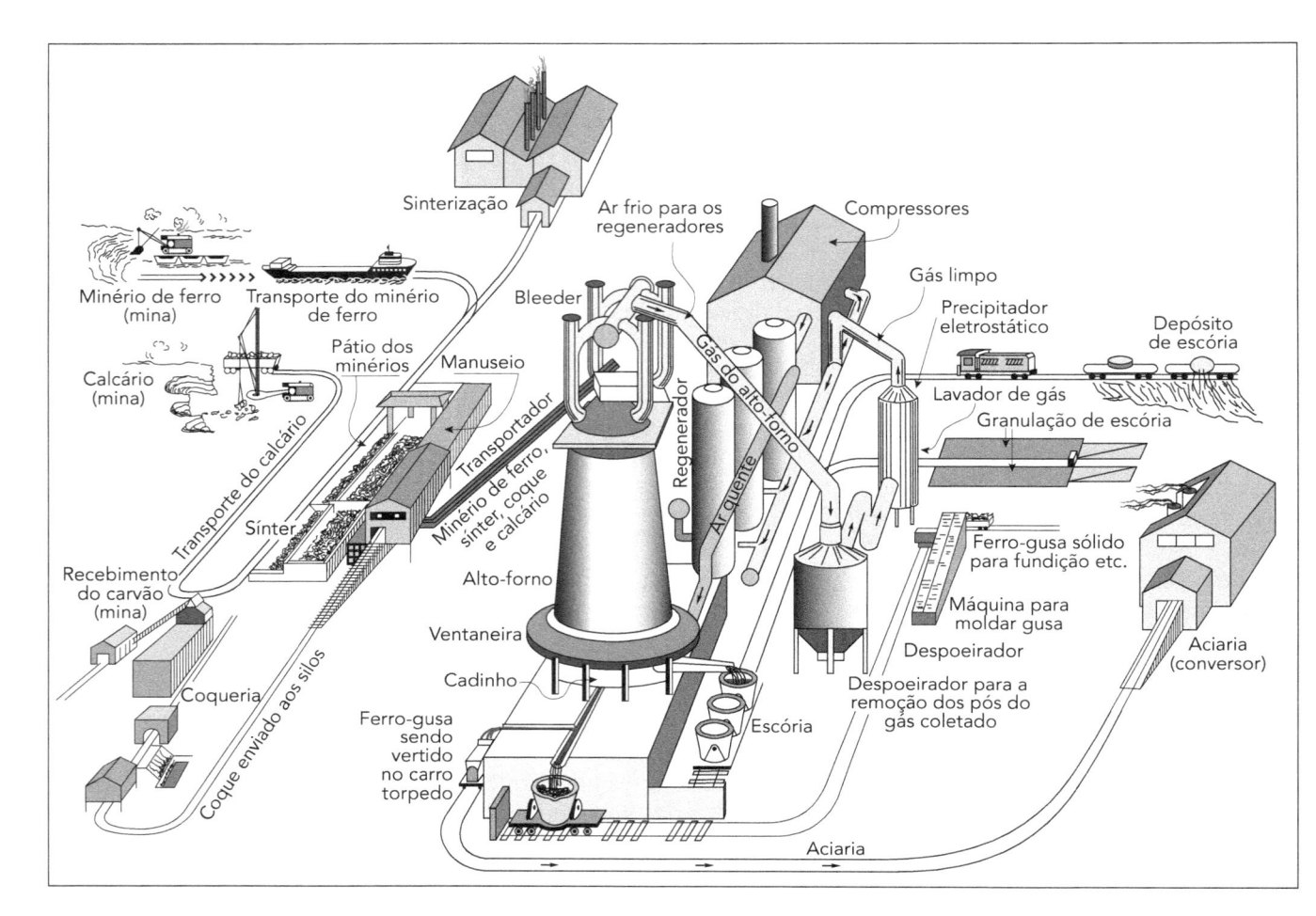

**Figura 1.5**
Fluxograma sintético de uma usina siderúrgica integrada, do recebimento das matérias-primas até a aciaria. Não está em escala.

## 1.5 Produção e lingotamento do aço: a aciaria

O processo de refino acontece na aciaria, onde o ferro-gusa, proveniente do alto-forno, e a sucata ferrosa, originária de várias partes do processo siderúrgico, são transformados em aço. O ajuste do teor de carbono, fósforo, manganês e silício do ferro-gusa é feito injetando-se oxigênio na carga líquida.

O aço é produzido em bateladas (conhecidas como *corridas*). O conversor é um reator com forma de pêra, revestido internamente com tijolos (ou outros materiais) refratários, que pode girar ao redor de um eixo horizontal.

A finalidade desse processo é reduzir o teor de carbono de 4% a menos de 1%, reduzir os teores de enxofre e fósforo e, finalmente, elevar a temperatura do banho a aproximadamente 1 635 °C.

As quantidades de ferro-gusa, sucata, oxigênio e fluxantes variam de acordo com sua composição química, temperaturas e composição química desejada do aço. Fluxantes são minerais adicionados no início do processo de sopro para controlar os teores de enxofre e fósforo e também para controlar a erosão dos refratários.

A energia requerida para elevar a temperatura dos fluxantes, sucata e gusa provém da oxidação de vários elementos químicos presentes na carga. São reações exotérmicas, que liberam grande quantidade de calor. Os principais elementos químicos existentes no ferro-gusa são ferro, carbono, manganês, silício e fósforo. A alta temperatura do ferro-gusa e a intensa agitação causada pelo oxigênio contribuem para a oxidação desses elementos e para uma grande e rápida liberação de energia.

Silício, manganês, ferro e fósforo formam óxidos que, em combinação com os fluxantes, criam a escória líquida da aciaria. O carbono, quando oxidado, deixa o processo na forma gasosa, principalmente como monóxido de carbono, que é queimado, gerando mais calor. Durante o sopro, a escória, os gases de reação e o aço (como pequenas gotas) formam uma emulsão que lembra uma espuma. A grande área superficial das gotas de aço em contato com a escória, em altas temperaturas, e a agitação vigorosa permitem a rápida reação e transferência de massa dos elementos das fases metal e gás à escória. Quando o sopro termina, a escória flutua sobre o banho de aço líquido.

O oxigênio é soprado no conversor com a ajuda de uma lança refrigerada a água. A corrida começa com a adição de sucata no interior do conversor. O ferro-gusa é, então, adicionado, e o oxigênio é soprado dentro do banho através da lança na forma de um jato de alta velocidade sobre a superfície do metal líquido, permitindo a penetração do jato a alguma profundidade dentro do banho. Nessas condições, o oxigênio reage diretamente com o carbono, produzindo o monóxido de carbono (CO), que é, como já visto, queimado.

Conforme o sopro continuar, haverá um contínuo decréscimo de carbono, fósforo, manganês e silício no banho. O processo de refino é completado quando o nível desejado de carbono é atingido. Um conversor que sopra oxigênio pelo topo pode descarbonetar 200 toneladas de metal líquido, de 4,3% a 0,04% em cerca de 20 minutos. A Figura 1.6 ilustra, de forma esquemática, o funcionamento de um conversor.

O produto gerado no conversor ainda necessita de ajustes finos na composição química, o que é feito em um equipamento denominado forno-panela. É nele que se completa o processo de refino e a composição química é, finalmente, ajustada. O teor de oxigênio livre no aço líquido é diminuído com o uso de desoxidantes, por exemplo, o alumínio e o silício.

**Figura 1.6**
Ilustração representativa de um conversor.

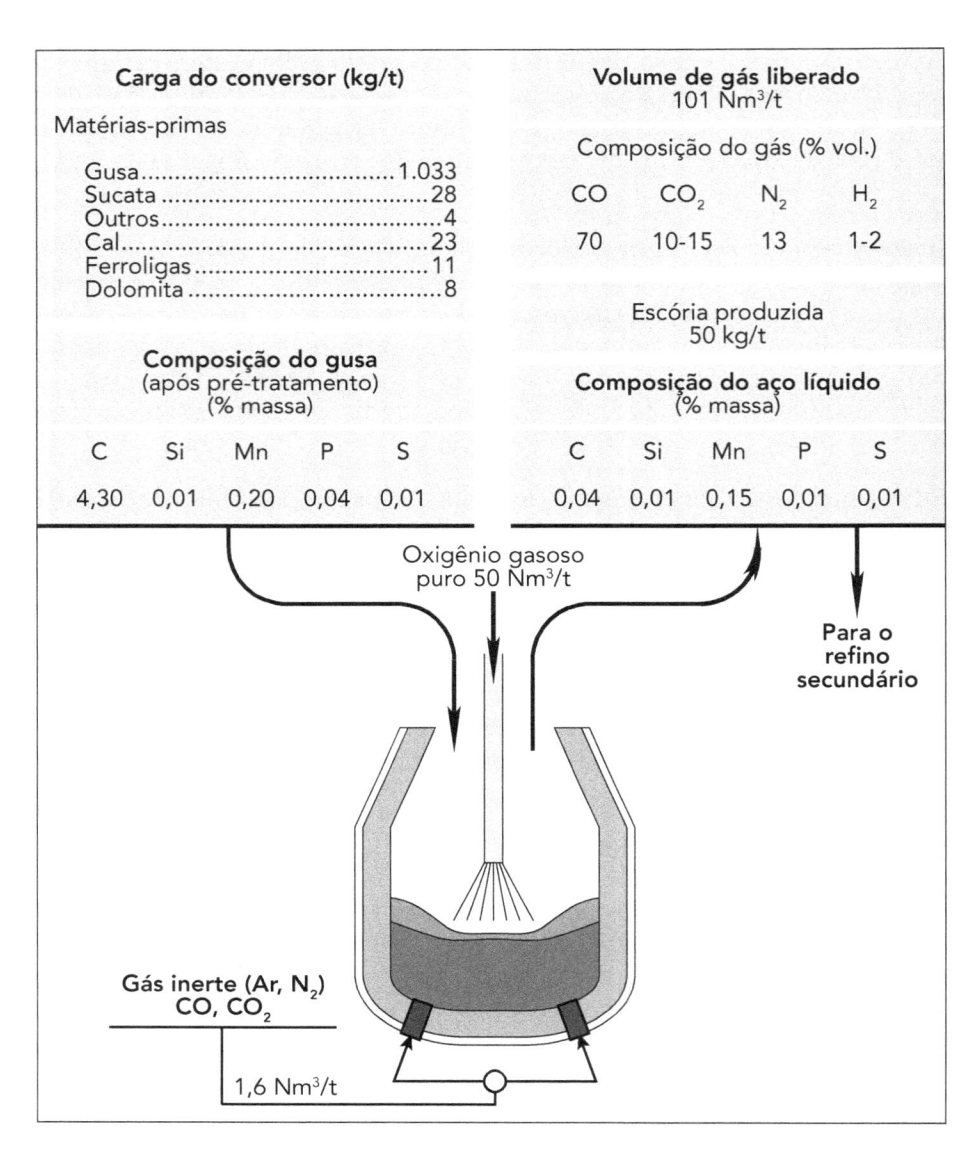

| Carga do conversor (kg/t) | |
| --- | --- |
| Matérias-primas | |
| Gusa | 1.033 |
| Sucata | 28 |
| Outros | 4 |
| Cal | 23 |
| Ferroligas | 11 |
| Dolomita | 8 |

**Composição do gusa**
(após pré-tratamento)
(% massa)

| C | Si | Mn | P | S |
| --- | --- | --- | --- | --- |
| 4,30 | 0,01 | 0,20 | 0,04 | 0,01 |

**Volume de gás liberado**
101 Nm³/t

Composição do gás (% vol.)

| CO | $CO_2$ | $N_2$ | $H_2$ |
| --- | --- | --- | --- |
| 70 | 10-15 | 13 | 1-2 |

Escória produzida
50 kg/t

**Composição do aço líquido**
(% massa)

| C | Si | Mn | P | S |
| --- | --- | --- | --- | --- |
| 0,04 | 0,01 | 0,15 | 0,01 | 0,01 |

Oxigênio gasoso puro 50 Nm³/t

Para o refino secundário

Gás inerte (Ar, $N_2$) CO, $CO_2$

1,6 Nm³/t

## 1.6 A produção do aço: o forno elétrico

O doutor Paul Héroult desenvolveu e patenteou o primeiro forno elétrico a arco em 1900.

O forno elétrico a arco permite a obtenção de aço diretamente de sucata de aço, sólida, em fornos cuja capacidade varia, em geral, de 10 a 200 toneladas. O calor para a fusão e o aquecimento é obtido da energia elétrica. Não havendo ferro-gusa, não é necessário oxidar os elementos acompanhantes, e só é feita uma oxidação leve por minério de ferro para a eliminação de impurezas que eventualmente acompanham a sucata. A Figura 1.7 ilustra, esquematicamente, um desses fornos.

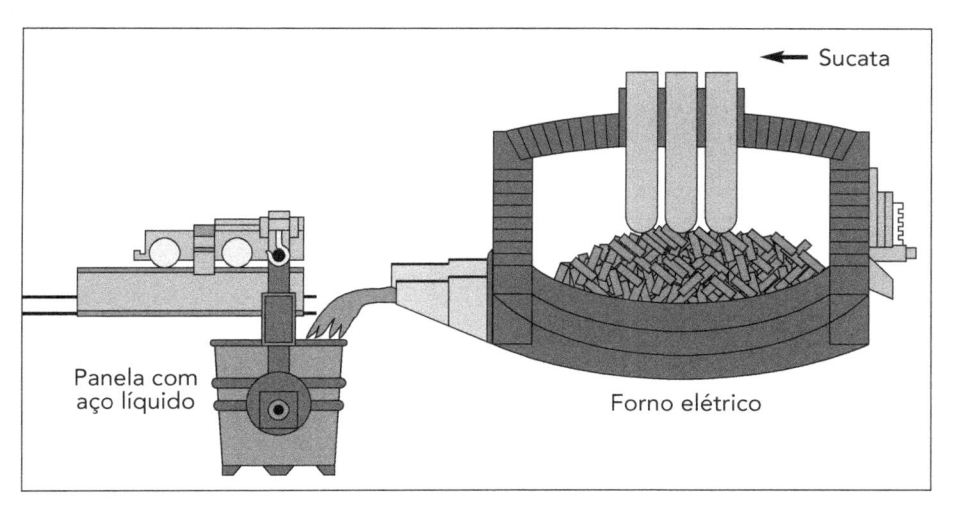

**Figura 1.7**
Ilustração esquemática de um forno elétrico.

De modo geral, todas as variedades de aço podem ser produzidas em um forno elétrico. Esse equipamento é especialmente adequado quando os requisitos de produção de aços-carbono e aços de baixa liga são insuficientes para a produção em uma siderúrgica integrada.

As fábricas são instaladas próximas a áreas urbanas e industriais, onde há grande disponibilidade de sucata ferrosa e energia elétrica barata – mas distante de recursos minerais como carvão, minérios e fundentes.

A produção em fornos elétricos apresenta alguns inconvenientes. Por exemplo, não se podem produzir aços com baixos teores de elementos residuais a partir de sucatas ferrosas contendo altos teores desses mesmos residuais. Outro inconveniente é que o teor de nitrogênio nos aços preparados em forno elétrico costuma ser duas vezes maior do que o obtido em siderúrgica integrada.

## 1.7 O lingotamento do aço

A obtenção do aço líquido encerra, como visto, uma sequência de processos. Falta, ainda, a transferência do metal líquido para o estado sólido, compondo geometrias adequadas ao processamento posterior. Existem, basicamente, dois caminhos para o tratamento do aço líquido:

- O *lingotamento convencional*, em que o aço líquido é vertido, a partir de uma panela, em formas metálicas denominadas lingoteiras. Ali o aço será parcialmente solidificado. Um lingote pode pesar de 3 a 40 toneladas. Após o seu resfriamento parcial, o aço é retirado da lingoteira com o auxílio de um equipamento hidráulico denominado estripador. O lingote é, em seguida, colocado em um forno (o forno-poço), onde é novamente aquecido até a homogeneização de temperatura, necessária ao processo de laminação. Após a retirada do forno-poço, os lingotes são levados ao laminador primário, onde são convertidos em placas (Figura 1.8), blocos, tarugos etc.

**Figura 1.8**
Esquema simplificado da laminação de placas.

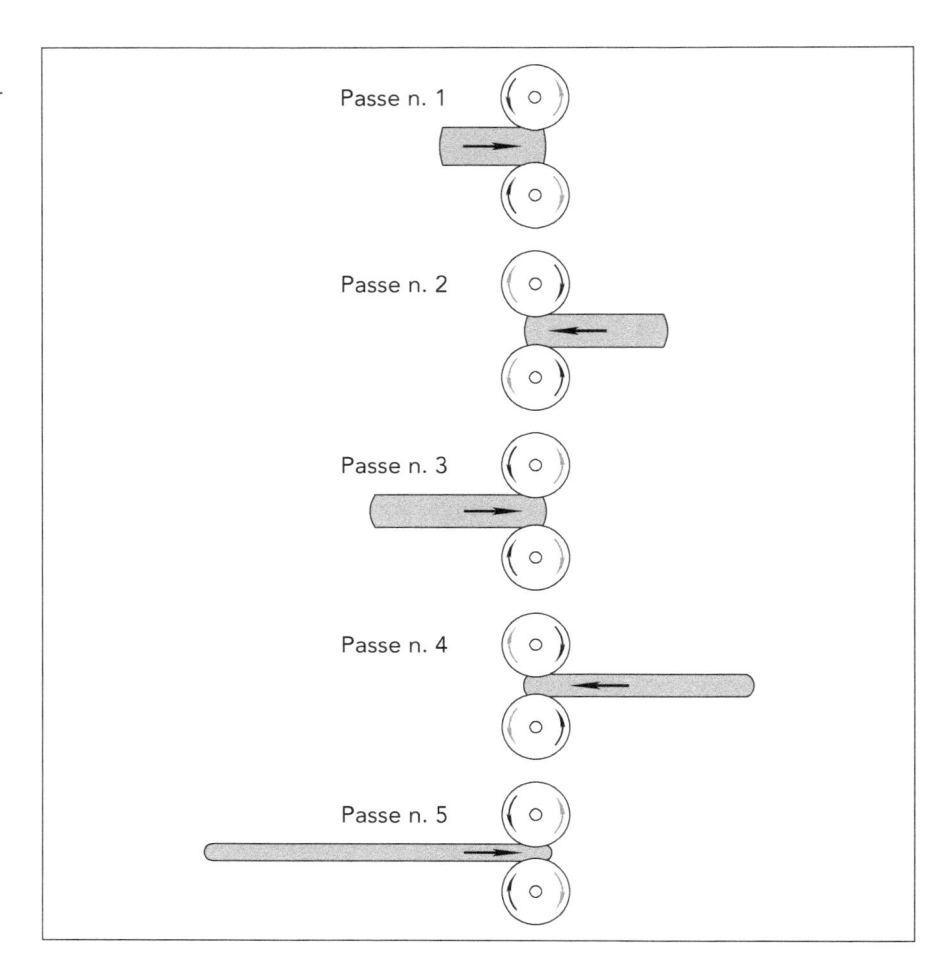

- O *lingotamento contínuo*, em que o aço líquido passa da panela para um recipiente de distribuição equipado com uma descarga ajustável, que libera o aço líquido dentro de um molde de cobre refrigerado a água. A forma do molde define a forma do aço – costumeiramente, placas, blocos e tarugos. O lingotamento contínuo corresponde a mais de 60% da produção total de aço líquido no mundo. Quando o aço líquido é vertido no recipiente e atinge certo nível mínimo, o molde começa a oscilar verticalmente, impedindo a adesão de aço em suas paredes. O aço é solidificado nas regiões externas, superficiais, e é retirado do molde com o auxílio de cilindros refrigerados.

Em razão do seu interior líquido, o aço deve ser cuidadosamente resfriado com água. Os cilindros suportam o esboço de aço até sua completa solidificação. Uma vez que esteja totalmente solidificado, o esboço pode ser cortado com sistemas de oxicorte ou com tesouras. O resfriamento intensivo leva a uma microestrutura homogênea, com propriedades desejadas. A Figura 1.9 ilustra o funcionamento de um lingotamento contínuo.

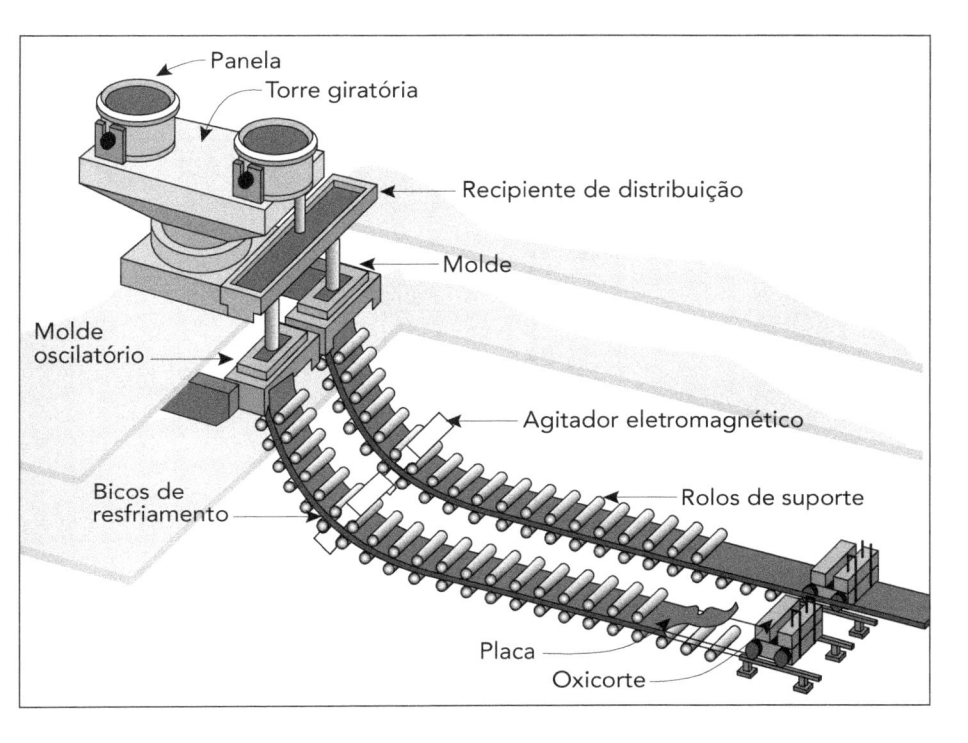

**Figura 1.9**
Ilustração representativa de um lingotamento contínuo.

## 1.8 Conformação mecânica: a laminação

O início do processo de laminação é precedido pelo aquecimento dos produtos gerados no lingotamento em fornos de reaquecimento, em temperaturas que variam de 1 000 °C a 1 200 °C. Esse aquecimento objetiva facilitar o processo, pois, como o aço se torna plástico em altas temperaturas, menos energia será gasta nos laminadores.

A laminação é o processo de conformação mais amplamente utilizado. Consiste em passar uma peça metálica entre dois cilindros, modificando sua seção transversal, de modo a obter chapas grossas, tiras a quente, perfis estruturais, cantoneiras etc.

A deformação é feita pela passagem entre dois cilindros de geratriz retilínea (laminação de produtos planos), ou então contendo canais entalhados de forma mais ou menos complexa (laminação de produtos não planos). O processo apresenta alta produtividade, e o controle dimensional do produto acabado é bastante preciso. A Figura 1.10 ilustra a laminação de perfis estruturais.

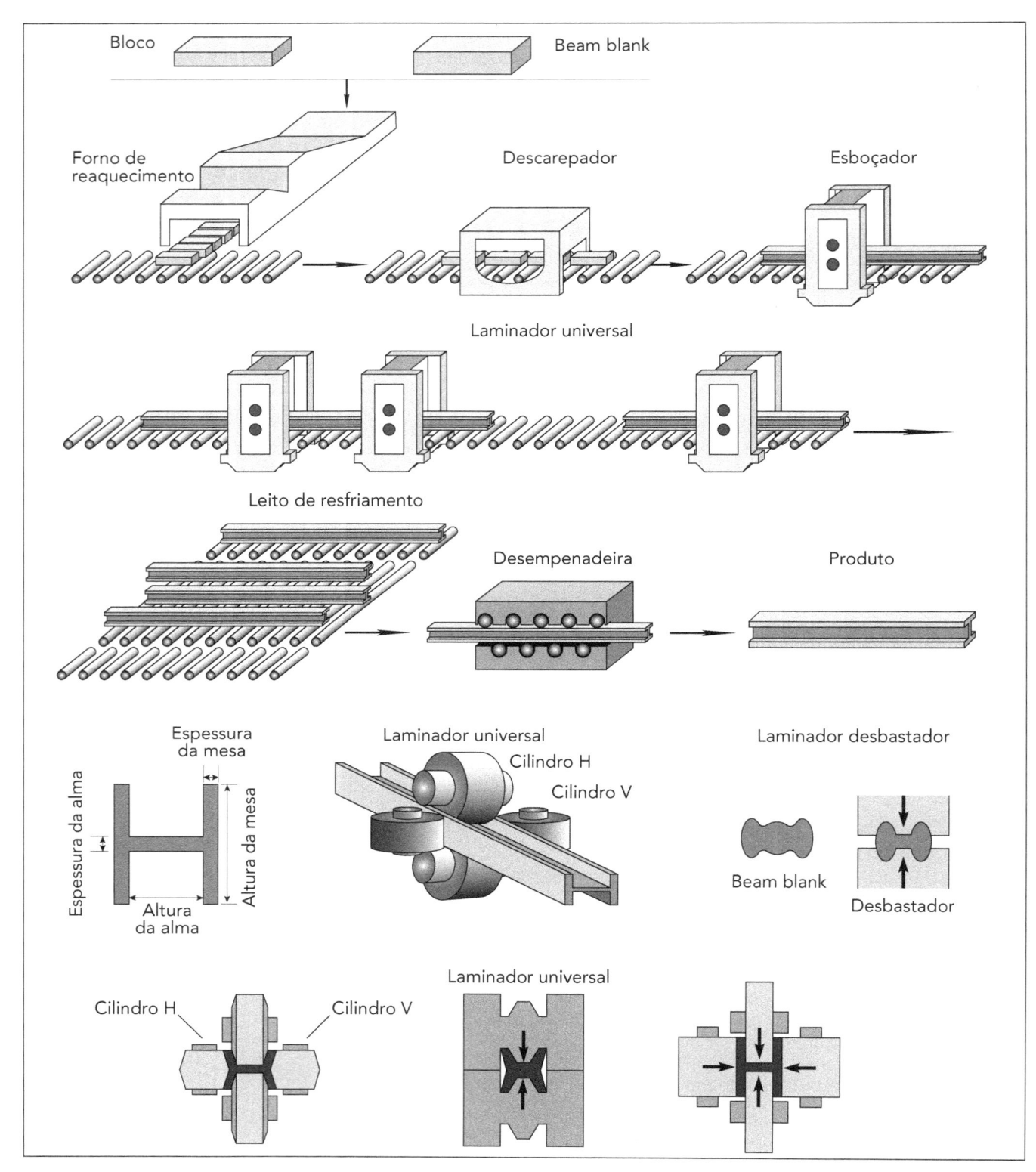

**Figura 1.10**
Ilustração representativa de uma linha para a produção de perfis estruturais.

Um efeito importante da laminação a quente é a quebra da microestrutura original, dendritas e grãos grandes – oriunda, por exemplo, do lingote –, em grãos menores, achatados e alongados na direção de laminação. Esse processo resulta em uma estrutura "fibrosa" característica, que dá aos aços diferentes propriedades físicas nas direções longitudinal e transversal. Inclusões, como óxidos, silicatos e sulfetos, são também achatadas e alongadas; vazios desaparecem durante o processo de laminação.

Um laminador consiste, basicamente, de cilindros, mancais, uma carcaça chamada de gaiola para fixar essas partes e um motor para fornecer potência aos cilindros e controlar a velocidade de rotação. A construção é bastante rígida, pois as forças envolvidas na laminação podem atingir facilmente milhares de toneladas.

As placas utilizadas no laminador de chapas grossas possuem, na entrada, espessuras compreendidas entre 175 mm e 250 mm. Após a laminação, o produto sai com espessuras compreendidas entre 6 mm e 75 mm. Chapas grossas são utilizadas em navios, plataformas *offshore*, tubos para oleodutos etc.

Chapas grossas com espessuras compreendidas entre 20 mm e 35 mm são utilizadas, por sua vez, no laminador de tiras a quente. Como produto, teremos chapas finas a quente e bobinas a quente cuja espessura de saída varia de 1,2 mm a 13 mm. Os produtos gerados no laminador de tiras a quente são utilizados na construção civil (perfis soldados e chapas dobradas), na indústria mecânica em geral, bens de consumo e automobilística.

A laminação de produtos longos, como as cantoneiras e os perfis estruturais I, H e U, é feita em laminadores bastante diferentes daqueles utilizados na laminação de planos. Isso acontece porque a seção transversal do metal é reduzida em duas direções. Vários são os tipos de laminadores existentes; o processo conhecido como X-H é frequentemente utilizado na produção de perfis I, H, cantoneiras e trilhos. Esses produtos são utilizados na construção civil, na indústria mecânica, ferroviária etc.

A Figura 1.11 ilustra alguns dos processos mencionados existentes em uma siderúrgica integrada.

**Figura 1.11**
Algumas das etapas envolvidas na fabricação do aço.

# Capítulo 2

# Produtos Siderúrgicos

## 2.1 Classificação dos aços

As propriedades mecânicas dos aços são muito dependentes do teor de certos elementos químicos, especialmente o teor de carbono. Como já afirmado, os aços possuem, de modo geral, concentração de carbono inferior a 1%.

Os aços podem ser classificados, segundo o teor de carbono, em três grupos:

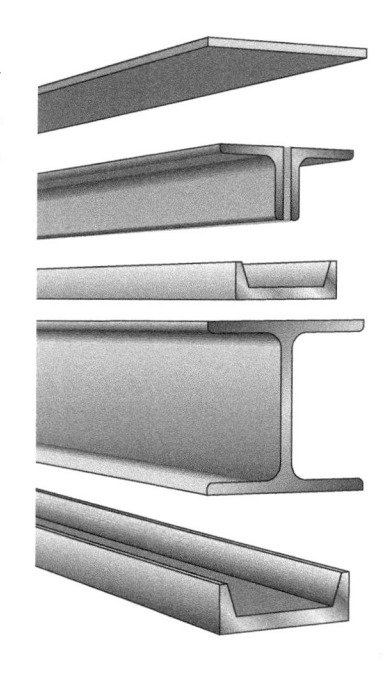

- *Aços com baixo teor de carbono.* São os aços mais produzidos no mundo, e também os mais baratos de se produzir. Em geral, contêm menos de 0,25% de carbono. Possuem grande ductilidade, são bons para o trabalho mecânico, para a soldagem, e são utilizados na indústria automobilística (nas chapas que compõem as carrocerias), em estruturas em geral (como perfis laminados e soldados, tubos), construção naval (chapas grossas) etc. Esses aços não são temperáveis, isto é, não respondem ao tratamento térmico. De modo geral, esses aços possuem resistência ao escoamento de 250 MPa a 415 MPa, e resistência à ruptura por tração situado entre 400 MPa e 520 MPa.

  Os aços de alta resistência mecânica e baixa liga (ARBL) constituem um importante subgrupo dos aços com baixo teor de carbono. Esses aços também são conhecidos como aços microligados. Eles contêm outros elementos de liga, como cobre, níquel, cobre, nióbio, vanádio etc., em concentrações que podem atingir 10% da liga, embora, na quase totalidade dos casos, o valor não ultrapasse os 3%. Sua resistência mecânica é maior do que a dos aços comuns, com baixo teor de carbono. A maioria pode ter sua resistência aumentada mediante tratamento térmico, atingindo limites de resistência à ruptura por tração superiores a 480 MPa. Esses aços apresentam boa ductilidade, podem ser soldados com facilidade e são muito conformáveis.

A família de aços conhecidos como patináveis também pertence ao grupo dos aços de baixa liga e alta resistência. Esses aços, quando submetidos a certos ambientes específicos, apresentam elevada resistência à corrosão atmosférica.

- *Aços com médio teor de carbono.* Possuem um teor de carbono situado entre 0,25% e 0,60%. São ligas tratáveis termicamente, de modo a proporcionar melhorias em suas propriedades mecânicas. Os aços comuns com médio teor de carbono somente podem ser tratados termicamente quando em seções muito delgadas e com taxas de resfriamento muito rápidas. Adições de certos elementos de liga, como cromo, níquel e molibdênio, melhoram muito a capacidade dessas ligas de serem termicamente tratadas, as quais são mais resistentes do que os aços com baixo teor de carbono, porém sacrificam sua ductilidade e tenacidade. Suas principais aplicações incluem rodas e trilhos de trens, engrenagens e variados componentes estruturais de alta resistência que exigem combinação de elevada resistência, resistência à abrasão e à tenacidade.

- *Aços com alto teor de carbono.* Normalmente, possuem um teor de carbono situado entre 0,60% e 1,4% São aços mais duros, resistentes e, também, os menos dúcteis entre todos os aços-carbono. Eles são especialmente resistentes ao desgaste e à abrasão. São capazes também de manter um fio de corte afiado. Os aços para ferramentas e matrizes são ligas com alto teor de carbono, contendo também cromo, vanádio, tungstênio e molibdênio, elementos químicos que se combinam com o carbono, formando carbonetos muito duros e resistentes ao desgaste e à abrasão. Esses aços são utilizados em ferramentas de corte, molas, arames de alta resistência, componentes agrícolas resistentes ao desgaste etc.

A Figura 2.1 ilustra a classificação dos aços comuns de acordo com sua concentração de carbono.

O fator mais importante na determinação das propriedades de certo tipo de aço é sua composição química. Nos aços-carbono comuns, os elementos químicos carbono e manganês têm influência no controle da resistência, ductilidade e soldabilidade. A maior parte dos aços-carbono tem mais de 98% de ferro, 0,1% a 1% de carbono, e aproximadamente 1% de manganês (em peso). O carbono aumenta a dureza e a resistência, mas afeta a ductilidade e a soldabilidade. Assim, pequenas quantidades de outros elementos de liga são utilizadas na melhoria das propriedades do aço, obtendo-se o máximo em propriedades de uma liga contendo um baixo teor de carbono.

A influência de alguns dos elementos químicos comumente encontrados em certas propriedades pode ser vista na Tabela 2.1. De modo geral, alguma ductilidade deve ser sacrificada para que se obtenha um acréscimo de resistência mecânica. Isso é tolerável, pois o material normalmente exibe um "extra" de ductilidade. O fundamental é que a ductilidade adequada seja exibida na estrutura final, fabricada. Isso é função do material, do projeto, dos procedimentos utilizados na fabricação e das condições de serviço.

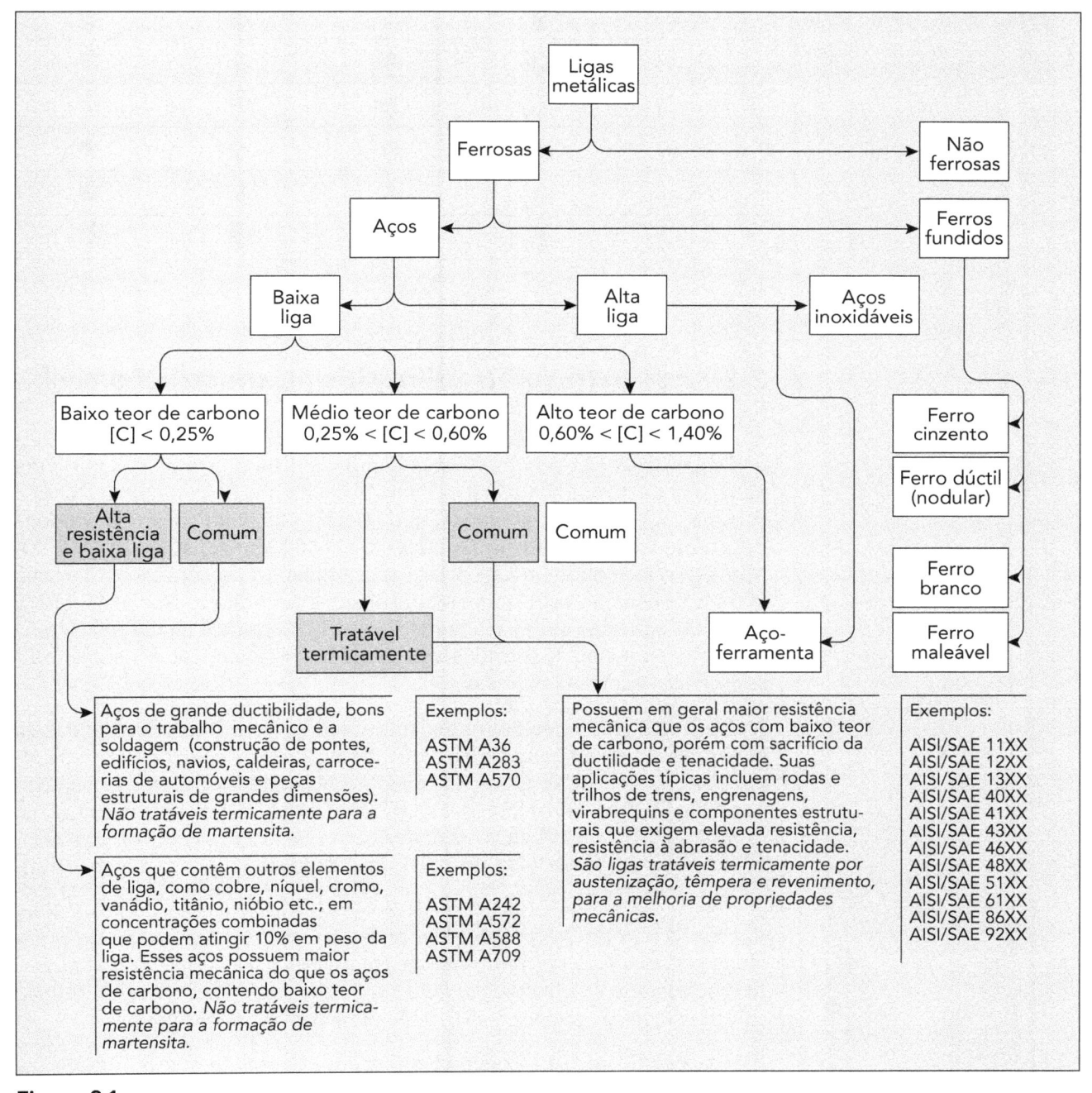

**Figura 2.1**
Classificação das ligas ferrosas.

**Tabela 2.1**
Influência da composição química em certas propriedades dos aços.

| Elemento químico | Resistência à tração | Resistência à corrosão | Tenacidade | Soldabilidade |
|---|---|---|---|---|
| Carbono | ⬆ | ⬇ | ⬇ | ⬇ |
| Manganês | ⬆ | ... | ⬆ | ⬇ |
| Silício | ⬆ | ⬆ | ⬆ | ⬇ |
| Fósforo | ⬆ | ⬆ | ⬇ | ⬇ |
| Cromo | ⬆ | ⬆ | ⬆ | ⬇ |
| Níquel | ⬆ | ⬆ | ⬆ | ⬇ |
| Cobre | ⬆ | ⬆ | ⬇ | ⬇ |

## 2.2 Aços estruturais utilizados na construção civil

A Tabela 2.2 apresenta os aços especificados por normas brasileiras para uso estrutural. Ela traz os valores nominais mínimos, a menos que uma faixa seja mostrada, da resistência ao escoamento ($f_y$) e da resistência à ruptura ($f_u$) de perfis e chapas, que atendem às condições relacionadas às propriedades mecânicas exigidas ($f_y \leq 450$ MPa e relação $f_u/f_y \geq 1,18$). Não são relacionados os aços com resistência ao escoamento inferior a 250 MPa, por não estarem sendo utilizados na prática. Nos aços ABNT NBR 7007, que são aços para perfis, a sigla MR significa média resistência mecânica, a sigla AR significa alta resistência mecânica, e a sigla COR, resistência à corrosão atmosférica.

A Tabela 2.3 traz valores nominais mínimos, a menos que uma faixa seja mostrada, da resistência ao escoamento e da resistência à ruptura de alguns aços estruturais de uso frequente, relacionados pela American Society for Testing and Materials (ASTM), conforme as especificações da própria ASTM. Nessa figura, os dados que constam nas colunas "Produto" e "Grupo de perfil ou faixa de espessura disponível" são meramente indicativos. Para informações mais precisas, deve ser consultada a ASTM A6.

Apesar de não serem considerados aços estruturais, os tipos de aço especificados pela Society of Automotive Engineers (SAE) são frequentemente empregados na construção civil na forma de componentes de telhas, caixilhos, chapas xadrez e, até indevidamente, em estruturas.

Esses tipos de aço são designados por um número de quatro algarismos (por exemplo, SAE 1020); o primeiro representa o elemento de liga (para o aço-carbono o algarismo é 1), o segundo indica a porcentagem aproximada da liga (zero significa a ausência de liga), e os dois dígitos restantes representam o teor médio de carbono, em % (20 significa 0,20% de carbono).

**Tabela 2.2**
Aços especificados por normas brasileiras para fins estruturais.

| ABNT NBR 7007 | | | ABNT NBR 6648 | | | ABNT NBR 6649/6650 | | |
|---|---|---|---|---|---|---|---|---|
| Aços-carbono e microligados para uso estrutural e geral | | | Chapas grossas de aço-carbono para uso estrutural | | | Chapas finas (a frio/a quente) de aço-carbono para uso estrutural | | |
| Denominação | $f_y$ MPa | $f_u$ MPa | Denominação | $f_y$ MPa | $f_u$ MPa | Denominação | $f_y$ MPa | $f_u$ MPa |
| MR 250 | 250 | 400-560 | CG-26 | 255 | 410 | CF-26 | 260/260 | 400/410 |
| AR 350 | 350 | 450 | CG-28 | 275 | 440 | CF-28 | 280/280 | 440/440 |
| AR 350 COR | 350 | 485 | | | | CF-30 | —/300 | —/490 |
| AR 415 | 415 | 520 | | | | | | |

| ABNT NBR 5000 | | | ABNT NBR 5004 | | | ABNT NBR 5008 | | |
|---|---|---|---|---|---|---|---|---|
| Chapas grossas de aço de baixa liga e alta resistência mecânica | | | Chapas finas de aço de baixa liga e alta resistência mecânica | | | Chapas grossas e bobinas grossas, de aço de baixa liga, resistentes à corrosão atmosférica, para uso estrutural | | |
| Denominação | $f_y$ MPa | $f_u$ MPa | Denominação | $f_y$ MPa | $f_u$ MPa | Denominação | $f_y$ MPa | $f_u$ MPa |
| G-30 | 300 | 415 | F-32/Q-32 | 310 | 410 | CGR 400 | 250 | 380 |
| G-35 | 345 | 450 | F-35/Q-35 | 340 | 450 | | | |
| G-42 | 415 | 520 | Q-40 | 380 | 480 | CGR 500 e | 370 | 490 |
| G-45 | 450 | 550 | Q-42 | 410 | 520 | CGR 500A | | |
| | | | Q-45 | 450 | 550 | | | |

| ABNT NBR 5920/5921 | | | ABNT NBR 8261 | | | | | |
|---|---|---|---|---|---|---|---|---|
| Chapas finas e bobinas finas (a frio/a quente), de aço de baixa liga, resistente à corrosão atmosférica, para uso estrutural | | | Perfil tubular, de aço-carbono, formado a frio, com e sem costura, de seção circular ou retangular para usos estruturais | | | | | |
| Denominação | $f_y$ MPa | $f_u$ MPa | Denominação | Seção circular | | Seções quadrada e retangular | | |
| | | | | $f_y$ MPa | $f_u$ MPa | $f_y$ MPa | $f_u$ MPa | |
| CFR 400 | —/250 | —/380 | B | 290 | 400 | 317 | 400 | |
| CFR 500 | 310/370 | 450/490 | C | 317 | 427 | 345 | 427 | |

**Tabela 2.3**
Aços estruturais, relacionados frequentemente pela ASTM.

| Classificação | Denominação | Produto | Grupo de perfis[a,b] ou faixa de espessura disponível | Grau | $f_y$ MPa | $f_u$ MPa |
|---|---|---|---|---|---|---|
| Aços-carbono | A36 | Perfis | 1, 2 e 3 | - | 250 | 400 a 550 |
| | | Chapas e barras[c] | $t \leq 200$ mm | | | |
| | A500 | Perfis | 4 | A | 230 | 310 |
| | | | | B | 290 | 400 |
| Aços de baixa liga e alta resistência mecânica | A572 | Perfis | 1, 2 e 3 | 42 | 290 | 415 |
| | | | | 50 | 345 | 450 |
| | | | | 55 | 380 | 485 |
| | | | 1 e 2 | 60 | 415 | 520 |
| | | | | 65 | 450 | 550 |
| | | Chapas e barras[c] | $t \leq 150$ mm | 42 | 290 | 415 |
| | | | $t \leq 100$ mm | 50 | 345 | 450 |
| | | | $t \leq 50$ mm | 55 | 380 | 485 |
| | | | $t \leq 31,5$ mm | 60 | 415 | 520 |
| | | | | 65 | 450 | 550 |
| | A992[d] | Perfis | 1, 2 e 3 | - | 345 a 450 | 450 |
| Aços de baixa liga e alta resistência mecânica, resistentes à corrosão atmosférica | A242 | Perfis | 1 | - | 345 | 485 |
| | | | 2 | - | 315 | 460 |
| | | | 3 | - | 290 | 435 |
| | | Chapas e barras[c] | $t \leq 19$ mm | - | 345 | 480 |
| | | | 19 mm $t \leq 37,5$ mm | - | 315 | 460 |
| | | | 37,5 mm $< t \leq 100$ mm | - | 290 | 435 |
| | A588 | Perfis | 1 e 2 | - | 345 | 485 |
| | | Chapas e barras[c] | $t \leq 100$ mm | - | 345 | 480 |
| | | | 100 mm $< t \leq 125$ mm | - | 315 | 460 |
| | | | 125 mm $< t \leq 120$ mm | - | 290 | 435 |
| Aços de baixa liga temperados e auto-revenidos | A913 | Perfis | 1 e 2 | 50 | 345 | 450 |
| | | | | 60 | 415 | 520 |
| | | | | 65 | 450 | 550 |

[a] Grupos de perfis laminados para efeito de propriedades mecânicas:
    Grupo 1: Perfis com espessura de mesa inferior ou igual a 37,5 mm;
    Grupo 2: Perfis com espessura de mesa superior a 37,5 mm e inferior ou igual a 50 mm;
    Grupo 3: Perfis com espessura de mesa superior a 50 mm;
    Grupo 4: Perfis tubulares.
[b] $t$ corresponde à menor dimensão ou ao diâmetro da seção transversal da barra.
[c] Barras redondas, quadradas e chatas.
[d] A relação $f_u / f_y$ não pode ser inferior a 1,18.

A norma brasileira equivalente à SAE é a NBR 6006:1980, "Classificação por Composição Química de Aço para a Construção Mecânica", cuja designação é similar à SAE. Por exemplo, ABNT 1020/NBR 6006 = SAE 1020.

Segundo a norma brasileira NBR 14762:2001 "Dimensionamento de Estruturas de Aço Constituídas por Perfis Formados a Frio", em revisão, a utilização de aços sem qualificação estrutural para perfis é tolerada desde que o aço possua propriedades mecânicas adequadas para receber o trabalho a frio. Não devem ser adotados no projeto valores superiores a 180 MPa e 300 MPa, respectivamente, para a resistência ao escoamento ($f_y$) e a resistência à ruptura ($f_u$).

# 2.3 Produtos siderúrgicos

## 2.3.1 Chapas

As placas utilizadas no laminador de chapas grossas possuem, na entrada, espessuras compreendidas, de modo geral, entre 175 mm e 250 mm. Após a laminação, o produto sai com espessuras compreendidas entre 5 mm e 15 mm, largura-padrão entre 1 m e 3,8 m e comprimento-padrão entre 6 m e 12 m. As dimensões preferenciais, ou seja, as mais econômicas, são: 2,44 m de largura, 12 m de comprimento e as espessuras descritas na Tabela 2.4.

**Tabela 2.4**
Espessuras-padrão de chapas grossas de aço.

| | |
|---|---|
| 6,3 mm | 25 mm |
| 8 mm | 31,5 mm |
| 9,5 mm | 37,5 mm |
| 12,5 mm | 50 mm |
| 16 mm | 63 mm |
| 19 mm | 75 mm |
| 22,4 mm | 100 mm |

As chapas grossas são utilizadas, de modo geral, na fabricação dos perfis soldados, mas também podem ser usadas, dependendo da disponibilidade de equipamento adequado para dobramento, como perfis formados a frio.

As chapas finas são fabricadas pelas siderúrgicas com espessuras variando entre 0,6 mm e 5 mm. As chapas com espessuras maiores (1,8 mm a 5 mm) são laminadas a quente e denominadas chapas finas a quente, enquanto as com menores espessuras (0,6 mm a 3 mm) são relaminadas a frio e denominadas chapas finas a frio. As chapas finas apresentam largura-padrão entre 1 m e 1,5 m, e comprimento-padrão entre 2 m e 3 m (chapas a frio) e 2 m a 6 m (chapas a quente).

As dimensões preferenciais fornecidas pelas siderúrgicas, na forma plana, são: chapas finas a quente 1,2 m por 3 m e chapas finas a frio 1,2 m por 2 m. As chapas finas podem também ser fornecidas em bobinas, possuindo, nesse caso, custo unitário menor. As espessuras preferenciais são as fornecidas na Tabela 2.5.

**Tabela 2.5**
Espessura-padrão das chapas finas de aço.

| | |
|---|---|
| 0,6  mm | 2,25 mm |
| 0,75 mm | 2,65 mm |
| 0,85 mm | 3    mm |
| 0,9  mm | 3,35 mm |
| 1,06 mm | 3,75 mm |
| 1,2  mm | 4,25 mm |
| 1,5  mm | 4,5  mm |
| 1,7  mm | 4,75 mm |
| 1,9  mm | 5    mm |

Para fins estruturais, na obtenção de perfis formados a frio, são empregadas as chapas finas a quente, enquanto as chapas finas a frio são utilizadas na fabricação de elementos complementares na construção, como: telhas, calhas, esquadrias, dutos etc.

## 2.3.2 Perfis

Vários são os constituintes utilizados em estruturas metálicas. Perfis, chumbadores, parafusos e chapas de ligação são, todos, componentes familiares. Entre eles, os perfis são os mais importantes para o projeto, a fabricação e a montagem da estrutura.

Os perfis de utilização corrente são aqueles cuja seção transversal se assemelha às formas das letras I, H, U e Z, recebendo denominação análoga a elas. Os perfis cuja seção transversal se assemelha a um L são denominados cantoneiras.

Os perfis podem ser obtidos diretamente da laminação a quente ou da operação de conformação a frio ou de soldagem de chapas. São denominados, respectivamente, de perfis laminados, formados a frio, e soldados.

A seguir, serão apresentados os principais perfis estruturais disponíveis no mercado brasileiro. Eles englobam as diversas tecnologias de fabricação, dimensões e principais propriedades. É importante ressaltar que, como o mercado evolui rapidamente, o surgimento de novas seções e novas necessidades pode gerar variações importantes na relação custo-massa.

A Tabela 2.6 traz um comparativo entre alguns perfis existentes no mercado.

**Tabela 2.6**
Comparativo entre diferentes perfis existentes no mercado brasileiro.

| Perfis e suas características | Laminados com mesas de faces paralelas | Laminados com mesas de faces inclinadas entre si | Formados a frio | Eletrossoldados | Soldados | Tubos estruturais |
|---|---|---|---|---|---|---|
| Homogeneidade estrutural | Peça única | Peça única | Uma chapa dobrada | Composto três chapas | Composto três chapas | Peça única |
| Número de bitolas/Altura do perfil | 88 bitolas I 150~610 mm | 10 bitolas I 76~152 mm | Conforme pedido | 36 bitolas I 150~500 mm | Conforme pedido | 48 bitolas ø 33~355 mm |
| Prazo de entrega | Pronta entrega | Pronta entrega | Pronta entrega | Pronta entrega | Entrega em 30 a 60 dias | Pronta entrega |
| Comprimento-padrão | Para alturas: até 310 mm: 6 m e 12 m; acima 310 mm: 12 m | 6 m | 6 m | 12 m | Sob medida | 12 m |
| Comprimento sob medida | De 6 a 24 m | Não | De 6 m a 12 m | De 6 m a 18 m | De 6 m a 24 m | Não |
| Necessidade de desempeno | Não | Não | Eventualmente | Eventualmente | Eventualmente | Não |

## Perfis laminados com mesas de faces paralelas (ASTM A6/A6M)

Perfis laminados são aqueles provenientes da laminação a quente e são os mais econômicos para utilização em edificações constituídas em estruturas metálicas. Perfis laminados dispensam a fabricação "artesanal" dos perfis soldados ou dos perfis formados a frio.

Os perfis laminados com mesas de faces paralelas (Figura 2.2) são produzidos de acordo com as tolerâncias dimensionais descritas na Norma ASTM A6/A6M, em aço de alta resistência mecânica descrito na Norma ASTM A572 Grau 50 ($f_y$ mínimo de 350 MPa). Esses perfis também são fornecidos em aço resistente à corrosão atmosférica ($f_y$ mínimo de 370 MPa).

Esses perfis são oferecidos em várias medidas, compreendidas entre 150 mm e 610 mm de altura e comprimento-padrão de 12 m. Os perfis fabricados no Brasil dividem-se em duas séries: W e HP. Sua designação é dada pela série, seguida da altura e da massa por unidade de comprimento. Por exemplo: W 310 × 44,5 ou HP 250 × 62.

No anexo deste livro é apresentada uma tabela com as características geométricas desses perfis.

**Figura 2.2**
Perfil laminado com mesas de faces paralelas.

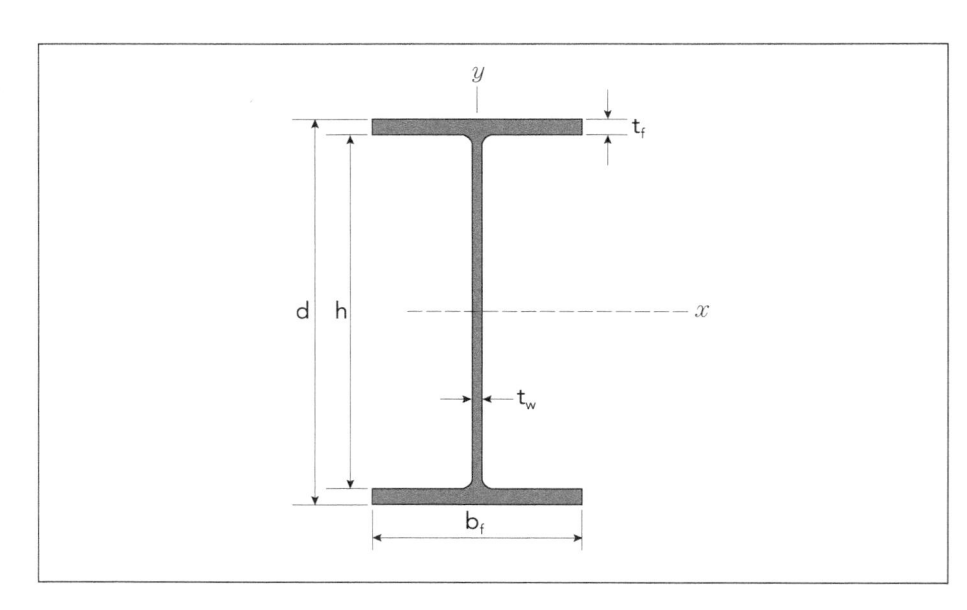

## Perfis laminados com mesas de faces inclinadas entre si (ASTM A6/A6M)

Os perfis laminados com mesas de faces inclinadas entre si, também conhecidos como perfis laminados padrão americano (Figura 2.3), são produzidos em diferentes aços: ASTM A36 ($f_y$ mínimo de 250 MPa), ASTM A572 Grau 50 ($f_y$ mínimo de 345 MPa), ASTM A572 Grau 60 ($f_y$ mínimo de 415 MPa) e ASTM A588 Grau B ($f_y$ mínimo de 345 MPa), esse último em aço resistente à corrosão atmosférica.

Esses perfis são fornecidos em comprimentos de 6 m e 12 m, com a altura variando de 76,2 mm a 152,4 mm (3" a 6").

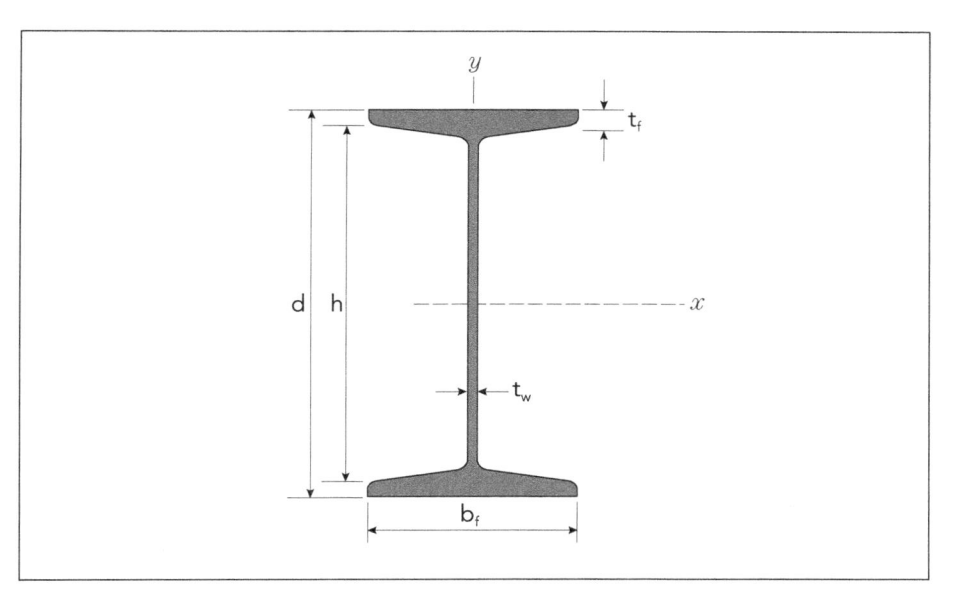

**Figura 2.3**
Perfil laminado com mesas de faces inclinadas entre si.

## Perfis soldados por arco elétrico (NBR 5884)

Os perfis soldados por arco elétrico são constituídos por três chapas ou de aço estrutural, unidas entre si por meio da soldagem por arco elétrico, formando em sua seção transversal, de modo aproximado, um H ou um I. Eles devem ser fabricados e especificados conforme a ABNT NBR 5884:2005. Esses perfis são divididos em simétricos e monossimétricos.

Os perfis simétricos (Figura 2.4) são perfis que apresentam simetria na sua seção transversal em relação aos eixos X-X e Y-Y e são separados em:

- Série CS, formada por perfis soldados tipo pilar, respeitando a relação d/bf = 1.

- Série VS, formada por perfis soldados tipo viga, respeitando a relação 1,5 < d/bf ≤ 4.

- Série CVS, formada por perfis soldados tipo viga-pilar, respeitando a relação 1 < d/bf ≤ 1,5.

No Anexo deste livro é apresentada uma tabela com as características geométricas desses perfis.

Os perfis monossimétricos são perfis que não apresentam simetria na sua seção transversal em relação ao eixo X-X e apresentam simetria em relação ao eixo Y-Y. São perfis da série VSM, tipo viga, respeitando a relação 1 < d/bf ≤ 4. As duas mesas têm larguras idênticas, porém com espessuras diferentes.

Outros perfis podem ser compostos pelo projetista, ajustando as dimensões do perfil à real necessidade do elemento em análise. Esses perfis,

**Figura 2.4**
Perfis soldados.

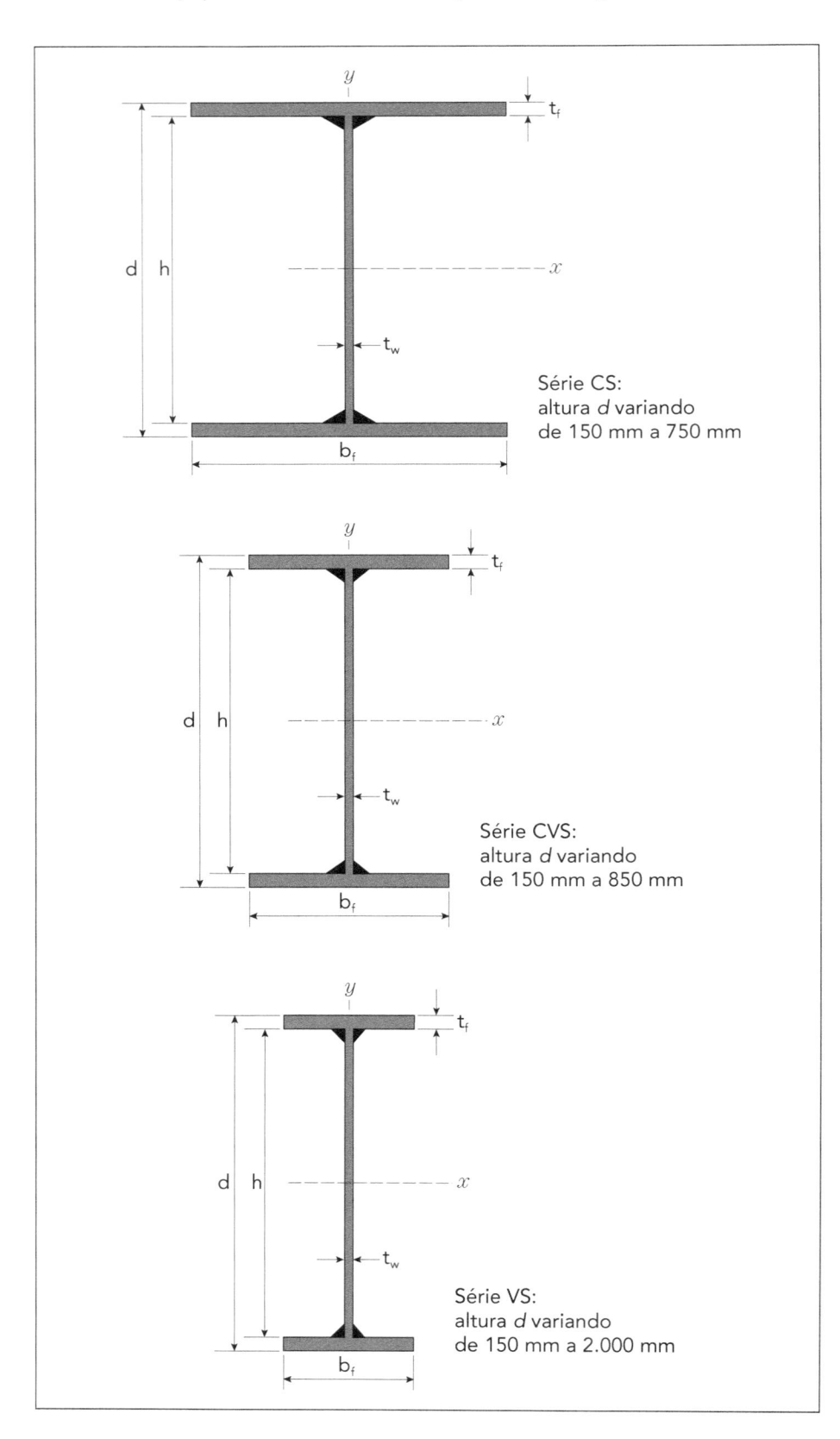

quando duplamente simétricos, recebem o símbolo PS, quando monossimétricos, o símbolo PSM.

A designação dos perfis soldados é dada pela série, seguida da altura e da massa por unidade de comprimento. Por exemplo: VS 250 × 21 significa um perfil com seção em forma de "I" da série VS, com 250 mm de altura e 21 kg/m.

## Perfis eletrossoldados (NBR 15279)

Perfis eletrossoldados (Figura 2.5) são perfis constituídos por chapas de aço estrutural, unidas entre si com a fusão gerada pelo calor liberado pela resistência à passagem de uma corrente elétrica de alta frequência e com a aplicação simultânea de pressão, formando em sua seção transversal um I, H ou T. Eles devem ser fabricados e especificados conforme a ABNT NBR 15279:2005.

Esses perfis são divididos em séries de forma idêntica aos perfis soldados, alterando-se apenas o símbolo que designa a série, isto é, CS por CE, VS por VE, CVS por CVE, VSM por VEM, PS por PE, VSM por VEM. No Anexo deste livro é apresentada uma tabela com as características geométricas desses perfis. No caso dos eletrossoldados, são padronizados também perfis em forma de "T"

A designação dos perfis soldados por eletrofusão faz-se pela série, seguida da altura em milímetros e da massa aproximada em quilograma por metro. Por exemplo CE 300 × 76 significa um perfil série CE com 300 mm de altura e 76 kg/m.

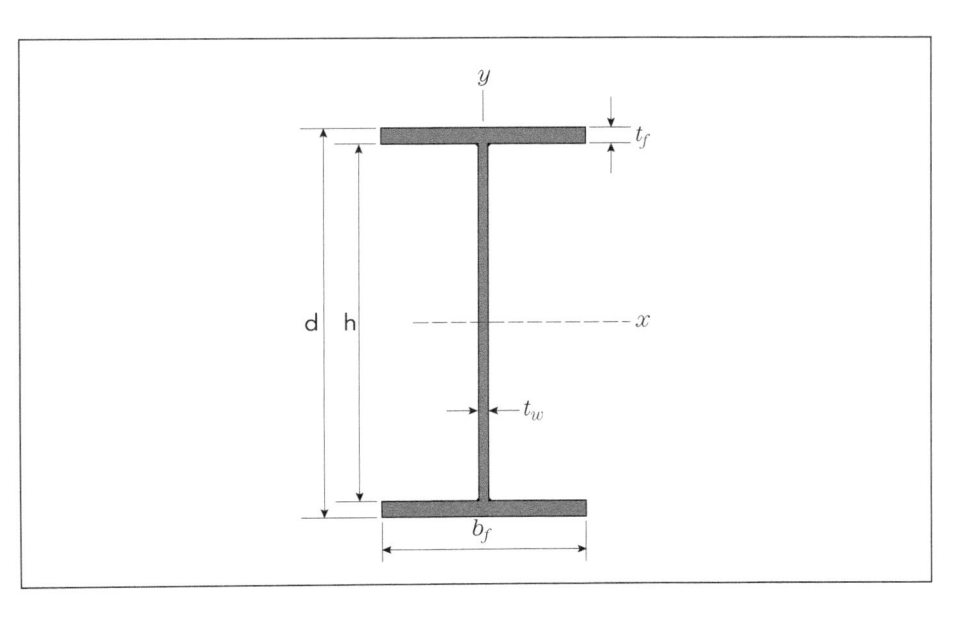

**Figura 2.5**
Perfil eletrossoldado.

Os perfis eletrossoldados são fabricados com o aço qualidade ASTM A572 Grau 50 ($f_y$ = 345 MPa) ou com aços patináveis. Os perfis eletrossoldados são produzidos na faixa de 100 mm a 500 mm de altura, com espessuras de alma variando de 4,75 mm a 9,5 mm, larguras de mesa de 100 mm a 300 mm, e espessuras de mesa de 4,75 mm a 12,5 mm. Tais perfis são oferecidos em comprimentos que variam de 6 m a 18 m.

### Cantoneiras e U de faces inclinadas entre si

Cantoneiras (Figura 2.6a) são produzidas em uma ampla variedade de dimensões, nas séries métrica e imperial (polegadas). Cantoneiras de abas iguais têm aplicações nas estruturas metálicas e também na indústria. Produzidas regularmente no aço ASTM A36 e, sob consulta, em outros aços, como o ASTM A572 Grau 50 e ASTM A588, podem ser fornecidas em barras com comprimentos de 6 m ou 12 m.

Os perfis U de faces inclinadas entre si (Figura 2.6b) são produzidos com alturas variando entre 76,2 mm (3") e 254 mm (10"), em aços e comprimentos iguais aos utilizados na confecção das cantoneiras.

**Figura 2.6**
(a) Cantoneira e
(b) U laminados.

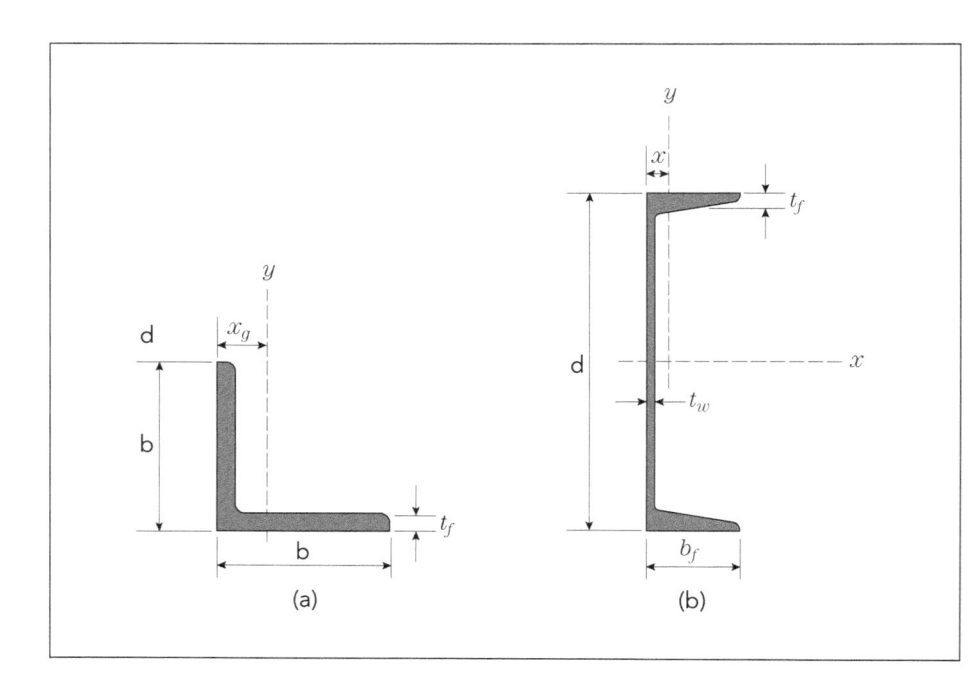

### Perfis formados a frio (NBR 6355:2003)

Os perfis estruturais formados a frio (por exemplo, U e U enrijecido), também conhecidos como perfis de chapas dobradas (Figura 2.7), vêm sendo utilizados de forma crescente na execução de estruturas metálicas leves, pois podem ser projetados para cada aplicação específica, enquanto os perfis laminados estão limitados a dimensões pré-determinadas.

Nem sempre são encontrados no mercado os perfis laminados com dimensões adequadas às necessidades do projeto de elementos estruturais leves, pouco solicitados, como terças, montantes e diagonais de treliças, travamentos etc., ao passo que os perfis estruturais formados a frio podem ser fabricados nas dimensões desejadas.

Os perfis formados a frio, sendo compostos por chapas finas, possuem leveza, facilidade de fabricação, de manuseio e de transporte, além de resistência e ductilidade adequadas ao uso em estruturas civis.

A NBR 6355, "Perfis Estruturais de Aço Formados a Frio", padroniza uma série de perfis formados com chapas de espessuras entre 1,5 mm e 4,75 mm, indicando suas características geométricas, pesos e tolerâncias de fabricação.

No caso de estruturas de maior porte, a utilização de perfis duplos formados a frio, em seção unicelular (tubular retangular), também conhecidos como seção-caixão, pode resultar, em algumas situações, em estruturas mais econômicas. Isso decorre da boa rigidez à torção (eliminando travamentos) e da menor área exposta (reduzindo a área de pintura).

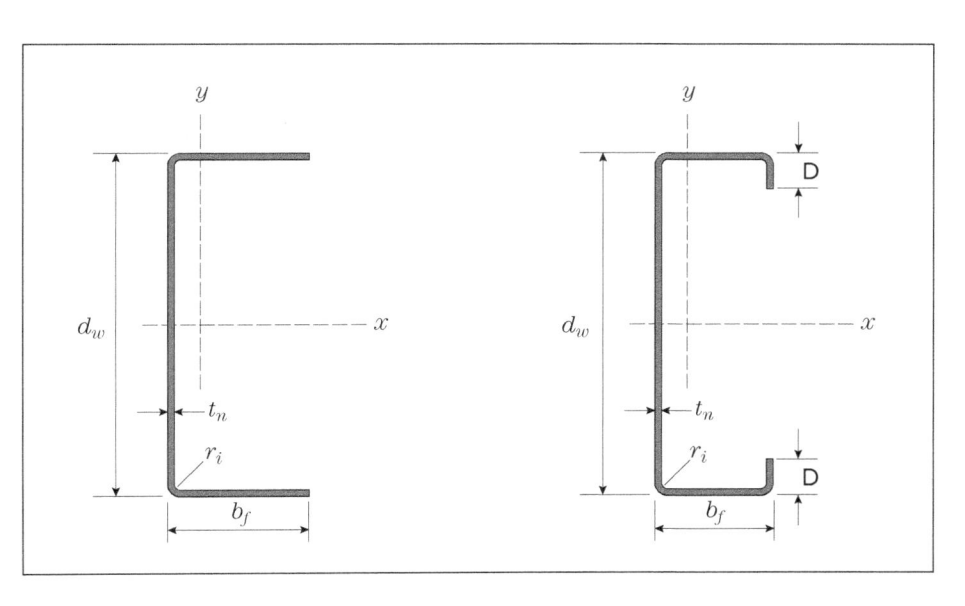

**Figura 2.7**
Perfis formados a frio.

Dois são os processos de fabricação dos perfis formados a frio: contínuo e descontínuo.

O processo contínuo, adequado à fabricação em série, é realizado a partir do deslocamento longitudinal de uma chapa de aço sobre os roletes de uma linha de perfilação. Os roletes, pouco a pouco, vão conferindo à chapa a forma definitiva do perfil. Quando o perfil deixa a linha de perfilação, é cortado no comprimento indicado no projeto.

O processo descontínuo, adequado a pequenas quantidades de perfis, é realizado com o emprego de uma prensa dobradeira. A matriz da dobradeira é prensada contra a chapa de aço, obrigando-a a formar uma dobra. Várias operações similares a essa, sobre a mesma chapa, fornecem à seção do perfil a geometria exigida no projeto. O comprimento do perfil está limitado à largura da prensa.

O processo contínuo é utilizado por fabricantes especializados em perfis formados a frio, e o processo descontínuo é geralmente utilizado pelos fabricantes de estruturas metálicas.

O dobramento de uma chapa, seja por perfilação ou utilizando-se dobradeira, provoca, por causa do fenômeno conhecido como envelhecimento (carregamento até a zona plástica, descarregamento, e posterior – porém não imediato – carregamento), um aumento da resistência ao escoamento ($f_y$) e da resistência à ruptura ($f_u$), com consequente redução de ductilidade, isto é, o diagrama tensão-deformação sofre uma elevação na direção das resistências-limite, mas acompanhado de um estreitamento no patamar de escoamento.

O aumento das resistências ao escoamento e à ruptura se concentra na região das curvas quando o processo é descontínuo. No processo contínuo, esse acréscimo atinge outras regiões do perfil, pois, no descontínuo, apenas a região da curva está sob carregamento, enquanto na linha de perfilação a parte do perfil entre roletes está toda sob tensão.

O aumento da resistência ao escoamento pode ser utilizado no dimensionamento de elementos que não estejam sujeitos à redução de capacidade em razão da flambagem local. A redução de ductilidade significa uma menor capacidade de o material se deformar; por essa razão, a chapa deve ser conformada com raio de dobramento adequado ao material e a sua espessura, com o objetivo de evitar o aparecimento de fissuras.

## Tubos estruturais

Perfis tubulares com costura podem ser fabricados por diferentes meios, em aço de média e alta resistência mecânica, como o ASTM A501 ($f_y$ mínimo de 250 MPA) ou ASTM A572 Grau 50 ($f_y$ mínimo de 345 MPa).

Perfis tubulares sem costura são produzidos de acordo com a ASTM A501, com aços estruturais de média e alta resistência, e também com aços resistentes à corrosão atmosférica.

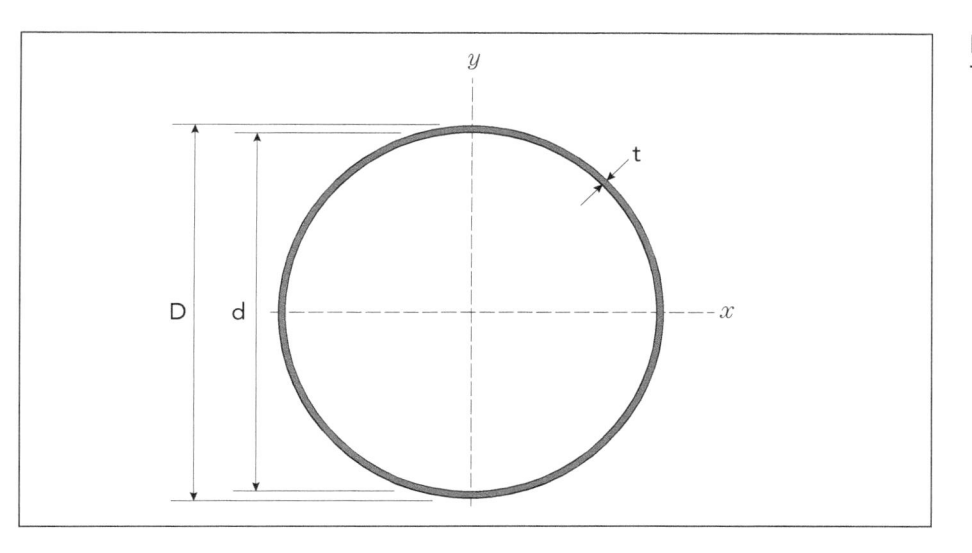

**Figura 2.8**
Tubo estrutural.

## 2.3.3 Conectores

### Conectores de cisalhamento

São elementos de ligação nas interfaces entre elementos de aço e elementos de concreto. Os conectores são os principais responsáveis pelo comportamento de estruturas mistas (ver o Capítulo 9 da Parte 2 deste livro) (aço e concreto juntos, formando uma única seção resistente). Os tipos geralmente empregados são: pino com cabeça e perfil U laminado ou formado a frio com espessura de chapa igual ou superior a 3 mm.

### Parafusos

As ligações parafusadas são empregadas nas ligações de partes da estrutura e nas montagens finais de campo. Os parafusos vieram substituir, com vantagem, os rebites, que foram usados no Brasil até 1969.

Os parafusos, bem como as porcas, são produzidos a partir de fio máquina ou barras de aço fabricadas nas usinas siderúrgicas.

Os parafusos são formados por três partes: cabeça, fuste e rosca (Figura 2.9). Apesar de ser identificada pelo diâmetro nominal, a sua resistência à tração é função do diâmetro efetivo, sendo a área efetiva a área da seção transversal que passa pela rosca, e que vale cerca de 75% da área nominal.

O diagrama tensão-deformação dos aços com os quais são fabricados os parafusos não possui patamar de escoamento (Figura 2.10). Então, o grau de aperto sempre cresce com o torqueamento.

Nas ligações importantes, deve-se empregar o parafuso de alta resistência. O tipo mais utilizado desse parafuso é aquele fabricado conforme a especificação ASTM A325, com resistência à ruptura de 82,5 kN/cm$^2$ para parafusos com diâmetro inferior ou igual a 25,4 mm e 72,5 kN/cm$^2$ para parafusos com maior diâmetro.

**Figura 2.9**
Parafuso: cabeça, fuste e rosca.

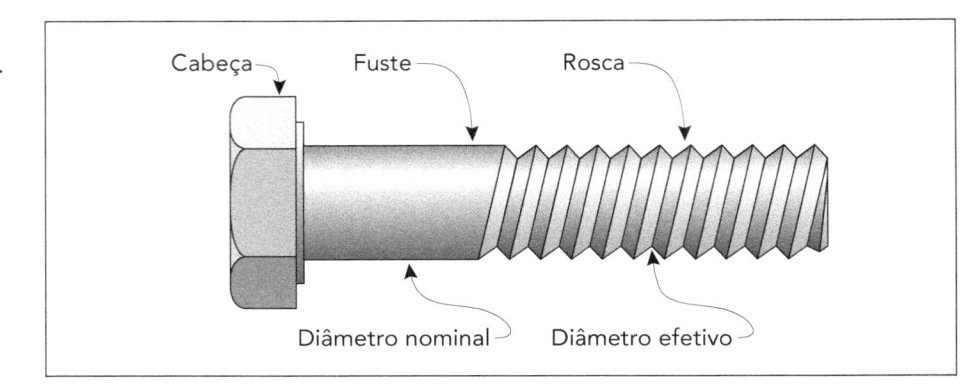

Em razão da maior resistência, é necessário um menor número de parafusos por ligação, resultando em menores chapas de ligação e, portanto, economia de aço.

Esse tipo de parafuso deve ser instalado com controle de torque, após o aperto inicial com chave comum. O controle do aperto pode ser feito via controle da força, por meio de chaves calibradas (torquímetro ou chave pneumática calibrados diariamente conforme prescrições normatizadas), ou via controle da deformação (rotação da porca) por meio de chave de braço longo. Esse último processo, aparentemente menos confiável, pode ser utilizado porque, em virtude da forma do diagrama força-deslocamento do parafuso, grandes deformações impostas ao parafuso estão associadas a relativamente pequenos aumentos na força aplicada.

**Figura 2.10**
Diagrama força-deslocamento de um parafuso.

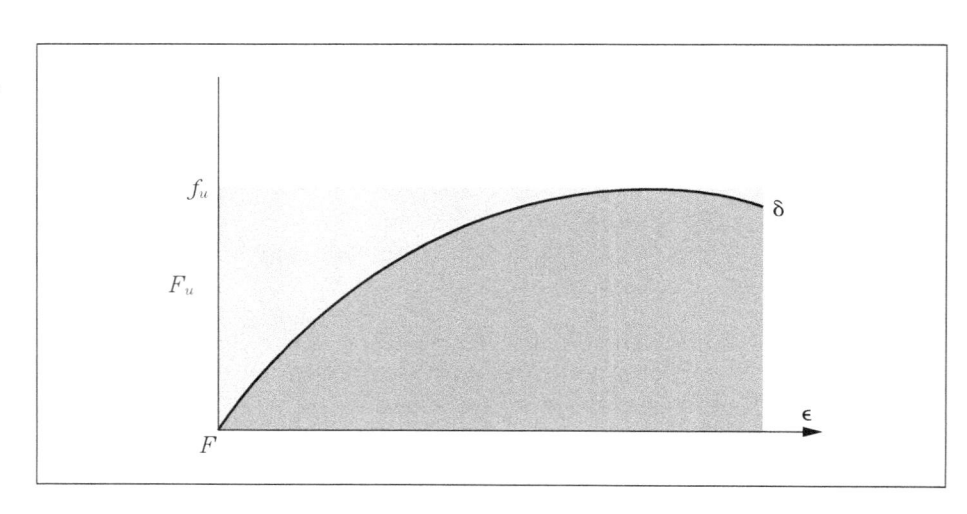

O controle do aperto permite considerar o atrito entre as chapas, proporcionando maior rigidez da ligação e impedindo a movimentação das partes conectadas.

Quando são utilizados aços resistentes à corrosão atmosférica, os parafusos das ligações devem ser compatíveis. Empregam-se geralmente os parafusos ASTM A325 Tipo 3, que são parafusos com a mesma resistência mecânica dos ASTM A325, porém com uma composição química que lhes confere resistência à corrosão atmosférica.

Os parafusos ASTM A490 são também de alta resistência mecânica (superior ao ASTM A325), apresentando como dificuldades de uso a pequena disponibilidade no mercado e a impossibilidade de galvanização a quente.

No mercado, são encontrados também os denominados parafusos comuns. Eles têm baixa resistência mecânica e normalmente são utilizados apenas para peças secundárias, como: guarda-corpos, corrimãos, terças e longarinas de fechamento pouco solicitadas. O tipo mais empregado é o fabricado conforme a especificação americana ASTM A307 com 41,5 kN cm$^2$ de resistência à ruptura. A instalação é feita com chave manual comum e sem controle de torque, permitindo, portanto, a movimentação dos elementos conectados, não se podendo, assim, considerar a resistência por atrito entre as chapas conectadas.

## Chumbadores

A fixação dos pilares de aço às fundações de concreto se faz por meio de barras redondas com uma extremidade rosqueada e com dispositivo de ancoragem na outra, denominada chumbador.

As barras redondas são produtos siderúrgicos, e a confecção dos chumbadores é feita pela própria empreiteira da obra de concreto.

Apesar de a barra em ASTM A36 ser a mais recomendável tecnicamente, deve-se destacar que, por condições específicas do mercado brasileiro, é muito difícil encontrar barras redondas desse material. A prática usual é trabalhar com aço do tipo SAE J403/1020, adotando-se valores conservadores de resistência do material, pois não há garantia mecânica para esses produtos. Costuma-se utilizar, para aço classificado por composição química, $f_y$ = 240 MPa e limite de resistência $f_u$ = 387 MPa.

# Capítulo 3

# Propriedades Mecânicas dos Aços

Materiais são substâncias físicas – ou misturas delas – com propriedades úteis em engenharia, utilizadas na produção de edifícios, pontes, automóveis e aviões a computadores ou simples canetas. Para que um material seja aplicado na engenharia, ele deve apresentar características adequadas a dado uso.

Um material apresenta diferentes propriedades, entre as quais estão as propriedades físicas, mecânicas, óticas, térmicas, elétricas e magnéticas. As propriedades mecânicas são especialmente importantes na arquitetura e na engenharia estrutural. A resistência mecânica e o módulo de elasticidade caracterizam as deformações que um corpo sofre em função de uma determinada tensão aplicada sobre ele. Outras propriedades mecânicas de interesse na engenharia estrutural são dureza, tenacidade, dilatação, fluência e fadiga.

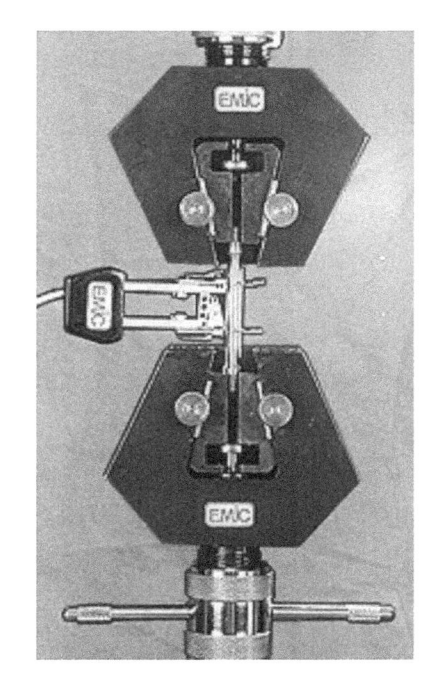

## 3.1 Diagrama tensão-deformação

Uma propriedade mecânica importante para os materiais em geral é a chamada tensão de engenharia ($\sigma$), definida por:

$$\sigma < \frac{F}{A_o}$$

onde $F$ é a carga instantânea aplicada em uma direção perpendicular à seção reta da amostra e $A_o$ representa a área da seção reta original, antes da aplicação da carga.

A deformação linear específica ($\varepsilon$) é definida como a relação entre a variação de alongamento em um dado instante e o comprimento inicial do corpo de prova:

$$\varepsilon = \frac{\ell_f - \ell_i}{\ell_i} = \frac{\Delta l}{\ell_i}$$

onde $l_f$ e $l_i$ correspondem, respectivamente, ao comprimento final e ao comprimento inicial do corpo de prova (Figura 3.1).

**Figura 3.1**
Deformação de um corpo de prova submetido ao ensaio de tração.

Para verificar as propriedades mecânicas dos materiais, há um grande conjunto de ensaios que podem ser empregados, entre os quais se destaca o ensaio de tração.

A Figura 3.2 ilustra um diagrama tensão-deformação de um aço laminado a quente; a seguir se analisa esta figura.

**Figura 3.2**
Diagrama tensão-deformação típico para um aço estrutural.

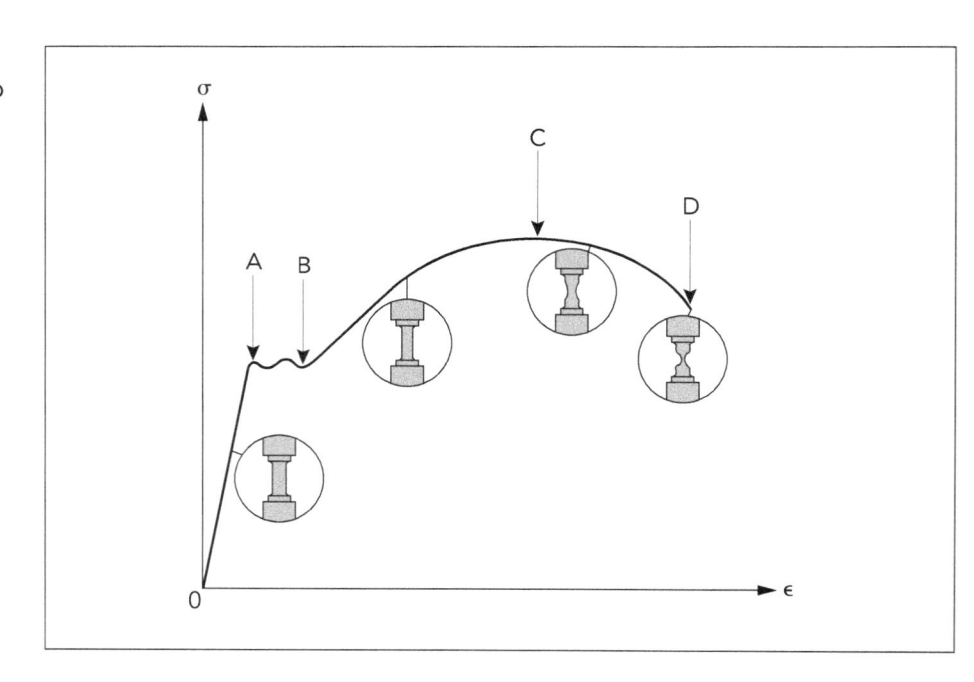

### 3.1.1 Elasticidade

Para pequenos níveis de carregamento, verifica-se que há um comportamento aproximadamente linear entre a tensão aplicada em um corpo e sua deformação. Com a retirada da tensão, a deformação cessa. Esse fenômeno é denominado de comportamento elástico do material.

Admite-se que um material se comporta de modo elástico quando ele volta à sua posição original ao ser descarregado. O segmento O-A, na Figura 3.2, ilustra a região de comportamento elástico.

A força que une dois átomos ($F$) pode ser expressa por:

$$F = \frac{dU}{dr}$$

onde $U$ é a função energia potencial entre dois átomos e $r$ é a distância entre eles. Dependendo da magnitude da força externa aplicada ao material, verifica-se, teoricamente, a intensidade da força $U$ que une os dois átomos. Caso a força externa não tenha magnitude tão alta, o que ocorrerá será um pequeno afastamento entre os átomos, causando uma deformação reversível (os átomos retornarão às posições iniciais). Esse fenômeno é chamado de resposta elástica do material. A Figura 3.3 ilustra o conceito.

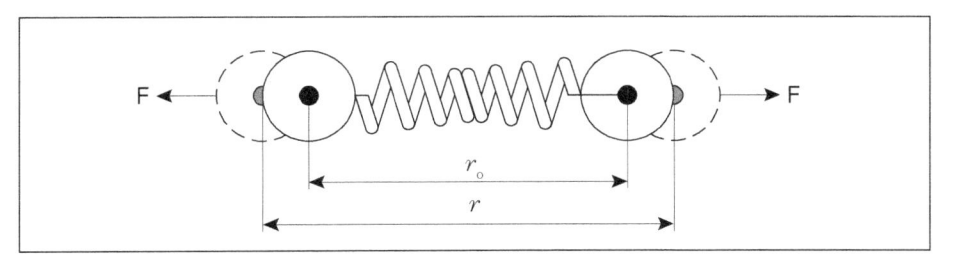

**Figura 3.3**
Ilustração esquemática de um modelo de força atômica entre átomos.

Admite-se que, ao se aplicar uma força $F$, haverá aumento da distância interatômica, de $r_0$ para $r$. Quando a força $F$ for retirada, a distância voltará a $r_0$. Esse comportamento caracteriza o comportamento elástico do material.

Macroscopicamente, o comportamento elástico de um material de engenharia, considerando-se a aplicação de um nível baixo de tensões, pode ser explicado pela Lei de Hooke:

$$\sigma = E \cdot \varepsilon$$

Onde $E$ é uma constante, denominada módulo de elasticidade (ou módulo de Young ou módulo de deformação longitudinal), e é válida para cada material. O valor do módulo de elasticidade dá a medida da rigidez do material. Quanto maior o valor do módulo, menos deformável é o material.

O módulo de elasticidade do aço vale aproximadamente 20 000 kN/cm$^2$.

### 3.1.2 Plasticidade

A plasticidade está relacionada à deformação permanente que ocorre nos materiais, causada pela ruptura das ligações interatômicas, isto é, as deformações não desaparecem quando a carga é retirada. A partir desse ponto, não há mais a existência da proporcionalidade entre a tensão e a deformação, ou seja, a Lei de Hooke não é mais válida. A Figura 3.4 ilustra o comportamento tensão-deformação para um material com deformação elástica e deformação plástica.

**Figura 3.4**
Comportamento tensão-deformação de um material que apresenta deformação elástica e plástica.

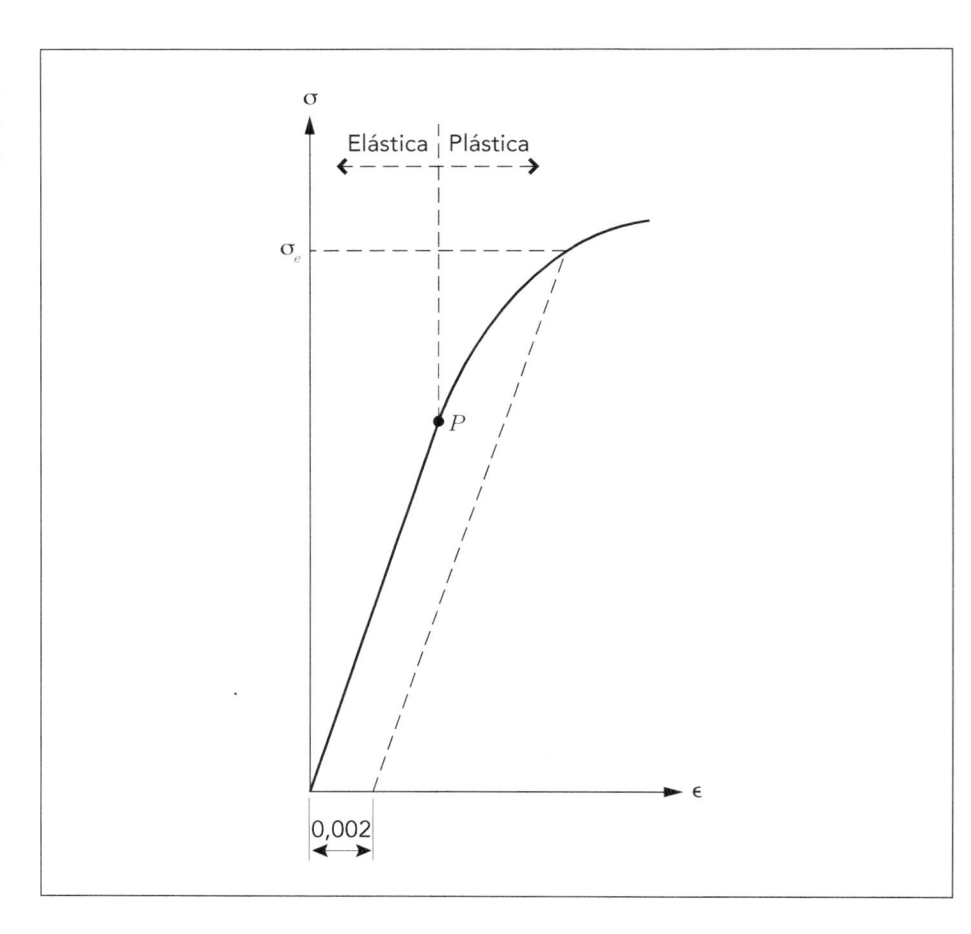

Há quebra de ligações com átomos vizinhos "originais", com a formação de ligações com outros átomos vizinhos, uma vez que um grande número de átomos se move, uns com relação aos outros; com a remoção da tensão, eles não retornam às suas posições originais.

O comportamento plástico se origina, na Figura 3.2, no ponto A. O trecho A-B representa o patamar de escoamento do material, levando a um aumento das deformações para um mesmo nível de tensão. Em materiais que não apresentam patamar de escoamento definido, como o alumínio, admite-se que a resistência ao escoamento ($f_y$) corresponda àquela que provoca uma deformação permanente, igual a 0,2%.

Logo após o patamar de escoamento, há um aumento da tensão necessária para provocar a deformação plástica do material, até se atingir um ponto máximo – o ponto C da Figura 3.2. Esse ponto é chamado de resistência à ruptura, e diminui progressivamente até se atingir a ruptura do material no ponto D.

Para projeto, geralmente emprega-se a resistência ao escoamento ($f_y$) pois, após esse ponto, uma estrutura já apresenta uma deformação plástica significativa, comprometendo as suas características de funcionalidade e segurança.

### 3.1.3 Ductilidade

A ductilidade representa o nível de deformação plástica antes da ruptura de um dado metal. Quando um material apresenta uma deformação plástica muito pequena, diz-se que sua ruptura é do tipo frágil. Ao contrário, quando um material apresenta uma elevada deformação plástica, ele é chamado de dúctil.

A ductilidade pode ser medida por meio do alongamento ou da estricção, ou seja, a redução na área da seção transversal do corpo de prova.

Quanto mais dúctil for o aço, maior será a redução de área (ou do alongamento) antes da ruptura. A Figura 3.5 ilustra esse conceito.

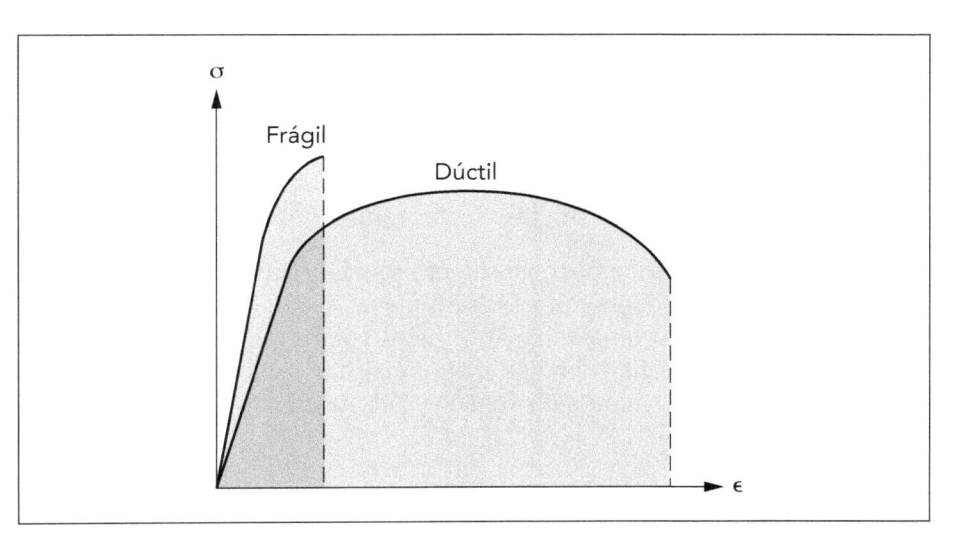

**Figura 3.5**
Representação esquemática do comportamento tensão-deformação para um material frágil e um material dúctil.

A ductilidade é, normalmente, expressa pelo alongamento percentual (AL), que é dado por:

$$AL(\%) = \frac{l_f - l_i}{l_i} 100$$

onde $l_i$ e $l_f$ correspondem, respectivamente, aos comprimentos inicial e final do corpo de prova.

### 3.1.4 Tenacidade

A tenacidade corresponde à capacidade que um material tem de absorver energia até sua fratura. De forma prática, ela corresponde à área sob a curva tensão-deformação apresentada na Figura 3.2, para cada um dos materiais. Vale salientar que essa condição é válida quando se considera uma pequena taxa de deformação, ou seja, para a condição estática.

Um material é considerado tenaz quando possui tanto resistência quanto ductilidade; muitas vezes, os materiais dúcteis são mais tenazes do que os frágeis.

Para condições dinâmicas de carregamento, isto é, elevada taxa de deformação, e quando um ponto de concentração de tensão está presente, a tenacidade ao entalhe é determinada por meio de ensaios de impacto (*Charpy* ou *Izod*).

### 3.1.5 Tensões residuais

O resfriamento posterior à laminação de chapas, cantoneiras, perfis etc. leva ao desenvolvimento de tensões residuais ($\sigma_r$) no produto final. Em chapas, por exemplo, as extremidades resfriam-se mais rapidamente que a região central, contraindo-se; quando a região central da chapa se resfria, as extremidades, já solidificadas, impedem essa região de se contrair livremente. Assim, as tensões residuais são de tração na região central e de compressão nas bordas. Essas tensões são sempre normais à seção transversal das chapas e, evidentemente, têm resultante nula na seção.

As operações executadas posteriormente nas fábricas de estruturas metálicas envolvendo aquecimento e resfriamento (soldagem, corte com maçarico etc.) também promovem o surgimento de novas tensões residuais. Esse é o caso dos perfis soldados nos quais, nas regiões adjacentes aos cordões de solda, permanecem tensões longitudinais de tração após o resfriamento.

A Figura 3.6 ilustra as tensões residuais existentes em chapas (a) e perfis soldados (b).

Por simplicidade, a NBR 8800:2008 indica um único valor a ser adotado para a tensão residual em vigas, $\sigma_r = 0,3f_y$, tanto para tração quanto para compressão.

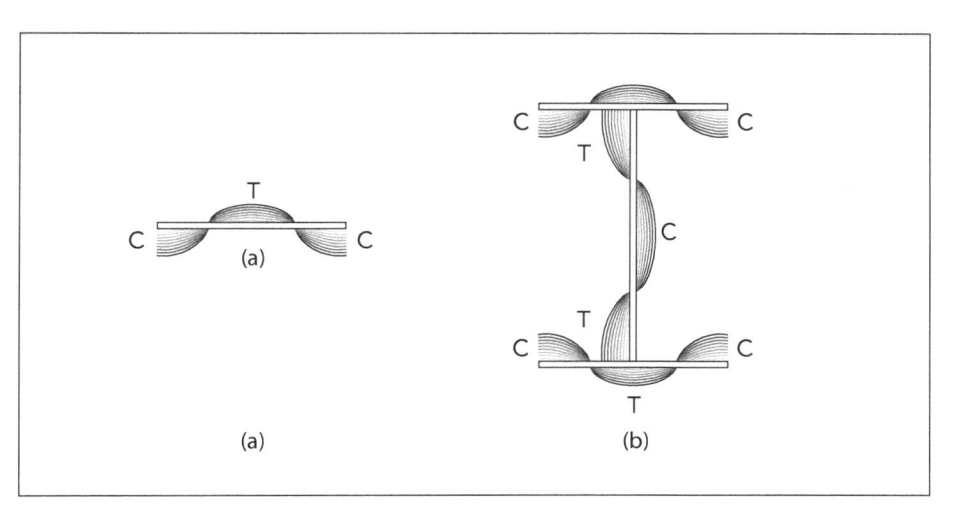

**Figura 3.6**
Tensões residuais em (a) chapas e (b) perfis soldados.

## 3.1.6 Diagrama tensão-deformação simplificado para projeto

Para projetos de engenharia, é comum adotar-se um diagrama tensão-deformação simplificado, conforme apresentado na Figura 3.7, em que $f_y$ é a resistência ao escoamento do aço, fornecida nas Tabelas 2.2 e 2.3 deste livro e "E" é o módulo de elasticidade do aço que vale 20 000 kN/cm$^2$.

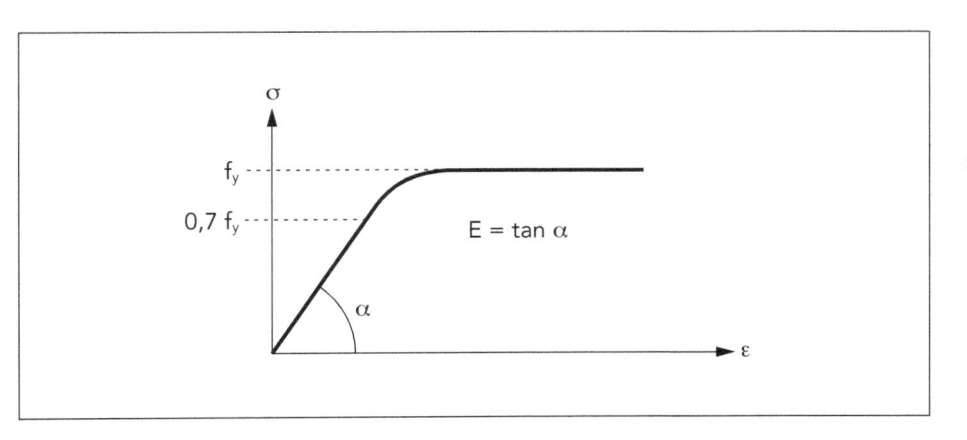

**Figura 3.7**
Diagrama tensão-deformação simplificado.

# Capítulo 4

# Soldagem

De acordo com a American Welding Society – AWS –, soldagem é o processo de união de materiais utilizado para obter a coalescência localizada de metais e não metais, produzida por aquecimento até uma temperatura adequada, com ou sem a utilização de pressão e/ou material de adição.

Conexões soldadas são bastante frequentes na construção metálica; elas apresentam algumas vantagens, como a obtenção de ligações mais rígidas, a redução do custo de fabricação, melhor acabamento final, facilidade de limpeza e de aplicação e manutenção da pintura. Como desvantagens, têm-se a dificuldade para desmontagem e a dificuldade para controle da qualidade do processo de soldagem no canteiro de obras.

A dificuldade de soldagem e, consequentemente, os riscos quanto à garantia da qualidade da solda estão, em parte, relacionados à posição de soldagem. A solda pode ser feita em um plano, na horizontal, na vertical e sobre a cabeça (Figura 4.1).

**Figura 4.1**
Posições de soldagem.

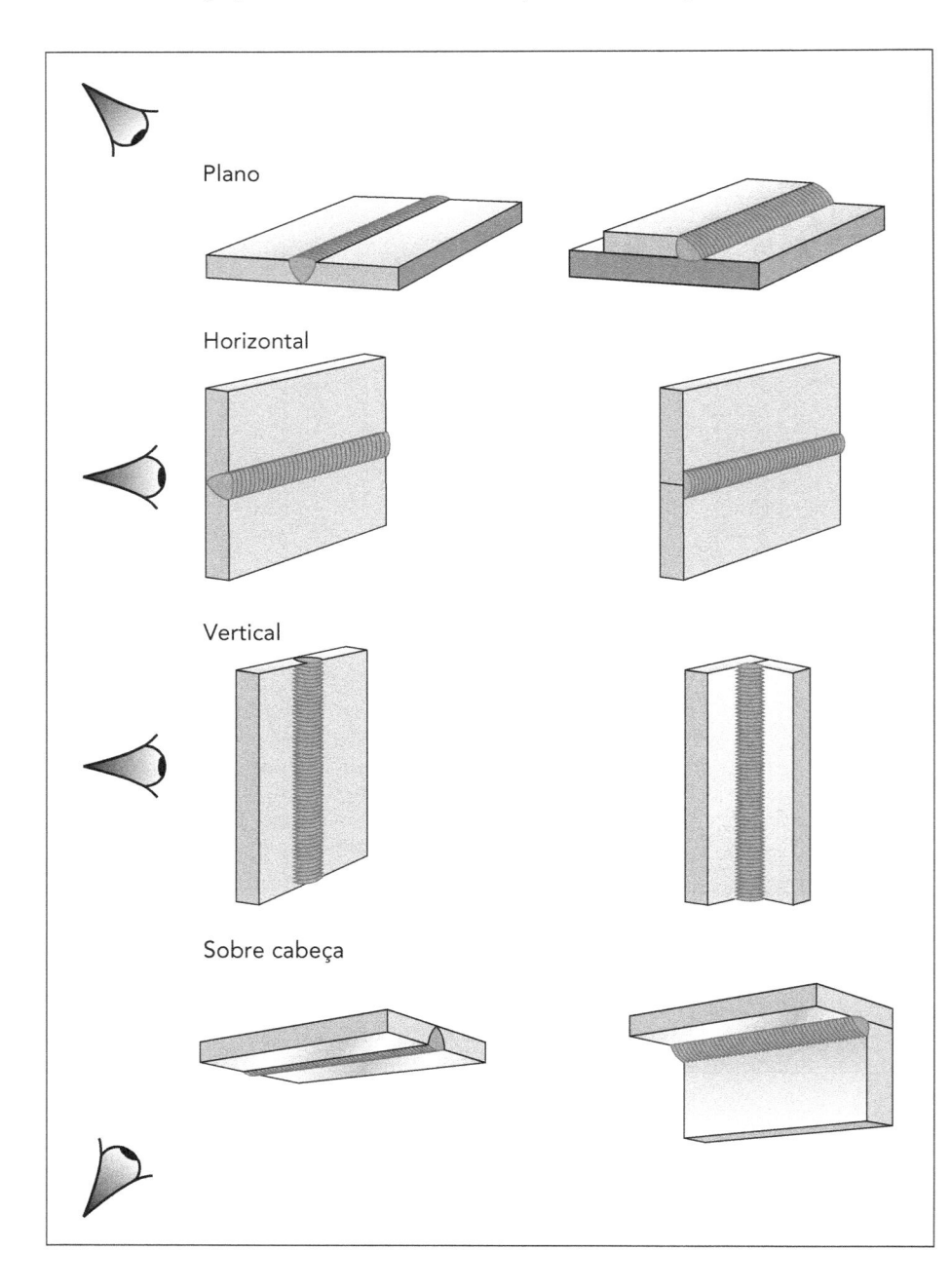

## 4.1 Tipos de solda

Os tipos de solda usualmente empregados na construção metálica são a solda de filete e a solda de entalhe (ou penetração). Ao passo que, na primeira, o metal da solda é colocado externamente aos elementos a serem conectados, na segunda, o metal de solda é colocado entre os elementos. A Figura 4.2 ilustra o conceito.

A solda de entalhe é esteticamente mais agradável; a solda reconstitui a seção da peça conectada e também minora os efeitos de esforços alternados que podem causar fadiga do material. Entretanto, tem pequena tolerância de ajuste das peças e custo elevado de preparo das superfícies. A solda de filete é bem mais simples e, por isso mesmo, é mais empregada.

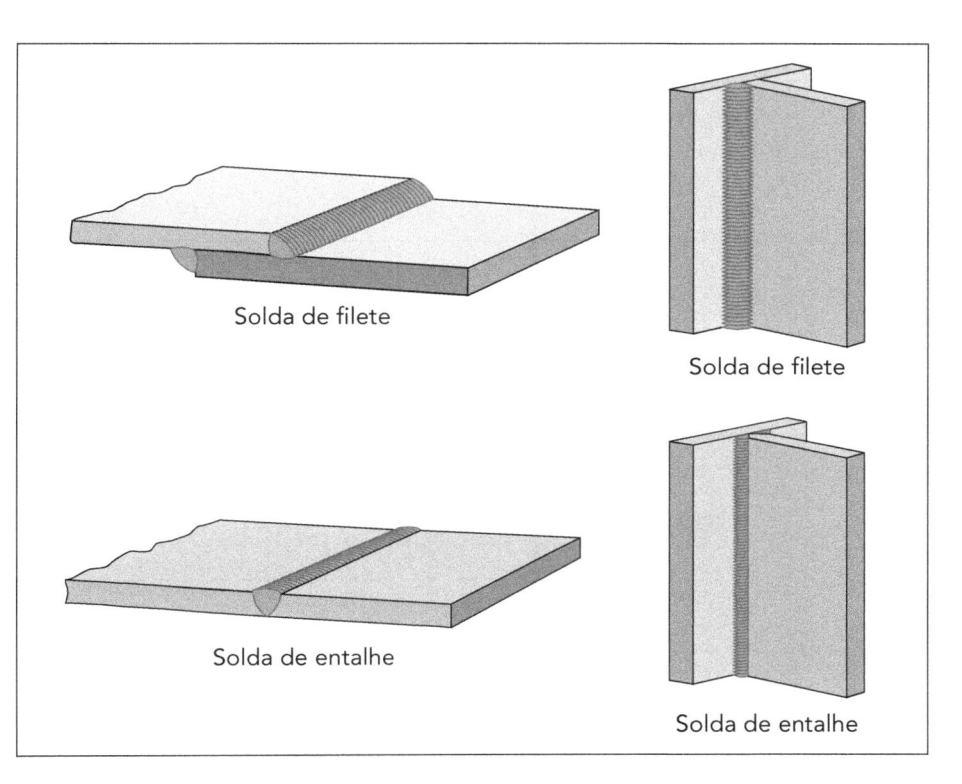

**Figura 4.2**
Tipos de solda.

Solda de filete

Solda de filete

Solda de entalhe

Solda de entalhe

## 4.2 Processos de soldagem

Vários processos de soldagem são utilizados para a união de metais. Na área da construção metálica, o processo mais usado é a solda a arco elétrico, que pode ser manual (com eletrodo revestido) ou automática (com arco submerso).

### 4.2.1 Eletrodo revestido

Eletrodos revestidos, para os aços estruturais comuns, consistem de apenas dois elementos principais: a alma metálica, normalmente um aço de baixo carbono, e o revestimento. A matéria-prima para a confecção da alma metálica é o fio-máquina laminado a quente (na forma de bobinas). Ele é posteriormente trefilado a frio até atingir o diâmetro adequado do eletrodo, retificado e cortado no comprimento adequado.

A alma metálica tem as funções principais de conduzir a corrente elétrica e fornecer metal de adição para a junta a ser soldada. Os ingredientes do revestimento, dos quais existem literalmente centenas, são cuidadosamente pesados, misturados a seco – mistura seca –, e então é adicionado o silicato de sódio e/ou potássio – mistura úmida –, que é compactado em um cilindro e alimentado pela prensa extrusora. O revestimento é extrudado sobre as varetas metálicas, que são alimentadas pela prensa extrusora a uma velocidade muito alta. O revestimento é removido da extremidade do eletrodo – a ponta de pega – para garantir o contato elétrico, e também da outra extremidade para assegurar uma abertura de arco facilitada. A Figura 4.3 ilustra o processo de soldagem com o eletrodo revestido.

**Figura 4.3**
Soldagem com eletrodo revestido.

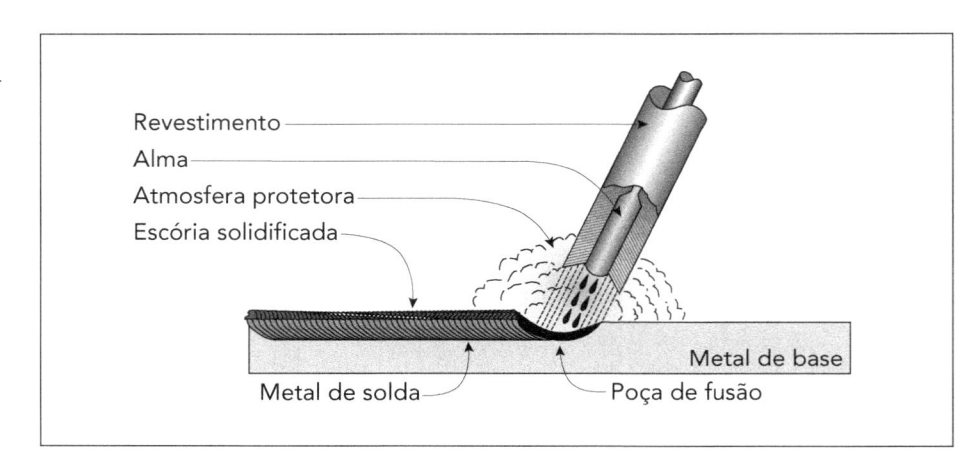

São várias as vantagens do processo de soldagem por eletrodos revestidos. É o processo de soldagem mais simples, necessitando somente de uma fonte de energia de corrente constante, dois cabos elétricos e o eletrodo. É o processo de soldagem mais flexível no sentido de que pode ser empregado em qualquer posição de soldagem para quase todas as espessuras dos aços-carbono. As desvantagens são que os eletrodos revestidos apresentam taxas de deposição mais baixas que os outros processos, tornando-o menos eficiente. Além disso, o uso de eletrodos revestidos para aços-carbono requer mais treinamento dos soldadores novos que os processos de soldagem semiautomáticos e automáticos.

## Classificação dos eletrodos revestidos

Os eletrodos utilizados na soldagem de aços-carbono comuns são classificados, pelos fabricantes de consumíveis, de acordo com a especificação da AWS. Essa classificação é baseada nas propriedades mecânicas do metal de solda, no tipo de revestimento, na posição de soldagem, e no tipo de corrente empregada (corrente alternada – CA – ou corrente contínua

– CC). O sistema de classificação foi constituído para fornecer certas informações sobre o eletrodo e o metal de solda depositado. O significado das designações da AWS, para tais eletrodos, é mostrado na Figura 4.4 e na Tabela 4.1

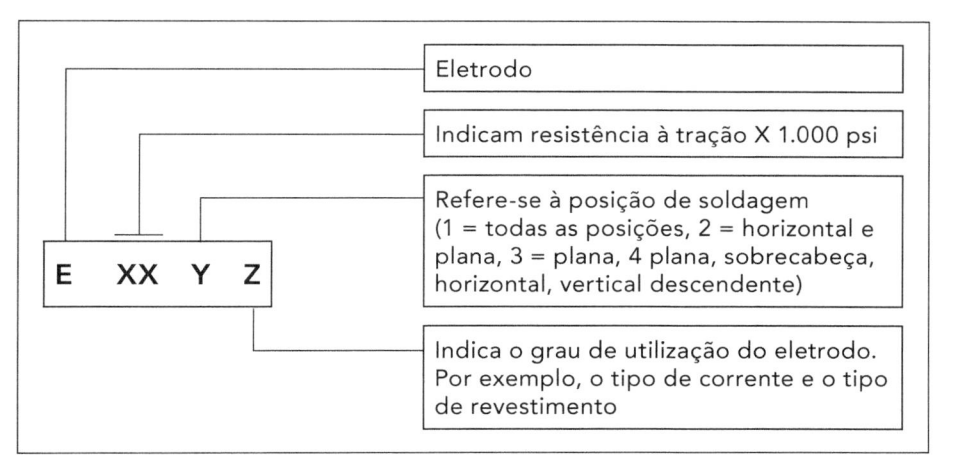

**Figura 4.4**
O sistema de classificação de eletrodos da AWS para eletrodos utilizados na soldagem de aços-carbono comuns.

**Tabela 4.1**
Classificação dos eletrodos para os aços estruturais comuns.

| Classe | Corrente | Arco | Penetração | Revestimento/escória | Pó de ferro |
|---|---|---|---|---|---|
| EXX10 | CC+ | agressivo | profunda | celulósico – sódio | 0 – 10% |
| EXX11 | CA/CC+ | agressivo | profunda | celulósico – potássio | 0 |
| EXX12 | CA/CC- | médio | média | rutílico – sódio | 0 – 10% |
| EXX13 | CA/CC-/CC+ | suave | leve | rutílico – potássio | 0 – 10% |
| EXX14 | CA/CC-/CC+ | suave | leve | rutílico – pó de ferro | 25 – 40% |
| EXX15 | CC+ | médio | média | baixo hidrogênio – sódio | 0 |
| EXX16 | CA/CC+ | médio | média | baixo hidrogênio – potássio | 0 |
| EXX18 | CA/CC+ | médio | média | baixo hidrogênio – pó de ferro | 25 – 40% |
| EXX20 | CA/CC- | médio | média | óxido de ferro – sódio | 0 |
| EXX22 | CA/CC-/CC+ | médio | média | óxido de ferro – sódio | 0 |
| EXX24 | CA/CC-/CC+ | suave | leve | rutílico – pó de ferro | 50% |
| EXX27 | CA/CC-/CC+ | médio | média | óxido de ferro – pó de ferro | 50% |
| 3XX28 | CA/CC+ | médio | média | baixo hidrogênio – pó de ferro | 50% |
| EXX48 | CA/CC+ | médio | média | baixo hidrogênio – pó de ferro | 25 – 40% |

O percentual de pó de ferro é baseado na massa do revestimento

Essas classificações – em conformidade com a especificação AWS A5.1 – são determinadas pelo fabricante de eletrodos de acordo com os resultados dos testes. A American Welding Society não aprova nem reprova eletrodos.

Os ensaios mecânicos (ou físicos) de metal depositado são realizados em todos os corpos de prova na condição como soldado. Isso significa que a solda ou o metal de solda não ficam sujeitos a qualquer tipo de tratamento térmico. A Tabela 4.2 mostra as propriedades mecânicas para os eletrodos revestidos aplicáveis aos aços-carbono.

**Tabela 4.2**
**Propriedades mecânicas dos eletrodos revestidos para aços-carbono.**

| Classe | LE (MPa) | LR (MPa) | Al (%) | Ch V média (J) | Ch V individual (J) | Temp. (°C) |
|--------|----------|----------|--------|----------------|---------------------|-----------|
| E6010 | ≥331 | ≥414 | ≥22 | ≥27 | ≥20 | –29 °C |
| E6011 | ≥331 | ≥414 | ≥22 | ≥27 | ≥20 | –29 °C |
| E6012 | ≥331 | ≥414 | ≥17 | – | – | – |
| E6013 | ≥331 | ≥414 | ≥17 | – | – | – |
| E6020 | ≥331 | ≥414 | ≥22 | – | – | – |
| E6022 | – | ≥414 | – | – | – | – |
| E6027 | ≥331 | ≥414 | ≥22 | ≥27 | ≥20 | –29 °C |
| E7014 | ≥399 | ≥482 | ≥17 | – | – | – |
| E7015 | ≥399 | ≥482 | ≥22 | ≥27 | ≥20 | –29 °C |
| E7016 | ≥399 | ≥482 | ≥22 | ≥27 | ≥20 | –29 °C |
| E7018 | ≥399 | ≥482 | ≥22 | ≥27 | ≥20 | –29 °C |
| E7024 | ≥399 | ≥482 | ≥17 | – | – | – |
| E7028 | ≥399 | ≥482 | ≥22 | ≥27 | ≥20 | –18 °C |
| E7048 | ≥399 | ≥482 | ≥22 | ≥27 | ≥20 | –29 °C |

Como visto anteriormente, aços de baixa liga e alta resistência são aqueles que possuem pequenas quantidades de elementos de liga adicionados com objetivos específicos, ou seja, aumentar, por exemplo, a resistência mecânica, a tenacidade, a resistência à corrosão etc.

Os eletrodos revestidos para a soldagem de aços de baixa liga são desenvolvidos, na maioria dos casos, para ajustar as propriedades mecânicas do cordão de solda com as propriedades do metal de base e não para ajustar a composição química do cordão de solda com a do metal de base.

Com pouquíssimas exceções, os eletrodos de baixa liga são feitos adicionando-se ao revestimento os elementos de liga apropriados, não empregando, assim, uma alma de aço com composição compatível com o metal de base (o aço de baixa liga).

Os eletrodos revestidos utilizados para os aços de baixa liga são classificados em conformidade com a especificação AWS A5.5. Essa especificação contém os requisitos de propriedades mecânicas e as condições de alívio de tensões, os requisitos de composição química, e também os requisitos de integridade do metal de solda. Os eletrodos são classificados sob essa especificação em conformidade com as propriedades mecânicas e a composição química do metal de solda, com o tipo de revestimento, e com a posição de soldagem As designações alfanuméricas empregadas para as classificações de eletrodos revestidos de baixa liga possuem o mesmo significado dos eletrodos para aços-carbono, exceto que o(s) componente(s) principal(is) da liga é(são) indicado(s) por um sufixo alfanumérico.

Por exemplo, a classificação E7018-A1 indica:

- Eletrodo (letra E).
- Limite de resistência mínimo de 70 ksi (70 ksi = 485 MPa).
- Soldabilidade em todas as posições (1).
- Baixo hidrogênio com adição de pó de ferro (8).
- Contém, normalmente, 0,5% de molibdênio (A1).

A Tabela 4.3 traz a lista completa de composições nominais de ligas para essa especificação.

**Tabela 4.3**
**Classificação dos eletrodos para os aços de baixa liga e alta resistência, de acordo com a AWS A5.5.**

| | |
|---|---|
| A1 | 0,5% Mo |
| B1 | 0,5% Cr e 0,5 Mo |
| B2 | 1,25% Cr e 0,05% Mo |
| B2L | 1,25% Cr, 0,5% Mo e máx. 0,5% C |
| B3 | 2,25% Cr e 0,5% Mo |
| B3L | 2,25% Cr, 0,5% Mo e máx. 0,05% C |
| B4L | 2% Cr, 0,5% Mo e máx. 0,05% C |
| B5 | 0,5% Cr e 1,1% Mo |
| C3 | 1% Ni |
| C1 | 2% Ni |
| C2 | 3% Ni |
| D1 | 1,5% Mn e 0,3% Mo |
| D2 | 1,75% Mn e 0,3% Mo |
| M | Conforme as composições cobertas pelas especificações militares |
| G | Necessita de um teor mínimo de qualquer um dos seguintes elementos: 1% Mn, 0,8% Si, 0,5 Ni, 0,3% Cr ou 0,2% Mo |

As designações alfanuméricas empregadas para as classificações de eletrodos revestidos de baixa liga possuem o mesmo significado dos eletrodos para aços-carbono, exceto que o(s) componente(s) principal(is) da liga é(são) indicado(s) por um sufixo alfanumérico.

A designação da AWS A5.5 é descrita pela Figura 4.5; a Tabela 4.4 fornece a lista completa de eletrodos cobertos por essa especificação.

**Figura 4.5**
Designações alfanuméricas empregadas na classificação de eletrodos revestidos de baixa liga.

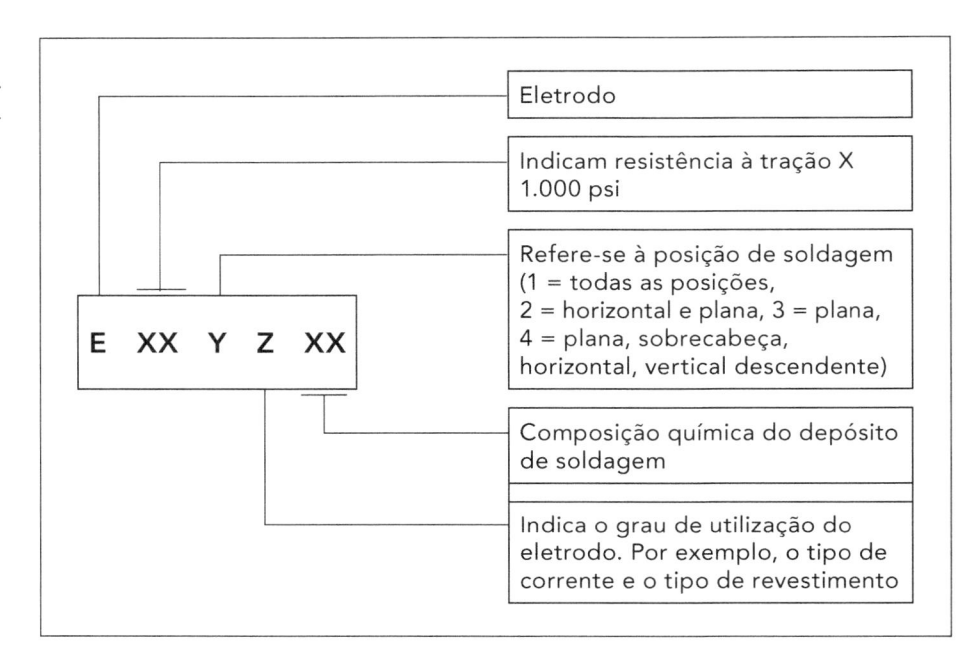

**Tabela 4.4**
Classificação dos eletrodos para os aços de baixa liga e alta resistência.

| | | | |
|---|---|---|---|
| E7010-A1 | E8018-B2 | E9015-B3L | E11018-M |
| E7011-A1 | E8018-B2L | E9016-B3 | E12018-M |
| E7015-A1 | E8015-B4L | E9018-B3 | |
| E7016-A1 | E8016-B5 | E9018-B3L | EXX10-G |
| E7018-A1 | E8016-C1 | E9015-D1 | EXX11-G |
| E7020-A1 | E8018-C1 | E9018-D1 | EXX13-G |
| E7027-A1 | E8016-C2 | E9018-M | EXX15-G |
| | E8018-C2 | | EXX16-G |
| E8016-B1 | E8016-C3 | E10015-D2 | EXX18-G |
| E8018-B1 | E8018-C3 | E10016-D2 | E7020-G |
| E8015-B2L | | E0018-D2 | |
| E8016-B2 | E9015-B3 | E10018-M | |

## 4.2.2 Arco submerso

Soldagem por arco submerso é uma técnica de soldagem na qual o calor requerido para fundir o metal é gerado por um arco formado pela corrente elétrica que flui entre o arame de soldagem e a peça de trabalho. A ponta do arame de soldagem, o arco elétrico e a peça de trabalho são cobertos por uma camada de um material mineral granulado conhecido por fluxo para soldagem por arco submerso. Não há arco visível ou faíscas, respingos ou fumos.

O cabeçote de soldagem se move a velocidades relativas que podem chegar até 400 cm/min$^{-1}$, com um único arame. Maiores velocidades podem ser alcançadas com vários arames na mesma poça de fusão.

As espessuras de soldagem que podem ser obtidas variam muito. Para passe único, pode-se atingir até 16 mm de espessura; para a soldagem em múltiplos passes, não há limite de espessura. O processo permite, assim, uma elevada velocidade de soldagem, grandes taxas de deposição metálica, boa integridade do metal de solda e melhor ambiente de trabalho e segurança para o operador.

O enorme calor desenvolvido pela passagem da corrente de soldagem através da zona de soldagem funde a extremidade do arame e as bordas adjacentes das peças de trabalho, criando uma poça de metal fundido, turbulento. Por essas razões, qualquer escória ou quaisquer bolhas de gás serão prontamente varridas para a superfície. O fluxo utilizado na soldagem por arco submerso protege completamente a região de soldagem do contato com a atmosfera.

Uma pequena quantidade de fluxo se funde. Essa porção fundida tem várias funções: cobre completamente a superfície da solda, evitando a contaminação do metal de solda por gases atmosféricos; dissolve – e, portanto, elimina – as impurezas que se separam do metal fundido e flutuam em sua superfície; e também pode ser o agente de adição de certos elementos de liga. A combinação de todos esses fatores resulta em uma solda íntegra, limpa e homogênea.

A Figura 4.6 representa, em linhas gerais, o processo de soldagem por arco submerso.

À medida que o cordão de solda é constituído, a parte fundida do fluxo se resfria e endurece, formando um material duro e vítreo, que protege a solda até seu resfriamento, sendo normal seu completo destacamento da solda. Desde que adequadamente executadas, as soldas por arco submerso não apresentam fagulhas, tornando desnecessários equipamentos de proteção contra a radiação. Não há respingos a serem removidos.

Arames para soldagem por arco submerso são escolhidos primeiro por sua influência nas propriedades mecânicas e/ou na composição química requerida para o metal depositado. Carbono e manganês são os elementos de liga mais comuns, com adições de Si, Mo, Ni, Cr, Cu e outros elementos adicionados para aumentar a resistência mecânica e controlar as propriedades mecânicas a altas ou baixas temperaturas. Adições de manganês e silício também auxiliam na eliminação da porosidade gerada pelo gás CO.

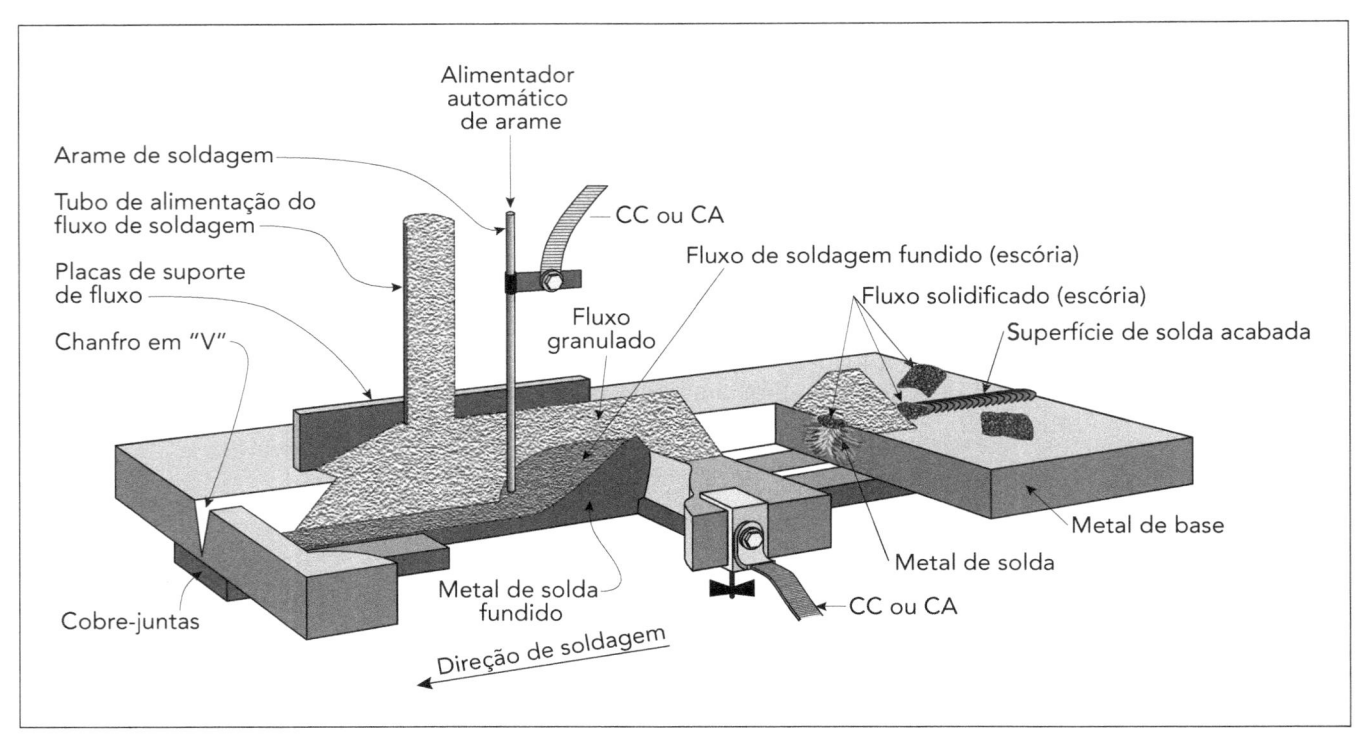

**Figura 4.6**
O processo de soldagem por arco submerso.

Os fluxos para soldagem por arco submerso são escolhidos para satisfazer aos requisitos de propriedades mecânicas em conjunto com um arame particular e também para atender às necessidades de desempenho de cada aplicação.

As classificações da AWS para combinações arame-fluxo auxiliam na escolha dos consumíveis adequados para cada aplicação. A AWS classifica arames de aço-carbono e de baixa liga para soldagem por arco submerso pelas normas AWS A5.17 e AWS A5.23, considerando a faixa de composição química. Como as propriedades do metal de solda depositado pelo processo de arco submerso são afetadas pelo tipo de fluxo empregado, é necessário aplicar uma classificação separada para cada combinação arame-fluxo. Um arame pode ser classificado com vários fluxos.

As Figuras 4.7 e 4.8 trazem os dois sistemas de classificação de combinações arame-fluxo da norma AWS.

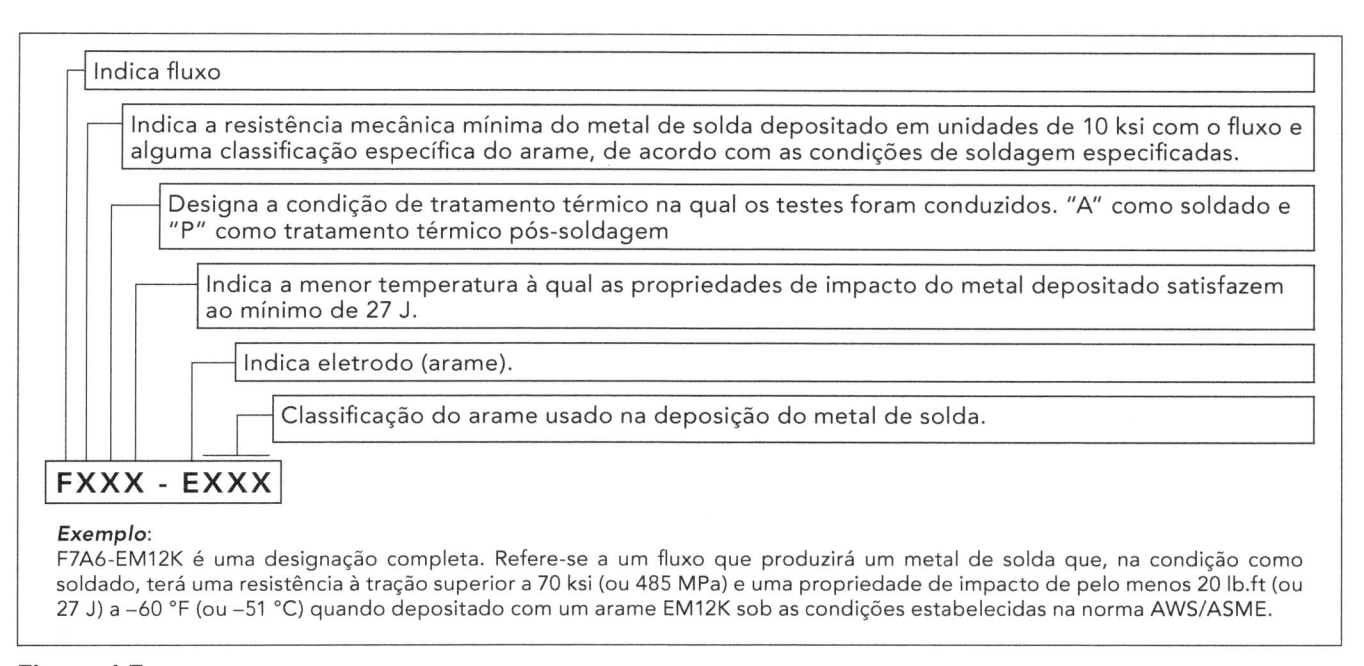

**Figura 4.7**
Sistema de classificação da AWS para combinações arame-fluxo (aços carbono).

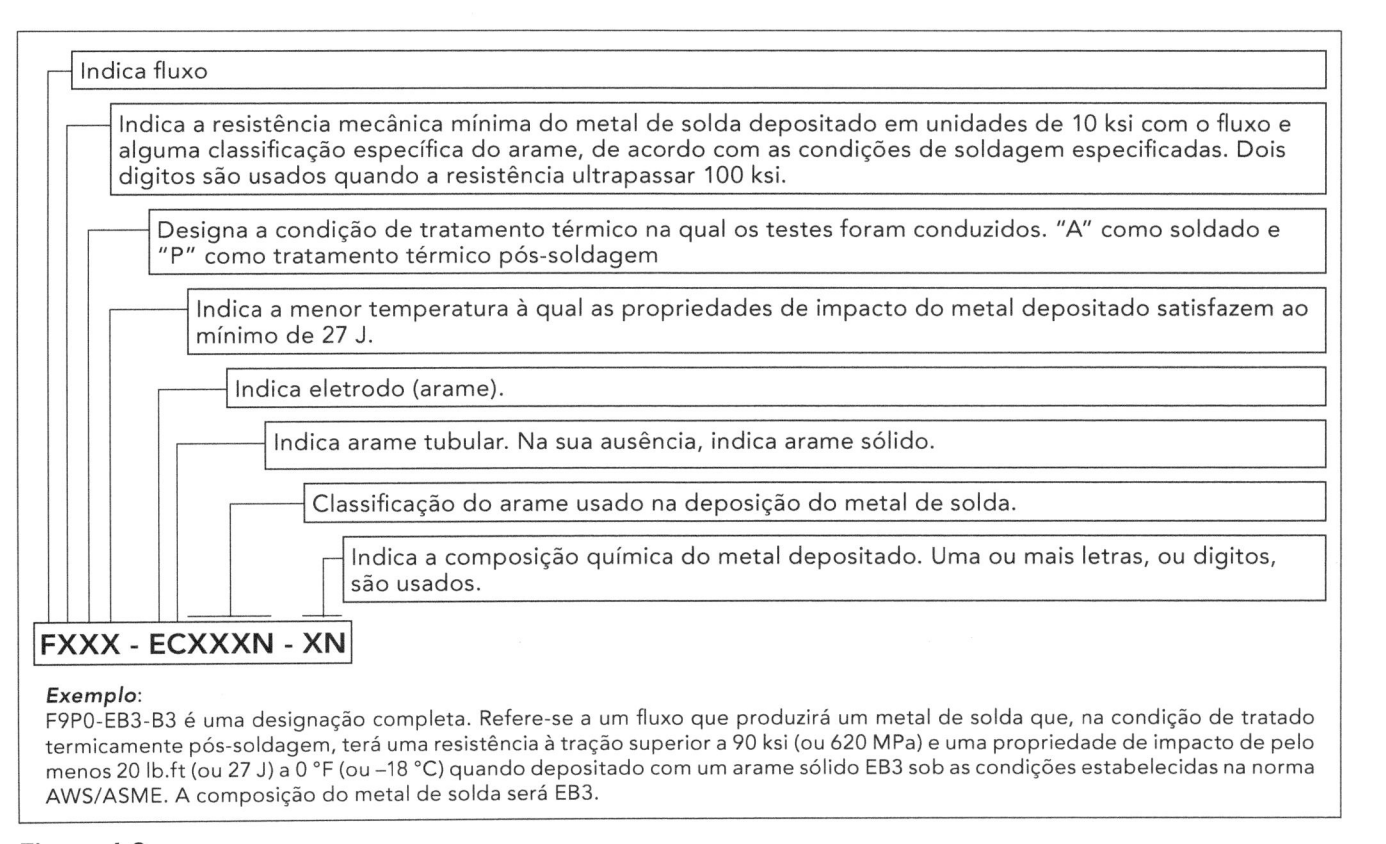

**Figura 4.8**
Sistema de classificação da AWS para combinações arame-fluxo (aços de baixa liga).

A soldagem por arco submerso, por causa da automação empregada, confere maior qualidade à solda. Ela se destina às operações executadas em fábrica, pois há restrições quanto à mobilidade da máquina e, consequentemente, à posição de soldagem.

## 4.3 Controle de qualidade

Sempre que possível, um projeto deve prever a maioria das conexões soldadas em fábrica, pois sua qualidade pode ser mais bem acompanhada.

A qualidade da solda pode ser controlada pelos métodos apresentados a seguir em ordem crescente de eficiência:

- Verificação de defeitos superficiais:

  o controle visual: consiste na detecção de defeitos superficiais grosseiros por meio da averiguação visual executada por um profissional habilitado;

  o controle por líquido penetrante: consiste na aplicação local de um líquido de cor avermelhada, que penetra em possíveis fissuras na solda. Após a limpeza e aplicação de pó revelador, é ressaltada a indesejável solução de continuidade;

  o controle por magnetização (magnaflux): consiste no espalhamento de partículas magnéticas sobre a região soldada, as quais, por magnetização, se dispõem de tal forma a indicar os defeitos superficiais.

- Verificação de defeitos internos:

  o controle ultrassonográfico: consiste na inspeção do interior da solda por meio da emissão e recepção de ondas sonoras;

  o controle radiográfico: consiste na inspeção do interior da solda com emprego de raios X, e permite o registro da inspeção.

## 4.4 Soldagem de perfis

O processo de soldagem empregado na fabricação de perfis deve, preferencialmente, ser realizado com a técnica do arco submerso, utilizando-se, para tal, máquinas automáticas ou semiautomáticas. Podem ser empregados outros processos de soldagem, desde que atendam à qualidade especificada no projeto. O referido processo deve ser qualificado conforme a especificação da AWS D1.1.

O cordão de solda deve ser contínuo e pode ser de penetração total ou parcial, de filete duplo ou de um só lado da alma, em função das exigências de projeto. No caso de filete em um só lado da alma, cuidados adequados devem ser tomados para evitar problemas de corrosão, pois estaremos criando, propositalmente, uma fresta.

As emendas de topo transversais, feitas nas chapas que formam o perfil I soldado, ou as emendas de topo entre perfis I, devem ser de penetração total. Elas têm, ainda, de satisfazer as exigências do projeto e serem verificadas por meio de ensaios não destrutivos, de acordo com a especificação da AWS D1.1, ou outros tipos de ensaios, quando especificados.

Emendas longitudinais são permitidas somente nas chapas de alma com $h > 800$ mm, antes de compor o perfil, localizadas a uma distância mínima de 300 mm ou $h/6$ (o que for maior) da mesa superior ou inferior. Devem ser de penetração total e serem verificadas por meio de ensaios não destrutivos, de acordo com a especificação da AWS D1.1 ou outros tipos de ensaios, quando especificados.

# Capítulo 5

# Proteção contra a Corrosão

Os metais raramente são encontrados no estado puro – um exemplo é o ouro, na forma de pepitas. Em geral, eles são encontrados em combinação com um ou mais elementos não metálicos presentes no ambiente. Minérios são, em sua grande maioria, formas oxidadas do metal.

Com raras exceções, quantidades significativas de energia devem ser fornecidas aos minérios para reduzi-los aos metais puros. O refino, o lingotamento e a conformação posteriores do metal envolvem processos em que mais energia é gasta.

A corrosão pode ser definida, de modo muito simples, como a tendência espontânea do metal produzido de reverter ao seu estado original (por exemplo, um óxido hidratado), de mais baixa energia livre. Outra definição, amplamente aceita, é a que afirma que corrosão é a deterioração de propriedades que ocorre quando um material (metálico, cerâmico ou polimérico) reage com o seu ambiente.

A corrosão afeta a sociedade de várias maneiras: utilização, nos projetos, de maiores coeficientes de segurança; necessidade de manutenção preventiva e corretiva; utilização de materiais mais "nobres" e caros; parada temporária da utilização do equipamento ou da estrutura; contaminação de produto; perda de eficiência; perda de imagem do produto perante a sociedade etc. Obviamente, todos esses itens envolvem aspectos econômicos. Assim, muitas são as razões para evitar ou controlar a corrosão.

## 5.1 Como ocorre a corrosão?

O aço possui, como visto, a tendência natural de se degradar sob ação das intempéries ou dos meios agressivos. Isso ocorre com todos os materiais frequentemente utilizados na construção civil. O fenômeno acontece em ambientes distintos, com velocidades também distintas. A intensidade do ataque é proporcional à agressividade do ambiente. A velocidade de corrosão é insignificante, por exemplo, em atmosferas secas, como aquelas encontradas em grande parte do interior do Brasil. Por outro lado, o ataque pode ser significativo na presença de agentes corrosivos, como aqueles encontrados em certas regiões altamente industrializadas.

Para o aço-carbono, corrosão se traduz na formação da tão familiar "ferrugem". Composto de óxidos hidratados em maior ou menor extensão, esse produto é formado, à temperatura ambiente, na presença de oxigênio (do ar) e água (por exemplo, da chuva ou do orvalho); a corrosão atmosférica pode ser chamada, portanto, de corrosão aquosa (ou úmida).

É importante ressaltar que existem várias outras formas de corrosão, que podem se manifestar em condições particulares, mas sua descrição foge do escopo deste livro.

A corrosão é um fenômeno basicamente eletroquímico. Isso significa que ela se assemelha em tudo a uma pilha. Enquanto um dos eletrodos – o anodo – é consumido, o outro eletrodo – o catodo – resta intacto. O eletrólito é constituído pela água contendo oxigênio dissolvido e, em ambientes poluídos, substâncias químicas variadas. Esse eletrólito banha o anodo e o catodo, permitindo a continuidade das reações. A Figura 5.1 ilustra o fenômeno.

**Figura 5.1**
Corrosão como um fenômeno eletroquímico.

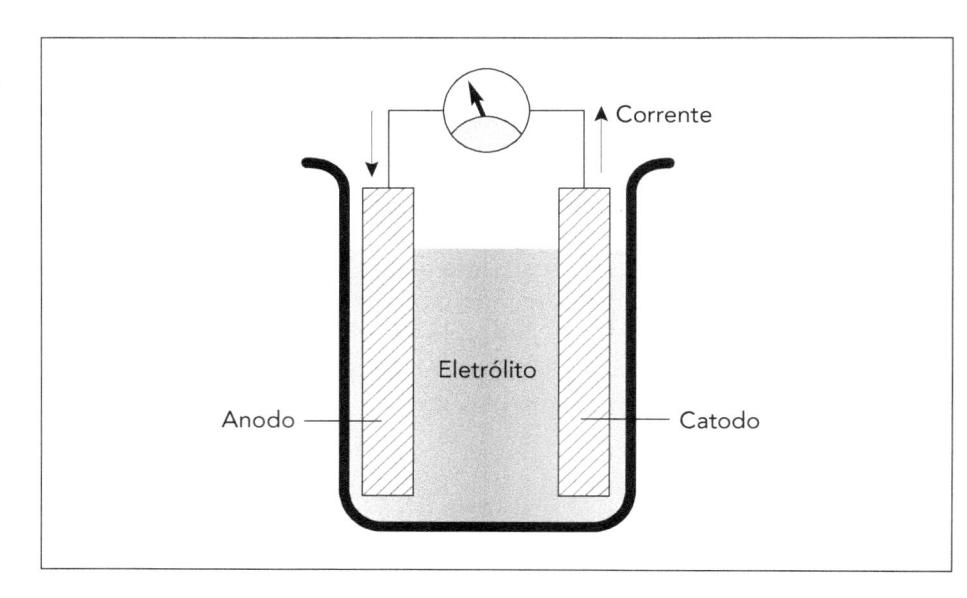

Em termos práticos, essas pilhas são formadas em razão das heterogeneidades existentes na superfície metálica entre as regiões anódicas e catódicas (composição química, tensões residuais, orientação cristalográfica etc.).

Também são formadas quando o aço é conectado a outro metal (como o zinco ou o cobre), originando o que é conhecido como par galvânico. Nessas pilhas, se o aço ocupar a posição de catodo (por exemplo, conectando-o ao zinco, ou ainda ao cádmio ou ao magnésio), ele não será corroído; ao contrário, se ocupar a posição de anodo (por exemplo, conectando-o ao cobre e suas ligas, aos aços inoxidáveis ou ainda aos aços patináveis), ele será corroído. A Figura 5.2 (a) e (b) ilustra o conceito.

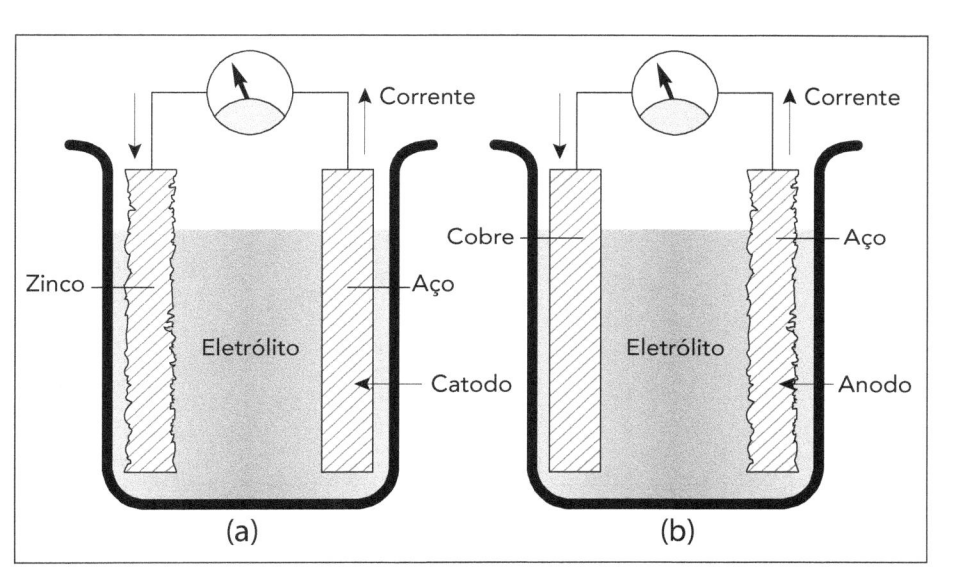

**Figura 5.2**
(a) Par galvânico – aço protegido por zinco. (b) Par galvânico – cobre protegido por aço.

A Figura 5.3 mostra a ação nefasta da carepa de laminação, catódica em relação ao aço.

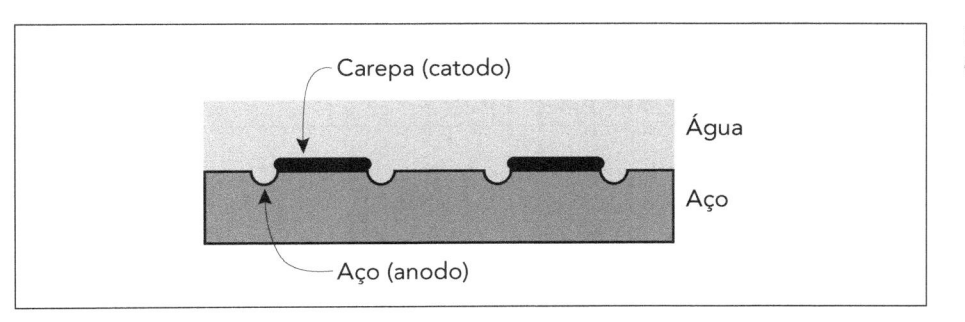

**Figura 5.3**
Carepa induz a corrozão do aço.

É importante ressaltar a diferença fundamental entre a ferrugem e a carepa. Enquanto a ferrugem é formada na presença de umidade e oxigênio do ar, à temperatura ambiente, a carepa é constituída por uma camada de óxidos formados sob alta temperatura, durante a produção e a transformação do aço, quando este é aquecido a mais de 650 °C. A carepa possui coloração cinza-azulada, ao passo que a ferrugem assume diferentes tons de marrom. A carepa promove a corrosão do aço, motivo pelo qual deve sempre ser removida.

A Figura 5.4 ilustra a influência do oxigênio do ar na corrosão causada pela deposição de uma gota de água sobre a superfície do aço. A região central da gota, que é menos aerada do que a borda, é anódica. A região periférica, mais aerada, é catódica.

Deve-se ressaltar que a composição do eletrólito exerce papel importante na velocidade de corrosão. Sais que aumentam a condutividade do meio líquido promovem o aumento da velocidade de corrosão.

**Figura 5.4**
Mecanismo eletroquímico ocorrendo em uma gota de água do mar depositada sobre o aço.

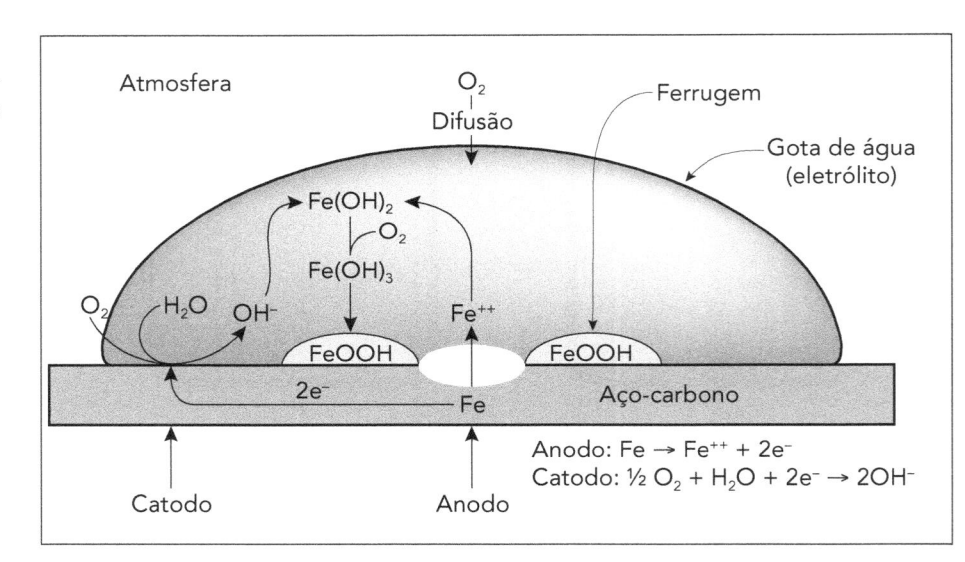

## 5.2 A corrosão atmosférica

O processo de corrosão eletroquímica do aço-carbono consiste de regiões anódicas (onde ocorre a reação de oxidação) e regiões catódicas (onde ocorre a reação de redução) distribuídas sobre a superfície metálica. A Figura 5.4 ilustra o processo. No processo anódico, o ferro é dissolvido e transferido para a solução como íons $Fe^{2+}$. A reação catódica apresentada consiste da conhecida reação de redução do oxigênio. O processo em tudo se assemelha a um circuito elétrico em que não ocorre qualquer acúmulo de cargas. Elétrons são gerados e consumidos. A corrosão é, assim, um *desperdiçador* de energia, e não um acumulador, como uma bateria.

Os elétrons liberados pela reação anódica são conduzidos através do metal até as áreas catódicas, e lá são consumidos pela reação catódica.

Uma condição necessária à existência desse processo é que o ambiente externo ao metal seja composto por um líquido condutor de eletricidade (isto é, um eletrólito), aerado, em contato direto com o metal.

O circuito elétrico é fechado pela condução de íons através do eletrólito. Temos, assim, condução de elétrons no metal e íons no eletrólito, processo conhecido como corrosão úmida, que expõe um mecanismo tipicamente eletroquímico.

No exemplo da Figura 5.4, os íons metálicos $Fe^{++}$ são conduzidos ao encontro dos íons $OH^-$, e, juntos, precipitam-se como $Fe(OH)_2$. O $Fe(OH)_2$ não é estável nessas condições, sendo, assim, oxidado a $Fe(OH)_3$ (ou $Fe_2O_3 \cdot nH_2O$). Este composto é comumente descrito na literatura como FeOOH hidratado. FeOOH é a ferrugem comum, que todos conhecemos, de cor avermelhada ou amarronzada.

Se o acesso do oxigênio for, de algum modo, dificultado, o óxido $Fe_3O_4$ será formado no lugar do FeOOH. O óxido $Fe_3O_4$ – conhecido como magnetita – tem a cor negra (quando isento de água) ou esverdeada (quando possui água), e é magnético.

A reação de redução do oxigênio é a reação catódica mais importante nos meios naturais, como a atmosfera, o solo, a água do mar ou a água doce. Entretanto, sob certas condições, outra reação catódica importante pode ocorrer: a redução do hidrogênio, $2\,H^+ + 2\,e^- \rightarrow H_2$. Essa reação acontece em ambientes muito ácidos (cidades ou áreas industriais muito poluídas por $SO_2$, HCl etc.), onde o pH é menor do que 3,8.

O exemplo ilustra o que é chamado de cela eletroquímica. O potencial termodinâmico para o processo de corrosão, ou seja, a espontaneidade do processo, tem sua origem na diferença de potencial que ocorre entre as regiões anódicas e catódicas da superfície metálica.

Vários fatores influenciam a velocidade em que os aços são corroídos na atmosfera:

- Fatores climatológicos: umidade relativa, nível de insolação, temperatura, velocidade e direção dos ventos etc.

- Natureza e concentração dos agentes agressivos: dióxido de enxofre, gás carbônico, cloretos e outros, que tornarão a atmosfera poluída em maior ou menor grau.

Considera-se que a corrosão do aço-carbono é praticamente nula em atmosferas não poluídas com umidades relativas inferiores a 60%. Entretanto, a corrosão torna-se apreciável em umidades relativas superiores a 80%, especialmente se a atmosfera contiver poluentes estimuladores do ataque.

De acordo com sua agressividade ao aço e da natureza de seus agentes corrosivos, as atmosferas podem ser classificadas, a grosso modo, nas categorias:

- Atmosferas rurais
- Atmosferas urbanas
- Atmosferas industriais
- Atmosferas marinhas

As atmosferas rurais apresentam, de modo geral, baixo nível de agentes poluentes e de umidade. São, assim, muito pouco agressivas. As atmosferas urbanas e as industriais são aparentadas de certo modo (Tabela 5.1). O que as diferencia é, basicamente, o nível de dióxido de enxofre existente em tais atmosferas – muito mais alto em regiões industriais. Em geral, as atmosferas marinhas possuem altos níveis de umidade persistente, e deposição de cloretos, em maior ou menor grau.

A Figura 5.5 ilustra a ordem de grandeza das velocidades de corrosão de aços expostos em diferentes ambientes atmosféricos.

**Tabela 5.1**
Características principais das atmosferas comuns.

| Atmosferas | Características principais |
|---|---|
| *Exteriores* | |
| Rurais | Pura – não poluída – alternância de umedecimento e secagem |
| Urbanos | Presença de gases e fuligem: $SO_2 - CO_2$ – umedecimento e secagem |
| Industriais | Altas concentrações de agentes corrosivos: $SO_2 - H_2S$ – etc. – umidade |
| Marinhos | Presença de cloretos e alta umidade |
| *Interiores* | |
| Secos ou climatizados | Umidade relativa inferior a 60% – temperatura de 18 °C a 25 °C |
| Úmidos | Umidade permanente: locais sem ventilação – banheiros – cozinhas<br>Umidade permanente + vapores agressivos, ácidos, álcalis e outros |

Nota: $CO_2$ = gás carbônico; $H_2S$ = gás sulfídrico; $SO_2$ = dióxido de enxofre

O interior das edificações condicionadas para o conforto humano (residências, escritórios, lojas, hotéis, escolas) apresenta riscos mínimos para o desenvolvimento da corrosão. Por sua vez, em locais como lavanderias, cozinhas industriais e piscinas cobertas, onde a umidade relativa é constantemente elevada, a superfície do aço deverá estar convenientemente protegida.

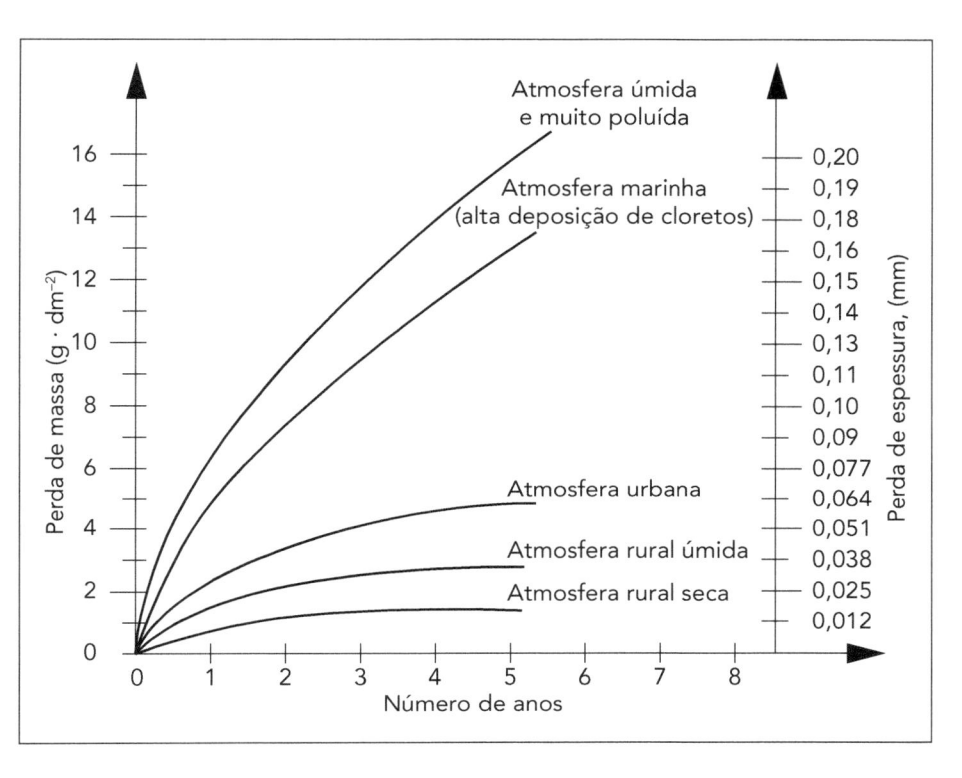

**Figura 5.5**
Ordem de grandeza das velocidades de corrosão dos aços estruturais comuns expostos a diferentes ambientes atmosféricos.

As medidas costumeiramente utilizadas no controle da corrosão consistem da utilização de uma ou mais das seguintes rotas *genéricas*:

- Seleção de um material que apresente baixa taxa de corrosão naquele ambiente específico. É o caso do emprego estrutural dos aços patináveis, que são mais resistentes à corrosão atmosférica do que os aços estruturais comuns, para ambientes atmosféricos específicos.

- Alteração do ambiente, isto é, remoção do oxigênio, da água, ou adição de algum agente químico inibidor de corrosão. Esse caminho trata do controle da corrosão com a manutenção de componentes metálicos dentro de salas climatizadas, o tratamento das águas de caldeira (onde o oxigênio é eliminado da água) ou o emprego de inibidores de corrosão em certas águas industriais.

- Alteração do potencial eletroquímico, tornando o metal imune à corrosão. O exemplo mais rotineiro é o emprego da proteção catódica em oleodutos ou plataformas *offshore*.

- Aplicação de revestimentos adequados sobre a superfície metálica, de modo a criar uma barreira efetiva entre o metal e o ambiente agressivo. É o caminho mais amplamente empregado na proteção de estruturas. Ele consiste na aplicação de um revestimento orgânico (por exemplo, tinta) ou inorgânico (por exemplo, zinco, na galvanização) sobre o aço.

- Detalhamento cuidadoso na etapa de projeto, fazendo com que os constituintes agressivos (como a água) não sejam mantidos em contato com a estrutura por mais tempo do que o estritamente necessário. Essa é a forma certamente menos onerosa de tratar a proteção contra a corrosão. Quando utilizada em conjunto com o item anterior, revela-se como a melhor – considerando a relação custo-benefício – das formas de controle da corrosão.

O detalhamento cuidadoso e a escolha correta de um sistema de proteção são considerados fundamentais no controle da corrosão e integram todo bom projeto.

Nas seções seguintes, este capítulo tratará de clarificar pontos relativos a: aplicação de um revestimento que seja adequado ao ambiente em questão, detalhes de projeto que auxiliarão em muito a longevidade de uma estrutura, proteção pela galvanização, e emprego dos aços resistentes à corrosão atmosférica – os aços patináveis.

## 5.3 A correta especificação de um sistema de pintura

As tintas têm sido utilizadas, ao longo dos anos, como o principal meio de proteção de estruturas metálicas. De modo aproximado, cerca de 90% de todas as superfícies metálicas são cobertas por algum tipo de tinta. A multiplicidade dos tipos de tinta, a disponibilidade de várias colorações, a ampla gama de processos de aplicação e a possibilidade de combinação das tintas com revestimentos metálicos têm contribuído muito para a importância crescente dessa forma de proteção.

Antes de passarmos à especificação propriamente dita, vamos abordar um assunto fundamental ao desempenho de qualquer sistema de pintura: a limpeza prévia da superfície metálica.

### 5.3.1 Preparo de superfície

O preparo de superfície constitui uma etapa importantíssima na execução da pintura, e está diretamente ligado ao seu bom desempenho. Ele é realizado com dois objetivos principais:

- *Limpeza da superfície.* Trata-se de remover da superfície metálica materiais que possam impedir o contato direto da tinta com o aço, como pós, gorduras, óleos, combustíveis, graxas, ferrugem, carepa de laminação, resíduos de tintas etc. O nível requerido de limpeza superficial varia de acordo com as restrições operacionais existentes, o tempo e os métodos disponíveis para a limpeza, o tipo de superfície presente e o sistema de pintura escolhido, uma vez que as tintas possuem diferentes graus de aderência às superfícies metálicas.

- *Ancoragem mecânica.* O aumento da rugosidade superficial proporciona um aumento da superfície de contato entre o metal e a tinta, contribuindo, desse modo, para o aumento da aderência. A rugosidade especificada está ligada à espessura da camada seca.

Vários métodos têm sido propostos para a limpeza da superfície; eles são muito bem descritos na Norma ISO 8501-1. Essa norma se refere, essencialmente, à aparência da superfície do aço antes e após a limpeza manual (por exemplo, com o auxílio de lixas), manual motorizada (por exemplo, com o auxílio de lixadeira elétrica), após o jateamento abrasivo (por exemplo, com o auxílio de granalha de aço) etc.

Os padrões de grau de limpeza descritos na Norma ISO 8501-1 qualificam padrões usuais em nosso meio técnico:

- *St 2*: limpeza manual executada com ferramentas como escovas, raspadores, lixas e palhas de aço;

- *St 3*: limpeza mecânica executada com ferramentas como escovas rotativas, pneumáticas ou elétricas;

- *Sa 1*: é o jato ligeiro (*brush off*). A superfície resultante deverá encontrar-se inteiramente livre de óleos, graxas e materiais como carepa, tinta e ferrugem soltas. A carepa e a ferrugem remanescentes poderão permanecer, desde que firmemente aderidas. O metal deverá ser exposto ao jato abrasivo por tempo suficiente para provocar a exposição do metal-base em vários pontos da superfície sob a camada de carepa;

- *Sa 2*: chamado de jato comercial. A superfície resultante do jateamento poderá apresentar manchas e pequenos resíduos devidos a ferrugem, carepa e tinta. Pelo menos 2/3 da área deverão estar isentos de resíduos visíveis, enquanto o restante será limitado pelas manchas e resíduos;

- *Sa 2½*: chamado de jato ao metal quase branco. É definida como superfície livre de óleo, graxa, carepa, ferrugem, tinta e outros materiais, podendo apresentar pequenas manchas claras devidas a resíduos de ferrugem, carepa e tinta. Pelo menos 95% da área deverão estar isentos de resíduos visíveis, sendo o restante referente aos materiais supramencionados;

- *Sa 3*: conhecido como jato ao metal branco. Após a limpeza, o aço deverá exibir cor metálica uniforme, branco-acinzentado, sendo removidos 100% de carepas e ferrugens. A superfície resultante estará livre de óleos, graxas, carepa, tinta, ferrugem e de qualquer outro depósito.

A superfície metálica deverá ser previamente lavada com água e tensoativos neutros, esfregando-se com uma escova de náilon. Após a lavagem, secar a superfície naturalmente ou com ar comprimido limpo (isento de óleo) e seco. Essa providência é necessária, pois as operações de escovamento e jato não removem óleos, gorduras e sais da superfície.

O método do jateamento é muito empregado na pintura industrial, sendo também muito comum nos fabricantes de estruturas metálicas. É feita pelo impacto de partículas, geralmente abrasivas, impelidas a alta velocidade contra a superfície a ser limpa. Essa técnica possui duas grandes vantagens:

- elimina todas as impurezas superficiais, permitindo o contato do revestimento com o substrato;

- confere rugosidade à superfície, permitindo a ancoragem do revestimento.

Diversos materiais podem ser utilizados como abrasivos: areia, granalha de aço, vidro, ferro fundido, escórias e outros.

A granalha de aço é o agente abrasivo normalmente utilizado em cabines de jato fechadas. Ela é feita de aços especiais, muito duros. O formato de suas partículas pode ser redondo (*shot*) ou angular (*grit*). As redondas podem ser recicladas até 450 vezes e deixam a superfície metálica com um perfil bastante arredondado. As angulares podem ser recicladas até 350 vezes e deixam a superfície com um perfil anguloso e irregular

## 5.3.2 Generalidades sobre pintura

A pintura é o principal meio de proteção das estruturas metálicas.

Tintas são suspensões homogêneas de partículas sólidas (pigmentos), dispersas em um líquido (conhecido como veículo), em presença de componentes em menores proporções, chamados de aditivos.

Os pigmentos são pós, orgânicos ou inorgânicos, finamente divididos (aproximadamente 5 µm de diâmetro). Em suspensão na tinta líquida, são aglomerados pela resina após a secagem, formando uma camada uniforme sobre o substrato. Os pigmentos promovem a cor, opacidade, coesão e inibição do processo corrosivo, e também a consistência, a dureza e a resistência da película.

Alguns dos pigmentos comumente utilizados nas tintas de proteção ao aço-carbono são:

- *Fosfato de zinco.* É um pigmento que, em contato com água, dissolve-se parcialmente, liberando os ânions fosfato que passivam localmente a superfície do aço, formando fosfatos de ferro.

- *Zinco metálico.* É utilizado o zinco metálico de alta pureza disperso em resinas epoxídicas ou etil silicato. As tintas ricas em zinco são também chamadas de *galvanização a frio*. Elas conferem proteção catódica ao substrato de aço (o zinco se corrói, protegendo o aço, em processo idêntico à proteção auferida pela galvanização tradicional). Um risco na pintura e o zinco começará a se corroer, protegendo o aço.

- *Óxido de ferro.* É um pigmento vermelho que não tem nenhum mecanismo de proteção anticorrosiva por passivação, alcalinização ou proteção catódica. Entretanto, por ser sólida e maciça, a partícula atua como barreira à difusão de espécies agressivas, como água e oxigênio. Esse pigmento é muito utilizado nas tintas de fundo, não é tóxico, tem bom poder de tingimento e apresenta boa cobertura.

- *Alumínio e outros.* O alumínio lamelar e outros pigmentos também lamelares como mica, talco, óxido de ferro micáceo e certos caulins atuam pela formação de folhas microscópicas, sobrepostas, constituindo uma barreira que dificulta a difusão de espécies agressivas. Quanto melhor a barreira, mais durável será a tinta. A junção de resinas bastante impermeáveis com pigmentos lamelares oferece uma ótima barreira contra a penetração dos agentes agressivos.

Os solventes têm por finalidade dissolver a resina e, pela diminuição da viscosidade, facilitar a aplicação da tinta. Os solventes mais comuns utilizados em tintas são os líquidos orgânicos e a água.

Os ligantes mais comuns são as resinas e os óleos, mas também podem ser inorgânicos, como os silicatos solúveis. Sua função é envolver as partículas de pigmento e mantê-las unidas entre si e o substrato. A resina proporciona impermeabilidade, continuidade e flexibilidade à tinta, além de aderência entre esta e o substrato. As resinas se solidificam pela simples evaporação do solvente ou pela polimerização, com ou sem a intervenção do oxigênio do ar. Em alguns casos, a resina é frágil e não possui boa aderência; adicionam-se, então, os chamados plastificantes, que, não sendo voláteis, permanecem na película após a secagem.

As classificações mais comuns das tintas são feitas pelo tipo de resina empregada ou pigmento utilizado.

As tintas de fundo, conhecidas como *primers*, são costumeiramente classificadas de acordo com o principal pigmento anticorrosivo participante, enquanto as tintas intermediárias e de acabamento são usualmente classificadas de acordo com a resina empregada, por exemplo, epoxídicas, acrílicas, alquídicas etc.

Os tipos de tintas mais importantes para a proteção do aço-carbono, tendo como classificação o tipo de resina, são:

- *Alquídicas*. Conhecidas como esmaltes sintéticos, são tintas monocomponentes de secagem ao ar. São utilizadas em interiores secos e abrigados, ou em exteriores não poluídos. Como as resinas utilizadas são saponificáveis, não resistem ao molhamento constante, a meios alcalinos ou à imersão em água.

- *Epoxídicas*. São tintas bicomponentes de secagem ao ar. A cura se dá pela reação química entre os dois componentes. O componente A é, de modo geral, à base de resina epoxídica, e o B, o agente de cura, pode ser à base de poliamida, poliamina ou isocianato alifático. São mais impermeáveis e mais resistentes aos agentes químicos do que as alquídicas. Resistem a umidade, imersão em água doce ou salgada, lubrificantes, combustíveis e diversos produtos químicos. As epoxídicas à base de água têm a mesma resistência daquelas formuladas à base de solventes orgânicos. De modo geral, as tintas epoxídicas não são indicadas para a exposição ao intemperismo (ação do sol e da chuva), pois desbotam e perdem o brilho (isto é, calcinam).

- *Poliuretânicas*. São tintas bicomponentes em que o componente A é baseado em resina de poliéster ou resina acrílica, e o B, o agente de cura, é à base de isocianato alifático. As tintas poliuretânicas acrílicas alifáticas são bastante impermeáveis e resistentes ao intemperismo. Por isso, são indicadas para a pintura de acabamento em estruturas expostas ao tempo. São compatíveis com *primers* epoxídicos e resistem por muitos anos com menor perda da cor e do brilho originais.

- *Acrílicas*. São tintas monocomponentes à base de solventes orgânicos ou de água, e, assim como as tintas poliuretânicas, são indicadas para a pintura de acabamento. São tintas bastante resistentes à ação do sol.

As tintas de fundo são aplicadas diretamente sobre a superfície metálica limpa. Sua finalidade é promover aderência do esquema ao substrato, e contém, costumeiramente, pigmentos inibidores de corrosão. São utilizadas para a proteção dos aços estruturais e classificadas de acordo com os pigmentos inibidores adicionados em sua composição. Como exemplos, temos as tintas de fundo à base de fosfato de zinco, de zinco metálico ou de alumínio. Tintas de fundo são formuladas com altos teores de pigmentos e, por isso, são semibrilhantes ou foscas. Cada um desses pigmentos inibidores pode ser incorporado a certa variedade de ligantes, gerando, por exemplo, tintas de fundo alquídicas à base de fosfato de zinco, tintas epoxídicas à base de fosfato de zinco etc.

As tintas intermediárias não possuem as mesmas propriedades das tintas de fundo anticorrosivas, mas auxiliam na proteção, fornecendo espessura ao sistema de pintura empregado (isto é, proteção por barreira). De modo geral, quanto mais espessa a camada seca, maior a vida útil do revestimento – assim, várias demãos poderão ser aplicadas até que se atinja a espessura adequada.

As tintas intermediárias e de acabamento são classificadas de acordo com seus ligantes, por exemplo, as epoxídicas, vinílicas, poliuretânicas etc.

As tintas de acabamento têm a função de proteger o sistema quanto ao meio ambiente e também dar a cor e o brilho adequados. Elas devem ser resistentes ao intemperismo e a agentes químicos, e ter cores estáveis. De modo geral, são tintas brilhantes com boa resistência à perda de cor e brilho.

As várias camadas de pintura devem, naturalmente, ser compatíveis entre si. As tintas podem pertencer à mesma família ou podem ser muito diferentes. Uma precaução que sempre deve ser adotada é a de todas as tintas do sistema, preferencialmente, pertencerem ao mesmo fabricante. Isso minimizará a possibilidade de ocorrência futura de defeitos como a delaminação (descolamento).

Os aditivos melhoram certas propriedades específicas das tintas. Existem aditivos antinata, secantes, plastificantes, antimofo, antissedimentantes, nivelantes, tixotrópicos etc.

Um mesmo aço, pintado com tipos diferentes de tintas, pode apresentar comportamento muito diferenciado quando exposto ao mesmo meio agressivo. Essa diferença pode ser explicada admitindo-se que as tintas empregadas possuem diferentes mecanismos de ação contra a corrosão. Tais mecanismos, de maneira geral, são classificados em:

- *Proteção por barreira*. A tinta deve ser a mais impermeável possível e aplicada em espessuras elevadas. Tintas de alta espessura, chamadas de HB (*high build*), têm como vantagem a economia de mão de obra para a aplicação. Além das tintas de alta espessura, as que oferecem melhor proteção por barreira são as betuminosas e as de alumínio. O inconveniente da proteção por barreira é que, se houver um dano à película, a corrosão se alastrará sob esta por aeração diferencial. Assim, é sempre recomendável que se utilizem tintas de fundo com mecanismos de proteção catódica ou anódica.

- *Proteção anódica*. A proteção das regiões anódicas é proporcionada pelos pigmentos anticorrosivos, todos de caráter oxidante. A proteção pode ser dada pela dissolução do pigmento ou por ação oxidante.

- *Proteção catódica*. A proteção é dada pela formação de pares galvânicos entre o aço-carbono e partículas de zinco em pó (são as chamadas tintas ricas em zinco). Nestas, o zinco se corrói, protegendo o substrato de aço-carbono. O teor mínimo recomendável de zinco na película seca é de 85%, pois o contato elétrico é fundamental para a manutenção da proteção.

Na elaboração de um sistema de pintura, todas as variáveis – ambiente, substrato, preparação de superfície, tintas, sequência de aplicação, número de demãos, espessuras, tipos de aplicação e a que condições de trabalho estará submetida a superfície – devem ser consideradas. Quanto melhor o preparo de superfície e maior a espessura, mais duradoura será a proteção que o sistema oferecerá ao aço. O bom preparo de superfície custa mais, porém a pintura durará mais.

## 5.3.3 Classificação da agressividade ambiental

A seleção de um sistema de pintura adequado ao ambiente e à utilização de uma dada estrutura depende do conhecimento prévio de certo número de fatores, como:

- agressividade do ambiente circundante e interno à estrutura;

- dimensão e forma dos componentes metálicos estruturais;

- possibilidade de intervenções periódicas de manutenção;

- possibilidades de tratamento existentes no fabricante da estrutura, ou no local da construção e montagem, para obras *in situ*.

Todas essas variáveis são importantes, mas aquela considerada fundamental é a que trata do reconhecimento da agressividade do ambiente em que a estrutura será exposta.

A qualificação do ambiente é o ponto de partida para a escolha de um sistema de pintura adequado, que proporcione a durabilidade desejada, sem surpresas desagradáveis. Como, então, reconhecer a agressividade de um determinado ambiente?

Como mencionado, a natureza e a velocidade da corrosão metálica são dependentes da composição e das propriedades de películas superficiais de eletrólitos. O grau de umedecimento, o tipo e a concentração dos poluentes gasosos e materiais particulados da atmosfera determinam a amplitude do ataque.

O conhecimento do grau de agressividade atmosférica não é importante somente para a especificação, ainda na etapa de projeto, de um sistema de proteção duradouro. Ele também é importante no gerenciamento da manutenção da edificação, de modo a garantir a vida útil do projeto.

Dois enfoques fundamentais são utilizados na classificação da corrosividade de uma atmosfera. O primeiro trata de medir variáveis ambientais de uma dada atmosfera, como umidade, concentração de dióxido de enxofre e de cloretos. Diz respeito, assim, ao levantamento dos parâmetros ambientais que sabidamente influenciam de maneira direta no processo de corrosão. O segundo caminho trata da obtenção da taxa de corrosão de espécimes metálicos padronizados, expostos por certo período de tempo em diferentes atmosferas, ou seja, refere-se à experimentação.

Os dois caminhos para a classificação da corrosividade atmosférica podem ser utilizados, de modo individual ou complementar, na derivação de relações entre as velocidades de corrosão atmosférica e as variáveis atmosféricas dominantes. A seguir, será apresentada a rota proposta pela Norma ISO 12944-2, baseada em resultados de exposição de espécimes padronizados.

Os ambientes atmosféricos são classificados, segundo a Norma ISO 12944-2, em seis categorias de corrosividade:

- $C_1$ Muito baixa agressividade.
- $C_2$ Baixa agressividade.
- $C_3$ Média agressividade.
- $C_4$ Alta agressividade.
- $C_5$-I Muito alta agressividade (industrial).
- $C_5$-M Muito alta agressividade (marinha).

A Tabela 5.2, retirada da norma citada, define as categorias de agressividade em termos da perda de massa (ou espessura) de espécimes padronizados, confeccionados em aço de baixo carbono ou em zinco, expostos à atmosfera e retirados após o primeiro ano de exposição. Os detalhes da confecção dos corpos de prova, assim como o tratamento anterior e posterior à exposição, podem ser encontrados na Norma ISO 9226.

Não é permitida a extrapolação da perda de massa ou da espessura para o tempo de 1 ano a partir de tempos de exposição menores ou maiores do que esse. As perdas de massa ou espessura obtidas para os espécimes de aço e de zinco expostos lado a lado podem, a princípio, pertencer a diferentes categorias de agressividade. Em tais casos, a categoria de agressividade mais elevada deverá sempre ser considerada.

Se, porventura, não for possível a exposição de corpos de prova padronizados no ambiente de interesse, a categoria de agressividade poderá ser estimada pela simples consideração de ambientes típicos, também descritos na Tabela 5.2. Os exemplos listados são informativos e, ocasionalmente, podem se mostrar falsos. Somente a medida da perda de massa ou da espessura fornecerá a classificação correta.

A Figura 5.6 traz os resultados experimentais obtidos com a aplicação da Norma ISO 12944-2 para certos ambientes do território brasileiro.

Esse mapa é, em conjunto com os exemplos de ambientes apresentados na Tabela 5.2, auxiliar na escolha correta do grau de agressividade de atmosferas.

**Tabela 5.2**
Corrosividade dos ambientes para o aço-carbono, segundo a ISO 12944-2.

| Categoria de corrosividade | Perda de massa por unidade de superfície/perda de espessura para aço de baixo carbono (após o primeiro ano de exposição) | | Exemplos de ambientes típicos (informativo) | |
|---|---|---|---|---|
| | Perda de massa ($g \cdot m^{-2}$) | Perda de espessura ($\mu m$) | Exterior | Interior |
| C1 (muito baixa) | $\leq 10$ | $\leq 1,3$ | - | Edificações condicionadas para o conforto humano (residências, escritórios, lojas, escolas, hotéis) |
| C2 (baixa) | > 10 até 200 | > 1,3 a 25 | Atmosferas com baixo nível de poluição. A maior parte das áreas rurais | Edificações onde a condensação é possível, como armazéns e ginásios cobertos |
| C3 (média) | > 200 até 400 | > 25 a 50 | Atmosferas urbanas e industriais com poluição moderada por dióxido de enxofre. Áreas costeiras de baixa salinidade | Ambientes industriais com alta umidade e alguma poluição atmosférica, como lavanderias, fábricas de alimentos, cervejarias e laticínios |
| C4 (alta) | > 400 até 650 | > 50 a 80 | Áreas industriais e costeiras com salinidade moderada | Ambientes como indústrias químicas e coberturas de piscinas |
| C5-I Muito alta – industrial | > 650 até 1.500 | > 80 a 200 | Áreas industriais com alta umidade e atmosfera agressiva | Edificações ou áreas com condensação quase que permanente e com alta poluição |
| C5-M Muito alta – marinha | > 650 até 1.500 | > 80 a 200 | Áreas costeiras e *offshore* com alta salinidade | Edificações ou áreas com condensação quase que permanente e com alta poluição |

Observações:
Os valores de perda de massa utilizados nas categorias de corrosividade são idênticos àqueles recomendados pela ISO 9223. Em áreas costeiras de climas quentes e úmidos, as perdas de massa ou espessura podem exceder os limites da categoria C5-M. Precauções especiais devem ser tomadas na seleção de sistemas de pintura para essas áreas.

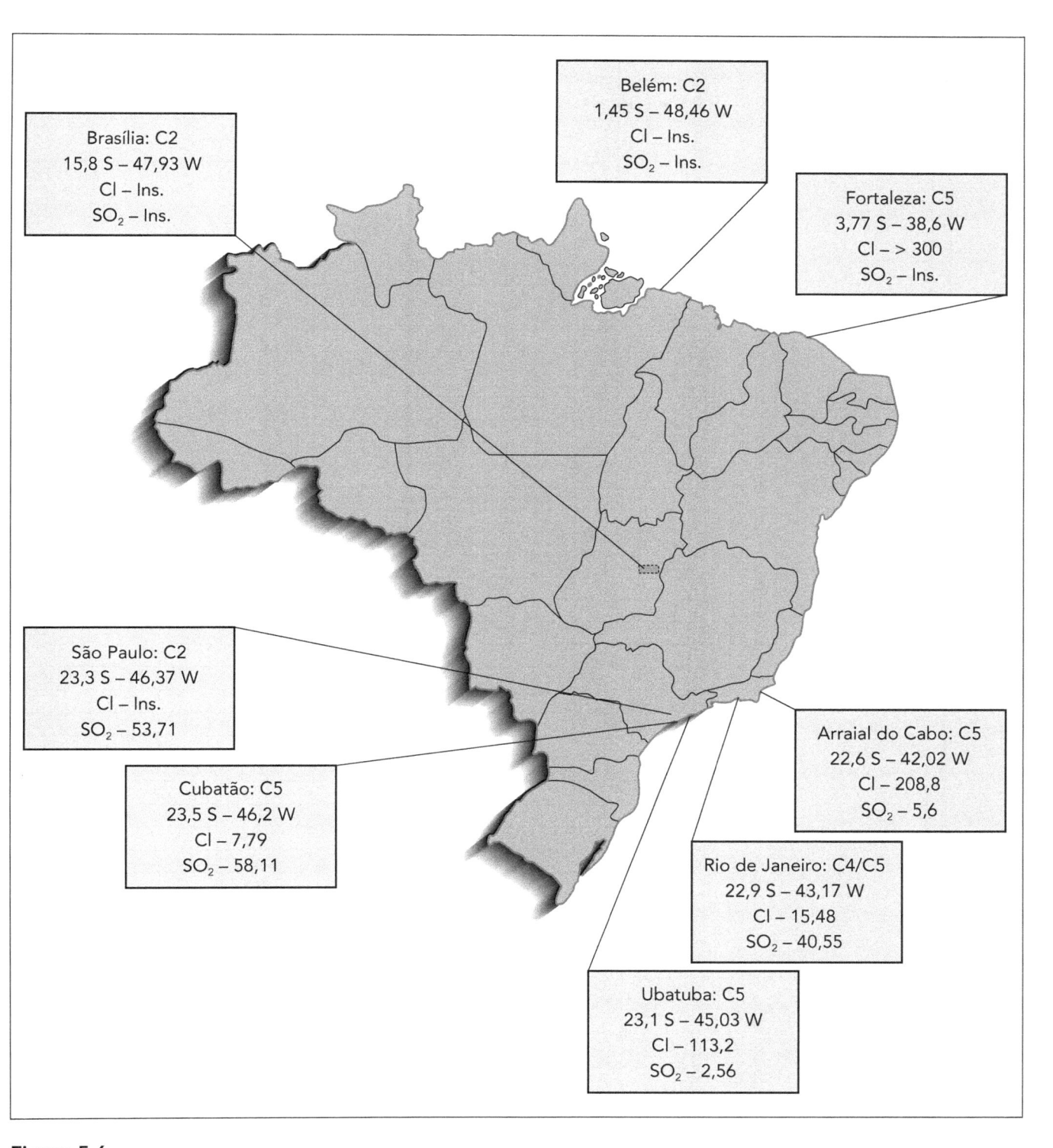

**Figura 5.6**
Agressividade ambiental (resultados experimentais) de acordo com a ISO 12944-2, para diferentes localidades do Brasil.

**Tabela 5.3**
Sistemas de pintura que atendem à ISO 12944-5 –
correspondente a página 82.

| Sistema Nº | Grau de preparo de superfície | | Primer | | | |
|---|---|---|---|---|---|---|
| | St 2 | Sa 21/2 | Resina | Tipo | Demãos | Espessura seca (μm) |
| Sistemas de pintura – Categoria de agressividade C2 | | | | | | |
| C2.01 | X | | A | Vários | 2 | 80 |
| C2.02 | X | | A | Vários | 2 | 80 |
| C2.03 | X | | A | Vários | 1-2 | 80 |
| C2.04 | | X | A | Vários | 1-2 | 80 |
| C2.05 | | X | EP | Vários | 1-2 | 80 |
| Sistemas de pintura – Categoria de agressividade C3 | | | | | | |
| C3.01 | | X | A | Vários | 1-2 | 80 |
| C3.02 | X | | A | Vários | 1-2 | 80 |
| C3.03 | | X | EP | Vários | 1 | 160 |
| C3.04 | | X | EP | Vários | 1-2 | 80 |
| C3.05 | | X | EP | Vários | 1-2 | 80 |
| Sistemas de pintura – Categoria de agressividade C4 | | | | | | |
| C4.01 | | X | A | Vários | 1-2 | 80 |
| C4.02 | | X | AC | Vários | 1-2 | 80 |
| C4.03 | | X | EP | Vários | 1 | 160 |
| C4.04 | | X | EP | Vários | 1-2 | 80 |
| C4.05 | | X | EP | Vários | 1-2 | 80 |
| Sistemas de pintura – Categoria de agressividade C5-I | | | | | | |
| C5I.01 | | X | EP, P | Vários | 2 | 120 |
| C5I.02 | | X | EP, P | Vários | 1 | 80 |
| C5I.03 | | X | EP, P | Zn(R) | 1 | 40 |
| C5I.04 | | X | ES | Zn(R) | 1 | 80 |
| C5I.05 | | X | ES | Zn(R) | 1 | 80 |
| Sistemas de pintura – Categoria de agressividade C5-M | | | | | | |
| C5M.01 | | X | EP, P | Vários | 1 | 150 |
| C5M.02 | | X | EP, P | Vários | 1-2 | 80 |
| C5M.03 | | X | EP, P | Vários | 1 | 250 |
| C5M.04 | | X | EP, P | Zn(R) | 1 | 40 |
| C5M.05 | | X | ES | Zn(R) | 1 | 80 |
| Sistemas de pintura – Categoria de imersão Im1, Im2 e Im3 | | | | | | |
| Im.01 | | X | EP | Vários | 1 | 80 |
| Im.02 | | X | EP | Vários | 1 | 80 |
| Im.03 | | X | EP | Vários | 1 | 800 |

| Resinas para fundo | Tintas líquidas | | |
|---|---|---|---|
| | Nº de componentes | | Possibilidade de base água |
| | 1 lata | 2 latas | |
| A = Alquídica | X | | X |
| AC = Acrílica | X | | X |
| EP = Epóxi | | X | X |
| ES = Etil Silicato | X | X | |
| P = Poliuretano | X | | |

1) Zn(R) = *primer* rico em zinco.
2) Se brilho e retenção de cor forem necessários, recomenda-se que a última demão seja baseada em poliuretano alifático.

página 82.

| Acabamento incluindo camada intermediária | | | Sistema | | Durabilidade estimada | | |
|---|---|---|---|---|---|---|---|
| Resina | Demãos | Espessura seca (µm) | Demãos | Espessura seca (µm) | Baixa 2 a 5 anos | Média 5 a 15 anos | Alta >15 anos |
| A | 1-2 | 80 | 3-4 | 160 | | X | |
| AC | 1-2 | 80 | 3-4 | 160 | | X | |
| A | 2-3 | 120 | 2-5 | 200 | | | X |
| A | 1-2 | 80 | 2-4 | 160 | | | X |
| EP, $P^2$ | 1-2 | 80 | 2-4 | 160 | | | X |
| A | 1-2 | 80 | 2-4 | 160 | | X | |
| A | 2-3 | 120 | 3-5 | 200 | | X | |
| A | 1 | 40 | 2 | 200 | | | X |
| EP, $P^2$ | 2-3 | 120 | 3-5 | 200 | | | X |
| EP, $P^2$ | 2-3 | 160 | 3-5 | 240 | | | X |
| AC | 2-3 | 160 | 3-5 | 240 | | X | |
| AC | 2-3 | 160 | 3-5 | 240 | | X | |
| AC | 1 | 120 | 2 | 280 | | | X |
| EP, $P^2$ | 2-3 | 200 | 3-5 | 280 | | | X |
| EP, $P^2$ | 3-4 | 240 | 4-6 | 320 | | | X |
| AC | 1-2 | 80 | 3-4 | 200 | | X | |
| EP, $P^2$ | 3 | 200 | 4 | 280 | | | X |
| EP, $P^2$ | 3 | 200 | 4 | 240 | | | X |
| AC | 3 | 200 | 4 | 280 | | | X |
| EP, $P^2$ | 2-4 | 240 | 3-5 | 320 | | | X |
| EP, $P^2$ | 1 | 150 | 2 | 300 | | X | |
| EP, $P^2$ | 3-4 | 240 | 4-6 | 320 | | | X |
| EP, $P^2$ | 1 | 250 | 2 | 500 | | | X |
| EP, $P^2$ | 3-4 | 280 | 4-5 | 320 | | | X |
| EP, $P^2$ | 2-4 | 240 | 3-5 | 320 | | | X |
| EP, $P^2$ | 2 | 300 | 3 | 380 | | X | |
| EP | 1 | 400 | 2 | 480 | | | X |
| – | – | – | 1 | 800 | | | X |

| Resinas para Acabamento | Tintas líquidas | | |
|---|---|---|---|
| | Nº de componentes | | Possibilidade de base água |
| | 1 lata | 2 latas | |
| A = Alquídica | X | | X |
| AC = Acrílica | X | | X |
| EP = Epóxi | | X | X |
| P = Poliuretano | X | X | |

### 5.3.4 A escolha de um sistema de pintura

Existem diferentes formas de proteger uma estrutura de aço, e a mais amplamente empregada é a pintura. As primeiras questões que devem ser respondidas antes da seleção de um sistema de pintura são:

- Qual tratamento prévio será possível e qual será a condição do substrato antes da pintura?

- Como o ambiente ao redor da estrutura mudará ao longo do tempo? A que tipo de danos mecânicos e químicos o sistema de proteção estará exposto?

- Quais são as condições de aplicação e secagem/endurecimento da tinta, particularmente temperatura e umidade?

- Quais são os custos iniciais e de manutenção da tinta e da tarefa de aplicá-la?


Há várias fontes de consulta para uma correta especificação de pintura. A Steel Structures Painting Council (SSPC) possui várias normas e guias para essa finalidade. Outra fonte de referência conceituada é a Norma ISO 12944-5.

A Tabela 5.3, apresentada nas páginas 80 e 81, traz alguns sistemas que atendem a essa última referência. Foram descritos cinco sistemas para cada uma das categorias de agressividade ambiental estabelecidas na ISO 12944-2. Também foram incluídos sistemas de pintura adequados à imersão em água doce (Im1), água do mar ou água salobra (Im2).

A principal regra na repintura de estruturas de aço diz que devemos usar o mesmo tipo de tinta anteriormente utilizado. Se a tinta antiga se tornou inadequada para o ambiente atual, deve ser removida antes que a estrutura seja revestida com outro tipo de tinta.

O custo da tinta corresponde a aproximadamente 15% do custo total da operação de pintura, incluindo pré-tratamento e aplicação. É importante que o pré-tratamento e o tipo de tinta sejam compatíveis. As tintas mais sofisticadas dependem de um bom pré-tratamento para que se obtenha o processo de ancoragem ao substrato. A Tabela 5.4 traz a qualidade de pré-tratamentos mínimos, descrita na Norma ISO 8501-1; ela mostra os limites inferiores de temperatura para aplicação, o tempo recomendado para a aplicação da próxima camada, e para qual categoria de agressividade ambiental os tipos de tintas são adequados. De qualquer modo, os boletins técnicos, fornecidos pelos fabricantes de tintas, deverão ser consultados.

**Tabela 5.4**
Tipo de tinta, pré-tratamento requerido, temperatura de de uso, aplicação, tempos-limite para demãos subsequentes e categoria ambiental como definido na Norma ISO 8501-1.

| Tipo de tinta | Pré-tratamento[1] | Temperatura de aplicação | Pode ser repintada após (mín./máx.) | Categoria de corrosividade |
|---|---|---|---|---|
| Alquídica | St 2-3, Sa 2 ½ | | 8 h-∞ | C1-C4 |
| Vinílica | Sa 2 ½ | | 2 h-∞ | C4-C5 |
| Borracha clorada | Sa 2, Sa 2 ½ | Mínimo 10-15 °C | 4 h-∞ | C4-C5 |
| Epóxi | Sa 2 ½, Sa 3 | Mínimo 10 °C | 18 h-3 dias | C4-C5 |
| Epóxi alcatrão de hulha | St 2, Sa 2 ½ | | 16 h-3 dias | C4-C5 |
| Epóxi mastique | Sa 2 ½, Sa 3 | | | C4-C5 |
| Poliuretano | Sa 2 ½, Sa 3 | | | C4-C5 |
| Poliéster | Sa 2 ½ | | | C5 |
| Silicato de zinco | Sa 2 ½, Sa 3 | | 24 h | C4 |

[1] ISO 8501-1: St = limpeza mecânica, Sa = jateamento abrasivo

A umidade é um fator adverso na aplicação da tinta, e a condensação às vezes é um sério problema. Todas as tintas produzem o melhor resultado quando aplicadas sobre uma superfície limpa e seca. Entretanto, algumas tintas baseadas em certo solvente (um álcool) são mais tolerantes que outras à umidade. Além disso, o etil silicato de zinco necessita absorver água do ar para se tornar seco e, nesse caso, a umidade relativa do ar não deve ser tão baixa. Tintas vinílicas puras são particularmente sensíveis a altas umidades.

A espessura adequada e os períodos entre a aplicação de camadas sucessivas são fatores importantes, mas dependem do tipo de tinta. Os boletins técnicos (*data sheets*) fornecidos pelos produtores de tintas contêm informações importantes, que devem ser observadas. É preciso checar sempre a espessura durante a execução da pintura.

## 5.4 Controle da corrosão por meio do detalhamento

O objetivo do projeto estrutural é garantir que a estrutura: seja adequada à sua função, possua estabilidade adequada, resistência e durabilidade, seja construída a um custo aceitável, e esteticamente bonita. Naturalmente, o projeto deve ser feito de modo a facilitar o preparo de superfície, a pintura, a inspeção e a manutenção futura.

A forma de uma estrutura pode influenciar sua suscetibilidade à corrosão. Assim, as estruturas devem ser projetadas de maneira que a corrosão não possa estabelecer-se em um local particular, de onde seja capaz de se espalhar. Recomenda-se, então, que os projetistas considerem o detalhamento anticorrosivo já no início do projeto.

As formas dos elementos estruturais e os métodos utilizados para uni-los devem ser tais que a fabricação, a união e qualquer tratamento subsequente não promovam a corrosão. Considerações também devem ser feitas com respeito à forma da estrutura e de seus elementos no tocante à categoria ambiental quando se especifica um sistema de proteção de pintura.

O projeto deve ser simples, evitando-se a complexidade excessiva. Nos pontos em que os componentes metálicos estão em contato, imersos ou enclausurados em outros materiais de construção, por exemplo, tijolos, eles não estarão acessíveis; assim, as medidas de proteção contra a corrosão devem ser efetivas ao longo de toda a vida útil da estrutura.

### 5.4.1 Acessibilidade

Os componentes em aço devem ser projetados para apresentarem acessibilidade quanto à aplicação, inspeção e manutenção do sistema de pintura. Isso pode ser facilitado, por exemplo, com a instalação de passarelas para vistoria, plataformas etc. A criação, em um estágio posterior, de acessos para a manutenção pode ser difícil, e se tais acessos não forem incluídos no projeto, o projetista deve indicar claramente como podem ser feitos no futuro.

Todas as superfícies da estrutura que serão pintadas devem ser visíveis e passíveis de serem atingidas utilizando-se métodos seguros. As pessoas envolvidas no preparo de superfície, pintura e inspeção devem estar aptas a se moverem facilmente e de modo seguro por todas as partes da estrutura, em condições de boa iluminação. As superfícies que serão tratadas têm de ser suficientemente acessíveis para permitir ao operador espaço adequado para o trabalho. A Tabela 5.5 e a Figura 5.7 tratam das dimensões mínimas recomendadas.

**Tabela 5.5**
Distâncias típicas requeridas para ferramentas no trabalho de proteção contra a corrosão.

| Operação | Comprimento da ferramenta (D2), mm | Distância entre a ferramenta e o substrato (D1), mm | Ângulo de operação ($\alpha$), graus |
|---|---|---|---|
| Jateamento abrasivo | 800 | 200 a 400 | 60 a 90 |
| Ferramental elétrico<br>- pistola de pinos<br>- lixadeira elétrica | 250 a 350<br>100 a 150 | 0<br>0 | 30 a 90<br>- |
| Limpeza manual<br>- escovamento<br>- lixa manual | 100<br>100 | 0<br>0 | 0 a 30<br>0 a 30 |
| Metalização | 300 | 150 a 200 | 90 |
| Aplicação de tinta<br>- spray<br>- pincel<br>- rolo | 200 a 300<br>200<br>200 | 200 a 300<br>0<br>0 | 90<br>45 a 90<br>10 a 90 |

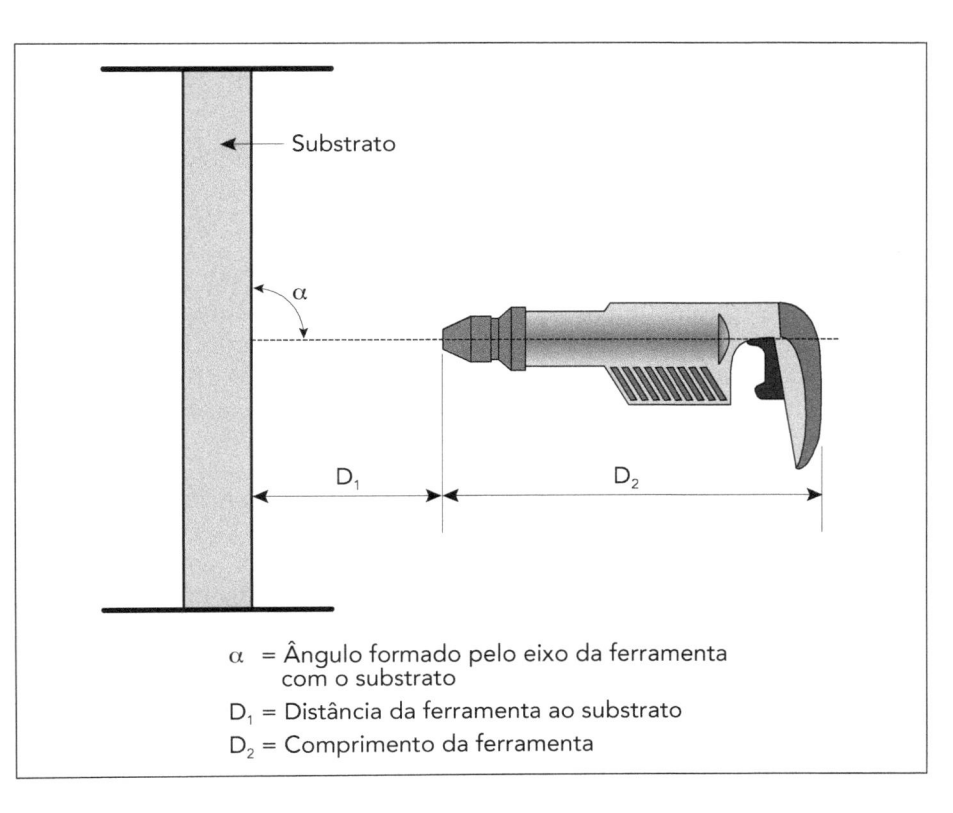

Substrato

$\alpha$

$D_1$     $D_2$

$\alpha$ = Ângulo formado pelo eixo da ferramenta com o substrato
$D_1$ = Distância da ferramenta ao substrato
$D_2$ = Comprimento da ferramenta

**Figura 5.7**
Dimensões mínimas recomendadas para a acessibilidade de ferramentas no trabalho de proteção contra a corrosão.

A Figura 5.8 traz as dimensões mínimas recomendadas para aberturas de acesso em áreas confinadas.

**Figura 5.8**
Dimensões mínimas recomendadas para aberturas de acesso.

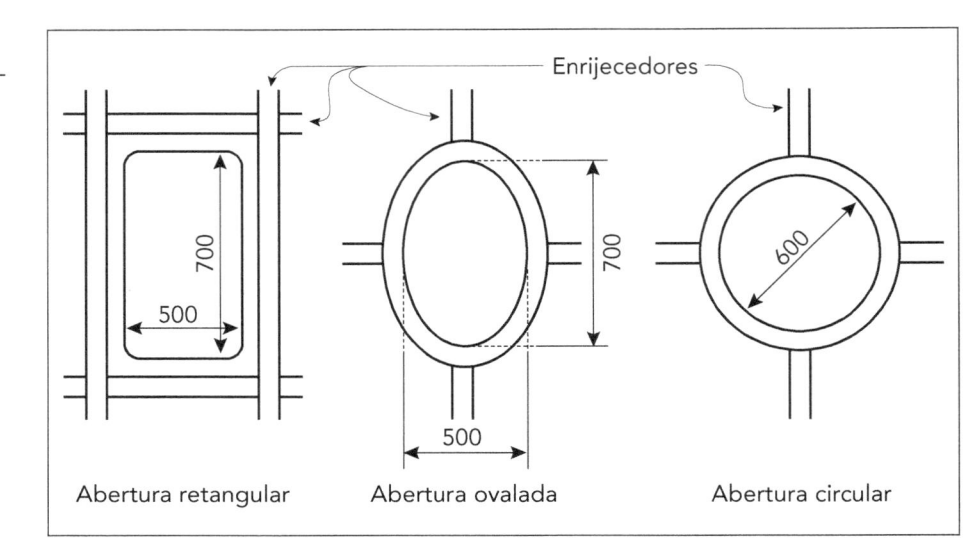

Atenção especial deve ser tomada no acesso a caixas e tanques. As aberturas devem ser de tamanho suficiente para garantir o acesso seguro para os operadores e seu equipamento, incluindo equipamentos de segurança. Em adição, deve haver aberturas de ventilação suplementares em locais e de dimensões que permitam a aplicação do sistema de proteção escolhido.

Espaços estreitos entre elementos precisam ser evitados tanto quanto possível. Onde não for possível evitar espaços restritos, por razões estruturais ou práticas, as recomendações descritas na Figura 5.9 devem ser avaliadas.

Componentes que estão sob risco de corrosão e são inacessíveis após a montagem devem ser feitos de um material resistente à corrosão ou possuir um sistema de revestimento protetor efetivo por toda a vida útil da estrutura. Alternativamente, uma sobre-espessura metálica pode ser considerada.

Frestas estreitas e juntas sobrepostas são pontos potenciais para o ataque corrosivo causado pela retenção de umidade e sujeira, incluindo abrasivos utilizados no preparo da superfície. A corrosão potencial nesses locais é evitada com a selagem. Na maior parte dos ambientes corrosivos, a fresta pode ser preenchida com um calço de aço que se projeta do perfil e é soldado em toda sua volta. Superfícies de acoplamento podem ser seladas por solda contínua para evitar o armazenamento de abrasivos e a penetração de umidade.

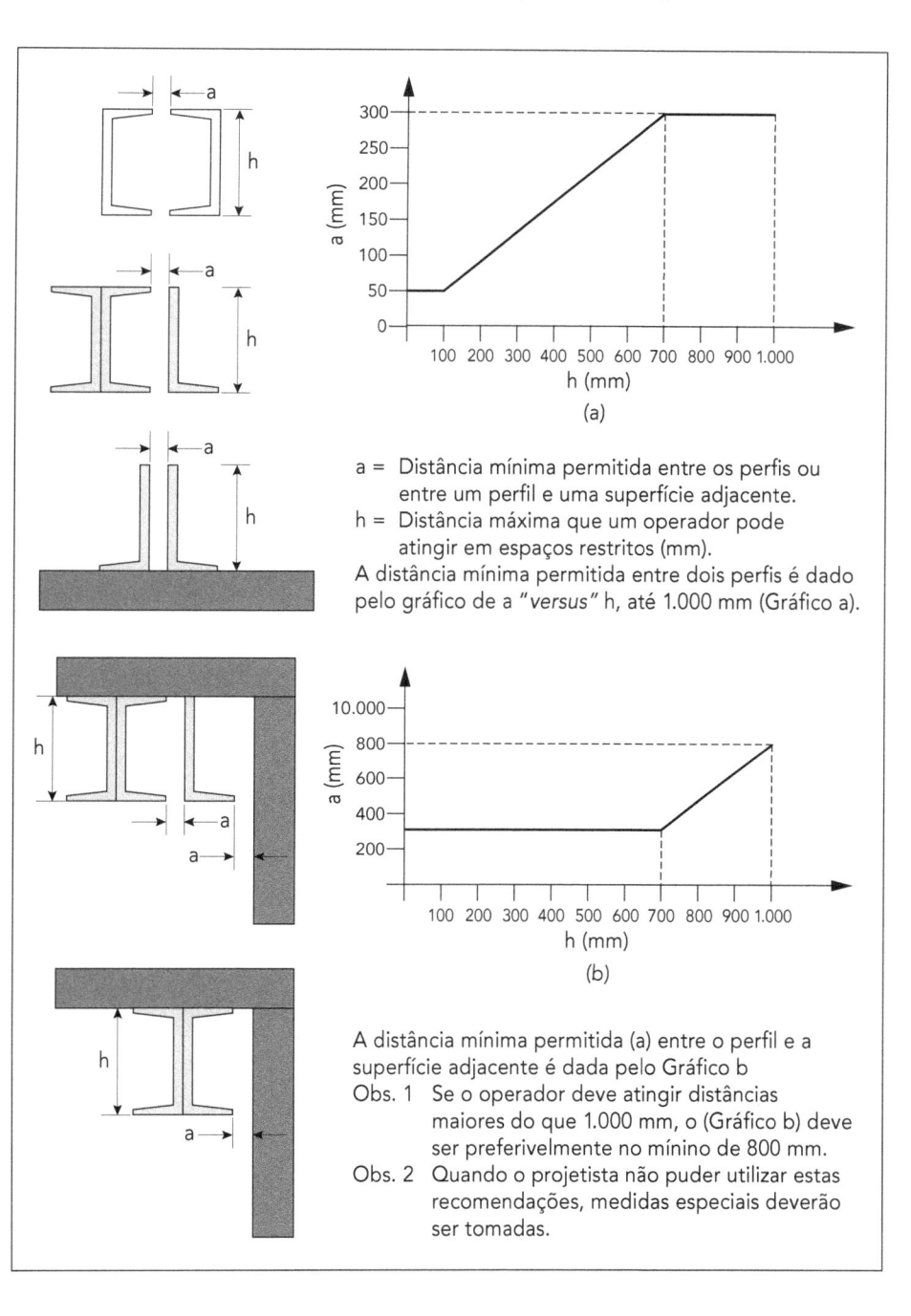

**Figura 5.9**
Recomendações mínimas para espaços restritos.

a = Distância mínima permitida entre os perfis ou entre um perfil e uma superfície adjacente.
h = Distância máxima que um operador pode atingir em espaços restritos (mm).
A distância mínima permitida entre dois perfis é dado pelo gráfico de a "*versus*" h, até 1.000 mm (Gráfico a).

A distância mínima permitida (a) entre o perfil e a superfície adjacente é dada pelo Gráfico b
Obs. 1 Se o operador deve atingir distâncias maiores do que 1.000 mm, o (Gráfico b) deve ser preferivelmente no mínino de 800 mm.
Obs. 2 Quando o projetista não puder utilizar estas recomendações, medidas especiais deverão ser tomadas.

Na Figura 5.10, alguns exemplos ilustram os princípios de tratamento de frestas, não devendo ser entendidos como restrição ou recomendação dos detalhes.

**Figura 5.10**
Frestas devem ser evitadas tanto quanto possível.

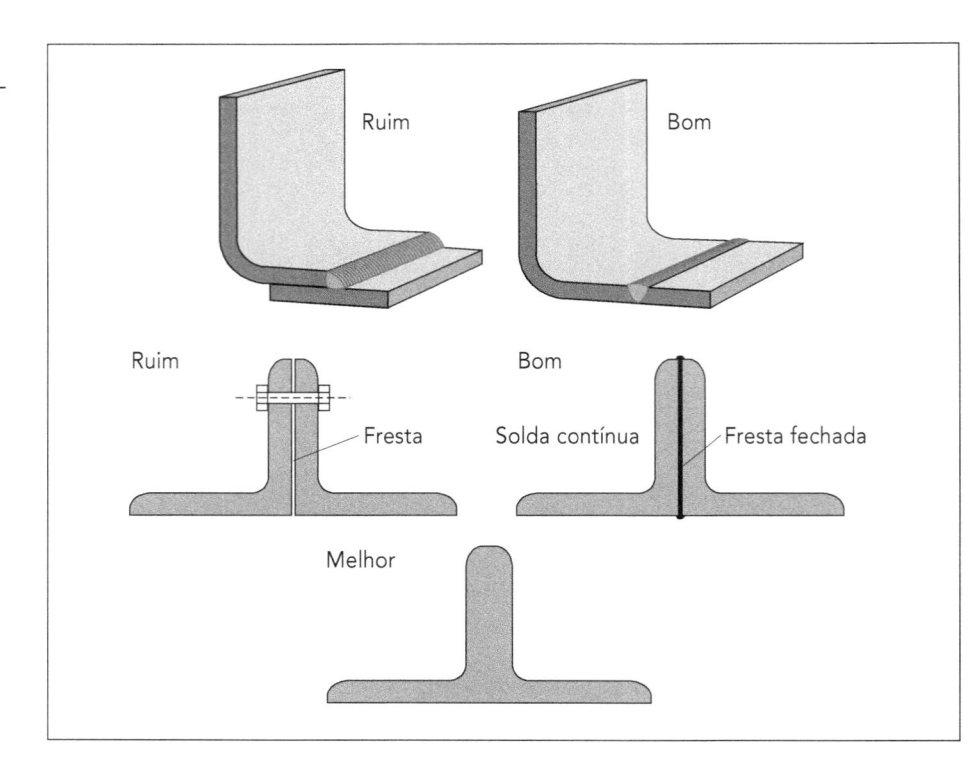

Atenção especial deve ser dada aos pontos de transição do concreto ao aço, particularmente no caso de estruturas compostas sujeitas às condições severas de corrosão (Figura 5.11).

**Figura 5.11**
Evite umidade residual na transição aço/concreto.

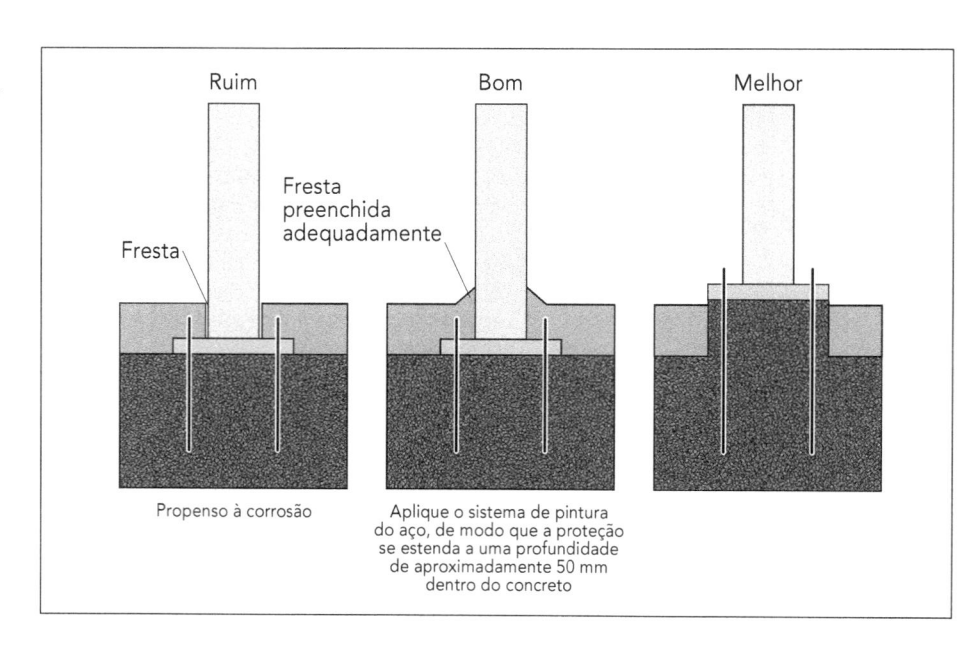

## 5.4.2 Precauções para prevenir a retenção de água e a sujeira

Configurações geométricas superficiais, onde a água possa ficar acumulada e, em presença de matéria estranha, aumentar a tendência à corrosão, devem ser evitadas. O projetista deve também estar consciente de possíveis efeitos secundários, por exemplo, produtos de corrosão do aço-carbono depositados sobre aços inoxidáveis (austeníticos ou ferríticos) podem resultar na corrosão desses aços. As principais precauções, neste caso, são as seguintes:

- Projetar superfícies inclinadas ou chanfradas.

- Eliminar seções abertas no topo, ou seu arranjo em posição inclinada.

- Eliminar "bolsas" e recessos, onde a água e a sujeira possam ficar retidas.

- Permitir a drenagem da água e de líquidos corrosivos para fora da estrutura.

A Figura 5.12 traz exemplos para ilustrar algumas dessas precauções, não devendo ser entendidos como restrição ou recomendação dos detalhes.

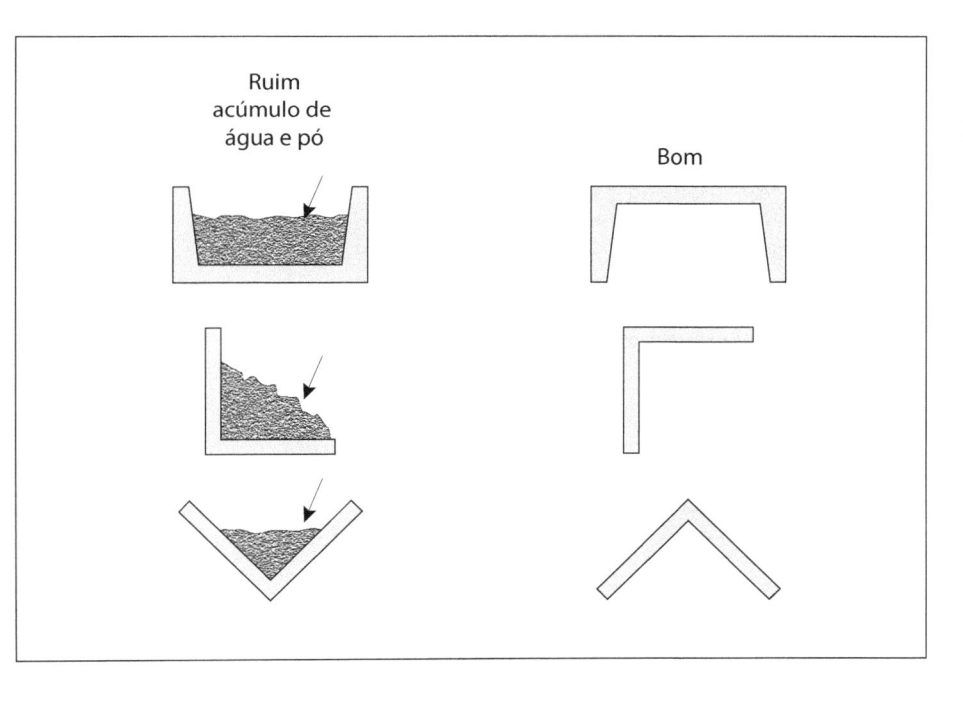

**Figura 5.12**
Previna a retenção de água e sujeira.

### 5.4.3 Arestas

Arestas arredondadas são desejáveis por permitirem aplicar revestimentos protetores de modo uniforme e obter a espessura adequada (Figura 5.13). Revestimentos aplicados sobre cantos vivos são mais suscetíveis a danos. Assim, todos os cantos vivos oriundos do processo de fabricação devem ser arredondados ou chanfrados; rebarbas ao redor de furos e ao longo de cortes devem ser removidas.

**Figura 5.13**
Evite os cantos vivos; prefira arestas arredondadas.

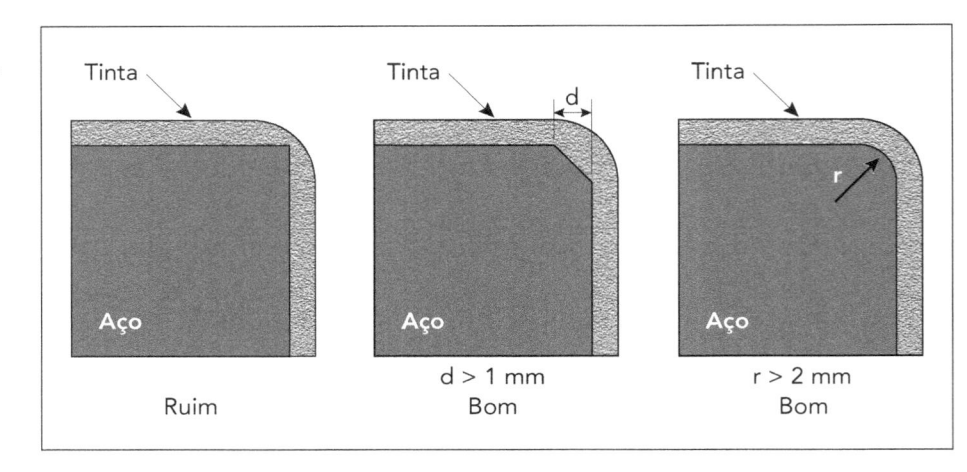

### 5.4.4 Imperfeições de soldagem

Soldas devem ser livres de imperfeições (por exemplo, asperezas, espirros, crateras etc.), que são difíceis de cobrir de modo efetivo com um sistema de pintura (Figura 5.14).

**Figura 5.14**
Evite irregularidades nas soldas. Evite, também, a permanência de escória junto ao cordão de solda.

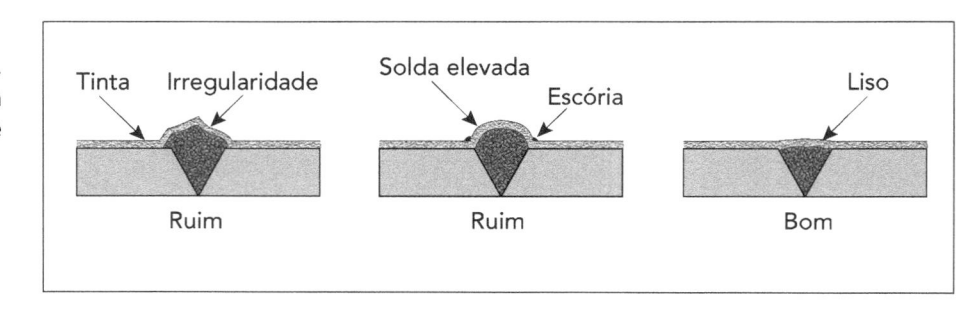

### 5.4.5 Tratamento de seções fechadas ou tubulares

Componentes tubulares abertos, quando expostos à umidade condensada, devem ser fornecidos com aberturas de dreno e protegidos efetivamente da corrosão.

Componentes tubulares selados devem ser impermeáveis ao ar e à umidade. Para essa finalidade, suas bordas são seladas por solda contínua, tomando-se os devidos cuidados para garantir que a água não fique retida.

É particularmente importante prevenir o risco de explosões durante a galvanização de componentes hermeticamente fechados; para tal, devem ser obedecidas as prescrições das Normas ISO 1461 e ISO 14713.

## 5.4.6 Furos

Furos em enrijecedores, almas ou componentes em geral devem possuir um raio mínimo de 50 mm (Figura 5.15) para permitir o preparo superficial adequado e a aplicação do sistema de pintura. Quando a chapa na qual o furo será feito é considerada grossa (por exemplo, > 10 mm), a espessura da chapa circundante deve ser reduzida para facilitar o preparo superficial e a aplicação da tinta.

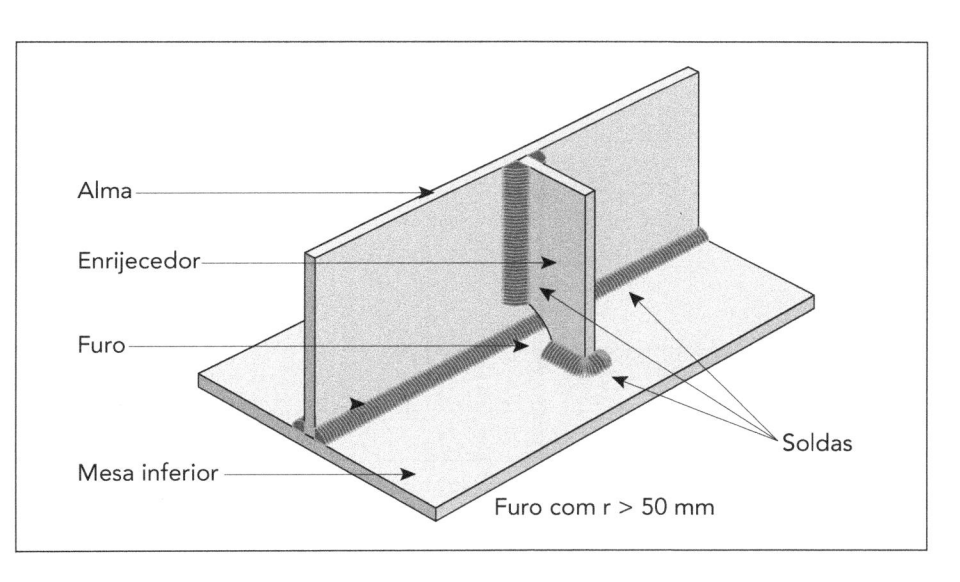

**Figura 5.15**
Promova a secagem com ventilação.

## 5.4.7 Prevenção da corrosão galvânica

Quando uma junção elétrica acontece entre duas ligas de diferentes potenciais eletroquímicos em condição de exposição contínua ou periódica à umidade (eletrólito), uma aceleração da velocidade de corrosão da liga menos nobre pode ocorrer. A formação desse par galvânico também acelera a velocidade de corrosão do metal menos nobre do par. A velocidade de corrosão depende, entre outros fatores, da diferença de potencial entre os dois metais conectados, de suas áreas relativas e da natureza e do período de ação do eletrólito.

Assim, cuidados devem ser tomados quando se unem componentes metálicos menos nobres (isto é, mais eletronegativos) a componentes metálicos mais nobres. Atenção particular deve ser dada a situações em que componentes metálicos menos nobres possuem uma pequena área superficial em comparação com aquela dos componentes metálicos mais nobres. Não existe objeção ao uso, em condições menos severas, de parafusos (e porcas e arruelas) de pequena área superficial feitos com aços inoxidáveis em componentes produzidos com ligas menos nobres.

Se o projeto for tal que, em atmosferas agressivas, o acoplamento galvânico não possa ser evitado, o contato elétrico entre as superfícies deve ser desfeito, por exemplo, por meio da isolação elétrica (uso de dielétricos, como polímeros orgânicos), ou por meio da pintura das superfícies de ambas as ligas. Se for possível, deve-se pintar somente uma das ligas adjacentes à junção; a pintura deverá ser aplicada no componente mais nobre.

Alternativamente, pode ser considerada a possibilidade de utilizar-se proteção catódica.

Aços estruturais, como o ASTM A575 Grau 50, devem utilizar parafusos do tipo ASTM A325 Tipo 1 (galvanizados a quente ou não). Em contrapartida, aços patináveis necessitam de parafusos como o ASTM A325 Tipo 3, não galvanizados. Caso não haja disponibilidade de tais parafusos, utilize parafusos ASTM A325 Tipo 1, "pretos", que promoverão uma perfeita ancoragem da tinta de fundo.

A Tabela 5.6 indica os consumíveis de soldagem e os parafusos adequados à composição das ligações para os aços ASTM A572 e AçoCorr500 (aço patinável).

**Tabela 5.6**
Exemplos de consumíveis de soldagem e parafusos recomendados para diferentes aços.

| Tipo de aço | Soldagem | | | | Parafusos |
|---|---|---|---|---|---|
| | Eletrodo revestido | MIG/MAG | Arco submerso | Eletrodo tubular | |
| ASTM A572 Gr. 50 | E7018 | ER70S6 | F7AOEM12K | E70T-1 E71T-1 E70T-4 | ASTM A325 Tipo 1 |
| AçoCorr 500 | E7018W E7018G | ER8018S-G | F7AOEW | E71T8Ni1 E80T1W | ASTM A325 Tipo3 |

- Para soldagem de múltiplos passes, podem-se utilizar eletrodos de composição química especial nos dois últimos filetes, que ficam, efetivamente, em contato com a atmosfera.
- Para passe simples (1 cordão), podem-se utilizar eletrodos convencionais, pois haverá diluição na poça de fusão.
- Jamais devem ser utilizados parafusos galvanizados em estruturas de aço patinável sem pintura, pois o zinco (e, posteriormente, o aço do parafuso) servirá de anodo de sacrifício para a estrutura.

## 5.5 Controle da corrosão pela galvanização

A maioria dos revestimentos metálicos depositados sobre o aço é aplicada tanto pela imersão em um banho do metal líquido, chamada de *imersão a quente*, quanto por *eletrodeposição*, a partir de um eletrólito aquoso. Em menor extensão, revestimentos metálicos podem ser aplicados por outros métodos, como a aspersão térmica.

Do ponto de vista da resistência à corrosão, os revestimentos metálicos são divididos em duas categorias: revestimentos nobres e revestimentos de sacrifício.

Como o próprio nome diz, os revestimentos nobres (por exemplo, níquel, prata, cobre, chumbo ou cromo), aplicados sobre o aço, são mais nobres que do que o metal-base. Isso pode ser verificado na série galvânica de metais e ligas.

Nos poros expostos, a direção da corrente galvânica causará o ataque do metal-base e, eventualmente, levará à completa deterioração do substrato. A Figura 5.16 ilustra esse comportamento. A combinação de pequenos anodos com grandes catodos propiciará o avanço acelerado do ataque, por pites.

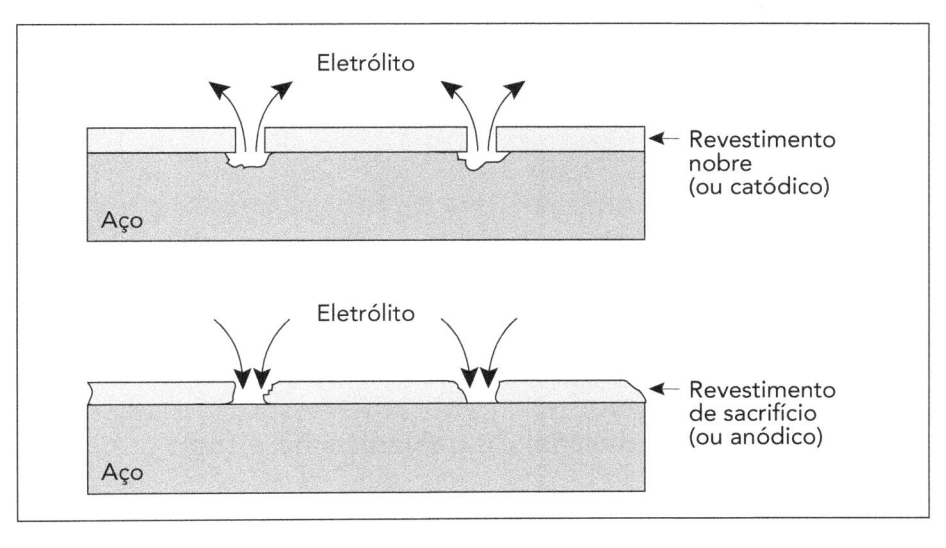

**Figura 5.16**
Revestimentos nobres (em oposição aos revestimentos de sacrifício) podem promover a corrosão por pites do substrato.

Consequentemente, é fundamental que o revestimento nobre seja preparado com um mínimo de poros e que qualquer poro existente possa ser tão pequeno quão possível, impedindo – ou dificultando – o acesso de água (o eletrólito) ao metal-base. O revestimento deve ser denso, e isso significa, em termos práticos, aumento da sua espessura. Algumas vezes, os poros são preenchidos com um verniz orgânico ou um segundo metal, de baixo ponto de fusão, que é difundido para dentro do revestimento em temperaturas elevadas (por exemplo, zinco ou estanho para dentro do níquel).

Para revestimentos de sacrifício, como o zinco ou o cádmio, e, em certos ambientes, também o alumínio e o estanho sobre o aço, a direção da corrente galvânica é inversa ao que acontece para os revestimentos nobres. Como resultado, o metal-base é catodicamente protegido. Enquanto a corrente fluir e o revestimento estiver em contato elétrico com o substrato, a corrosão do aço não ocorrerá. O grau de porosidade no revestimento de sacrifício, assim, não é de grande importância, contrária à situação encontrada nos revestimentos nobres. Naturalmente, quanto mais espesso for o revestimento, por mais tempo a proteção catódica acontecerá.

A área do metal-base que estará protegida pela proteção catódica depende da condutividade do ambiente. Para revestimentos de zinco sobre o aço, em águas de baixa condutividade (por exemplo, água destilada ou águas "moles"), um defeito no revestimento de aproximadamente 3 mm de largura já permite o início da corrosão do aço (chamada de *corrosão vermelha*) no centro do defeito. Entretanto, em água do mar, que é um bom condutor, o zinco protege o aço por vários centímetros ($\approx$ 5-10 cm) do ponto em que o zinco foi removido.

Os revestimentos de zinco, tanto aqueles aplicados pela imersão a quente quanto por eletrodeposição, são ditos galvanizados. Os revestimentos eletrodepositados são, em geral, mais dúcteis que os revestimentos obtidos por imersão a quente, em que ocorre a formação de camadas de compostos intermetálicos de zinco e ferro, que são frágeis.

As velocidades de corrosão dos dois revestimentos são comparáveis, com a exceção de que os revestimentos obtidos por imersão a quente tendem a apresentar menos pites do que aqueles obtidos por eletrodeposição, em águas frias ou quentes, assim como em solos.

A aplicação de um revestimento metálico menos nobre que o metal-base, além de oferecer proteção catódica, também fornece proteção por barreira. A velocidade de corrosão do zinco é, de forma geral, muito menor do que aquela observada para os aços estruturais expostos ao mesmo ambiente.

## 5.5.1 O processo industrial de galvanização a fogo

A galvanização a fogo compreende a imersão de um componente metálico em um banho de zinco líquido, após limpeza cuidadosa e preparação adequada do componente a ser tratado. O rápido ataque da superfície do componente pelo zinco líquido produz uma camada composta por diferentes ligas zinco-ferro (conhecidas como intermetálicos), que desenvolvem uma ligação muito forte com a superfície do componente. Alguns autores chamam essa união de *ligação metalúrgica*, que, de fato, ocorre. Após a remoção do componente estrutural do banho líquido, uma camada de zinco relativamente puro passa a recobrir a superfície do componente e as camadas de intermetálicos, produzindo uma coloração brilhante, acinzentada ou prateada, bastante característica.

A camada de intermetálicos Zn-Fe é dura e relativamente frágil, fornecendo tanto uma barreira protetora quanto proteção galvânica eficiente, protegendo o componente da corrosão. Em adição, a camada externa, macia, de zinco, protege o componente da abrasão de impacto acidentais durante o período de serviço.

## Preparo dos componentes

A reação de galvanização somente ocorrerá sobre uma superfície quimicamente limpa. Assim, a maior parte do trabalho inicial é feita tendo esse objetivo em mente. Em comum com a maior parte dos processos em que revestimentos protetores são aplicados, o segredo para o atendimento de uma boa qualidade do revestimento reside em um bom preparo de superfície. É essencial que a superfície esteja isenta de óleo, graxa, sujeira, carepa e ferrugem antes do processo.

Esses tipos de contaminação podem ser removidos com uma variedade de processos. Uma prática comum, utilizada em limpeza, é o desengraxe alcalino. A seguir, o componente é lavado em água fria e então mergulhado em ácido (tipicamente, ácido clorídrico) em temperatura ambiente (ou mesmo aquecido), de modo a remover a ferrugem e a carepa de laminação. Escórias de soldagem, tinta e grandes quantidades de graxa não serão removidas nessas etapas de limpeza, e devem ser removidas antes do envio dos componentes ao galvanizador. Após a lavagem em água fria, os componentes sofrerão um processo conhecido como *fluxagem*, que envolve a imersão do componente em uma solução de cloreto de zinco-cloreto de amônio a 30%, em temperaturas entre 65 °C e 80 °C, com posterior secagem ao ar (este é o chamado processo "seco").

## O desenvolvimento do revestimento: a cuba de galvanização

Quando o aço, agora limpo, é mergulhado no zinco fundido (que se encontra à temperatura ao redor de 450 °C), uma série de compostos intermetálicos Fe-Zn são formados por reações metalúrgicas entre o ferro e o zinco. A velocidade de crescimento da camada de intermetálicos Fe-Zn é, normalmente, descrita por uma equação parabólica com o tempo, e, assim, a velocidade inicial da reação é bastante rápida, e uma agitação considerável pode ser observada no banho de zinco. A maior parte da espessura do revestimento é formada durante esse período. Subsequentemente, a reação diminui de velocidade e a espessura do revestimento não cresce significativamente, mesmo se o componente ficar imerso no banho por grandes períodos de tempo.

A retirada do componente imerso do banho acarretará a retirada de uma camada de zinco líquido sobre o topo das camadas de intermetálicos.

Após o resfriamento, o componente exibirá uma aparência brilhante, característica dos produtos galvanizados.

Certas condições operacionais da planta de galvanização, como temperatura, umidade ou qualidade do ar, não afetam a qualidade do revestimento galvanizado. Por outro lado, essas variáveis são muito importantes para a qualidade do processo de pintura. A Figura 5.17 ilustra os processos unitários utilizados na galvanização a fogo intermitente.

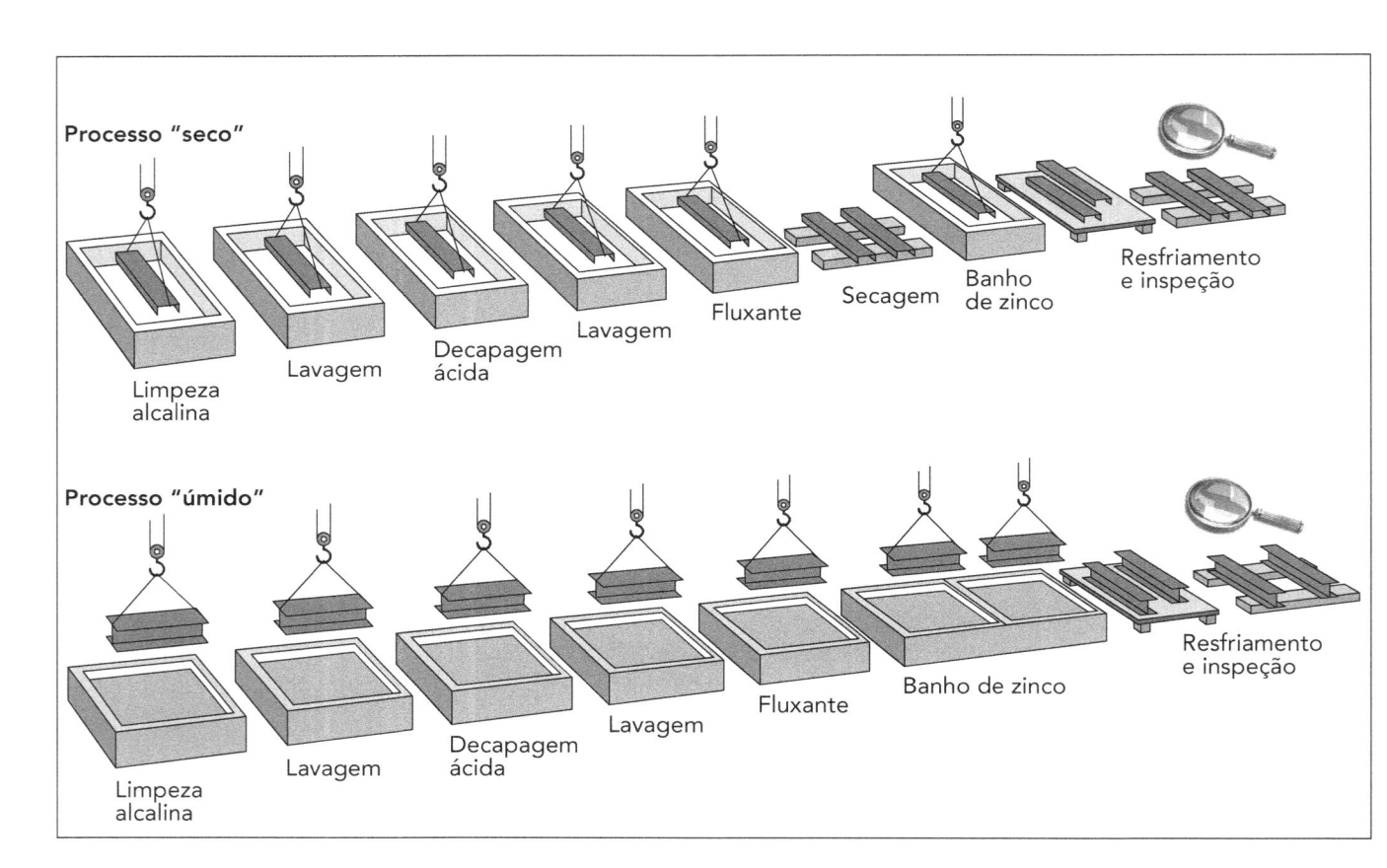

**Figura 5.17**
O processo industrial, intermitente, de galvanização a fogo.

## O revestimento

Quando a reação entre o ferro e o zinco tiver virtualmente cessado e o componente, retirado do banho de galvanização, estiver recoberto por uma camada de zinco livre, o processo estará completo. Na verdade, não existe demarcação clara entre o aço e o zinco, mas uma transição gradual através de uma série de camadas de liga, que fornecem a ligação metalúrgica mencionada anteriormente. A Figura 5.18 ilustra, de forma esquemática, a composição do revestimento. Uma microsseção do revestimento galvanizado se parecerá com o observado na Figura 5.19, mostrada a seguir.

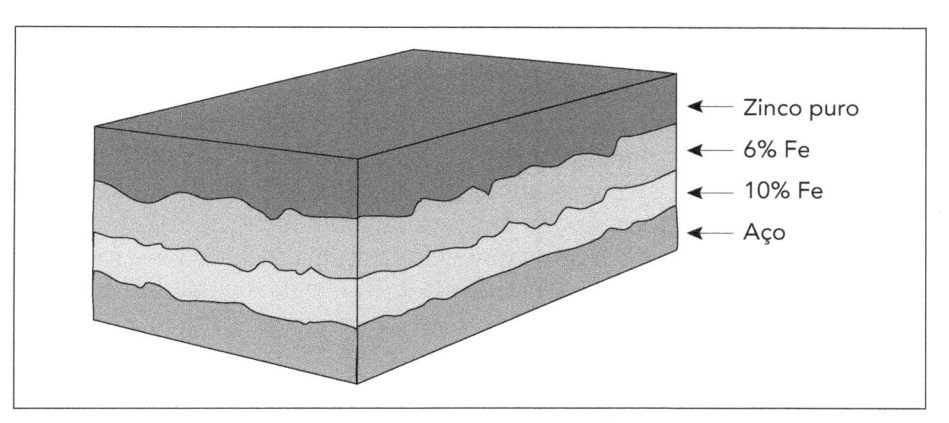

**Figura 5.18**
Morfologia do revestimento obtido por galvanização a fogo.

As espessuras do revestimento são normalmente determinadas pelas espessuras do substrato de aço. Assim, condições operacionais uniformes levam à constância na espessura dos revestimentos obtidos sobre substratos de diferentes espessuras. A Tabela 5.7, retirada da Norma ISO 1461, ilustra essa relação.

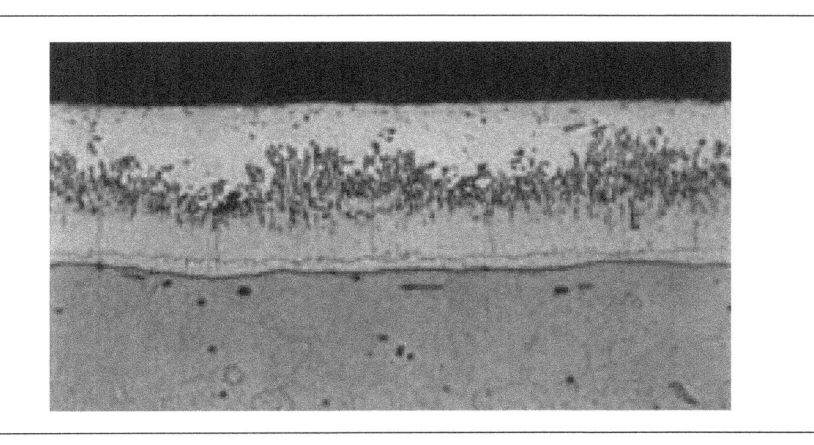

**Figura 5.19**
Visualização das camadas formadas por galvanização a fogo.

**Tabela 5.7**
Relação entre a espessura do aço e a espessura do revestimento, segundo a Norma ISO 1461.

| Espessura do metal-base | Massa média, mínima, do revestimento, $g/m^2$ | Espessura do revestimento, $\mu m$ |
|---|---|---|
| $\geq 5$ mm | 610 | 85 |
| $\geq 2 < 5$ mm | 460 | 65 |
| $\geq 1 < 2$ mm | 335 | 47 |
| Ferros fundidos | 610 | 85 |
| Itens centrifugados | 305 | 43 |

Há três exceções à regra, a primeira produzindo revestimentos um pouco mais finos, e as outras duas, aumentando-os.

- *Revestimentos galvanizados centrifugados.* Esse processo é descrito na Norma ISO 1461 e é utilizado na galvanização de produtos que contenham roscas (por exemplo, parafusos) e outros componentes de pequenas dimensões. Após a limpeza, os componentes, suportados por uma cesta metálica perfurada, são imersos em um banho de zinco fundido. Depois da formação da camada galvanizada, o conjunto é centrifugado, fazendo com que o excesso de zinco seja eliminado.

Espessuras maiores podem ser produzidas por um destes dois métodos:

- *Aumento da rugosidade superficial do componente.* É o meio mais comum para a obtenção de revestimentos mais espessos. O jateamento abrasivo, padrão comercial (Sa 2), com partículas angulares de aço (tamanho G24) cria uma rugosidade superficial que aumenta a área do aço em contato com o zinco líquido. Isso provoca, de modo geral, aumento da massa por unidade de área do revestimento de zinco em até 50%. Qualquer componente de aço pode ser tratado desse modo, desde que tenha espessura suficiente para resistir ao jateamento, sem deformações. A Figura 5.20 ilustra essa situação. Às vezes não é possível jatear a superfície interna de tubos e componentes parcialmente "fechados", mas essas regiões são, de modo geral, as menos propensas à corrosão. Revestimentos mais espessos do que aqueles requeridos pela Norma ISO 1461 devem ser especificados após a consulta a um galvanizador.

**Figura 5.20**
Aparência da microestrutura de um revestimento galvanizado quando a rugosidade do substrato de aço é aumentada com jateamento abrasivo.

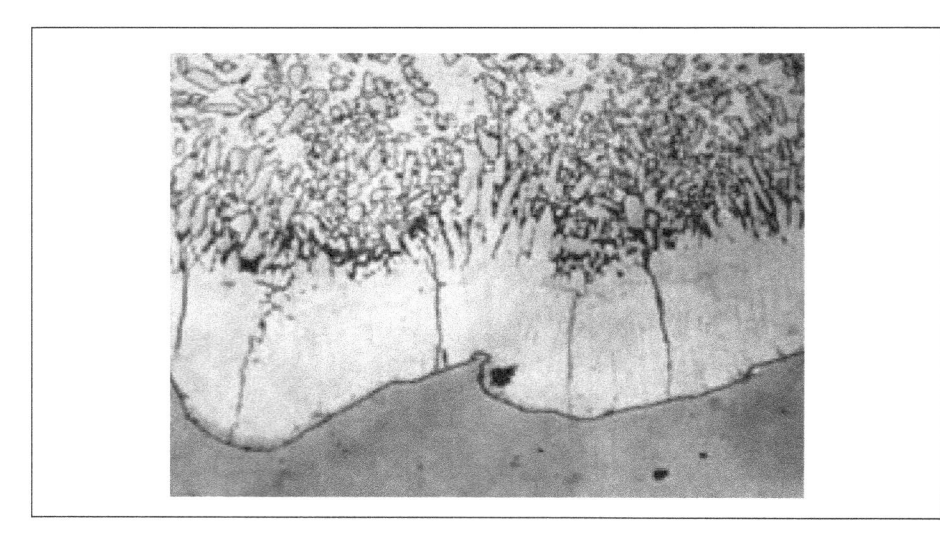

- *Galvanização de aços reativos.* Uma camada galvanizada mais espessa será obtida se o componente a ser galvanizado for produzido em um aço reativo. Os constituintes do aço que têm maior influência na reação ferro/zinco são o silício, que é frequentemente adicionado ao aço como desoxidante durante sua produção, e o fósforo. O silício altera a composição das camadas de liga zinco-ferro, de modo que elas continuam a crescer com o tempo, e a velocidade de crescimento não diminui conforme a camada se torna mais espessa (Figuras 5.21 e 5.22). Em menor grau, o fósforo exerce uma influência similar na formação da camada. Quando um componente feito de um aço reativo é removido do banho de zinco, a camada de zinco líquido adere à camada de intermetálicos como qualquer outro componente de aço. Entretanto, a velocidade de reação desses aços pode ser tão elevada que essa camada de zinco puro será transformada completamente em liga zinco-ferro antes que o componente tenha tempo para resfriar. O resultado é um revestimento de mesma espessura (ou maior) que pode ser muito mais escuro na aparência. A alteração da aparência não altera a resistência contra a corrosão do revestimento.

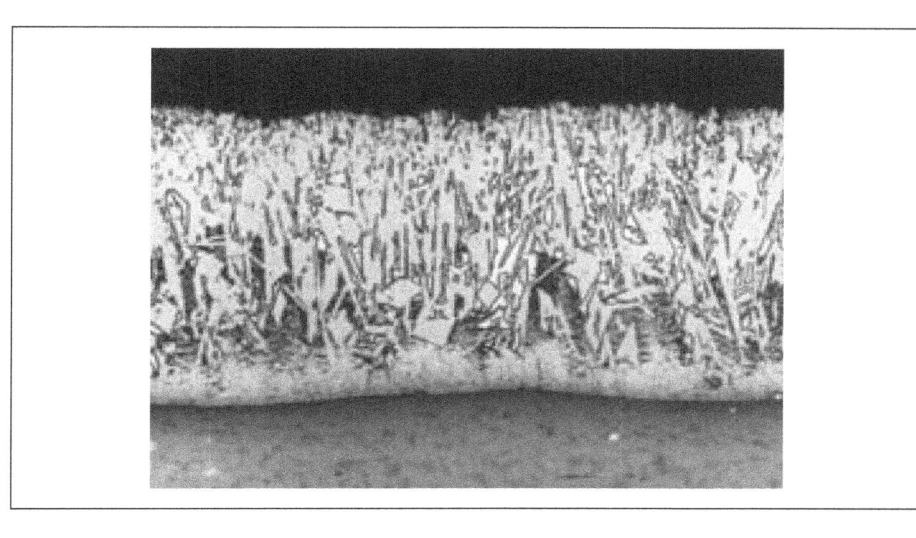

**Figura 5.21**
Influência do silício na morfologia do revestimento galvanizado.

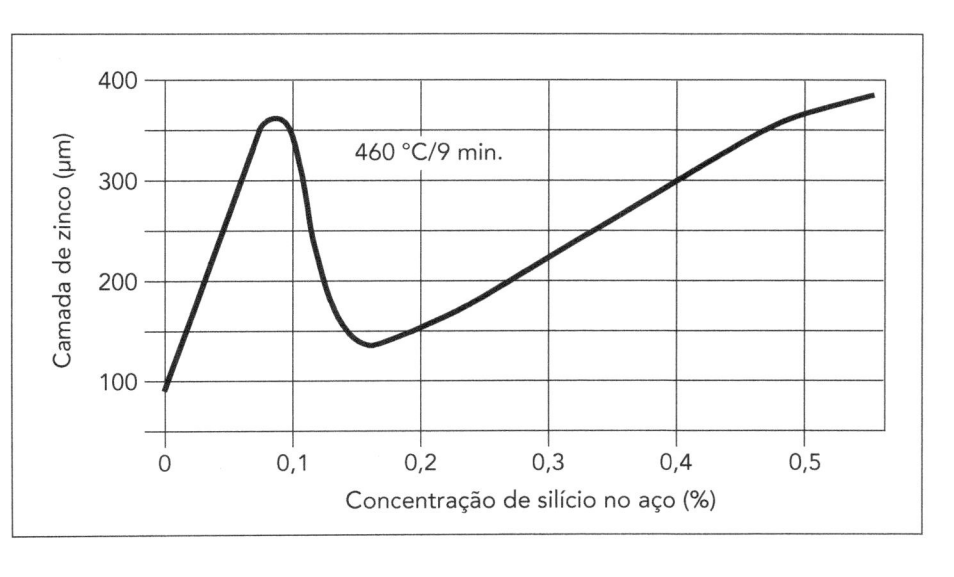

**Figura 5.22**
Influência do silício na espessura do revestimento galvanizado.

### 5.5.2 Vantagens e desvantagens da galvanização a fogo

As principais vantagens da galvanização a fogo são apresentadas abaixo:

- *Custo inicial inferior*. A galvanização a fogo, de modo geral, possui custos muito competitivos quando comparados aos de outras formas de proteção especificadas na proteção do aço. O custo de aplicação de revestimentos que requerem mão de obra intensiva, como a pintura, tem crescido mais do que os custos de aplicação (em fábrica) da galvanização a fogo.

- *Pequena manutenção/custo menor a longo prazo*. Mesmo nos casos em que o custo inicial da galvanização a fogo é superior ao de revestimentos alternativos, a galvanização apresenta menores custos de manutenção ao longo da vida útil do componente/estrutura. A manutenção é ainda mais cara quando as estruturas estão localizadas em áreas remotas.

- *Vida longa*. A expectativa de vida de revestimentos galvanizados aplicados sobre componentes estruturais excede os 40 anos na maior parte dos ambientes rurais, e se situa entre 10 e 30 anos na maior parte dos ambientes agressivos, urbanos e costeiros.

- *Preparo superficial*. A imersão em ácido, como pré-tratamento, garante a limpeza uniforme das superfícies de aço. Por outro lado, revestimentos orgânicos tradicionais devem ser aplicados sobre superfícies limpas com jato abrasivo (em geral, de acordo com a Norma ISO 8501-1, em grau Sa 2½, ou superior) e inspecionadas. Adicionalmente, a aplicação de revestimentos orgânicos é limitada em termos das condições ambientais e da umidade relativa na época da aplicação. Isso adiciona custo na aplicação de um sistema de pintura robusto.

- *Adesão*. O revestimento obtido com a galvanização a fogo está ligado metalurgicamente ao substrato de aço.

- *Velocidade na aplicação do revestimento*. Um revestimento protetor é aplicado em minutos. Um sistema de pintura tradicional pode levar vários dias. A aplicação do revestimento galvanizado não depende das condições do tempo.

- *Proteção uniforme*. Todas as superfícies de um componente galvanizado a fogo são protegidas tanto interna quanto externamente, incluindo rebaixos, cantos-vivos e áreas inacessíveis à aplicação de outros métodos de revestimento. A Figura 5.23 ilustra esse conceito. O revestimento é mais espesso nos cantos-vivos que em superfícies planas (Figura 5.24). Espessura, adesão do revestimento e uniformidade são características importantes do processo de galvanização a fogo.

- *Proteção de sacrifício em áreas danificadas*. Como dito anteriormente, o revestimento de sacrifício fornece proteção catódica às pequenas áreas de aço expostas à atmosfera, como poros e riscos. Diferentemente dos revestimentos orgânicos, pequenas áreas danificadas não necessitam de retoques; a corrosão sob o revestimento não é possível quando se utilizam revestimentos de sacrifício.

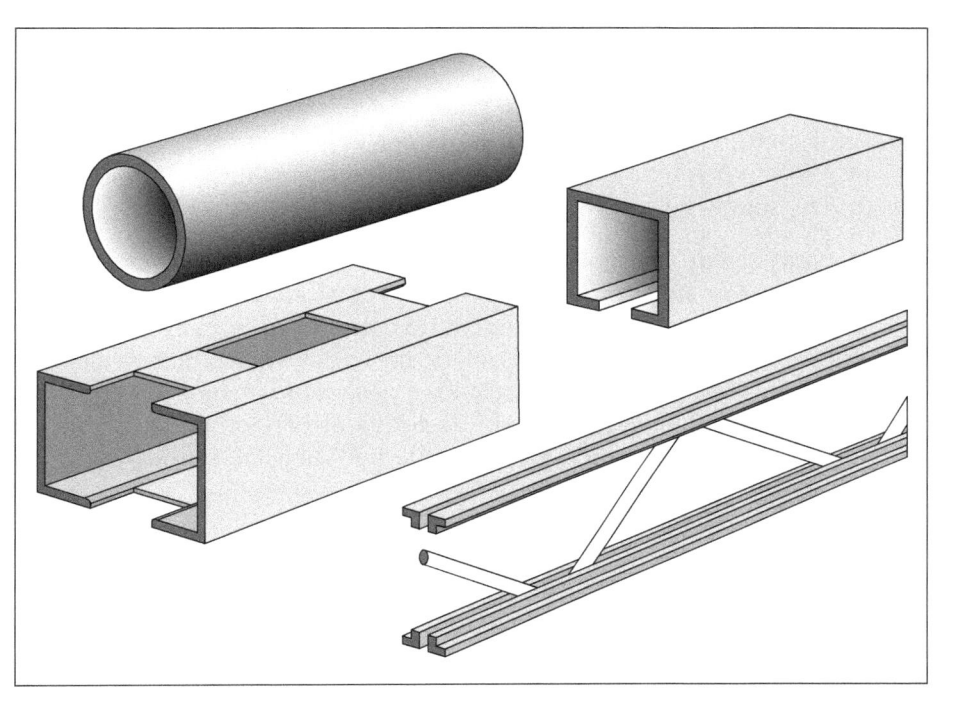

**Figura 5.23**
A galvanização a fogo protege todas as superfícies dos componentes.

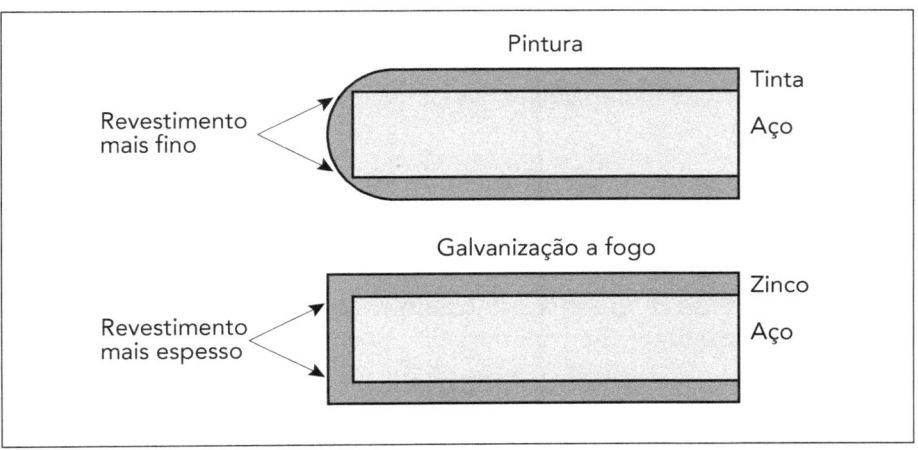

**Figura 5.24**
O revestimento galvanizado é, em oposição ao obtido pela pintura, mais espesso nas arestas.

A técnica, entretanto, também possui algumas desvantagens. As principais podem ser descritas como:

- *A galvanização a fogo não pode ser feita no canteiro de obras.* O processo só pode ser feito em uma unidade industrial, a galvanizadora.

- *A coloração do zinco somente pode ser alterada através da pintura.*

- *As dimensões dos componentes ou estrutura a galvanizar são limitadas pelas dimensões da cuba de zinco líquido.*

- *A alta temperatura do banho pode causar distorções em certos componentes.*

- Existe o risco de que painéis grandes e planos, não enrijecidos, sofram distorções, assim como de os perfis I, H ou U, de grandes dimensões e pequena espessura de alma/mesas, empenarem. Um bom projeto aliado à boa prática de galvanização previne as distorções.

- *A soldagem de componentes de aço galvanizados a fogo pode demandar procedimentos diferentes daqueles demandados pelos aços não revestidos.* A soldagem de componentes galvanizados resultará na perda, em algum nível, de parte da camada de revestimento. A camada é volatilizada durante o processo. Torna-se necessário, assim, o recondicionamento do revestimento ao longo do cordão de solda e áreas adjacentes, por meio da metalização, da utilização de tintas ricas em zinco ou outro método.

### 5.5.3 Recomendações gerais para o projeto de componentes galvanizados

Algumas regras simples devem ser aplicadas no detalhamento dos componentes a serem galvanizados:

- Galvanize componentes fabricados corretamente. O metal deve estar limpo. O revestimento galvanizado não cobrirá adequadamente defeitos de fabricação.

- Evite cantos vivos, furos cegos e rebaixos profundos sempre que possível.

- Componentes de diferentes ligas, unidos em certa montagem, que necessitem de diferentes pré-tratamentos, devem ser galvanizados antes da montagem do conjunto.

- Frestas devem ser evitadas para minimizar o "choro ácido" que pode ocorrer em juntas soldadas ou frestas estreitas. Isso poderá levar a problemas de corrosão ou problemas estéticos.

- O projeto deve contemplar linhas suaves, promovendo o recobrimento uniforme, evitando o acúmulo de produtos químicos ou de zinco em bolsões.

- Evite galvanizar caixas seladas, pois a expansão dos gases retidos no interior do componente, quando aquecidos a 450 °C, pode causar a explosão do componente, com sérias implicações de segurança.

- Providencie furos para a drenagem em áreas inacessíveis.

- Evite grandes alterações de seção ou variações de espessura do componente a ser imerso.

- Considere as alterações dimensionais da peça, especialmente em partes móveis. Leve em conta o espaço para acomodar a espessura do revestimento; 1 mm é, em muitos casos, adequado.

### 5.5.4 Como o zinco protege o aço estrutural

O mecanismo de corrosão atmosférica do zinco parece ocorrer de acordo com o que se descreve a seguir; ele é representado de forma global na Figura 5.25.

Em atmosferas úmidas, o zinco é oxidado, com a formação de hidróxido de zinco:

$$2\ Zn + 2\ H_2O + O_2 \rightarrow 2\ Zn(OH)_2$$

Essa reação é de natureza eletroquímica e envolve a redução catódica do oxigênio e a oxidação anódica do zinco:

Regiões anódicas:

$$2\ Zn \rightarrow 2\ Zn^{++} + 4\ e^-$$

Regiões catódicas:

$$O_2 + 2\ H_2O + 4\ e^- \rightarrow 4\ OH^-$$

Reação global:

$$2\ Zn + O_2 + 2\ H_2O \rightarrow 2\ Zn^{++} + 4\ OH^- \rightarrow 2\ Zn(OH)_2$$

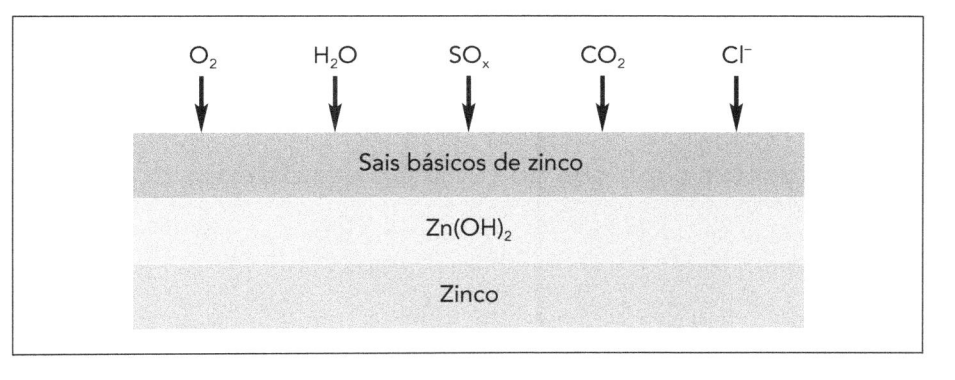

**Figura 5.25**
Mecanismo da corrosão atmosférica do zinco.

O hidróxido de zinco assim formado reage com o os constituintes presentes no ar, como os gases $CO_2$ e $SO_2$, ou o íon $Cl^-$, formando os sais básicos de zinco correspondentes a cada constituinte na interface hidróxido/ar. Isso só ocorre se o pH da umidade superficial for suficientemente alto.

Em atmosferas limpas, como aquelas encontradas nas áreas rurais, onde estão presentes o oxigênio, a água e o gás carbônico, teremos a formação do carbonato básico de zinco sobre o hidróxido de zinco formado:

$$Zn(OH)_2 + 0{,}5\ CO_2 + H^+ \rightarrow ZnOH(CO_3)_{0,5} + H_2O$$

Em atmosferas urbanas e industriais, contaminadas com $SO_2$, teremos a formação do sulfato básico de zinco sobre o hidróxido de zinco formado:

$$Zn(OH)_2 + 0{,}25\ SO_2 + 0{,}25\ O_2 + 0{,}5\ H^+ \rightarrow ZnOH_{1,5}(SO_4)_{0,25} + 0{,}5\ H_2O$$

Finalmente, em atmosferas marinhas, contaminadas com cloretos, teremos a formação do cloreto básico de zinco sobre o hidróxido de zinco formado:

$$Zn(OH)_2 + 0{,}6\ Cl^- + 0{,}6\ H^+ \rightarrow ZnOH_{1,4}Cl_{0,6} + 0{,}6\ H_2O$$

O hidróxido de zinco e os sais básicos formados, em conjunto chamados, por vezes, de *pátina do zinco*, protegem a superfície do ataque posterior. Eles são os agentes responsáveis pela proteção do zinco quando este é exposto à atmosfera.

Se a umidade superficial, entretanto, atinge um pH baixo, ocasionalmente ou permanentemente (por exemplo, devido à poluição com muito $SO_2$, como aquela existente em algumas regiões industriais), então nenhum hidróxido de zinco ou sal básico será formado. Mesmo os depósitos formados durante os primeiros estágios de exposição, em pHs altos, serão dissolvidos:

$$Zn + SO_2 + O_2 \rightarrow ZnSO_4$$
$$Zn(OH)_2 + SO_2 + \tfrac{1}{2}\ O_2 \rightarrow ZnSO_4 + H_2O$$
$$ZnOH(CO_3)_{0,5} + SO_2 + O_2 + 2\ H^+ \rightarrow ZnSO_4 + 1{,}5\ H_2O + 0{,}5\ CO_2$$

O $ZnSO_4$ é solúvel em água. Ele pode ser lavado pela chuva e, desse modo, não oferece proteção ao substrato de zinco. Como consequência, a velocidade de corrosão do zinco será elevada. Abrasão e erosão podem contribuir para a deterioração do revestimento protetor.

### 5.5.5 Aspectos cinéticos da corrosão atmosférica do zinco

A dependência da velocidade de corrosão do zinco ao tempo de exposição é função do ambiente e das condições de exposição.

A observação da Tabela 5.7 permite concluir que 85 μm de zinco, valor bem típico de espessura de camada depositada no processo de galvanização a fogo, promoverão a proteção do substrato de aço por períodos que variam de 5 anos (condição industrial extremamente agressiva) até 425 anos (condição rural não poluído).

As Tabelas 5.8 e 5.9 trazem velocidades de corrosão do zinco para diferentes ambientes brasileiros.

**Tabela 5.8**
Velocidades de corrosão atmosférica do zinco.

| Atmosfera | Velocidade diferencial de corrosão, µm/ano | Durabilidade do revestimento, em anos, para uma espessura inicial de camada total de 85 µm |
|---|---|---|
| Rural | 0,2 a 2 | 425 a 43 |
| Urbana e industrial | 2 a 16 | 43 a 5 |
| Marinha | 0,5 a 8 | 170 a 11 |

**Tabela 5.9**
Velocidades de corrosão do zinco exposto em diferentes ambientes brasileiros.

| Ambiente | Local de exposição | Velocidade de corrosão ($\mu$m/ano) | Tempo de exposição (anos) |
|---|---|---|---|
| Rural | Caratinga, MG | 0,720 | 1 |
| Urbano | São Paulo, SP | 1,190 | 1 |
|  | Rio de Janeiro, RJ | 2,160 | 1 |
| Industrial | Ipatinga, MG | 1,090 | 1 |
|  | Cubatão, SP | 1,980 | 1 |
| Marinho | Arraial do Cabo, RJ | 8,060 | 1 |
|  | Ubatuba, SP | 8,350 | 1 |

**Tabela 5.10**
Velocidades de corrosão do zinco exposto em diferentes ambientes do Estado de São Paulo.

| Ambiente | Local de exposição | Velocidade de corrosão média de 2 anos de exposição ($\mu$m/ano) | Vida útil, para revestimento de 50 $\mu$m de espessura (anos) |
|---|---|---|---|
| Urbano | Santana do Parnaíba, SP | 0,9 | 55 |
|  | Piratininga, SP | 2,55 | 20 |
|  | Paula Souza, SP | 1,2 | 41 |
|  | São José dos Campos, SP | 1,1 | 45 |
|  | Guarulhos, SP | 1,3 | 38 |
| Rural | Sorocaba, SP | 0,7 | 71 |
|  | Alto da Serra, SP | 2,6 | 19 |
| Industrial | Baixada Santista, SP | 2,3 | 21 |
|  | Capuava, SP | 2,5 | 19 |
| Marinha | Praia Grande, SP | 1,6 | 31 |

## 5.6 Controle da corrosão pelo uso de aços resistentes à corrosão

Todos os aços contêm pequenas quantidades de elementos de liga, como carbono, manganês, silício, fósforo e enxofre, seja porque integravam as matérias-primas (minérios e coque) com que foram fabricados, seja porque foram deliberadamente adicionados para lhes conferir determinadas propriedades. De modo geral, as adições são pequenas, de no máximo 0,5% a 0,7% da massa total do metal, proporção em que tais elementos não têm qualquer efeito apreciável sobre a resistência do metal à corrosão atmosférica. As pequenas variações de composição que inevitavelmente ocorrem durante o processo de fabricação do metal tampouco afetam significativamente suas características.

Entretanto, existem exceções. Sabe-se há mais de 80 anos, por exemplo, que a adição de pequenas quantidades de cobre, níquel, cromo, fósforo e outros elementos químicos tem um efeito benéfico sobre os aços, reduzindo a velocidade em que são corroídos quando expostos à atmosfera. Dentre esses elementos químicos, o cobre é o que apresenta maior influência.

A Figura 5.26 mostra dois aços laminados a quente, pintados, riscados e expostos em atmosfera industrial por 12 meses. A série inferior corresponde à liga-mãe – um aço-carbono comum. A série superior corresponde à mesma liga-mãe, em que somente foi feita a adição de 0,2% de cobre. Podemos observar a menor progressão da ferrugem sob a tinta nas amostras contendo cobre.

O grande estímulo ao emprego de aços enriquecidos com esses elementos químicos, chamados de aços de baixa liga e alta resistência, resistentes à corrosão atmosférica, foi dado pela companhia norte-americana United States Steel Corporation, que, no início da década de 1930, desenvolveu um aço cujo nome comercial era Cor-Ten.

**Figura 5.26**
Aparência de um aço laminado a quente (série inferior) e de um aço ao cobre (série superior) após 12 meses de exposição em uma atmosfera industrial (Cubatão, SP).

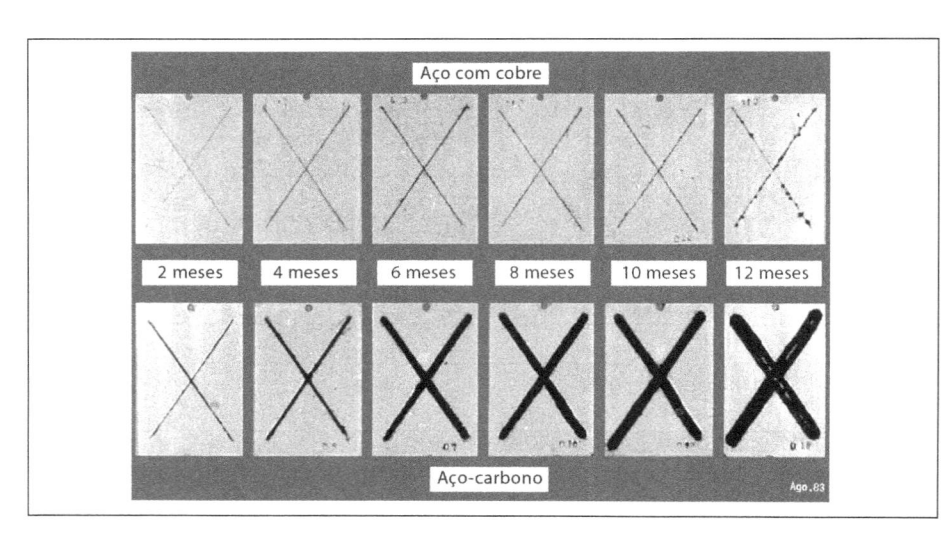

O aço Cor-Ten foi desenvolvido originalmente para a indústria ferroviária, e sua grande virtude aparente era permitir a construção de vagões mais leves. A propriedade de resistir à corrosão foi alcançada quase casualmente, embora desde o fim do século XIX já se conhecessem as influências benéficas do cobre e do fósforo.

A ferrugem formada sobre esses aços, por possuir uma coloração e uma morfologia distintas, atraiu a atenção de vários arquitetos. Em 1958, o arquiteto norte-americano Eero Saarinen utilizou-o na construção do edifício-sede da John Deere, em Moline, no estado de Illinois. Esse foi o primeiro uso de aços patináveis, não pintados, na construção civil. A Figura 5.27 mostra o edifício. O aço foi deixado aparente nessa obra, tendo o arquiteto considerado que a ferrugem, que sobre ele se formava, constituía por si mesma um revestimento não só aceitável, como atraente. O pleno esclarecimento do mecanismo responsável pela formação da pátina protetora só veio a ser alcançado já nos anos 1970.

Desde o lançamento do Cor-Ten até os nossos dias, desenvolveram-se outros aços com comportamentos semelhantes, que constituem a família dos aços conhecidos como patináveis. Enquadrados em diversas normas, como as normas brasileiras NBR 5008, 5920, 5921 e 7007 e as norte-americanas ASTM A242, A588 e A709, que especificam limites de composição química e propriedades mecânicas, tais aços têm sido utilizados no mundo todo na construção de pontes, viadutos, edifícios, silos, torres de transmissão de energia etc.

**Figura 5.27**
O edifício-sede da John Deere, em Illinois.

Sua grande vantagem, além de dispensarem a pintura em certos ambientes, é possuírem uma resistência mecânica maior que a dos aços estruturais comuns. Em ambientes extremamente agressivos, como regiões que apresentam grande poluição por dióxido de enxofre ou aquelas próximas da orla marítima, a pintura lhes confere uma proteção, em geral, superior àquela conferida aos aços comuns.

No Brasil, aços desse tipo encontram também grande aceitação entre os arquitetos. Além de inúmeras pontes e viadutos espalhados por todo o país, formam, por exemplo, a estrutura da catedral de Brasília e do edifício-sede da Associação Brasileira de Metalurgia e Materiais (ABM), em São Paulo.

## 5.6.1 Desempenho dos aços patináveis

O que distinguia o novo produto dos aços comuns no que diz respeito à resistência à corrosão era o fato de que, sob certas condições ambientais de exposição, ele podia desenvolver em sua superfície uma película de óxidos aderentes e protetores, chamados de pátina, que atuava reduzindo a velocidade do ataque causado pelos agentes corrosivos presentes no meio ambiente. Durante os primeiros anos de exposição à atmosfera, a perda de massa metálica por unidade de superfície cresce segundo uma função-potência do tipo $\Delta m = kt^{1-n}$, onde $\Delta m$ é a perda de massa por unidade de superfície ($mg/cm^2$), $k$ e $n$ são constantes e $t$ é o tempo de exposição, em meses.

A Figura 5.28 ilustra o desempenho típico de um aço estrutural comum (ASTM A36) e de um aço de baixa liga e alta resistência, resistente à corrosão atmosférica (ASTM A588), expostos em atmosferas de diferente agressividade.

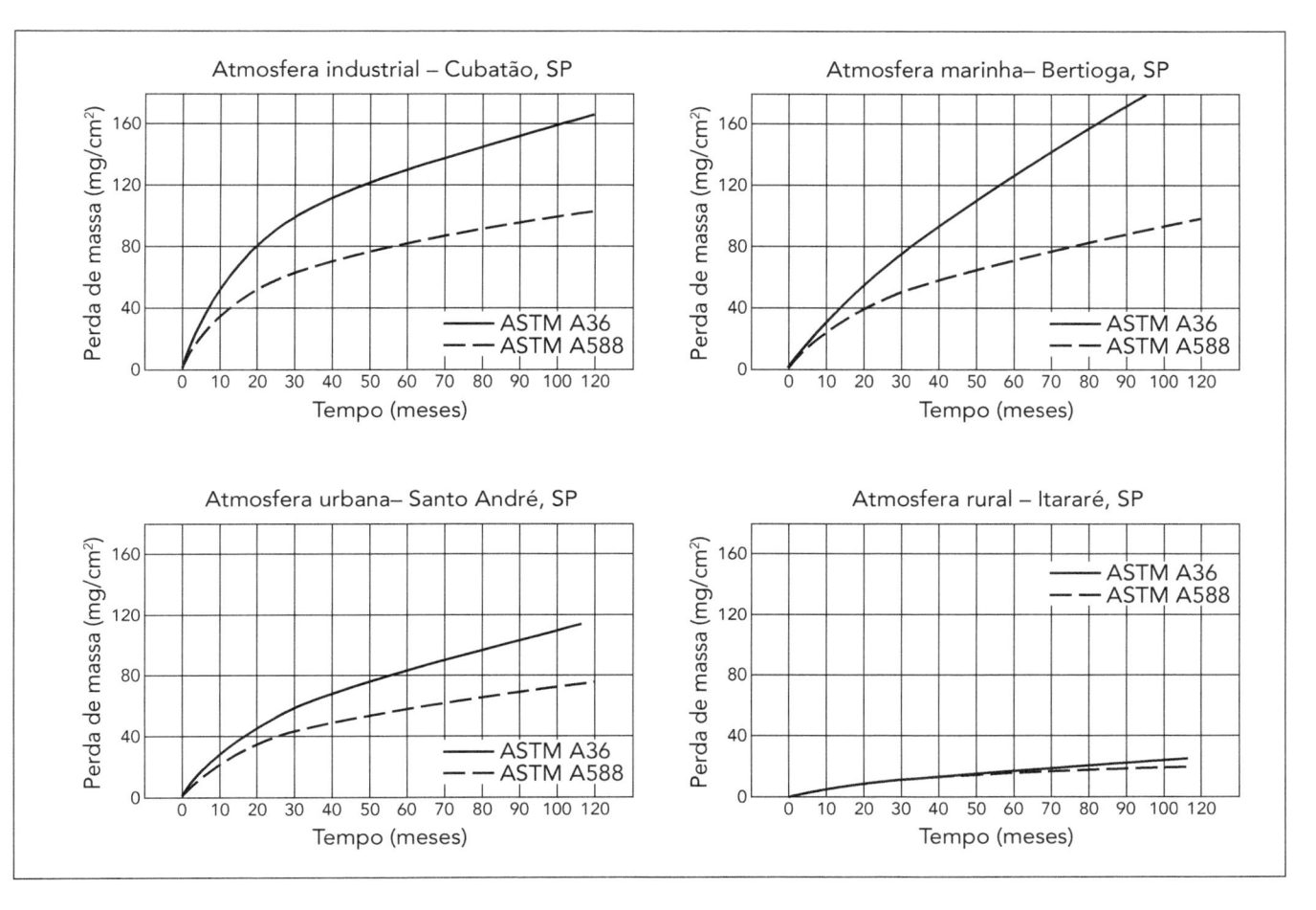

**Figura 5.28**
Desempenho dos aços patináveis em diferentes tipos de atmosferas.

## 5.6.2 Do que depende a formação da pátina?

A formação da pátina é função de três tipos de fatores. Os primeiros a destacar estão ligados à composição química do próprio aço. Os principais elementos de liga que contribuem para aumentar a sua resistência à corrosão atmosférica, favorecendo a formação da pátina, são o cobre e o fósforo (o cromo, o níquel, e o silício também exercem importantes efeitos secundários). Cabe observar, no entanto, que o fósforo deve ser mantido em baixos teores (menores que 0,1%), sob pena de prejudicar certas propriedades mecânicas do aço e sua soldabilidade.

Em segundo lugar vêm os fatores ambientais, entre os quais sobressaem a presença de dióxido de enxofre e de cloreto de sódio na atmosfera, a temperatura, a força (direção, velocidade e frequência) dos ventos, os ciclos de umedecimento e secagem etc. Assim, enquanto a presença de dióxido de enxofre, até certos limites, favorece o desenvolvimento da pátina, o cloreto de sódio em suspensão nas atmosferas marítimas prejudica suas propriedades protetoras. Não se recomenda a utilização de aços patináveis não protegidos em ambientes industriais em que a concentração de dióxido de enxofre atmosférico seja superior a 250 μg/m$^3$ e em atmosferas marinhas onde a taxa de deposição de cloretos exceda 300 mg/m$^2$/dia. É importante ressaltar que raros locais do território brasileiro possuem concentrações elevadas de SO$_2$ a ponto de impedirem a formação da pátina. Entretanto, deposições costeiras de cloretos superiores a 300 mg/m$^2$/dia são bastante comuns.

Os ventos, que carreiam agentes agressivos até o local em que se encontra o metal, têm importante efeito sobre os ciclos de umedecimento e secagem; tais ciclos são considerados essenciais ao desenvolvimento de películas protetoras. O efeito da temperatura, embora provável, ainda não foi claramente caracterizado.

Finalmente, há fatores ligados à geometria da peça, que explicam por que diferentes estruturas do mesmo aço, dispostas lado a lado, podem ser atacadas de maneira distinta. Esse fenômeno é atribuído à influência de seções abertas/fechadas, drenagem correta das águas de chuva e outros fatores que atuam diretamente sobre os ciclos de umedecimento e secagem. Assim, por exemplo, sob condições de contínuo molhamento, determinadas por secagem insatisfatória, a formação da pátina fica gravemente prejudicada.

Regiões particulares como juntas de expansão, articulações e regiões superpostas têm comportamento crítico quanto à corrosão, como ocorre com os aços-carbono estruturais tradicionais. Os elementos de ligação (chapas, parafusos, porcas, arruelas, rebites, cordões de solda etc.) devem apresentar não só resistência mecânica compatível com o aço patinável, mas também compatibilidade de composição química, para evitar o desenvolvimento da corrosão galvânica.

Uma condição fundamental para a formação da pátina protetora é a existência de períodos de umedecimento e secagem alternados. Em áreas abrigadas da chuva, a pátina marrom escuro-avermelhado não é normalmente obtida e a superfície metálica fica recoberta por uma camada de ferrugem de coloração marrom-amarelada, que é menos protetora do que a pátina bem formada, porém mais compacta e aderente do que aquela formada sobre o aço-carbono comum exposto às mesmas condições. Quando mencionamos os aços-carbono, referimo-nos aos aços-carbono estruturais de alta resistência (por exemplo, o ASTM A572), equivalentes aos aços patináveis em resistência mecânica, usados para a mesma finalidade.

Em exposições internas (como aquelas existentes no interior de uma edificação), nenhuma diferença sistemática tem sido observada entre os aços patináveis e os aços-carbono estruturais comuns. A baixa velocidade de corrosão observada em ensaios comparativos entre aços patináveis e aços estruturais comuns se deve, primordialmente, à baixa corrosividade do meio e não à composição química diferenciada do aço. Em áreas rurais, a velocidade de corrosão também é normalmente pequena tanto para os aços-carbono estruturais quanto para os aços patináveis, e o período de tempo necessário para o desenvolvimento de uma pátina protetora e de boa aparência pode ser muito longo.

Em áreas urbanas onde os teores de dióxido de enxofre não excedem cerca de 100 $\mu g/m^3$, os aços patináveis apresentam, muitas vezes, velocidades de corrosão estabilizadas em valores muito próximos daqueles observados para esses aços quando expostos em atmosferas rurais. Nessa condição, os aços-carbono estruturais apresentam velocidades de corrosão significativamente maiores do que aquela observada para os aços patináveis.

Em áreas industriais muito poluídas com os óxidos de enxofre (isto é, em regiões contendo mais do que 100 $\mu g/m^3$), podemos observar velocidades de corrosão significativamente maiores para os aços patináveis, indicando que a película formada já não é mais tão protetora. Embora a superfície possa ter uma aparência agradável, marrom-escuro, semelhante àquela tradicionalmente formada sobre o aço patinável, ela pode não ser considerada uma pátina verdadeira, pois já não isola de modo eficiente o metal do meio.

Atmosferas marinhas são consideradas críticas para o desenvolvimento de boas pátinas protetoras. A pátina não é plenamente desenvolvida em ambientes marinhos agressivos, nos quais a velocidade de corrosão pode ser bastante alta. Isso é especialmente válido quando a estrutura se encontra próxima da praia e também para superfícies abrigadas da chuva, em que o acúmulo de cloretos (que nunca são lavados pela chuva) acaba promovendo um grande ataque. A experiência prática sueca mostra que, a partir de 2-3 km da praia, a deposição de cloretos já não afeta de modo significativo a formação da pátina.

Em condições de longos tempos de umedecimento (ou umedecimento permanente), como na exposição ao solo ou à água, a velocidade de corrosão dos aços patináveis é aproximadamente a mesma daquela encontrada para o aço-carbono estrutural exposto às mesmas condições.

Fatores ligados à geometria da peça também explicam por que diferentes estruturas do mesmo aço, dispostas lado a lado, podem ser atacadas de modo distinto. Esse fenômeno é atribuído à influência de seções abertas/fechadas, drenagem correta das águas de chuva e outros fatores que atuam diretamente sobre os ciclos de umedecimento e secagem. Regiões particulares como juntas de expansão, articulações e regiões superpostas têm comportamento crítico quanto à corrosão, como ocorre com os aços-carbono tradicionais.

Os elementos de ligação utilizados na estrutura (chapas, parafusos, porcas, arruelas, rebites, cordões de solda etc.) devem apresentar não só resistência mecânica compatível com o aço patinável utilizado, mas também compatibilidade química, para evitar (ou minimizar) o aparecimento da corrosão galvânica entre os componentes.

Como regra geral, aços patináveis têm sido utilizados em seu estado natural, isto é, sem pintura, em ambientes que propiciem o aparecimento da pátina protetora. Exceções acontecem quando, por motivos estéticos, o aço deve apresentar certa coloração desejada, ou nas condições em que o aço não pode desenvolver a pátina, como visto anteriormente.

O desempenho do aço patinável pintado com certo sistema de pintura costuma ser superior àquele obtido sobre os aços-carbono estruturais. Isso é válido somente para condições ambientais que promovam a formação da pátina. Em tais condições, a durabilidade do sistema costuma ser superior à soma das durabilidades propiciadas isoladamente pela proteção do revestimento e pela natureza do material, isto é, há sinergia dos mecanismos. Uma eventual falha no revestimento levará à formação de produtos de corrosão bem menos volumosos do que aqueles formados sobre os aços comuns, aumentando a durabilidade do revestimento.

A Figura 5.29 mostra dois espécimes de aço laminados a quente, um ASTM A36 e um ASTM A242, expostos por 48 meses na atmosfera industrial de Cubatão (SP). Esses aços foram jateados com granalha de aço (padrão Sa 3), pintados com tinta epóxi (300 µm de espessura seca); após a secagem, foi feito o entalhe na tinta, com subsequente exposição à atmosfera.

Podemos observar que o aço-carbono comum produziu um grande volume de produtos de corrosão e danificou a pintura. Já o aço patinável, no mesmo período, produziu menor volume. A tinta está íntegra e continua a oferecer proteção contra a corrosão. O aço é protegido pela tinta e, mesmo quando alcançado pelo oxigênio e água atmosféricos (por difusão), acaba por produzir um volume de óxidos consideravelmente menor do que o gerado sobre o aço-carbono, e que não chega a destruir a película. Por esse motivo, mesmo formando óxidos, a durabilidade da proteção é maior do que no caso do aço-carbono. A corrosão no aço patinável ficou circunscrita à região dos cortes.

Aços patináveis necessitam de pintura (ou outra forma de proteção) em ambientes em que a pátina protetora não pode ser formada em sua plenitude, como:

- Atmosferas contendo gases (ou particulados) corrosivos, por exemplo, em áreas industriais com alta deposição de óxidos de enxofre ($> 100$ µg/m$^3$), cloreto de amônia, ácido clorídrico etc.

- Locais sujeitos à névoa salina. Em atmosferas altamente contaminadas com cloretos, em especial regiões muito próximas da arrebentação costeira, ou ainda regiões cobertas, nas quais o efeito da lavagem propiciada pelas chuvas não é sentida (com o consequente acúmulo de cloretos), a pátina formada não tem características protetoras. Recomenda-se a pintura de toda estrutura confeccionada em aço patinável se ela estiver a menos de 1-3 km da orla marinha. Nesses casos, o preparo de superfície e o esquema de pintura escolhido deverão ser os mesmos especificados para o aço-carbono estrutural, visto que a pátina protetora não pode ser plenamente desenvolvida em tais condições.

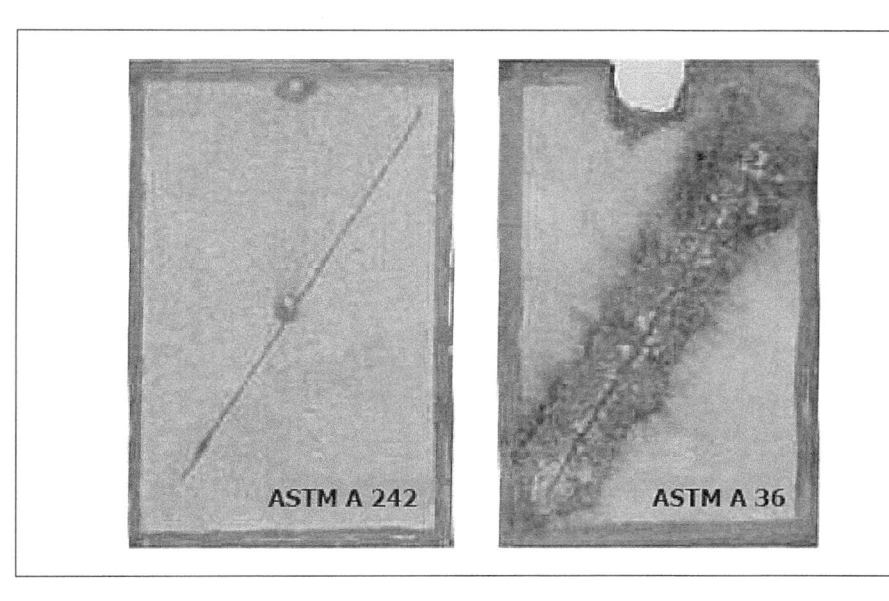

**Figura 5.29**
Aparência de um aço estrutural comum (ASTM A36) e de um aço patinável (ASTM A242), laminados a quente, expostos por 48 meses em atmosfera industrial (Cubatão, SP).

- Aplicações em que o aço permanece continuamente submerso em água ou enterrado no solo aerado (próximo à superfície), como adutoras de água.

- Aplicações em que o aço está em contato direto com madeiras ou materiais porosos, que podem reter a umidade permanentemente em contato com o metal.

Em resumo, podemos afirmar que em situações nas quais a formação da pátina não é adequada, exigindo o uso de sistemas de proteção (por exemplo, a pintura), os aços patináveis e os aços-carbono tornam-se praticamente equivalentes na sua aplicação.

# Capítulo 6

# Proteção contra Incêndio

## 6.1 Segurança contra incêndio das edificações

Os objetivos fundamentais da segurança contra incêndio são: minimizar o risco à vida e reduzir a perda patrimonial. Entende-se como risco à vida a exposição severa dos usuários da edificação à fumaça ou ao calor e o eventual desabamento de elementos construtivos sobre os usuários ou a equipe de combate. Entende-se como perda patrimonial a destruição parcial ou total da edificação, dos estoques e documentos, dos equipamentos ou dos acabamentos do edifício sinistrado ou da vizinhança.

Um sistema de segurança contra incêndio consiste em um conjunto de meios ativos (chuveiros automáticos, brigada contra incêndio, detecção de calor ou fumaça etc.) e passivos (resistência ao fogo das estruturas, compartimentação, saídas de emergência etc.), que possam garantir a fuga dos ocupantes da edificação em condições de segurança, a minimização de danos a edificações adjacentes e à infraestrutura pública, bem como a segurança das operações de combate ao incêndio.

### 6.1.1 Fatores que influenciam a severidade de um incêndio

Deve-se evitar que um incêndio, caso se inicie, torne-se incontrolável, pois perdas significativas certamente ocorrerão nessa situação.

O risco de início de incêndio, sua intensidade e duração estão associados a:

- Atividade desenvolvida no edifício, e tipo e quantidade de material combustível (mobiliário, equipamentos, acabamentos), tecnicamente denominada carga de incêndio, contidos nele. Por exemplo, o risco de um grande incêndio em um depósito de tintas é maior que em uma indústria de processamento de papel.

- Forma do edifício. Um edifício térreo com grande área de piso, sem compartimentação, pode representar um risco maior de incêndio do que um edifício com diversos andares, de mesma atividade, subdividido em muitos compartimentos, que confinarão o incêndio

- Condições de ventilação do ambiente: dimensões e posição das janelas.

- Propriedades térmicas dos materiais constituintes das paredes e do teto. Quanto mais isolantes forem esses materiais, menor será a propagação do fogo para outros ambientes, porém mais severo será o incêndio no compartimento.

- Sistemas de segurança contra incêndio. A probabilidade de início e propagação de um incêndio é reduzida em edifícios onde existem detectores de fumaça, sistema de chuveiros automáticos, brigada contra incêndio, compartimentação adequada etc.

Um resumo dos fatores e das características do incêndio e suas influências na severidade do incêndio, na segurança da vida e na segurança do patrimônio são indicados na Tabela 6.1

As medidas de proteção contra incêndio devem ser regularmente inspecionadas pela brigada de incêndio ou autoridades locais. Isso influencia favoravelmente a segurança e o custo do seguro contra incêndio.

## 6.1.2 Fatores que influenciam a segurança do patrimônio

O instante em que ocorre a generalização do incêndio é denominado *instante de inflamação generalizada*, internacionalmente conhecido como *flashover*. Nesse instante, além do rápido crescimento do incêndio, podem ocorrer explosões, rompimento de janelas etc. Antes do *flashover*, geralmente, não há o risco de colapso da estrutura, seja ela de aço ou de concreto, embora alguns danos locais ao conteúdo possam acontecer. Nesse período, não há risco à vida por desabamento estrutural, mas pode haver devido ao enfumaçamento.

Se o *flashover* ocorrer, o ambiente inteiro será envolvido pelo fogo, não se poderá esperar um controle bem-sucedido do incêndio, e as perdas monetárias causadas pelos danos ao edifício – como perda de conteúdo, interrupção da produção, danos aos edifícios vizinhos ou ao meio ambiente e vários outros fatores – serão consideráveis. A principal tarefa para garantir a segurança do imóvel é diminuir o risco do *flashover*. O uso de dispositivos de segurança, como chuveiros automáticos e detectores de fumaça, limitando a propagação do incêndio e agilizando a comunicação ao Corpo de Bombeiros, são importantes medidas a serem utilizadas em edificações de porte para minimizar o risco da inflamação generalizada.

Um bom projeto deverá equilibrar o uso de dispositivos de segurança com a proteção passiva. Medidas que reduzem o risco de *flashover* e a propagação do incêndio são apresentadas na Tabela 6.1.

É de costume, por medida de segurança estrutural, admitir a ocorrência do *flashover* e dimensionar as estruturas nessa situação, aplicando materiais de revestimento contra fogo em elementos de aço isolado, ou aproveitar-se do bom comportamento ao fogo das estruturas integradas ou mistas. Dessa forma, não haverá colapso estrutural, mas poderá haver danos à estrutura em função da severidade do incêndio.

O colapso dos elementos estruturais em edifícios de um único pavimento tem pequena influência na perda do conteúdo — isso, provavelmente, já terá acontecido devido ao fogo. Todavia, em edifícios de muitos andares, a resistência da estrutura ao fogo é mais importante, sobretudo para evitar danos ao conteúdo em partes do edifício distantes do local do incêndio. É importante proteger esses conteúdos tendo em vista que, frequentemente, eles possuem um valor monetário maior que os elementos estruturais do edifício.

## 6.1.3 Fatores que influenciam a segurança da vida

O tempo de abandono de uma edificação em situação de incêndio é função da forma da edificação (altura, área, saídas etc.), da quantidade de pessoas e de sua mobilidade (idade, estado de saúde etc.).

As medidas de segurança necessárias são diferentes quando aplicadas a edifícios altos e a edifícios térreos; a edifícios com alta densidade de pessoas, como escritórios, hotéis, lojas e teatros, e àqueles com poucas pessoas, como depósitos; a edifícios concebidos para habitação de pessoas de mobilidade limitada, como hospitais, asilos etc., e àqueles com ocupantes saudáveis, como complexos esportivos.

A morte em incêndio é geralmente provocada pela fumaça ou pelo calor. O risco de morte ou ferimentos graves pode ser avaliado em termos do tempo necessário para se alcançar níveis perigosos de fumaça ou gases tóxicos e temperatura, comparado ao tempo de escape dos ocupantes da área ameaçada. Isso significa que uma rota de fuga adequada, bem sinalizada, desobstruída e segura estruturalmente, é essencial na proteção da vida contra incêndio.

Devem ser tomados os devidos cuidados para limitar a propagação da fumaça e do fogo, que podem afetar a segurança das pessoas em áreas distantes da origem do incêndio ou mesmo entre edifícios vizinhos.

**Tabela 6.1**
Resumo dos fatores e das características do incêndio e suas influências.

| Fatores | Influência na: | Resultados |
|---|---|---|
| Tipo, quantidade e distribuição da carga de incêndio | Severidade do incêndio | A temperatura máxima de um incêndio depende de quantidade, tipo e distribuição do material combustível no edifício. |
| | Segurança da vida | O nível de enfumaçamento, toxicidade e calor depende de quantidade, tipo e distribuição do material combustível no edifício. |
| | Segurança do patrimônio | O conteúdo do edifício é consideravelmente afetado por incêndios de grandes proporções. |
| Características da ventilação do compartimento | Severidade do incêndio | Em geral, o aumento da oxigenação faz aumentar a temperatura do incêndio e diminuir sua duração. |
| | Segurança da vida | A ventilação mantém as rotas de fuga livres de níveis perigosos de enfumaçamento e toxicidade. |
| | Segurança do patrimônio | A ventilação facilita a atividade de combate ao incêndio por evacuação da fumaça e dissipação dos gases quentes. |
| Compartimentação | Severidade do incêndio | Quanto mais isolantes forem os elementos de compartimentação (pisos e paredes), menor será a propagação do fogo para outros ambientes, mas o incêndio será mais severo no compartimento. |
| | Segurança da vida | A compartimentação limita a propagação do fogo, facilitando a desocupação da área em chamas para áreas adjacentes. |
| | Segurança do patrimônio | A compartimentação limita a propagação do fogo, restringindo as perdas. |
| Resistência ao fogo das estruturas | Severidade do incêndio | A resistência ao fogo das estruturas de aço, por serem incombustíveis, não afeta a severidade do incêndio. Às vezes, o desmoronamento de parte da edificação (coberturas, por exemplo) aumenta a oxigenação e reduz a duração do incêndio. |
| | Segurança da vida | A resistência ao fogo tem pequeno efeito na segurança à vida em edifícios de pequena altura ou área, por serem de fácil desocupação. No caso de edifícios altos, é essencial prever a resistência ao fogo indicada na legislação ou em normas, para garantir a segurança ao escape dos ocupantes, às operações de combate e à vizinhança. |
| | Segurança do patrimônio | A resistência ao fogo dos elementos estruturais é fundamental para garantir sua estabilidade. Geralmente, o custo do conteúdo supera o custo da estrutura, mas o colapso estrutural pode trazer consequências danosas às operações de combate ou à vizinhança. Nesse caso, há imposições legais ou normativas de resistência mínima. Se não houver esse risco, a verificação de resistência pode ser dispensada. |
| Rotas de fuga seguras | Segurança da vida | Rotas de fuga bem sinalizadas, desobstruídas e estruturalmente seguras, são essenciais para garantir a evacuação. Dependem do tipo de edificação. Em um edifício industrial, térreo, aberto lateralmente, a rota de fuga é natural. Em um edifício de muitos andares, podem ser necessários escadas enclausuradas, elevadores de emergência etc. |
| Reserva de água | Severidade do incêndio | |
| | Segurança da vida | Água e disponibilidade de pontos de suprimento são necessárias para extinção do incêndio, diminuindo os riscos de propagação e seus efeitos à vida e ao patrimônio. |
| | Segurança do patrimônio | |

(continua)

| **Tabela 6.1** *(continuação)*<br>Resumo dos fatores e das características do incêndio e suas influências. | | |
|---|---|---|
| **Fatores** | **Influência na:** | **Resultados** |
| Detecção de calor ou fumaça | Severidade do incêndio | A rápida detecção do incêndio, apoiada na eficiência da brigada contra incêndio e do Corpo de Combeiros, reduz o risco da propagação do incêndio. |
| | Segurança da vida | A rápida detecção do início do incêndio, por meio de alarme, dá aos ocupantes rápido aviso da ameaça, antecipando a desocupação. |
| | Segurança do patrimônio | A rápida detecção do início de um incêndio minimiza o risco de propagação, reduzindo a região afetada pelo incêndio. |
| Chuveiros automáticos | Severidade do incêndio | Projeto adequado e manutenção de sistema de chuveiros automáticos são internacionalmente reconhecidos como um dos principais fatores de redução do risco de incêndio, pois contribuem, ao mesmo tempo, para a compartimentação, a detecção e a extinção. |
| | Segurança da vida | Chuveiros automáticos limitam a propagação do incêndio e reduzem a geração de fumaça e gases tóxicos. |
| | Segurança do patrimônio | Chuveiros automáticos reduzem o risco de incêndio e seu efeito na perda patrimonial. |
| Hidrantes e extintores | Severidade do incêndio | Hidrantes, extintores e treinamento do usuário da edificação para rápido combate reduzem o risco de propagação do incêndio e seu efeito ao patrimônio e à vida humana. |
| | Segurança da vida | |
| | Segurança do patrimônio | |
| Brigada contra incêndio bem treinada | Severidade do incêndio | A presença de pessoas treinadas para prevenção e combate reduz o risco de início e propagação de um incêndio. |
| | Segurança da vida | Além de reduzir o risco de incêndio, a brigada coordena e agiliza a desocupação da edificação. |
| | Segurança do patrimônio | A presença da brigada contra incêndio reduz o risco e as consequentes perdas patrimoniais decorrentes de um incêndio. |
| Corpo de Bombeiros | Severidade do incêndio | Proximidade, acessibilidade e recursos do Corpo de Bombeiros otimizam o combate ao incêndio, reduzindo o risco de propagação. |
| | Segurança da vida | Em grandes incêndios, o risco à vida é maior nos primeiros instantes. Dessa forma, deve haver medidas de proteção independentes da presença do Corpo de Bombeiros. Um rápido e eficiente combate por parte do CB, no entanto, é uma medida complementar que reduz o risco à vida. |
| | Segurança do patrimônio | Proximidade, acessibilidade e recursos do Corpo de Bombeiros facilitam as operações de combate ao incêndio, reduzindo perdas do conteúdo e estruturais. |
| Projeto de engenharia de incêndio | Severidade do incêndio | Um projeto de engenharia de segurança contra incêndio deve prever um sistema de segurança adequado ao porte e à ocupação da edificação de forma a reduzir o risco de início e propagação de um incêndio, facilitar a desocupação e as operações de combate. Dessa forma, reduzem-se a severidade do incêndio, as perdas de vidas e patrimoniais. |
| | Segurança da vida | |
| | Segurança do patrimônio | |

## 6.2 Segurança das estruturas

Pesquisas internacionais mostram que o risco de morte em incêndio é muitas vezes menor do que o risco de morte no sistema de transporte. Observando por esse ângulo, a preocupação com o risco de incêndio poderia ser considerada secundária. No entanto, se analisarmos as estatísticas do ponto de vista absoluto, temos que: um incêndio é deflagrado no mundo a cada sete segundos, uma pessoa morre a cada dez minutos em incêndio, mais de 80% das empresas norte-americanas que sofreram incêndios severos saíram do mercado em menos de quatro anos. Como se nota, a despeito da baixa probabilidade de ocorrência de incêndio, as consequências são relevantes. É intrínseco ao ser humano exigir segurança em seu local de moradia e de trabalho. Eis por que a segurança contra incêndio é correntemente considerada no projeto hidráulico, elétrico e arquitetônico.

Atualmente, sabe-se que essa consideração deve ser estendida também ao projeto estrutural. Os materiais estruturais perdem capacidade resistente em situação de incêndio. O aço, o concreto e o alumínio têm resistência e rigidez reduzidas (Figuras 6.1 e 6.2) quando submetidos a altas temperaturas. Concreto e madeira perdem também área resistente, respectivamente, por causa do *spalling* (lascamento da superfície devido à pressão interna da água ao se evaporar e ao comportamento diferencial dos materiais componentes) e da carbonização.

**Figura 6.1**
Variação da resistência dos materiais em função da temperatura.

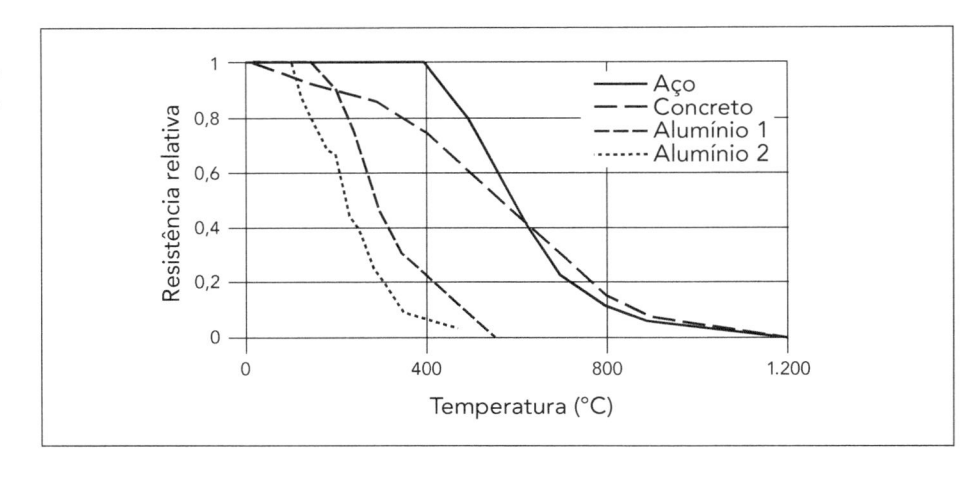

Desde o século XIX, quando edifícios de aço de múltiplos andares começaram a ser construídos, sabe-se que o aço sofre redução de resistência com o aumento de temperatura. À época, utilizava-se concreto como material de revestimento do aço, sem função estrutural. Em vista de o concreto, apesar da baixa condutividade térmica em relação ao aço, não ser um isolante ideal, as espessuras utilizadas eram grandes. Anos após, esse concreto, além de revestimento, foi também aproveitado como elemento estrutural, trabalhado em conjunto com o aço para resistir aos esforços. Surgiram, assim, as estruturas mistas de aço e concreto. Mais tarde, iniciou-se a construção de edifícios de múltiplos andares de concreto armado. No começo, não se supunha que o concreto armado também poderia ter problemas com temperaturas elevadas. Desse desconhecimento resultaram alguns colapsos globais de edifícios de múltiplos andares.

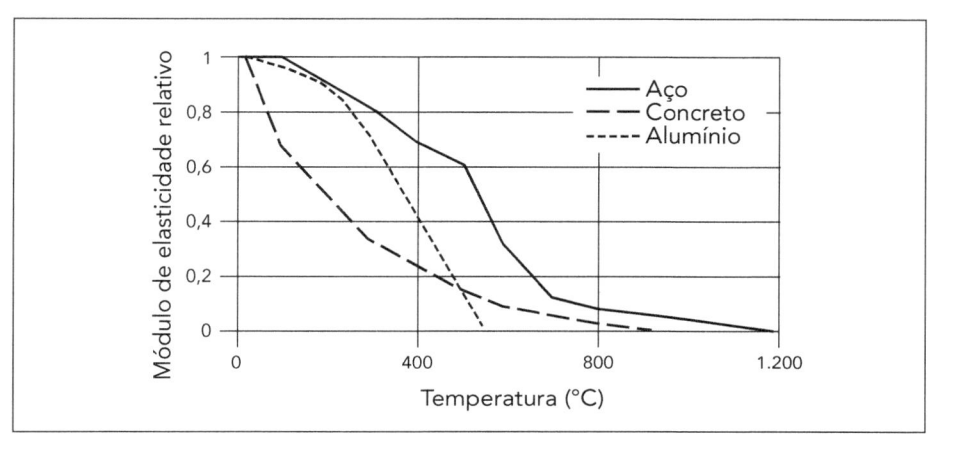

**Figura 6.2**
Variação do módulo de elasticidade em função da temperatura.

Hoje se sabe que todos os materiais estruturais devem ser projetados levando-se em conta a redução de resistência a altas temperaturas.

A NBR 14432:2000, "Exigências de Resistência ao Fogo de Elementos Construtivos de Edificações", fornece os requisitos mínimos de resistência ao fogo recomendados para as estruturas de uma edificação, independentemente do material de que ela é constituída. As legislações estadual ou municipal podem prever exigências diferentes da Norma Brasileira e devem ser consultadas. No Estado de São Paulo, por exemplo, deve ser empregada a IT 08 (2004), a qual, apesar de algumas peculiaridades que devem ser observadas em projeto, é conceitualmente similar à ABNT NBR 14423:2000.

A maior parte das mortes em incêndio acontece por asfixia, principalmente, e por queimaduras, que ocorrem nos primeiros minutos do sinistro. Proteger a vida é, portanto, garantir a fácil desocupação do edifício em chamas. Edifícios de pequena área ou de fácil desocupação são considerados de baixo risco à vida em incêndio, e são isentos de verificação de segurança estrutural pela NBR 14432. Edifícios com área inferior a 750 m², edifícios térreos providos de chuveiros automáticos, edifícios industriais térreos com baixa carga de incêndio e centros esportivos são exemplos de edificações de baixo risco à vida e dispensados de verificação estrutural em incêndio (ver Seção 6.3.1).

Para edificações de maior risco, a segurança das estruturas deverá ser demonstrada, observando-se as recomendações da ABNT NBR 14323:1999,

"Dimensionamento das Estruturas de Aço de Edifícios em Situação de Incêndio", ou da ABNT 15200:2004, "Projeto de Estruturas de Concreto em Situação de Incêndio".

### 6.2.1 Tempo requerido de resistência ao fogo – TRRF

Ação térmica é o fluxo de calor entre as chamas e as estruturas, inicialmente frias. Essa ação térmica acarreta aumento de temperatura nos elementos estruturais, causando-lhes redução de capacidade resistente e aparecimento de esforços adicionais devidos às deformações térmicas.

A principal característica de um incêndio, no que concerne ao estudo das estruturas, é a curva que fornece a temperatura dos gases em função do tempo de incêndio (Figura 6.3), visto que a partir dessa curva é possível calcular a ação térmica.

**Figura 6.3**
Curva temperatura-tempo de um incêndio.

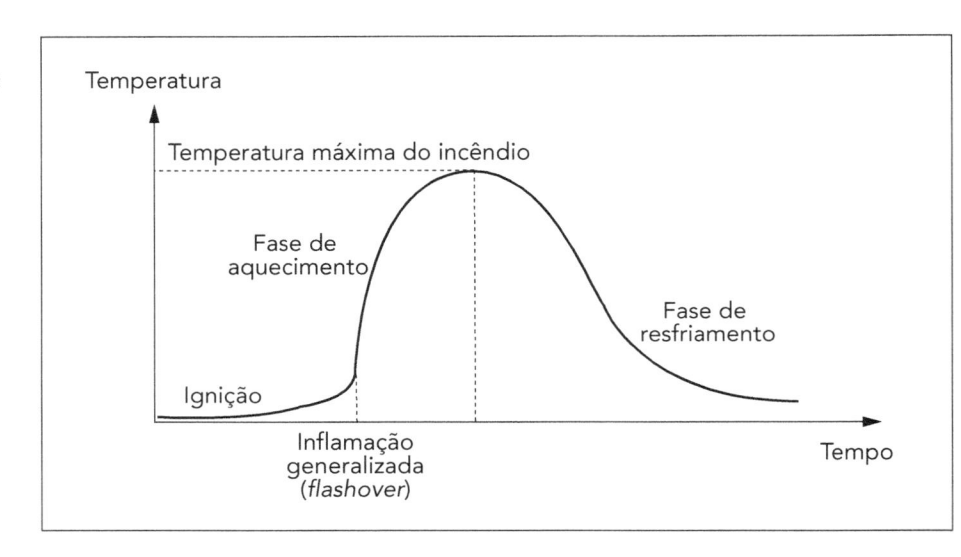

Essa curva apresenta uma região inicial com baixas temperaturas, em que o incêndio é considerado de pequenas proporções, sem riscos à vida humana ou à estrutura. O instante correspondente ao aumento brusco da inclinação da curva temperatura-tempo é conhecido como *flashover* ou instante de inflamação generalizada, e ocorre quando toda a carga combustível presente no ambiente entra em ignição. A partir desse instante, o incêndio torna-se de grandes proporções, tomando todo o compartimento, e a temperatura dos gases eleva-se rapidamente até todo o material combustível extinguir-se. Segue-se uma redução gradativa da temperatura dos gases.

A curva temperatura-tempo de um incêndio real é difícil de ser estabelecida, pois depende de:

- Tipo, quantidade e distribuição da carga de incêndio (material combustível presente no compartimento em chamas).

- Quantidade de material comburente (oxigênio), geralmente associado a dimensões das aberturas (janelas e portas) para o ambiente externo.

- Características do material dos elementos de vedação do compartimento.

- Dimensões do compartimento.

Tendo em vista que a curva temperatura-tempo do incêndio é difícil de ser determinada, altera-se para cada situação estudada e que o método do incêndio natural tem limitações de uso, convencionou-se adotar para incêndio uma curva originalmente padronizada (ISO 834/94, NBR 5628:2001) para análise experimental de estruturas, de materiais de proteção antitérmica, de portas corta fogo etc., em institutos de pesquisa. Esse modelo é conhecido como *modelo do incêndio-padrão* (vide Figura 6.4). É importante ressaltar que a curva-padrão não representa um incêndio real. Quaisquer conclusões que tenham por base essa curva devem ser analisadas com cuidado, pois não correspondem ao comportamento real do incêndio ou das estruturas expostas ao fogo.

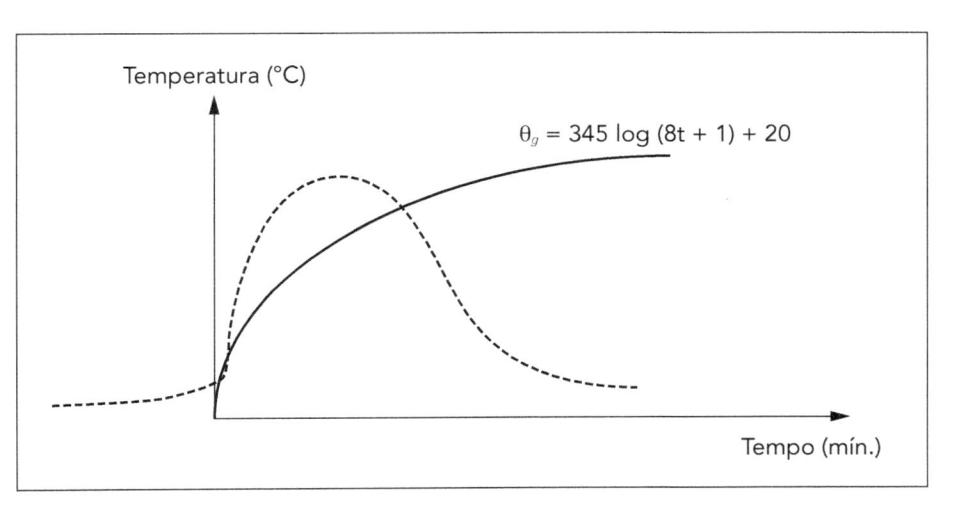

**Figura 6.4**
Modelo do incêndio-padrão.

Para garantir a segurança estrutural em situação de incêndio, deve-se evitar que ocorra o colapso. O comportamento dos elementos estruturais depende do nível e da distribuição de temperaturas que eles atingem. Em casos frequentes, as vigas de aço estão em contato com lajes ou paredes, e os pilares, em contato com alvenaria. Nessas situações, há troca de calor entre o elemento mais esbelto, de aço, e os mais robustos, alvenarias e lajes. Dessa troca de calor resulta um campo de temperatura não uniforme.

Para um particular campo de temperaturas, a estrutura pode chegar ao colapso. No caso particular de elementos de aço isolados e sob a ação do calor por todas as faces, em razão da esbeltez das chapas que o compõem, eles tendem a atingir uma temperatura uniforme rapidamente. A temperatura uniforme que causa o colapso de um elemento estrutural em situação de incêndio é denominada *temperatura crítica*.

A temperatura crítica depende do tipo de aço e do sistema estrutural, isto é, carregamento aplicado, vinculações, geometria etc. Apesar de o conceito de temperatura crítica somente poder ser aplicado a elementos estruturais esbeltos e isolados, em que se pode considerar a temperatura uniforme em todo o volume, por se tratar de uma forma simples de abordagem do problema, a expressão temperatura crítica é estendida a todas as situações.

A temperatura atuante no aço é inferior à temperatura dos gases quentes. Essa temperatura pode ser calculada em relação ao tempo de exposição ao incêndio-padrão, por meio de métodos analíticos simplificados (Figura 6.5), de modo experimental ou com técnicas avançadas de análise térmica.

**Figura 6.5**
Temperatura, admitida com distribuição uniforme, no elemento estrutural.

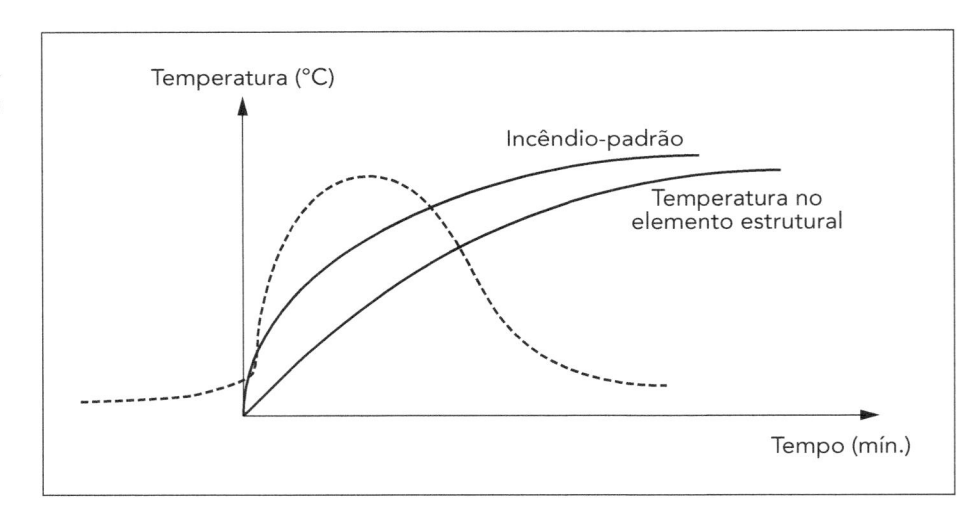

É de costume, em códigos e normas nacionais e internacionais, em vez de se exigir segurança quanto à temperatura, exigir segurança por um determinado tempo, associado à curva-padrão. Esse tempo é o denominado *tempo requerido de resistência ao fogo* (TRRF), ou seja, o tempo mínimo de resistência ao fogo de um elemento construtivo quando sujeito ao incêndio-padrão. Trata-se de um valor que é função do risco de incêndio e de suas consequências. Esse valor é avaliado subjetivamente pela sociedade e normatizado; é apresentado por número de minutos (30, 60, 90 ou 120 min) que o elemento estrutural deve resistir ao incêndio-padrão em um forno de pesquisa (Tabela 6.2). O TRRF não é tempo de desocupação, tempo de duração do incêndio ou tempo-resposta do Corpo de Bombeiros ou brigada de incêndio.

Não se deve confundir o TRRF com valores subjetivos fixados pelo Poder Público, como: horário de silêncio, velocidade máxima nas vias públicas, idade mínima recomendada para espetáculos etc. O TRRF é dedutível pela engenharia (mecânica das estruturas, fenômenos de transporte, ciência dos materiais, dinâmica do fogo). A dificuldade para sua dedução leva ao consenso, o que foi obtido no Brasil e é estabelecido na NBR 14432.

**Tabela 6.2**
TRRF de algumas edificações (resumo extraído da NBR 14432).

| Ocupação/ Uso | Altura da edificação | | | | |
|---|---|---|---|---|---|
| | h ≤ 6 m | 6 m<h ≤12 m | 12 m <h ≤ 23 m | 23 m<h ≤ 30 m | h > 30 m |
| Residência | 30 | 30 | 60 | 90 | 120 |
| Hotel | 30 | 60 | 60 | 90 | 120 |
| Supermercado | 60 | 60 | 60 | 90 | 120 |
| Escritório | 30 | 60 | 60 | 90 | 120 |
| Shopping | 60 | 60 | 60 | 90 | 120 |
| Escola | 30 | 30 | 60 | 90 | 120 |
| Hospital | 30 | 60 | 60 | 90 | 120 |

Alternativamente, é possível determinar o TRRF pelo método do tempo equivalente, pelo qual se define analiticamente o TRRF em função de características geométricas, uso e dispositivos de segurança contra incêndio da edificação.

## 6.2.2 Dimensionamento do revestimento contra fogo

As edificações que não forem isentas deverão ser verificadas estruturalmente. Podem ser utilizados métodos analíticos de dimensionamento – simplificados ou com base em técnicas avançadas de análise –, resultados de análise experimental – simplificada ou realística –, ou uma combinação de métodos analíticos e experimentais, conforme NBR 14323.

O meio acadêmico internacional e também o brasileiro têm desenvolvido técnicas para garantir a segurança das estruturas em incêndio de forma econômica. Essas técnicas ainda não estão sendo muito usadas em nosso país. O mais comum é a utilização do método da *carta de cobertura*: é simples, não requer conhecimento de estruturas, mas nem sempre é econômico.

Esse método, empregado no Brasil em razão da falta de laboratórios que consigam analisar experimentalmente, com precisão, a resistência ao fogo das estruturas, consiste em estabelecer um valor fixo de temperatura crítica ($\theta_{cr}$) para o aço, ensaiar algumas amostras de perfis com revestimento contra fogo, sem carregamento ou vínculo, sujeito à elevação de temperatura padronizada até o aço atingir essa $\theta_{cr}$. A partir da característica geométrica das peças ensaiadas e do tempo para atingir a $\theta_{cr}$, constroem-se, por interpolação, tabelas que correlacionam: espessura do revestimento, fator de massividade (relação entre perímetro e área da seção transversal) e TRRF (Figura 6.6).

**Figura 6.6**
Carta de cobertura para materiais de revestimento contra fogo.

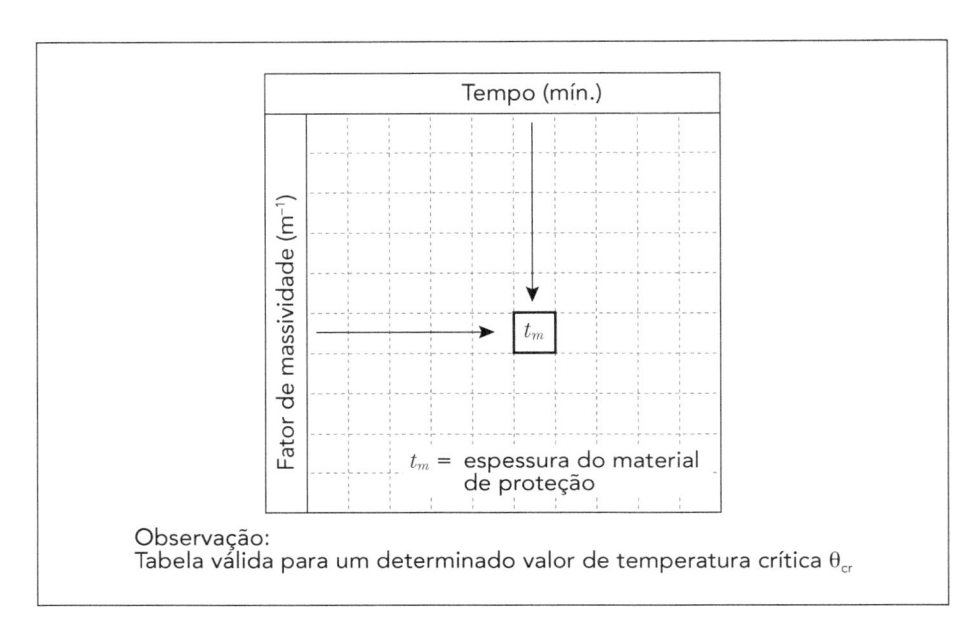

O fator de massividade (F) é uma característica geométrica do elemento ensaiado. É determinado pela relação entre a área lateral do perfil exposta ao fogo e o volume do perfil. O fator de massividade procura representar a relação entre a quantidade de calor fornecido ao perfil pelas chamas (função da área lateral) e a quantidade de material a ser aquecido (função do volume do perfil). Isto é, elementos de mesma área exposta ao fogo, porém com mais volume, são aquecidos mais lentamente. Para perfis prismáticos, dividindo-se a área lateral e o volume pelo comprimento, obtém-se a seguinte expressão:

$$F = \frac{\text{Área exposta ao fogo}}{\text{Volume}} = \frac{\text{Perímetro exposto ao fogo}}{\text{Área de seção transversal}}$$

Apesar de o conceito de fator de massividade ser apropriado somente para elementos com distribuição uniforme de temperatura, por simplicidade ele é geralmente estendido a outras situações em que uma ou mais faces dos perfis estão protegidas por lajes ou paredes (Figura 6.7 e Tabela 6.3).

| | |
|---|---|
| Seção aberta exposta ao incêndio por todos os lados:<br><br>$\dfrac{U}{A} = \dfrac{\text{Perímetro}}{\text{Área de seção transversal}}$<br><br>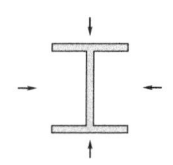 | Seção tubular de forma circular exposta ao incêndio por todos os lados:<br><br>$\dfrac{U}{A} = \dfrac{d}{t\,(d-t)}$<br><br>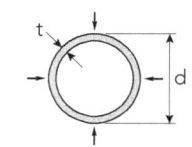 |
| Seção aberta exposta ao incêndio por três lados:<br><br>$\dfrac{U}{A} = \dfrac{\text{Perímetro exposto ao incêndio}}{\text{Área da seção transversal}}$<br><br>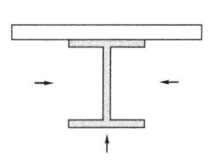 | Seção tubular de forma retangular (ou seção-caixão soldada de espessura uniforme) exposta ao incêndio por todos os lados:<br><br>$\dfrac{U}{A} = \dfrac{b+d}{t\,(b+d-2t)}$<br><br>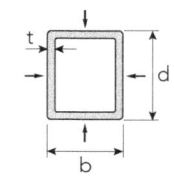 |
| Mesa de seção I exposta ao incêndio por três lados:<br><br>$\dfrac{U}{A} = \dfrac{b+2t_f}{b\,t_f}$<br><br>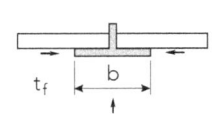 | Seção-caixão soldada exposta ao incêndio por todos os lados:<br><br>$\dfrac{U}{A} = \dfrac{2(b+d)}{\text{Área de seção transversal}}$<br><br>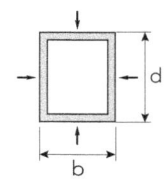 |
| Cantoneira (ou qualquer seção aberta de espessura uniforme) exposta ao incêndio por todos os lados:<br><br>$\dfrac{U}{A} = \dfrac{2}{T}$<br><br>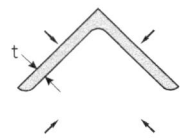 | Seção I com reforço em caixão exposta ao incêndio por todos os lados:<br><br>$\dfrac{U}{A} = \dfrac{2(b+d)}{\text{Área da seção transversal}}$<br><br>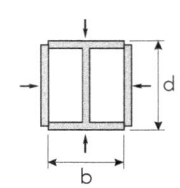 |

**Figura 6.7**
Fator de massividade para elementos estruturais sem revestimento contra fogo (extraída da NBR 14323).
(*continua*)

**Figura 6.7**
(*continuação*)

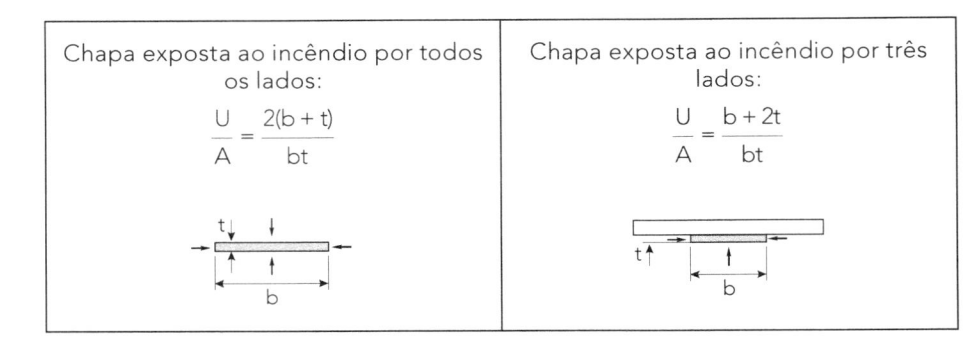

| Chapa exposta ao incêndio por todos os lados: | Chapa exposta ao incêndio por três lados: |
|:---:|:---:|
| $\dfrac{U}{A} = \dfrac{2(b + t)}{bt}$ | $\dfrac{U}{A} = \dfrac{b + 2t}{bt}$ |

**Tabela 6.3**
Fator de massividade para elementos estruturais com revestimento contra fogo (extraída da NBR 14323).

| Situação | Descrição | Fator de massividade $(u_m/A)$ |
|:---:|:---:|:---:|
| | Proteção tipo contorno de espessura uniforme exposta ao incêndio por todos os lados | $\dfrac{\text{Perímetro da seção da peça de aço}}{\text{Área da seção da peça de aço}}$ |
| | Proteção tipo caixa[1], de espessura uniforme, exposta ao incêndio por todos os lados | $\dfrac{2(b + d)}{\text{Área da seção da peça de aço}}$ |
| | Proteção tipo contorno, de espessura uniforme, exposta ao incêndio por três lados | $\dfrac{\text{Perímetro da seção da peça de aço} - b}{\text{Área da seção da peça de aço}}$ |
| | Proteção tipo caixa[1], de espessura uniforme, exposta ao incêndio por três lados | $\dfrac{2d + b}{\text{Área da seção da peça de aço}}$ |

[1] Para $c_1$ e $c_2$ superior a $d/4$, deve-se utilizar bibliografia especializada.

Para evitar o colapso em situação de incêndio, ou se dimensiona a estrutura para resistir à temperatura elevada, ou se reveste o elemento estrutural com materiais de revestimento contra fogo com baixa condutividade térmica. Os materiais mais utilizados no Brasil são:

- *Argamassas projetadas.* São argamassas aplicadas por jateamento (*spray*). São produtos econômicos, porém considerados sem acabamento adequado. Podem ser divididos entre os *cimenticious*, compostos por alto índice de material aglomerante, como gesso e cimento e minerais inertes e as fibras projetadas, produtos compostos por fibras minerais, geralmente lã de rocha, misturadas com baixo teor de aglomerante.

- *Tintas intumescentes.* As tintas intumescentes são materiais aplicados na superfície do perfil, como se fossem uma pintura espessa. São produtos reativos ao calor que, aproximadamente a 200 °C, intumescem, ou seja, iniciam um processo de expansão volumétrica. Tornam-se esponjosos com poros preenchidos por gases atóxicos, que atuam em conjunto com resinas especiais formando uma espuma rígida na superfície da estrutura, provocando o retardamento da elevação das temperaturas nos elementos metálicos. As tintas intumescentes fornecem excelente acabamento, todavia são materiais caros e devem ser utilizados com cautela para não inviabilizarem economicamente o empreendimento.

- *Mantas.* As mantas podem ser de fibra, cerâmica, lã de rocha ou qualquer outro material fibroso. São aplicadas no contorno, por meio de pinos de aço previamente soldados à estrutura, e são boas alternativas para a proteção de estruturas de edificações já em funcionamento, uma vez que esses sistemas geram menos sujeira que os materiais projetados. Possuem acabamento rústico, devendo ficar ocultas sobre forros ou envolvidas por materiais específicos de acabamento.

- *Painéis de materiais fibrosos.* São painéis feitos com materiais fibrosos como a lã de rocha, em geral aglomerados com resinas. Têm funcionamento e propriedades térmicas bastante semelhantes aos das mantas e são aplicados no sistema caixa.

- *Placas de gesso acartonado.* Há placas de gesso acartonado com características específicas para a proteção contra fogo de estruturas metálicas. Essas placas possuem custo superior ao de placas *drywall* convencionais de vedação, mas podem ser uma boa solução em projetos com requisitos de acabamento. São utilizadas no interior dos edifícios, pois, externamente, sofrem agressão da umidade.

## 6.3 Considerações sobre o projeto de arquitetura

Uma concepção arquitetônica racional e balanceada, fundamentada em algumas variáveis simples previstas nas normas de segurança contra incêndio, pode conduzir a soluções muito econômicas, respeitando-se as exigências de resistência ao fogo.

Deve ser ressaltado que, além do revestimento contra fogo das estruturas, o projeto tem de respeitar outras exigências, mais importantes para a segurança à vida, como rotas de saída (NBR 9077), utilização de materiais de acabamento que minimizem a propagação das chamas (em SP, conforme Decreto Estadual n. 46.076/01 – IT 10), compartimentação (em SP, conforme Decreto Estadual n. 46.076/01 – IT 09), instalação de dispositivos de proteção ativa (NBR 9441, NBR 10897), entre outros.

A seguir, serão apresentadas algumas soluções arquitetônicas que poderão ser utilizadas, diretamente ou com adaptações, em projetos de edificações com estruturas de aço.

## 6.3.1 Isenções de verificação da estrutura em situação de incêndio

Considerando o baixo risco à vida humana, existem edificações isentas, ou seja, que não necessitam de comprovação da resistência ao fogo das estruturas. A NBR 14432 apresenta um conjunto de situações em que essas isenções são aceitas. Um resumo está na Tabela 6.4.

**Tabela 6.4**
Exemplos de edificações isentas de verificação de resistência ao fogo, conforme NBR 14432 (2000). Em cada região do Brasil, podem haver outras exigências das autoridades locais, que devem ser obedecidas.

| Área | Uso | Carga de incêndio específica | Altura | Meios de proteção |
|---|---|---|---|---|
| ≤ 750 m² | Qualquer | Qualquer | Qualquer | |
| ≤ 1.500 m² | Qualquer | ≤ 1.000 MJ/m² | ≤ 2 pav. | |
| Qualquer | Centros esportivos Terminais de passageiros | Qualquer | ≤ 23 m | |
| Qualquer | Garagens abertas | Qualquer | ≤ 30 m | |
| Qualquer | Depósitos | Baixa | ≤ 30 m | |
| Qualquer | Qualquer | ≤ 500 MJ/m² | Térrea | |
| Qualquer | Industrial | ≤ 1.200 MJ/m² | Térrea | |
| Qualquer | Depósitos | ≤ 2.000 MJ/m² | Térrea | |
| Qualquer | Qualquer | Qualquer | Térrea | Chuveiros automáticos |
| ≤ 5.000 m² | Qualquer | Qualquer | Térrea | Duas fachadas de aproximação |

- Para a aplicação das isenções, devem ser observadas as exigências de medidas de proteção ativa (hidrantes, chuveiros automáticos, brigada etc.) e passiva (compartimentação, saídas de emergência etc.) constantes das normas brasileiras em vigor e de regulamentos de órgãos públicos.
- As isenções não se aplicam a edificações cujos ocupantes possuem restrição de mobilidade, como no caso de hospitais, asilos e penitenciárias.
- Em ginásios esportivos, estádios, estações rodoferroviárias e aeroportos, as isenções não se aplicam às áreas que tenham ocupações diferentes das áreas de transbordo como lojas, restaurantes, depósitos etc.
- Edificação térrea é a edificação de apenas um pavimento, podendo possuir um piso elevado (mezanino) com área inferior ou igual à terça parte da área do piso situado no nível de descarga.
- Fachada de aproximação ou de acesso operacional é a face da edificação localizada ao longo de uma via ou espaço aberto, público ou privado, com largura livre superior ou igual a 6 m, sem obstrução, possibilitando o acesso operacional dos equipamentos de combate e seu posicionamento em relação a ela. A fachada deve possuir pelo menos um meio de acesso ao interior do edifício e não ter obstáculos.
- Geralmente, as estruturas de cobertura das edificações, desde que não tenham função de piso, estão isentas. Entretanto, deverão ser analisadas as situações nas quais essas estruturas são essenciais à estabilidade de um elemento de compartimentação para se propor soluções alternativas ou atender ao TRRF estabelecido.
- As garagens abertas lateralmente isentas de verificação de resistência ao fogo devem apresentar algumas condições detalhadas na NBR 14432:2000.

Portanto, a primeira avaliação a ser realizada é quanto à possibilidade de se trabalhar com dimensões que caracterizem a edificação como de baixo risco, proporcionando isenção da verificação de segurança estrutural.

Deve-se destacar que há maneiras de obedecer à normatização ou legislação de forma segura e econômica. Tendo em vista que há isenção para edificações de pequeno porte (área inferior a 750 m² ou 1 500 m²), pode-se conseguir isentar edifícios de maior área dividindo-os adequadamente em áreas menores, por meio de paredes corta fogo, de modo a impedir a propagação de incêndio entre essas áreas, o que torna a edificação de baixo risco à vida, atendendo aos objetivos das normas, conforme é apresentado na Figura 6.8.

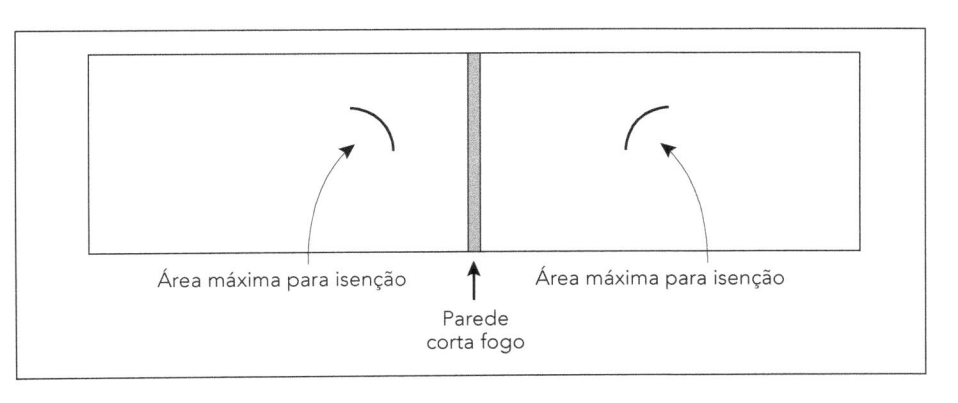

**Figura 6.8**
Edifício térreo isento devido à separação em duas áreas.

Um edifício com diversos usos pode ser separado em dois ou mais ambientes (Figura 6.9). Cada ambiente passa a ser tratado de forma isolada. Essa solução pode ser mais econômica do que o eventual revestimento das estruturas de um dos ambientes. É importante salientar que as paredes corta fogo devem ser independentes da estrutura do ambiente sem revestimento, de modo a não comprometer sua integridade quando houver fogo em um dos lados.

**Figura 6.9**
Separação da edificação em dois ambientes de uso diferente.

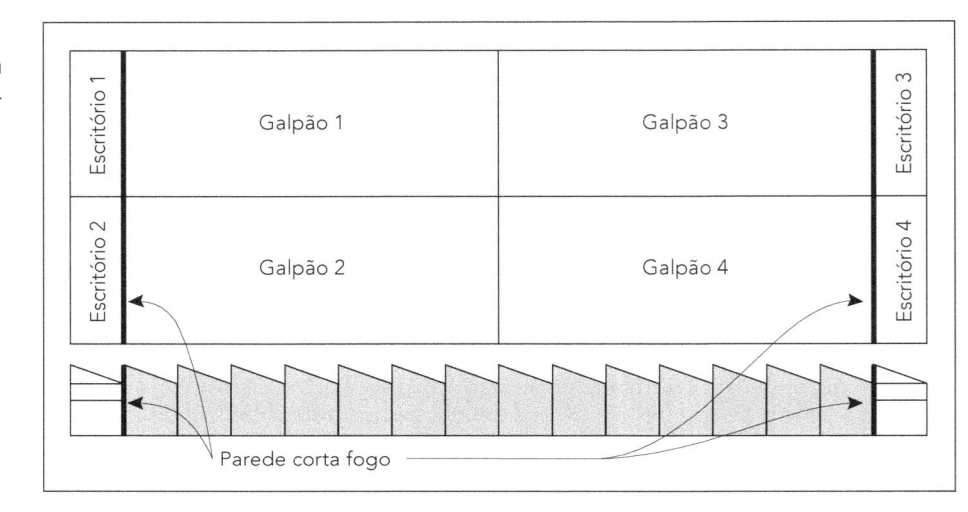

Edifícios com área total, por edifício, inferior a 750 m², desde que separados por distância superior ao mínimo recomendado pela legislação, impedindo que haja propagação de incêndio entre edifícios, podem ser isentos, uma vez que ficam caracterizados como de baixo risco (Figura 6.10).

**Figura 6.10**
Separação de edifícios.

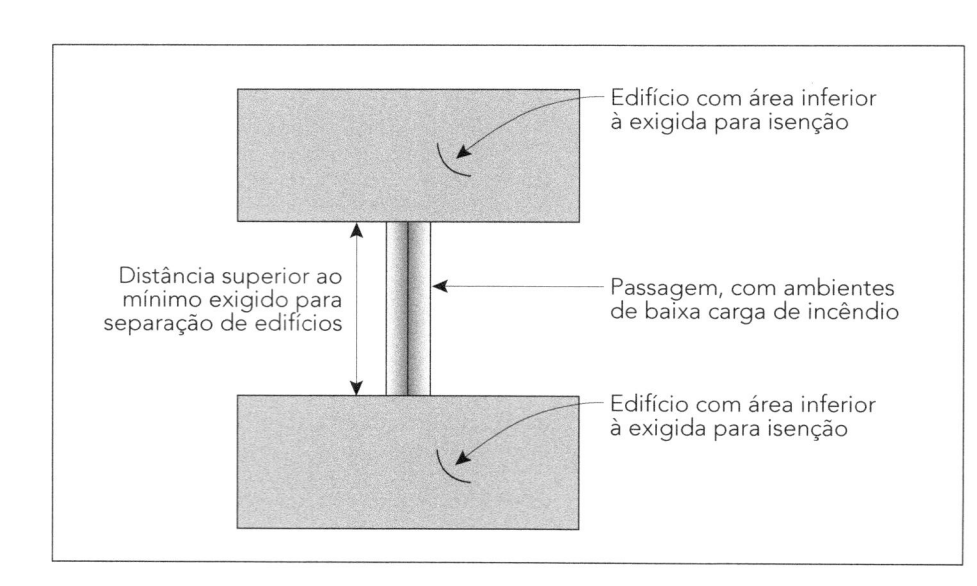

## 6.3.2 Edificações em que há necessidade de verificação estrutural em situação de incêndio

Quando não for possível a isenção da edificação, o arquiteto poderá utilizar várias opções que possibilitam unir estética a soluções econômicas para o revestimento.

Por exemplo, o uso de forros na composição dos ambientes, de modo a ocultar o vigamento, permite a utilização de revestimentos de aspecto final rústico, porém mais econômicos, como argamassas e fibras projetadas (Figura 6.11). Uma vez livre do alcance durante o uso comum da edificação, pode-se utilizar proteções com baixa resistência mecânica, o que torna o processo ainda mais econômico. Essa solução pode ser estendida aos pilares quando forem utilizados materiais de acabamento (chapas metálicas, placas etc.) que encubram o revestimento contra fogo.

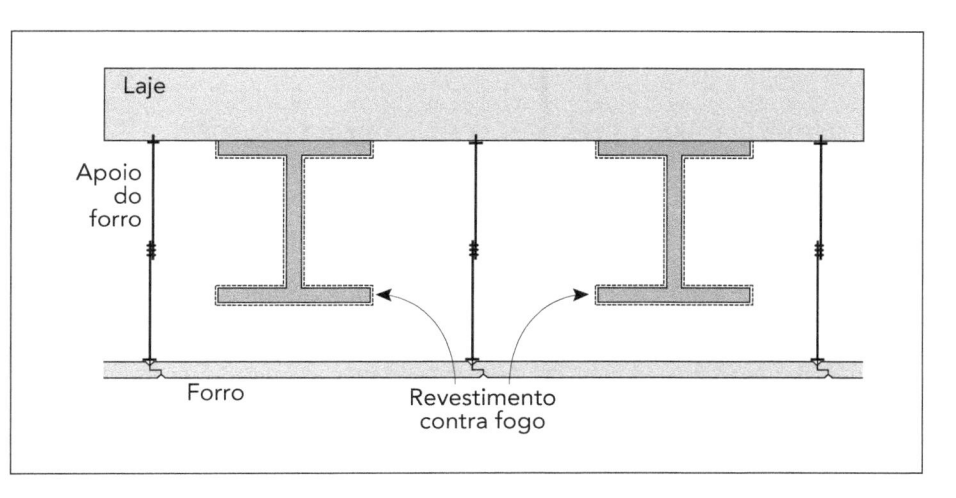

**Figura 6.11**
Utilização de forro.

É interessante e de grande valia o estudo da integração das estruturas com a alvenaria, elementos de forro e outros elementos arquitetônicos. O simples rearranjo da posição relativa entre pilares e alvenaria pode proporcionar economia significativa de revestimento contra fogo (Figura 6.12). Como se pode observar, dependendo do arranjo escolhido, é possível reduzir e até eliminar a aplicação do revestimento contra fogo nos pilares.

O raciocínio anterior pode ser estendido às interfaces entre vigas e alvenaria. As vigas de borda, quando aparentes, podem ser liberadas de revestimento contra fogo na face externa, se for respeitada uma distância mínima às aberturas verticais situadas abaixo delas. Ao mesmo tempo, com a presença de alvenaria sob as vigas, praticamente se elimina a necessidade de proteção da face da mesa inferior. Em vigas internas, deve se procurar manter o fechamento das alvenarias sob elas, para, no mínimo, eliminar o revestimento contra fogo na região de contato.

**Figura 6.12**
Elementos integrados.

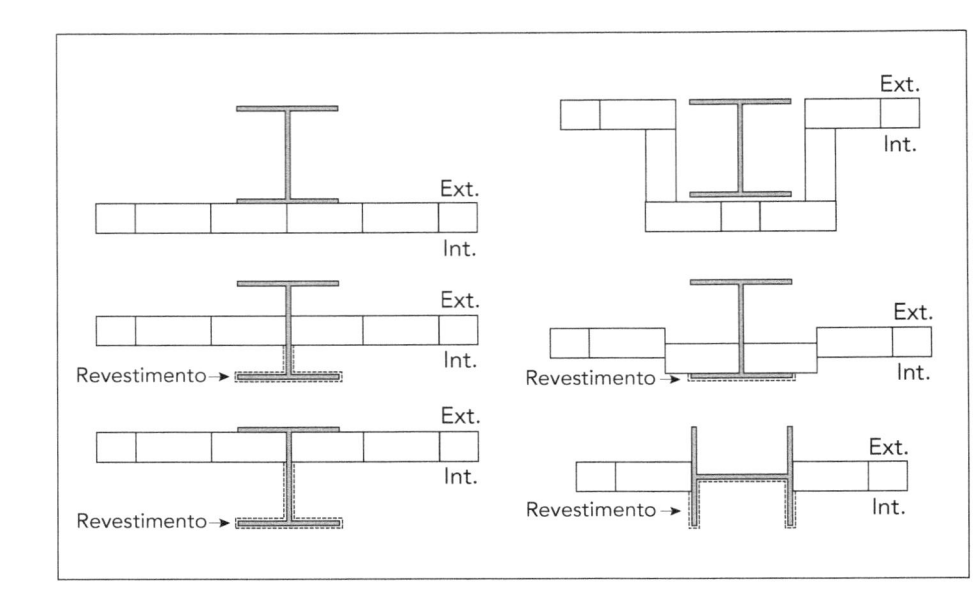

Deve-se ressaltar que os contatos entre alvenaria e elementos de aço reduzem o fator de massividade do perfil. A economia de material de revestimento contra fogo não se limita à eliminação do revestimento nas superfícies de contato, mas também abrange a eventual redução de espessura no restante do perfil.

As estruturas internas à clausura das escadas e antecâmaras não precisam receber revestimento contra fogo. Para realizar sua função de emergência em incêndio, as escadas enclausuradas devem ser vedadas com materiais resistentes ao fogo, devem ser "estanques" ao calor e ter carga de incêndio extremamente baixa. Assim, as temperaturas dentro das escadas enclausuradas são relativamente baixas e não causam o colapso ou a deformação dos elementos da estrutura.

Os elementos estruturais pertencentes à vedação da escada e situados em altura que possam irradiar calor aos usuários da escada devem receber revestimento contra fogo adicional para não causar altas temperaturas no interior da clausura (Figura 6.13).

A disposição de elementos da estrutura de fachada, ou seja, pilares, vigas de borda ou contraventamentos, do lado externo dos elementos de vedação (alvenaria, painéis de fachada etc.), pode ser mais econômica em relação à aplicação de material de revestimento contra fogo. Estruturas externas protegidas do restante da edificação por paredes cegas podem prescindir de revestimento (Figura 6.14). Estruturas externas em frente a janelas, dependendo da distância destas, também podem prescindir de revestimento, por não atingirem temperaturas elevadas.

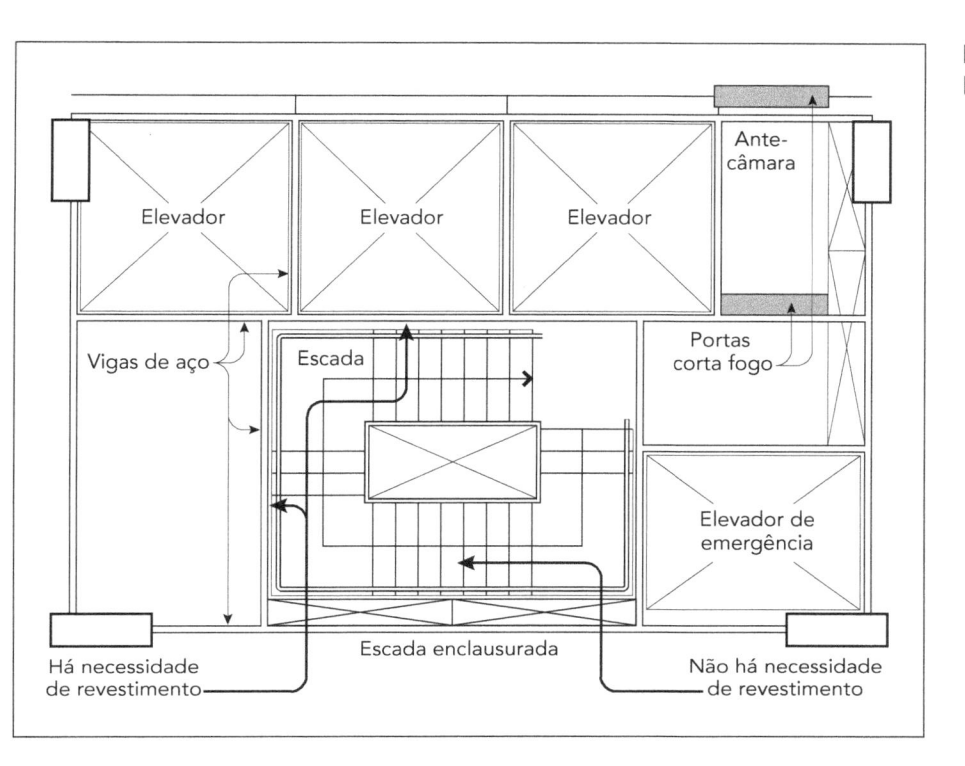

**Figura 6.13**
Escada enclausurada.

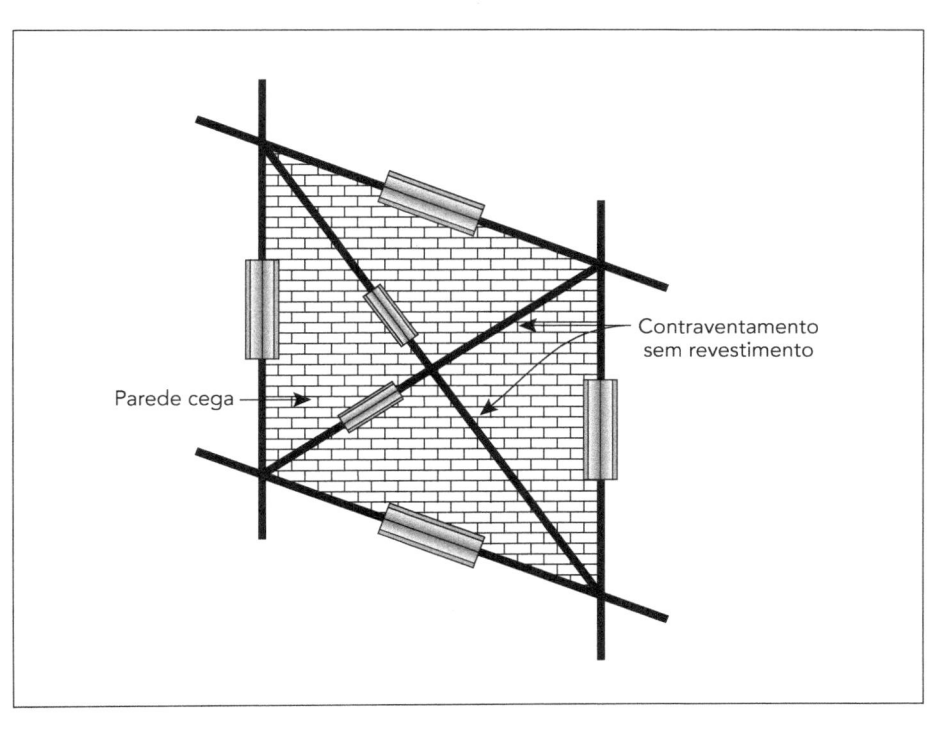

**Figura 6.14**
Contraventamentos protegidos por parede cega.

A utilização de elementos mistos de aço e concreto, além das vantagens obtidas em termos estruturais, com o melhor aproveitamento das propriedades do aço e do concreto, pode proporcionar grande economia no revestimento contra fogo das estruturas (Figuras 6.15 a 6.17).

A laje não recebe revestimento se houver adequada armação da laje de concreto para as condições de incêndio. Os pilares mistos, em algumas situações, podem respeitar as exigências normatizadas de segurança sem revestimento contra fogo. Um dimensionamento mais preciso de vigas mistas em situação de incêndio conduz a uma grande economia de revestimento ou até mesmo a dispensá-lo, dependendo das exigências de resistência ao fogo.

**Figura 6.15**
Viga mista de aço e concreto.

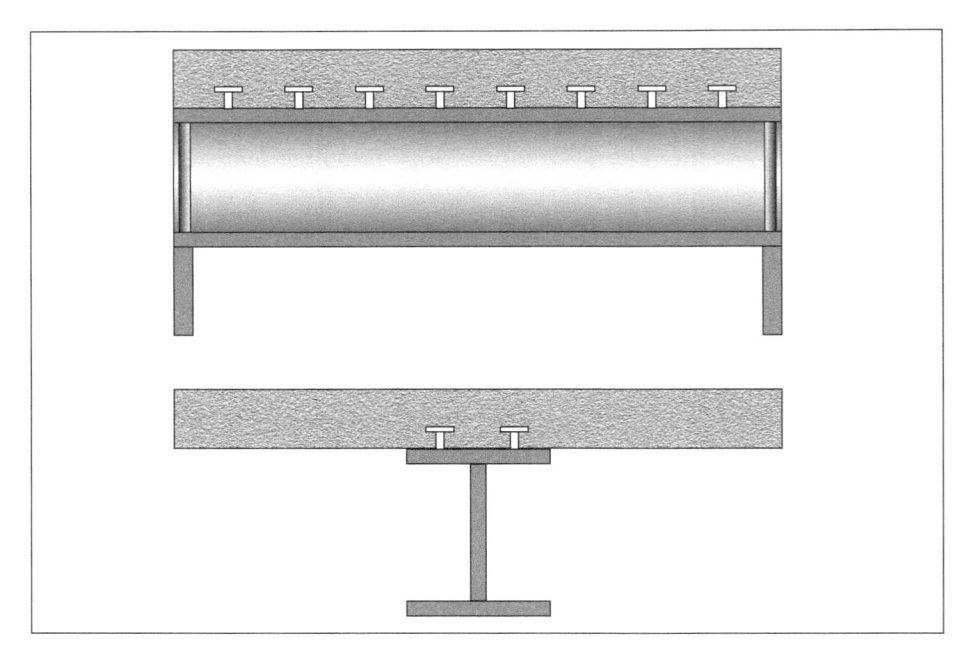

**Figura 6.16**
Pilares mistos de aço e concreto.

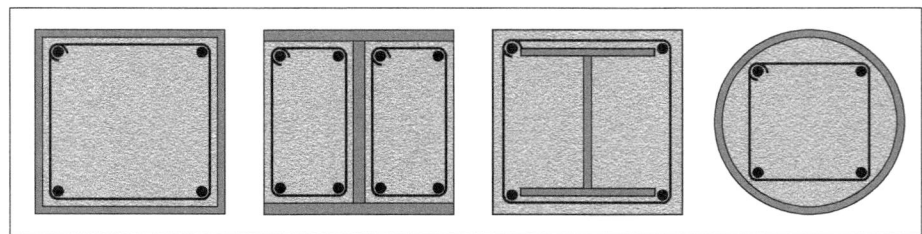

**Figura 6.17**
Laje mista de aço e concreto.

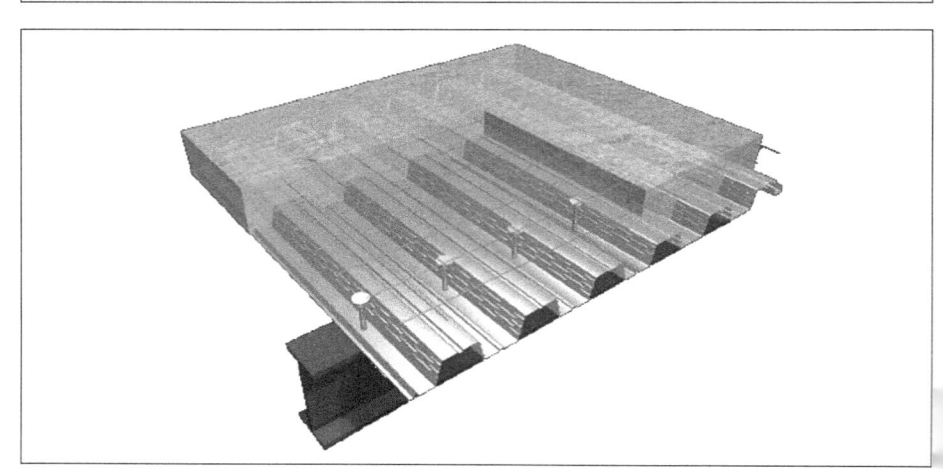

# Parte 2

# ESTRUTURAS

1. Elementos estruturais

2. Modelo para cálculo

3. Equilíbrio

4. Deslocabilidade de pórticos

5. Sistemas de travamento

6. O caminho das forças

7. Flambagem

8. Pré-dimensionamento

9. Estruturas mistas

10. Concepção das conexões

# Capítulo 1

# Elementos Estruturais

## 1.1 Elementos básicos

Conceber uma estrutura é o ato de posicionar os elementos portantes e definir suas interações para que eles transmitam os carregamentos para o solo de forma segura e econômica. É comum, na área das estruturas de aço, não haver soluções estruturais preestabelecidas, mas alternativas a serem escolhidas para cada obra em função do uso e da funcionalidade, da concepção arquitetônica e da economia. Para todas as alternativas há vantagens e desvantagens, que serão comentadas ao longo deste texto à medida que se apresentem soluções estruturais.

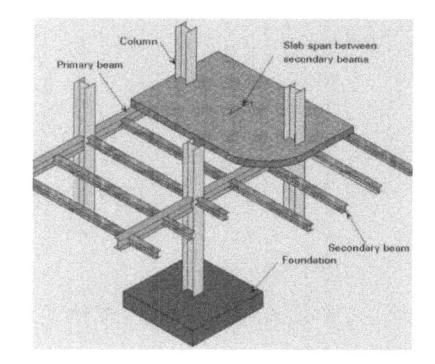

Uma *estrutura* é um conjunto de elementos construtivos concebido para suportar esforços. Entre esses elementos ou peças estruturais (Figura 1.1), destacam-se:

- *Lajes* – elementos que possuem uma das dimensões muito inferior às outras duas e são sujeitos a forças que atuam perpendicularmente à face formada pelas duas maiores dimensões.

- *Paredes estruturais* – geometricamente similares às lajes, entretanto as forças atuam paralelamente à face formada pelas duas maiores dimensões.

- *Vigas* – elementos que possuem uma das dimensões muito superior às outras duas e são sujeitos a forças que atuam transversalmente ao seu eixo.

- *Pilares* – geometricamente similares às vigas, porém solicitados por força axial de compressão. Se a força axial for de tração denominam-se *tirantes*.

- *Blocos de fundação* – elementos que possuem as três dimensões com valores da mesma ordem de grandeza

**Figura 1.1**
Elementos estruturais.

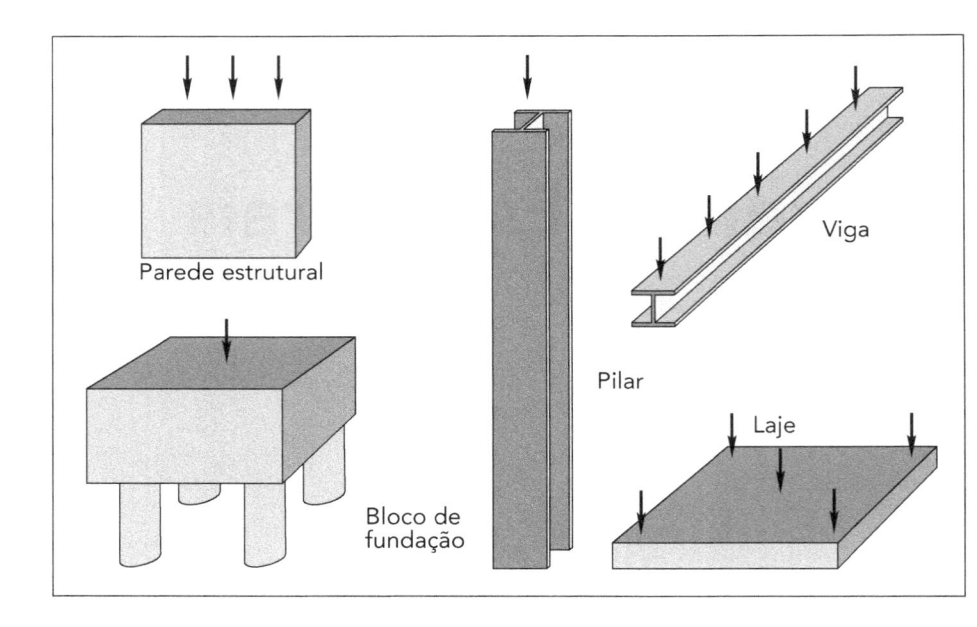

A estrutura tem por função receber as ações externas (por exemplo, ação da gravidade e eólica) e transferi-las, através de seus elementos, às fundações. As lajes recebem grande parte das forças de origem gravitacional, ou seja, peso próprio da própria laje, mobiliário, pessoas, etc., e as transmitem às vigas. As vigas recebem as forças provenientes das lajes somadas a eventuais pesos próprios de paredes de alvenaria e as transmitem aos pilares. Os pilares, além das forças provenientes das vigas, podem receber forças horizontais decorrentes da ação dos ventos e as transferem aos blocos de fundação, que, finalmente, descarregam no solo (Figura 1.2).

**Figura 1.2**
Caminhamento das forças através da estrutura.

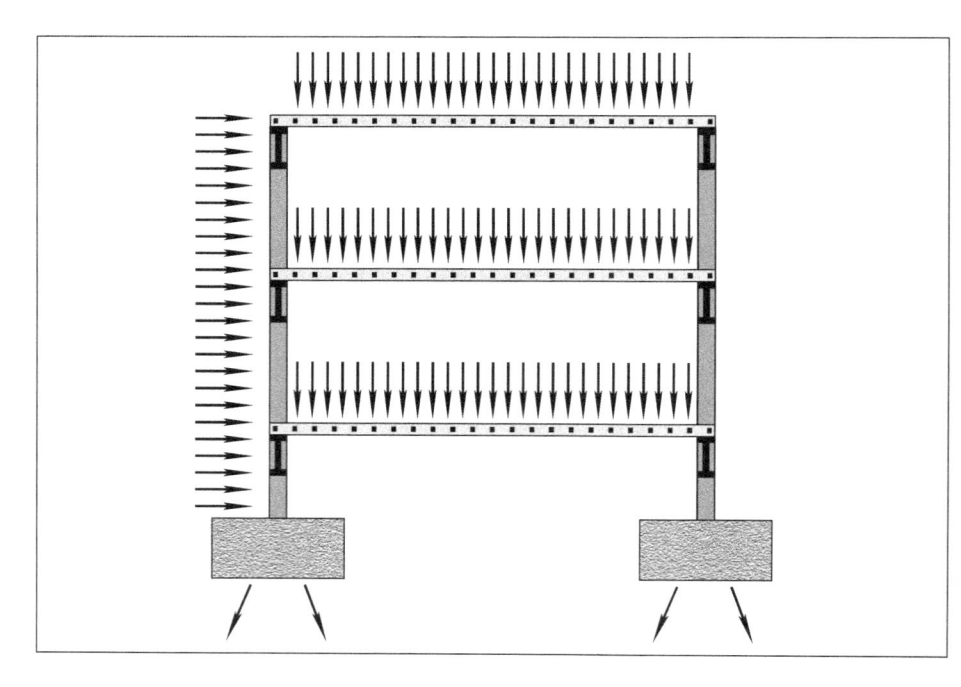

## 1.2 Apoios

Para compor a estrutura, os elementos de aço (vigas e pilares) são conectados entre si ou a outros elementos estruturais (lajes e blocos), ou seja, há elementos que se apoiam em outros que lhes servem de apoio. As conexões vinculam os nós das barras impedindo ou limitando determinados deslocamentos. Os *apoios* são classificados em função dessa limitação (Figura 1.3).

*Articulação móvel* impede o deslocamento ortogonal à linha de vinculação, permitindo o deslocamento paralelo a ela e a rotação em torno do vínculo.

*Articulação fixa* impede o deslocamento ortogonal e paralelo à reta de vinculação e permite a rotação em torno do vínculo.

*Engastamento* impede o movimento ortogonal e paralelo à reta de vinculação e a rotação em torno do vínculo.

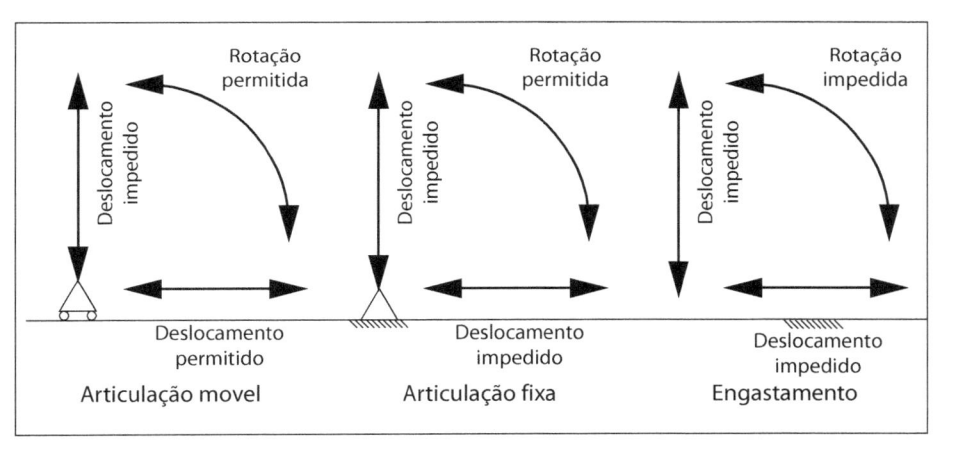

**Figura 1.3**
Vínculos.

## 1.3 Subestruturas

A união entre elementos formam subestruturas que podem ser planas ou tridimensionais.

*Pórtico plano* – subestrutura formada por pilares e vigas coplanares sujeitas a forças no mesmo plano. Pode ser indeslocável (Figura 1.4) ou deslocável (Capítulo 4 deste livro, Parte 2). Um caso particular de pórtico plano é a viga vierendel (Figura 1.5), formada por quadros com ligações rígidas para evitar hipostaticidade.

*Treliça plana* – subestrutura formada por barras coplanares articuladas entre si submetidas a forças aplicadas nos nós (Figura 1.6).

*Treliça tridimensional* – subestrutura formada por barras não coplanares articuladas entre si e sujeita a forças aplicadas nos nós (Figura 1.7).

**Figura 1.4**
Pórtico plano.

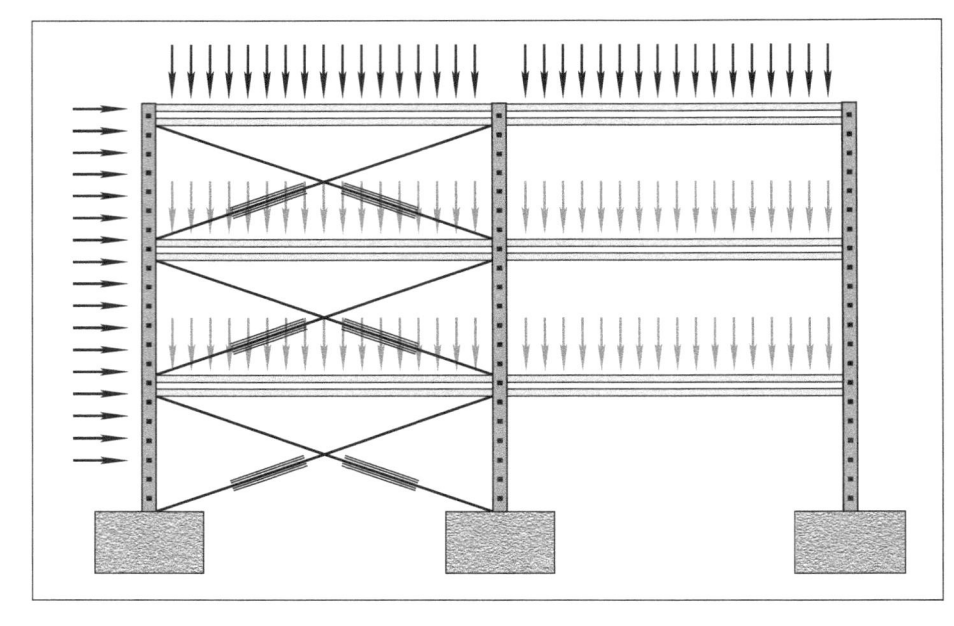

**Figura 1.5**
Viga vierendel.

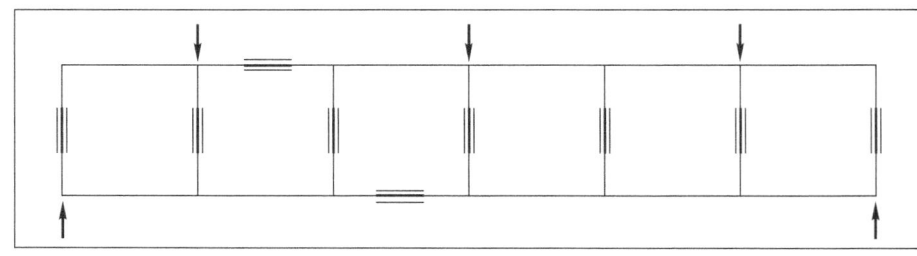

**Figura 1.6**
Treliça plana.

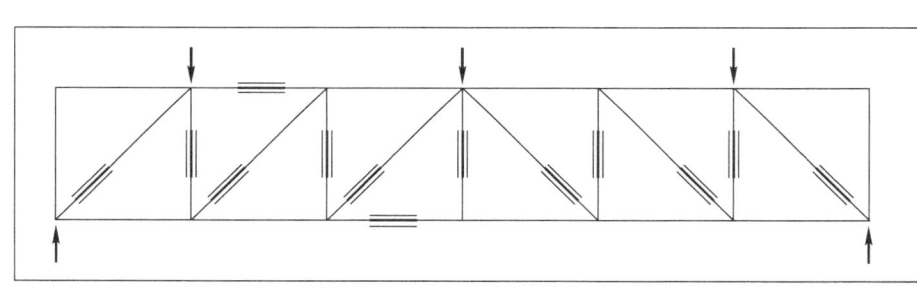

**Figura 1.7**
Treliça tridimensional.

*Grelha* – subestrutura formada por barras coplanares sujeitas a forças ortogonais ao plano da estrutura (Figura 1.8).

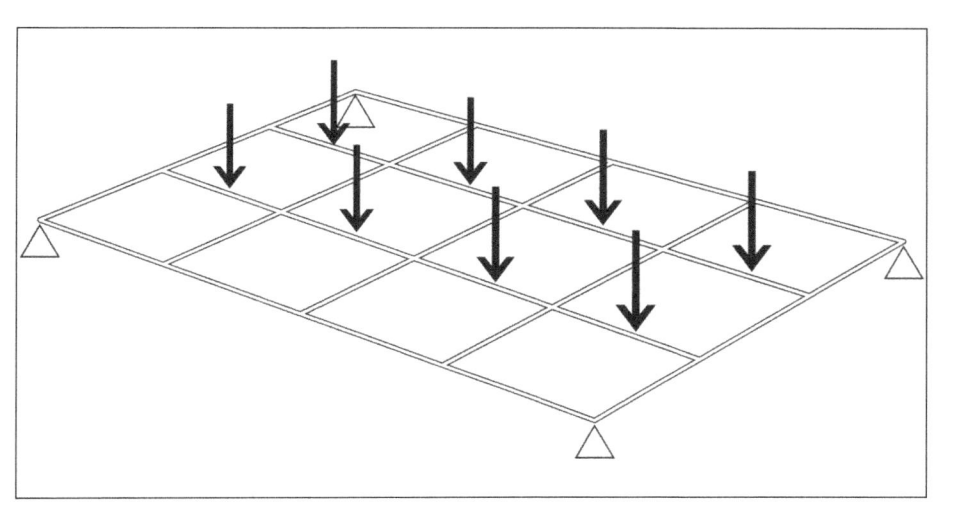

**Figura 1.8**
Grelha.

As subestruturas, por sua vez, se ligam para formar a estrutura da edificação constituindo um *pórtico tridimensional* (Figura 1.9).

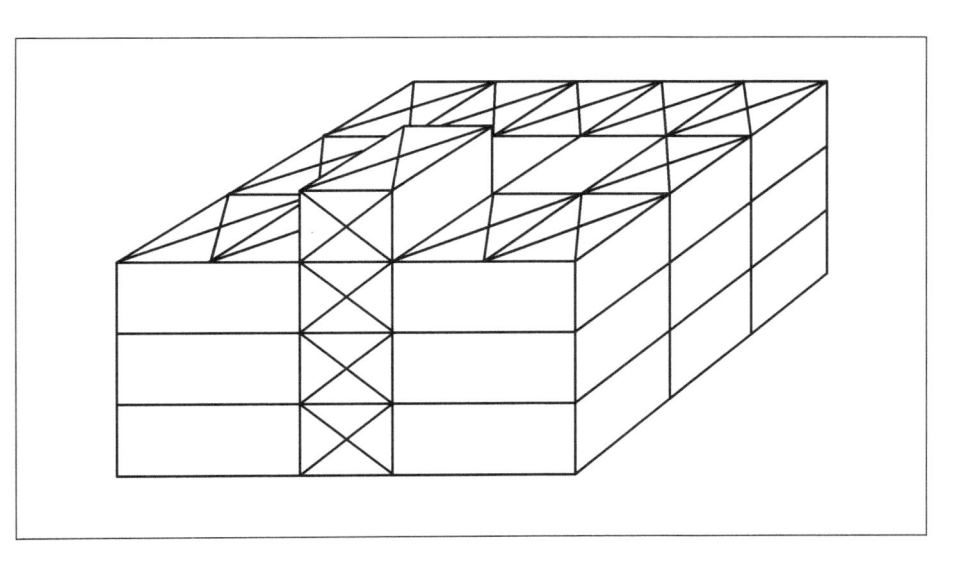

**Figura 1.9**
Pórtico tridimensional.

Na prática do cálculo estrutural, costuma-se analisar as subestruturas isoladamente (Figura 1.10), considerando que as reações de apoio de uma subestrutura serão o carregamento na que lhe serve de apoio. No entanto, jamais se deve esquecer que as estruturas, sobretudo as estruturas de aço, trabalham tridimensionalmente e, simultaneamente à análise plana, deve haver uma análise global.

**Figura 1.10**
Subconjuntos estruturais planos.

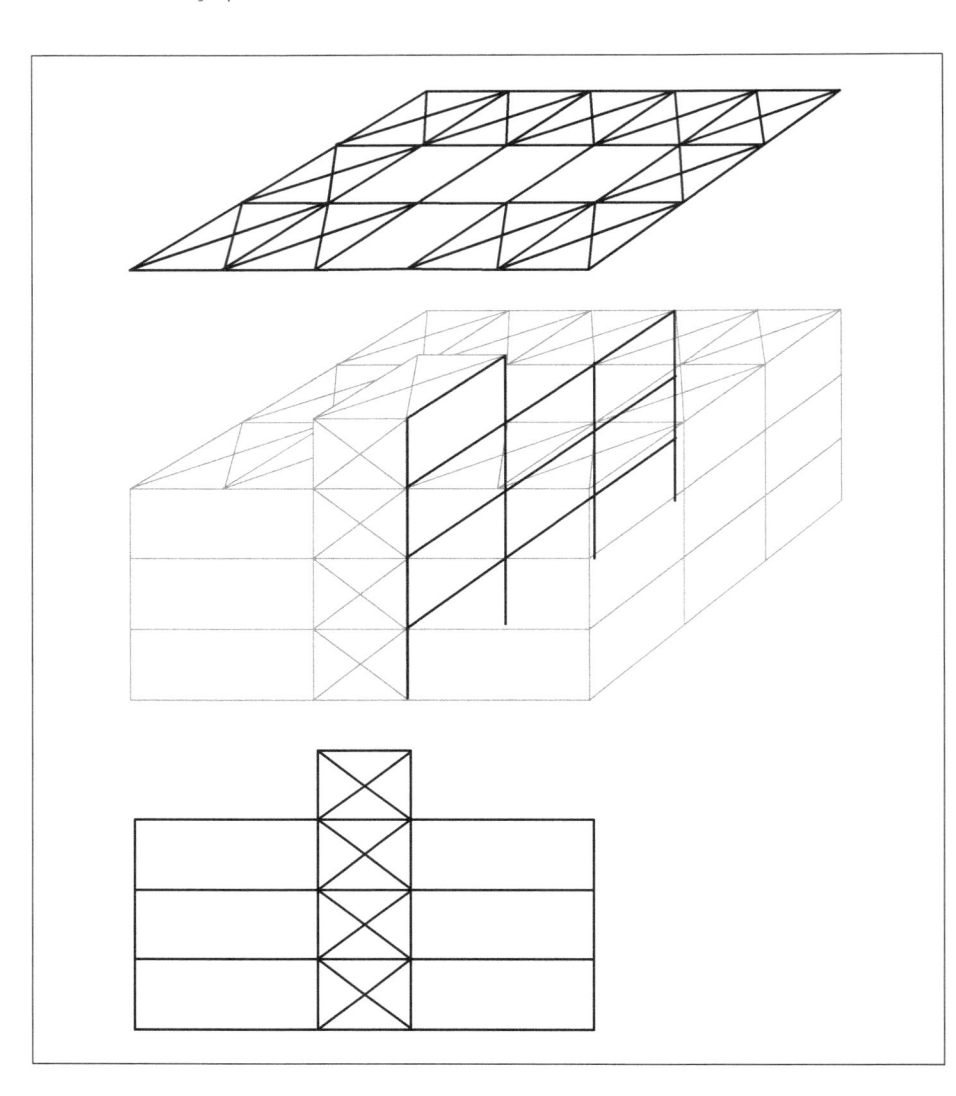

# Capítulo 2

# Modelo para Cálculo

A engenharia de estruturas trabalha com modelos que procuram representar a realidade de forma simplificada com o objetivo de facilitar e até mesmo viabilizar o cálculo. A validade das simplificações convencionalmente adotadas é confirmada pela experiência de projeto, construção e uso. A atual evolução dos métodos computacionais permite criar modelos teóricos cada vez mais semelhantes ao mundo real. No caso de conjuntos estruturais muito complexos, o aprimoramento da modelagem traz vantagens econômicas e de segurança.

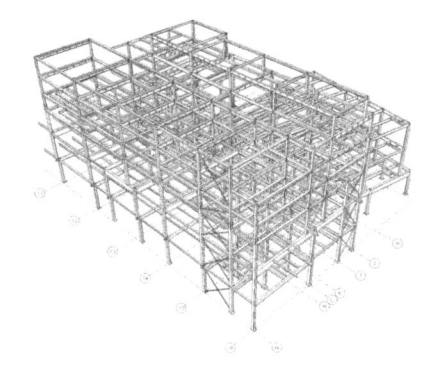

Do ponto de vista gráfico, as barras (pilares e vigas) são substituídas por linhas que passam pelo eixo longitudinal dos elementos (Figuras 2.1 e 2.2).

As linhas que representam as barras são ligadas entre si, nos nós (Figuras 1.3 e 2.3, Parte 2). Nas estruturas reais, os apoios ideais apresentados na seção 1.2, Parte 2, articulações e engastamento, não existem. Não há articulação ou engastamento perfeitos. No entanto, com base em resultados experimentais, pode-se admitir que determinados tipos de conexão (Capítulo 10, Parte 2) têm comportamento que mais se assemelham a engastes ou articulações e são calculadas como tal.

Para cálculo, as ações sobre as estruturas são representadas por forças e momentos das forças (Figura 2.4).

As forças distribuídas em uma pequena área são assumidas como concentradas em um ponto (Figura 2.5). Forças que atuam em longos trechos da viga são as forças distribuídas, que podem ser uniformemente distribuídas ou não (Figura 2.6).

Forças concentradas muito próximas, que provocam binários, podem ser substituídas por momentos aplicados em um ponto (Figura 2.7).

**Figura 2.1**
Representação gráfica de viga simplesmente apoiada.

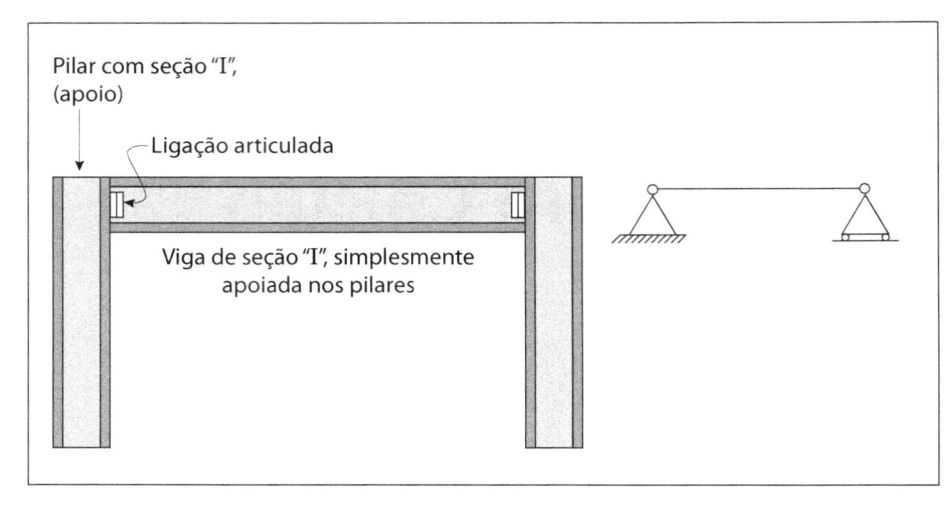

**Figura 2.2**
Representação gráfica de um pórtico.

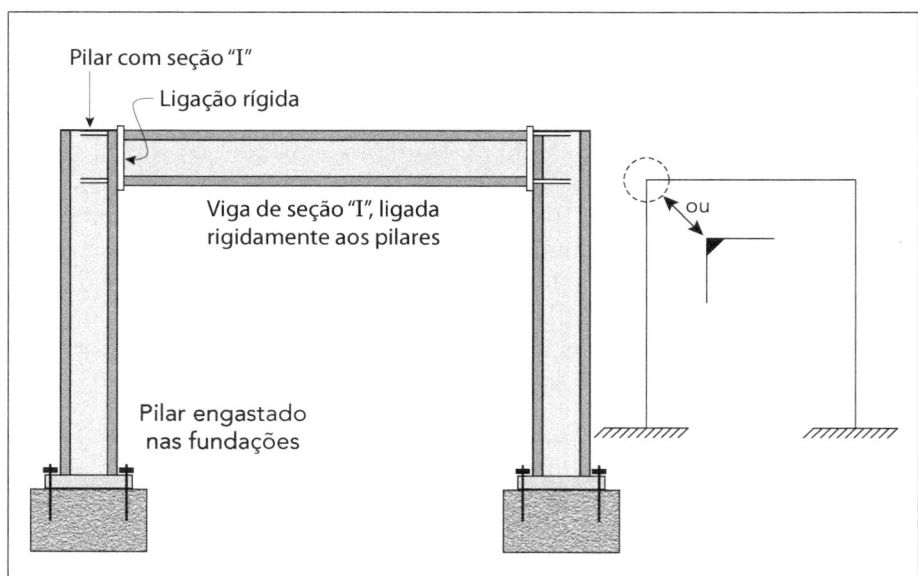

**Figura 2.3**
Indicação de vínculos.

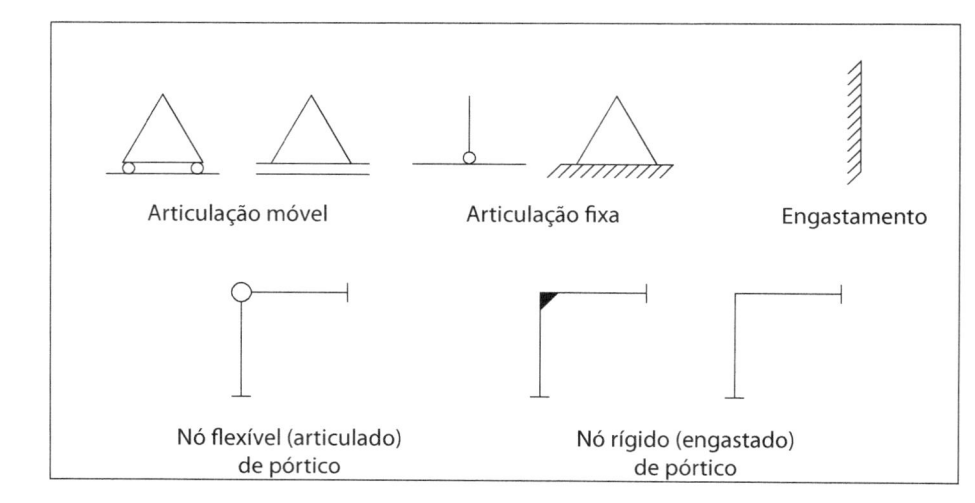

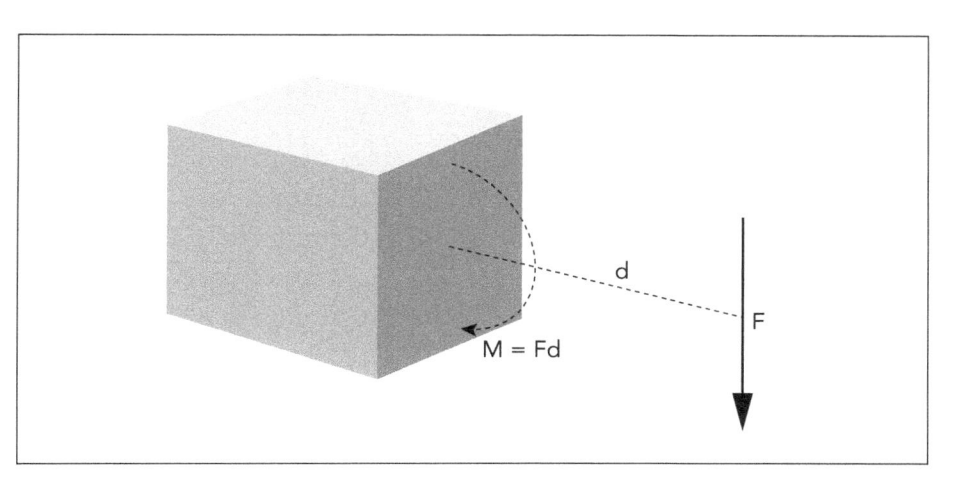

**Figura 2.4**
Momento de uma força.

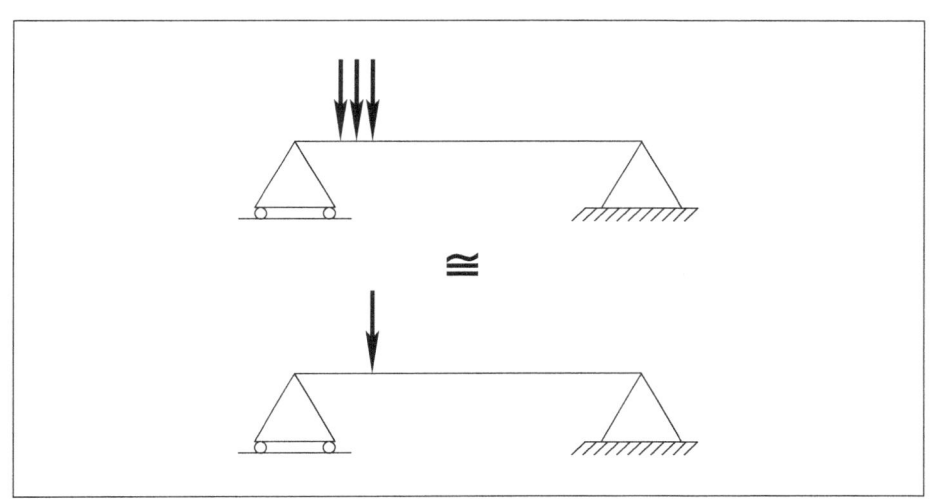

**Figura 2.5**
Força concentrada.

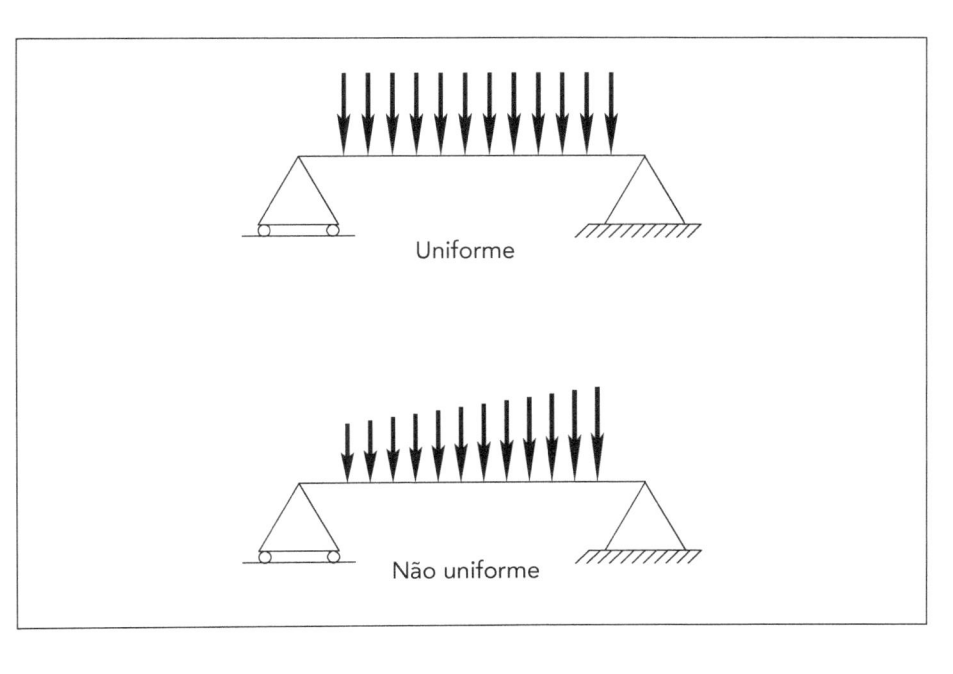

**Figura 2.6**
Força distribuída.

**Figura 2.7**
Momento concentrado.

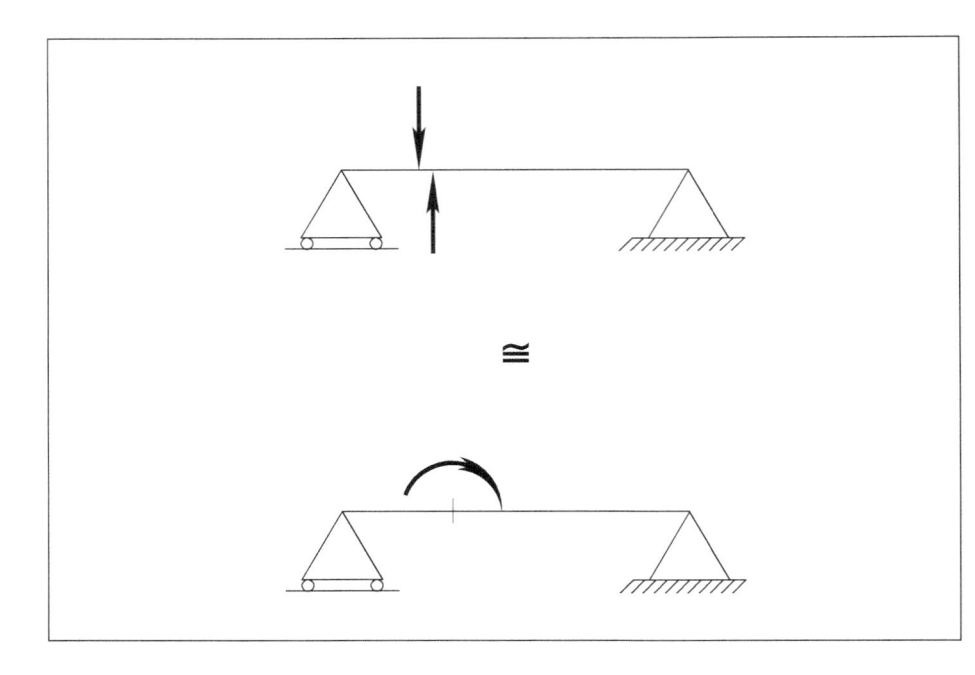

Atualmente, a maioria das estruturas é calculada por meio de programas de computador. Os dados de entrada do programa são: geometria da estrutura (reticulado composto pelas barras interligadas entre si nos nós, com as respectivas vinculações idealizadas, formando, conforme o caso, vigas, pilares, pórticos, treliças etc.), valores das forças externas aplicadas e características mecânicas dos materiais estruturais empregados. Os dados de saída do programa serão os esforços solicitantes (momento fletor, força normal, força cortante etc.) em cada barra e os deslocamentos dos nós. Os programas utilizados para esse fim podem empregar métodos de cálculo mais simples ou mais precisos. Os primeiros, geralmente, são programas mais baratos. É responsabilidade do engenheiro de estruturas avaliar a necessidade de maior investimento, nessa fase, em função da complexidade da estrutura.

Após a determinação dos esforços, segue-se a fase de dimensionamento, geralmente, também por meio computacional. Essa fase corresponde à determinação das dimensões das seções transversais das barras (perfis), a fim de que elas resistam aos esforços antes calculados. Também, nessa fase, há alternativas de uso de métodos mais simples ou mais complexos, a critério do bom senso do engenheiro.

Cabe ao engenheiro de estruturas saber se as hipóteses foram adequadas, se os dados de entrada foram corretamente implementados e se os resultados estão coerentes com o esperado. Por vezes, é conveniente realizar cálculos manuais simplificados a fim de analisar a ordem de grandeza dos resultados computacionais.

# Capítulo 3

# EQUILÍBRIO

Conforme visto no item 1.2, os apoios impedem determinados deslocamentos nodais dos elementos ligados a eles. Essa restrição é conseguida à custa da absorção de esforço, a *reação de apoio*. A *reação*, portanto, depende do deslocamento restringido (Figura 3.1).

O conjunto de esforços atuantes no elemento estrutural deve estar em equilíbrio com as reações de apoio, ou seja, a condição de equilíbrio é conseguida anulando-se a resultante de todas as forças atuantes e o momento provocado por essas forças, em qualquer ponto do corpo.

**Figura 3.1**
Reações de apoio.

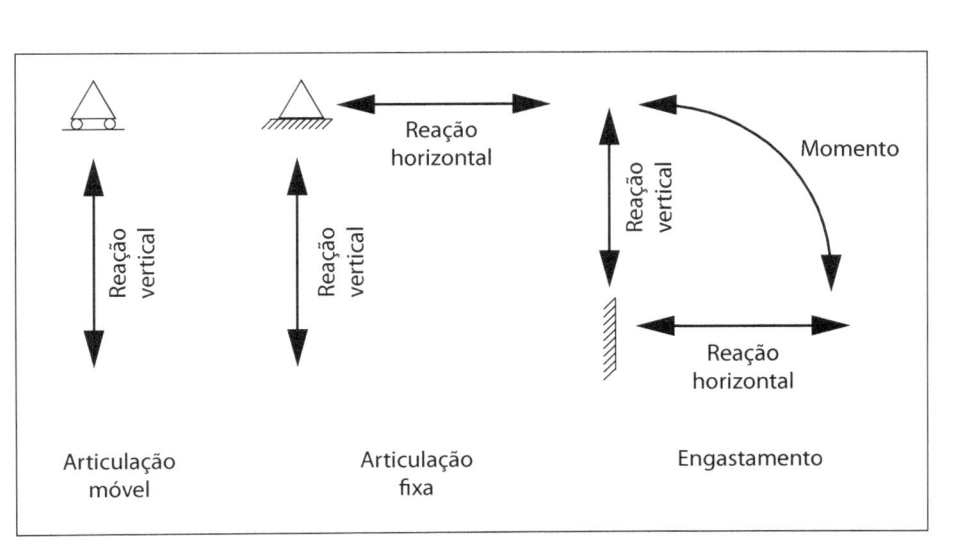

Por exemplo, na Figura 3.2, $F_1$, $F_2$, $F_7$ e $F_8$ são reações de apoio (forças reativas) e as demais forças e o momento M1 são os esforços atuantes. Ao se impor a condição de equilíbrio, encontram-se três equações: as duas primeiras, de equilíbrio de forças, e a terceira, de momento. Em todas as estruturas planas, sempre haverá três equações. São as *equações da estática*. No caso de estruturas tridimensionais, serão seis equações. Todas essas equações dependem tão somente dos valores e posição das forças; elas independem do tipo de material ou da geometria da seção transversal da barra.

**Figura 3.2**
Equações de equilíbrio no plano.

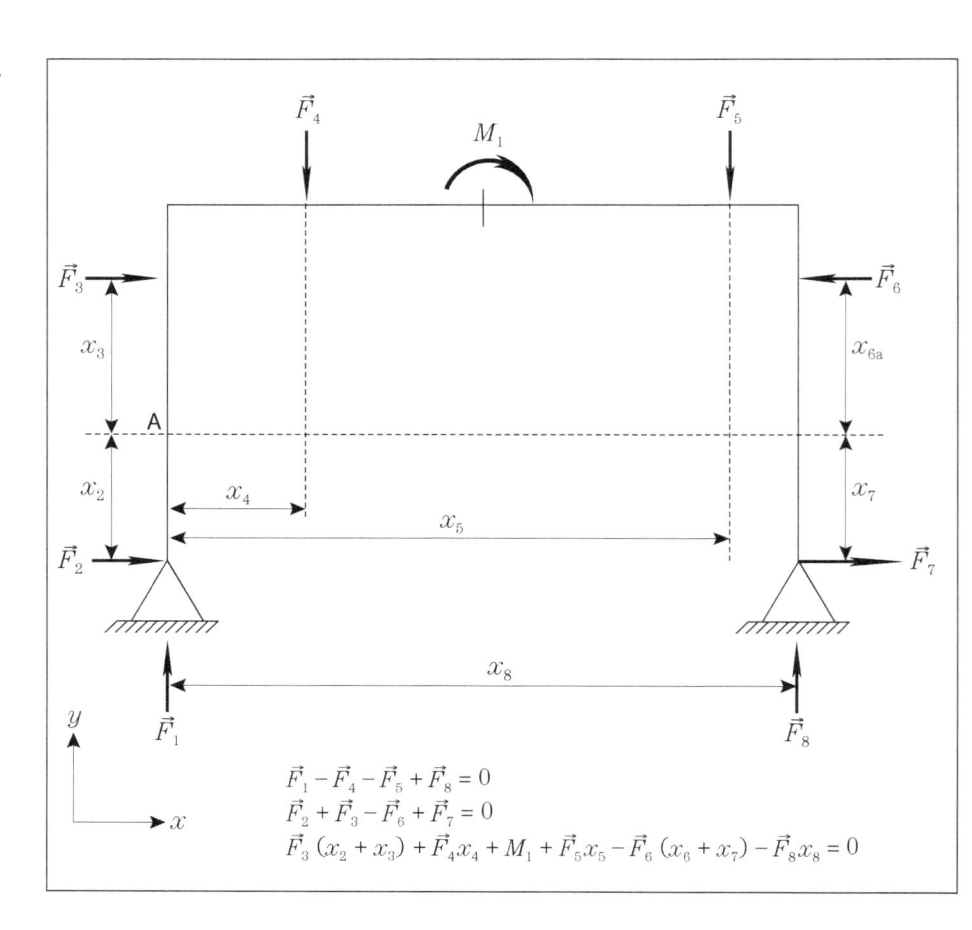

Em geral, no projeto, conhecem-se as forças atuantes, enquanto as reações de apoio são as incógnitas do problema. No caso das estruturas planas com três reações de apoio ou incógnitas, é possível determiná-las somente com as três equações da estática. Essas estruturas são denominadas *isostáticas* (Figura 3.3). São estruturas simples de calcular, podendo, por exemplo, dispensar o uso de programas computacionais.

No exemplo da Figura 3.2 ou, em um mais simples, da Figura 3.4, há mais incógnitas do que equações e, portanto, não é possível encontrar uma solução apenas com as equações da estática. É preciso recorrer a outras equações além das da estática. São as chamadas equações constitutivas e de compatibilidade, que dependem das deformações do elemento, ou seja, dependem da geometria da seção transversal dos elementos e das características do material estrutural.

Estruturas que demandam essas equações adicionais são designadas por estruturas *hiperestáticas*. Exigem cálculos mais elaborados, em geral desenvolvidos com auxílio de programas de computador.

Há ainda o caso de o número de incógnitas ser inferior ao de equações da estática, impossibilitando encontrar solução, ou seja, não é possível equilibrar as forças. São as estruturas denominadas *hipostáticas* (Figura 3.5). Essas estruturas devem ser evitadas.

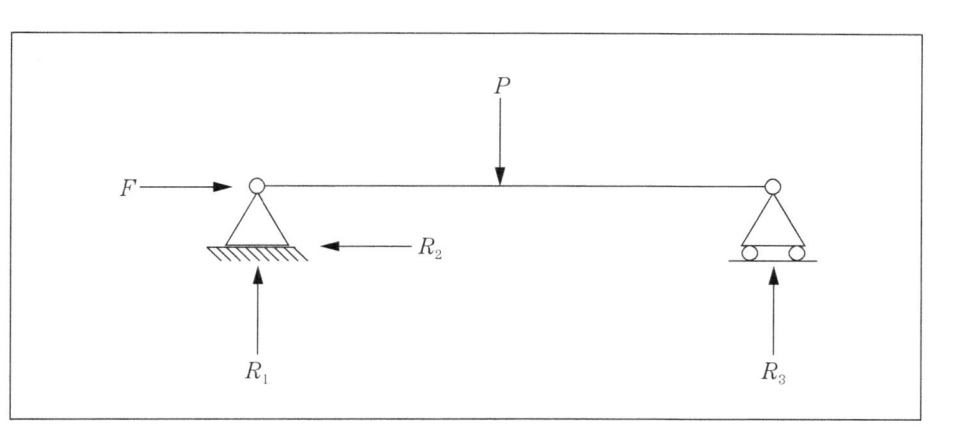

**Figura 3.3**
Viga isostática.

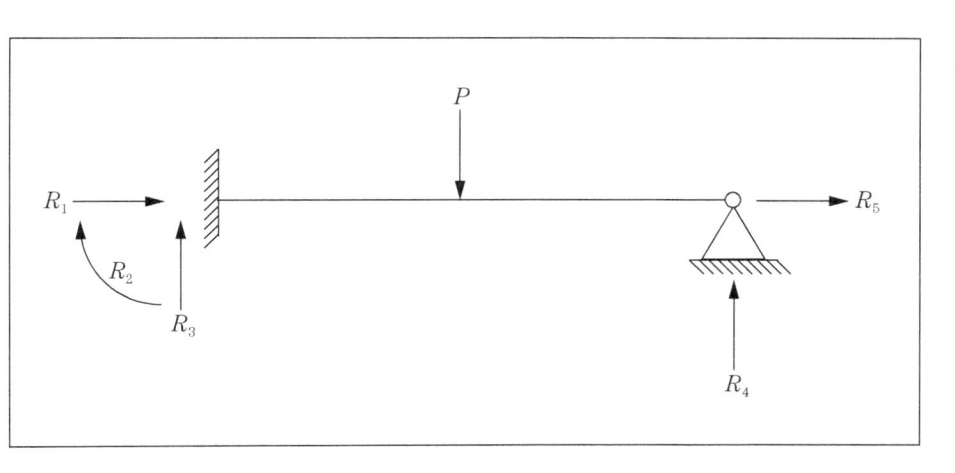

**Figura 3.4**
Viga hiperestática.

**Figura 3.5**
Viga hipostática.

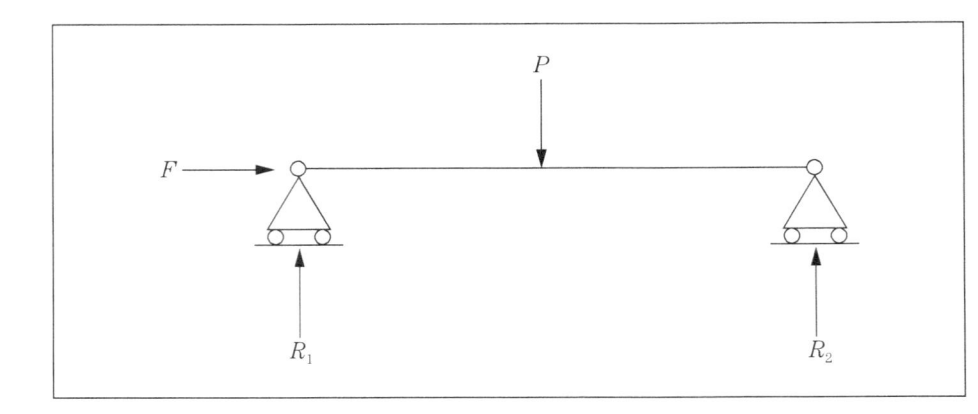

Vigas isostáticas são mais fáceis de calcular, fabricar e montar, mas têm maior flecha (Figura 3.6) do que uma viga contínua (hiperestática) de iguais dimensões. Por outro lado, sobre o apoio central de uma viga contínua há momento fletor e a ligação deve permitir a transferência de momento de um tramo da viga para o outro, ou seja, deve ser um "engaste" e, portanto, mais cara.

**Figura 3.6**
Flecha em viga isostática e contínua.

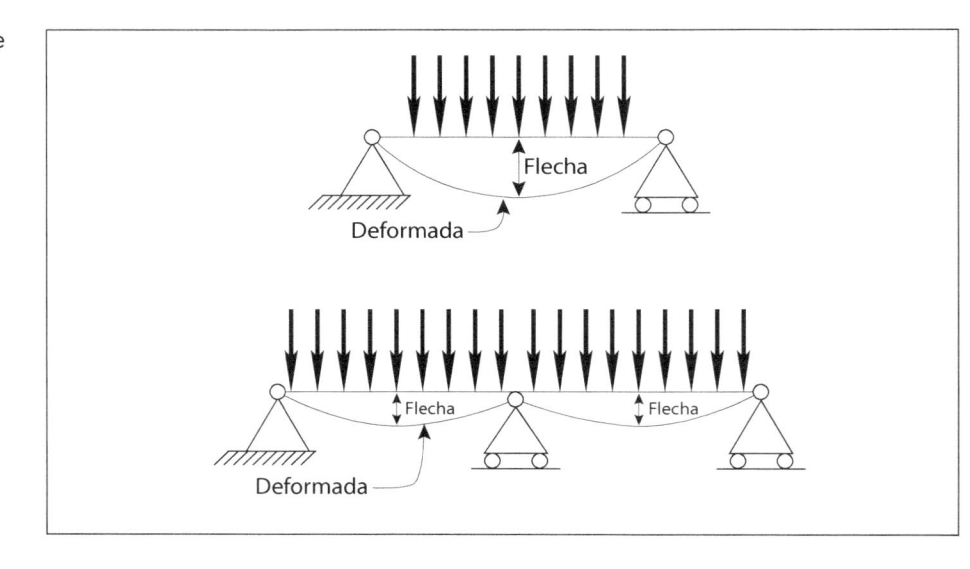

Sempre se pode reconhecer o tipo de estrutura (isostática, hiperestática ou hipostática) comparando-se o número de incógnitas (reações) ao de equações da estática. No entanto, no caso de pórticos, às vezes é preciso empregar a estratégia de dividi-lo em subelementos estaticamente equivalentes. Apresentam-se na Figura 3.7 exemplos de pórticos que, de fato, são combinações de elementos isostáticos. Na Figuras 3.8, indica-se a equivalência dos pórticos das Figuras 3.7a e 3.7b, e na Figura 3.9, a do pórtico da Figura 3.7c. Exemplos de pórticos hiperestáticos podem ser vistos na Figura 3.10.

No caso de estruturas tridimensionais mais complexas, pode se tornar difícil identificar a estrutura, sendo necessário, por vezes, recorrer a programas de computador.

A hipostaticidade de barras ou de subestruturas deve ser sempre evitada por meio de ligações ou esquemas de travamentos adequados.

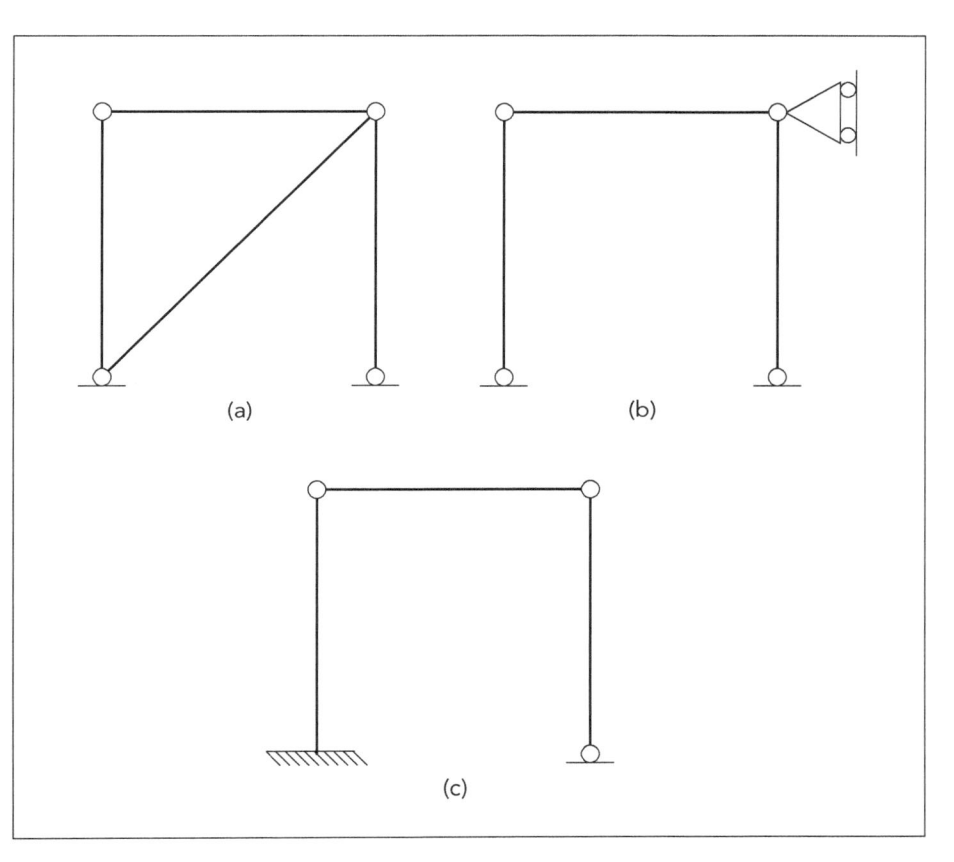

**Figura 3.7**
Pórticos isostáticos.

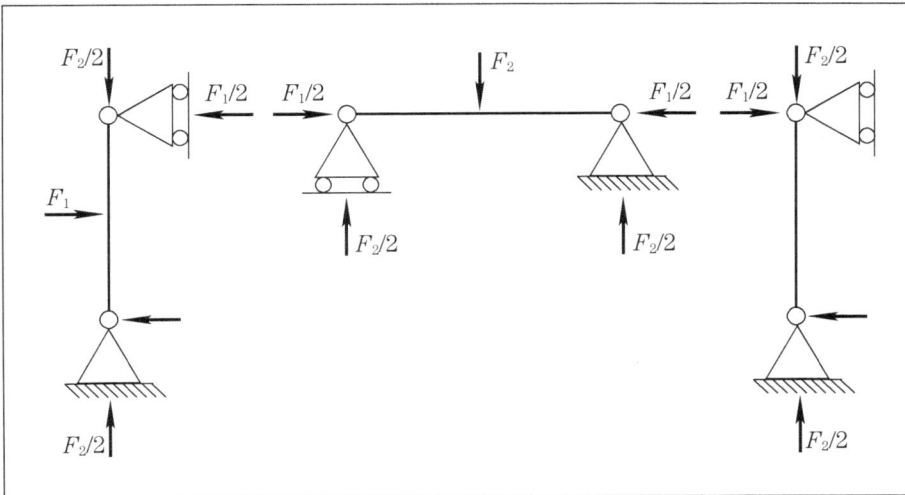

**Figura 3.8**
Combinação de estruturas isostáticas equivalentes aos pórticos com ligações articuladas.

**Figura 3.9**
Combinação de estruturas isostáticas equivalentes ao pórtico com uma ligação engastada.

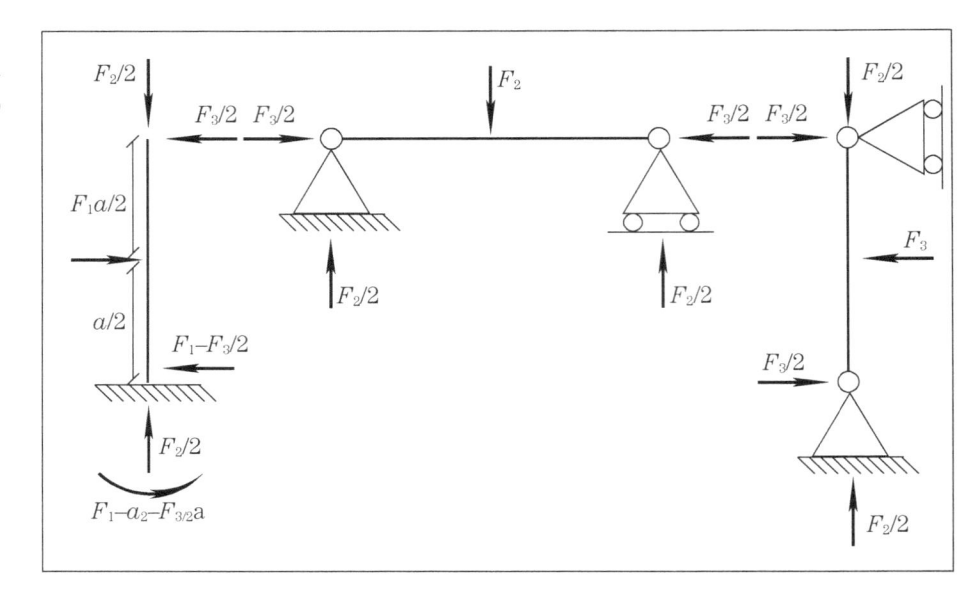

**Figura 3.10**
Pórticos hiperestáticos.

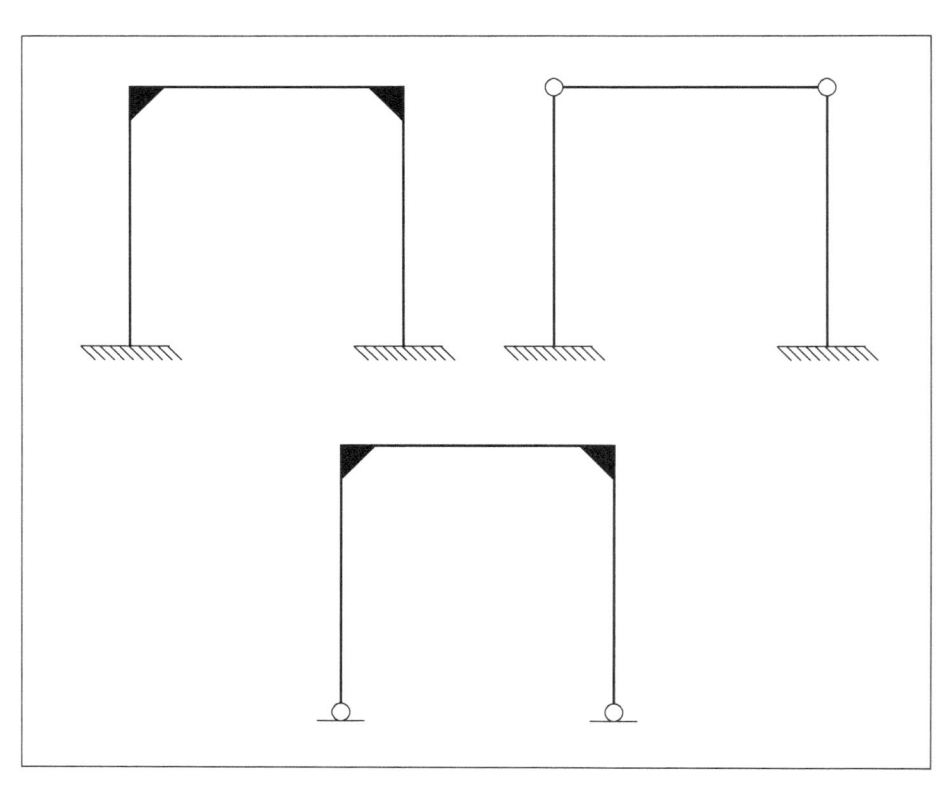

# Capítulo 4

# Deslocabilidade de Pórticos

*Deformação* é a mudança de forma do elemento estrutural quando submetido a um conjunto de forças. Os elementos das subestruturas diferenciam-se quanto ao tipo de deformação sofrida (Figuras 4.1 a 4.3).

*Pórtico plano* – as vigas e os pilares que o compõem sofrem deformações axiais (extensão ou redução) e por flexão. Não ocorre deformação por torção.

*Treliça plana ou tridimensional* – os elementos que as compõem sofrem apenas deformações axiais.

*Grelha* – as vigas que a compõem sofrem deformações axiais, por flexão e por torção.

*Deslocamento* é o valor da distância entre a posição original e a final de um ponto da estrutura.

Nos elementos estruturais correntemente empregados na construção civil, o deslocamento de pontos devido à deformação axial, quer por tração ou compressão, é muito menor do que o deslocamento provocado pela flexão. As treliças são estruturas de grande rigidez, pois o deslocamento de seus nós dependem somente da deformação axial. No caso dos pórticos, os deslocamentos nodais podem ser função tão somente de deformação axial, mas também de deformação por flexão. Assim, classificam-se, de forma qualitativa, os pórticos em deslocáveis e indeslocáveis.

**Figura 4.1**
Deformação axial.

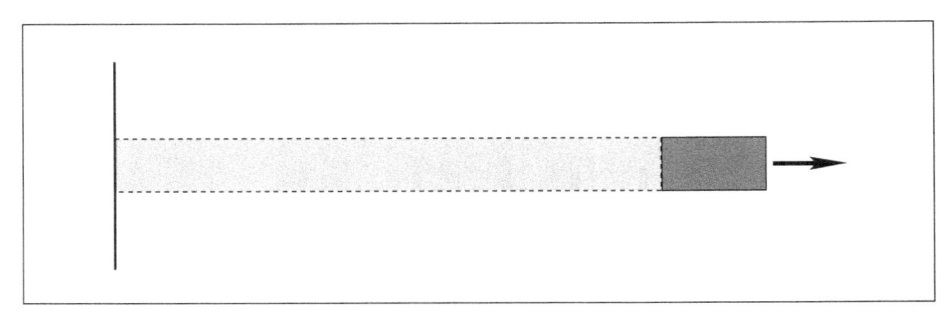

**Figura 4.2**
Deformação por flexão.

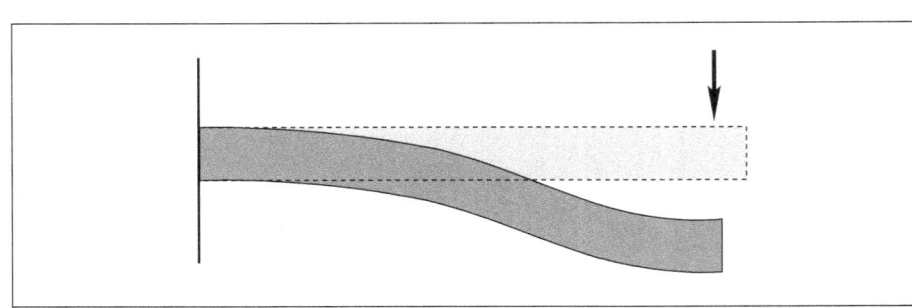

**Figura 4.3**
Deformação por torção.

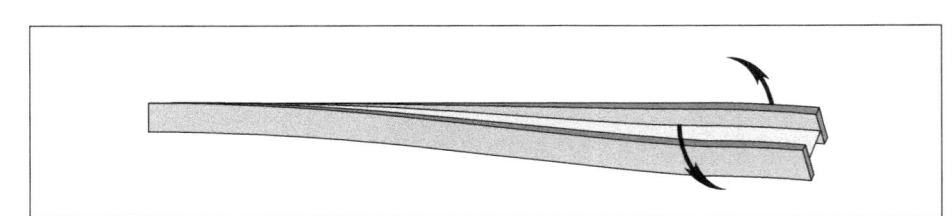

*Pórticos indeslocáveis* – pórticos em que o deslocamento de todos os nós depende apenas da deformação axial de barras. Na Figura 4.4a a indeslocabilidade é conseguida por meio da barra inclinada ou travamento.

*Pórticos deslocáveis* – pórticos em que o deslocamento de pelo menos um de seus nós depende da deformação por flexão de pilares (Figura 4.4b). Não se deve confundir estruturas deslocáveis em equilíbrio estável com estruturas hipostáticas.

Na Figura 4.5, veem-se diversos tipos de pórticos deslocáveis, que se diferenciam quanto ao número e à posição das ligações rígidas ("engastes").

Os pórticos deslocáveis, geralmente, são menos econômicos do que os indeslocáveis, em virtude de a ligação rígida exigir maior quantidade de material (parafusos ou soldas e chapas de ligação) e mais trabalho de fabricação e de montagem da conexão. Além disso, podem ser necessários pilares mais robustos com o objetivo de limitar os deslocamentos. No entanto, os pórticos indeslocáveis, pela adição de travamentos, prejudicam eventuais passagens sob eles e exigem adequações à arquitetura do edifício.

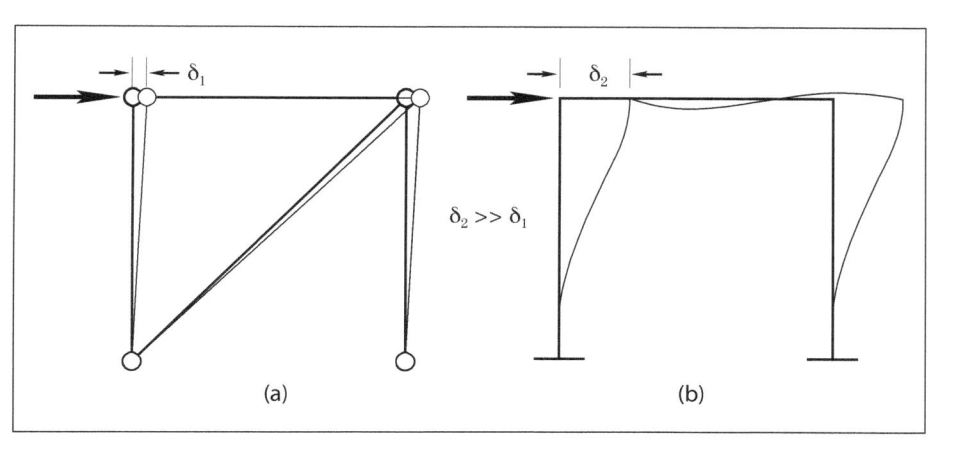

**Figura 4.4**
(a) Pórtico indeslocável.
(b) Pórtico deslocável.

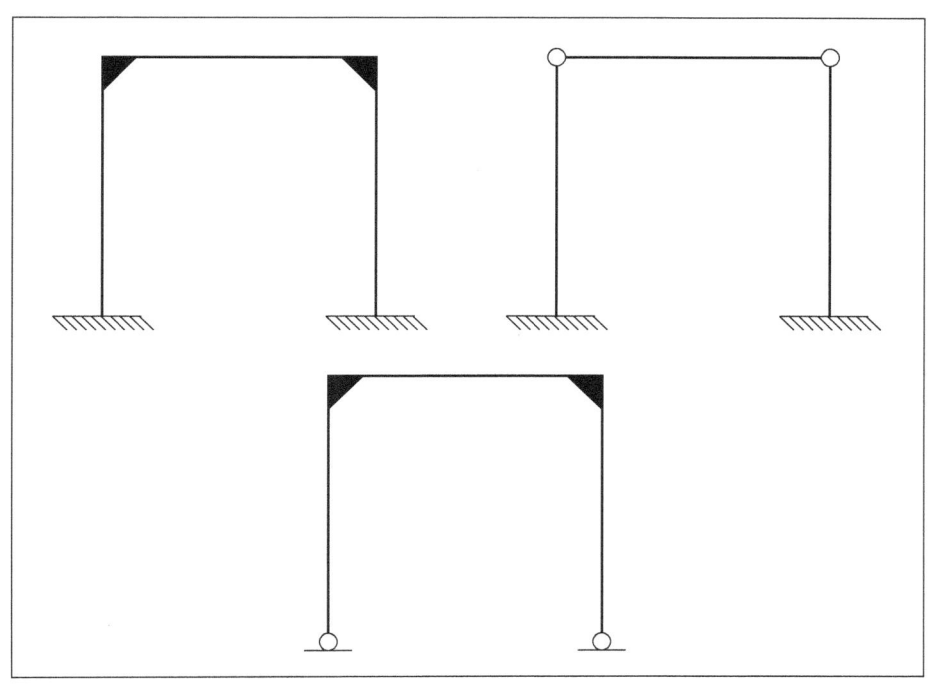

**Figura 4.5**
Pórticos deslocáveis com diferentes concepções.

Os pórticos indeslocáveis podem ser concebidos das seguintes maneiras:

*Apoio direto no plano* – ligando-se o pórtico, no seu plano, a uma estrutura estável; se esta for indeslocável, o pórtico também será (Figura 4.6). No contexto da estrutura, esses pórticos são chamados de pórticos contraventados, e a estrutura que os apoia, estrutura de contraventamento.

*Travamentos no plano* – acrescentando-se um ou mais elementos (travamentos) no plano do pórtico conforme Capítulo 5, Parte 2 deste livro.

*Travamentos fora do plano* – ligando-se o pórtico, por meio de travamentos pertencentes a um plano ortogonal ao pórtico (Figura 4.7), a uma estrutura estável, se esta for indeslocável, o pórtico também será. No contexto da estrutura, esses pórticos são chamados de pórticos contraventados, e a estrutura que os apoia, estrutura de contraventamento. Os mesmos comentários feitos no Capítulo 5, Parte 2 deste livro, para travamentos em planos verticais podem ser aplicados aos planos horizontais. Se houver uma laje maciça que consiga transferir os esforços horizontais, ela faz o papel do travamento horizontal, que pode ser prescindido..

**Figura 4.6**
Pórtico indeslocável por apoio direto no plano.

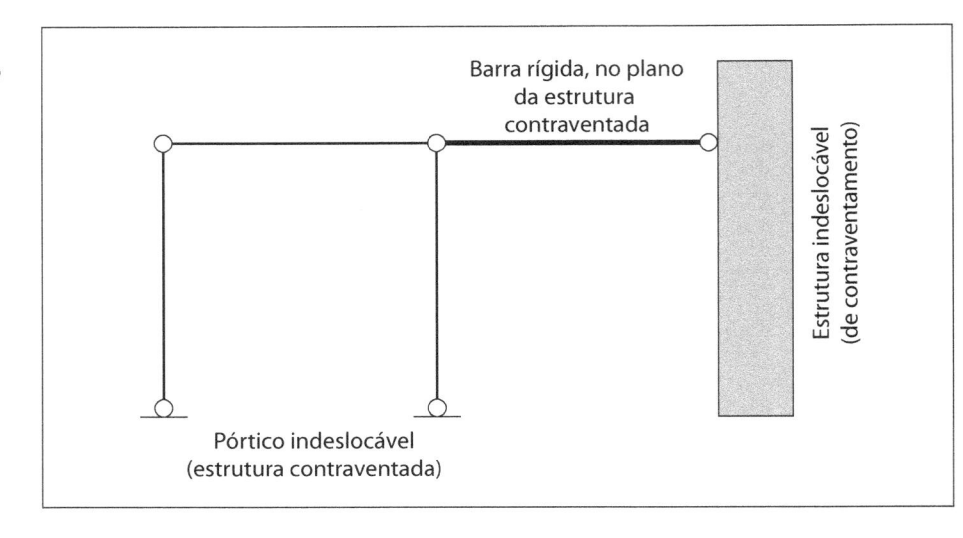

**Figura 4.7**
Pórtico indeslocável contraventado fora do plano.

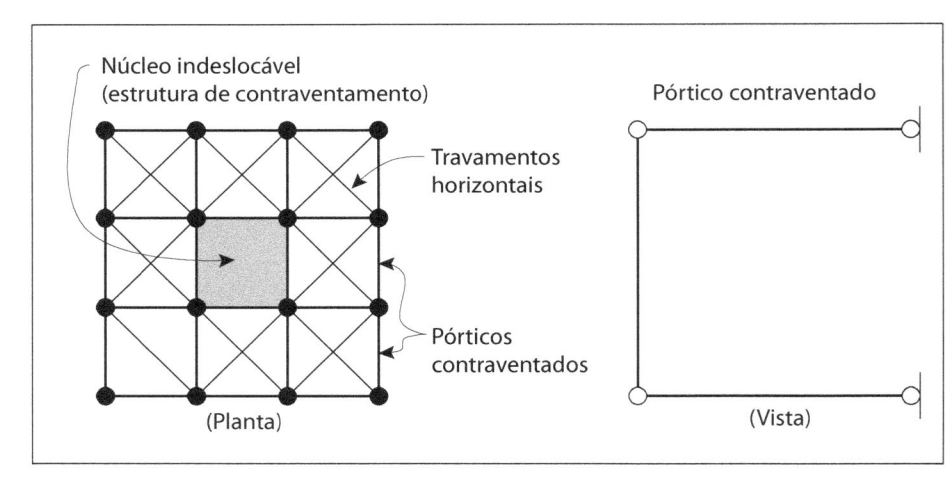

Esse tipo de classificação (deslocável - indeslocável) é bastante prática para a concepção da estrutura; no entanto, para o cálculo estrutural, é necessário avaliar melhor a deslocabilidade. Por exemplo, um pórtico deslocável, conforme a definição aqui apresentada, formado por pilares muito robustos, terá um deslocamento nodal pequeno. Por sua vez, o deslocamento nodal de uma torre ou de um edifício alto (Figura 4.8) formado por pórticos indeslocáveis será a soma dos pequenos deslocamentos de cada nível e poderá ser grande.

Modernamente, há maneiras quantitativas de se analisar as estruturas quanto à deslocabilidade. Elas são classificadas em estruturas de pequena, média ou grande deslocabilidade. Quanto maior a deslocabilidade, mais complexo será o cálculo estrutural.

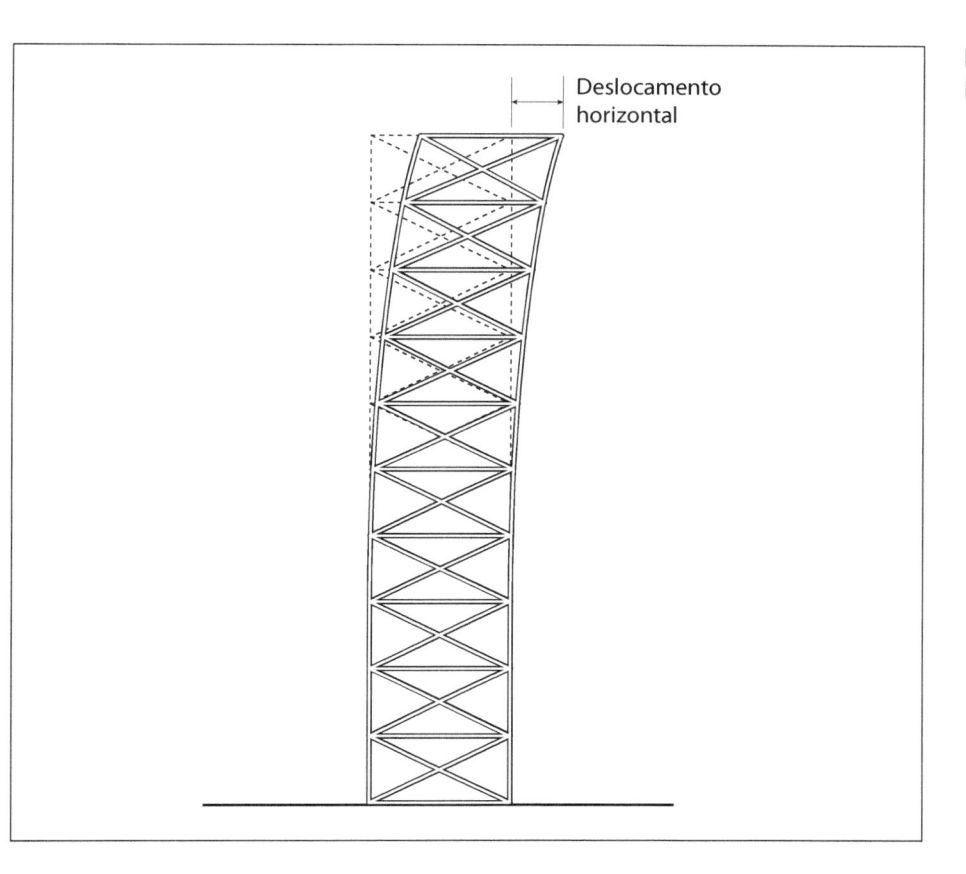

**Figura 4.8**
Pórtico de grande altura.

# Capítulo 5

# Sistemas de Travamento

Quando não for possível apoiar diretamente o pórtico, a solução mais econômica, para um pórtico plano, é o travamento em forma de "X", tornando-o indeslocável. Ele pode ser calculado como isostático, mais simples, e as ligações são articuladas, mais simples de serem fabricadas e montadas.

Embora, do ponto de vista estático, bastasse colocar uma barra diagonal, ela seria solicitada ora à tração, ora à compressão (Figuras 5.1a e 5.1b), pois as forças horizontais alternam o sentido conforme o vento. Dessa forma, a barra deveria ser dimensionada à compressão considerando o fenômeno da flambagem (vide Capítulo 7). No entanto, utilizando-se o travamento em forma de "X" com as duas barras dimensionadas somente à tração, portanto mais esbeltas, e conectadas entre si (Figura 5.2), é possível conseguir o equilíbrio. Essa solução conduz a menor consumo de material.

**Figura 5.1**
Pórtico travado por uma diagonal.

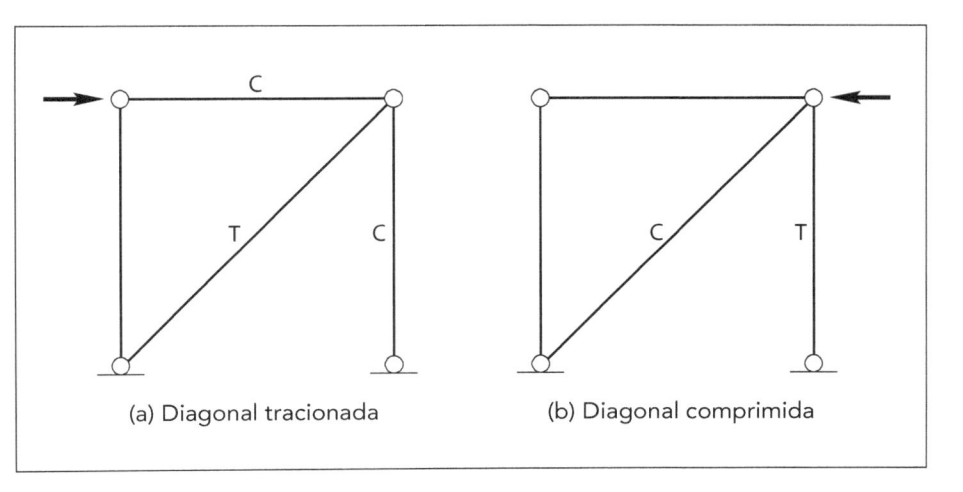

(a) Diagonal tracionada
(b) Diagonal comprimida

**Figura 5.2**
Travamento em "X" com diagonais conectadas entre si.

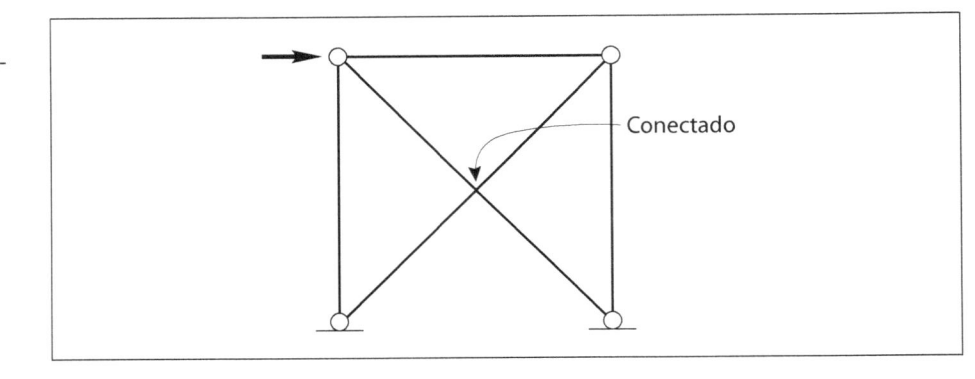

Entende-se melhor o comportamento de uma estrutura travada em "X",
supondo que as diagonais nada resistam à compressão, por exemplo, que
sejam fios. Quando a força do vento atua para a direita, conforme a Figura
5.3a, a diagonal que seria comprimida sai do esquema, e a diagonal tracionada é suficiente para o equilíbrio. Quando a força atua para a esquerda,
conforme a Figura 5.3b, o esquema se inverte. A diagonal tracionada é
suficiente para garantir o equilíbrio.

**Figura 5.3**
Comportamento do travamento em "X".

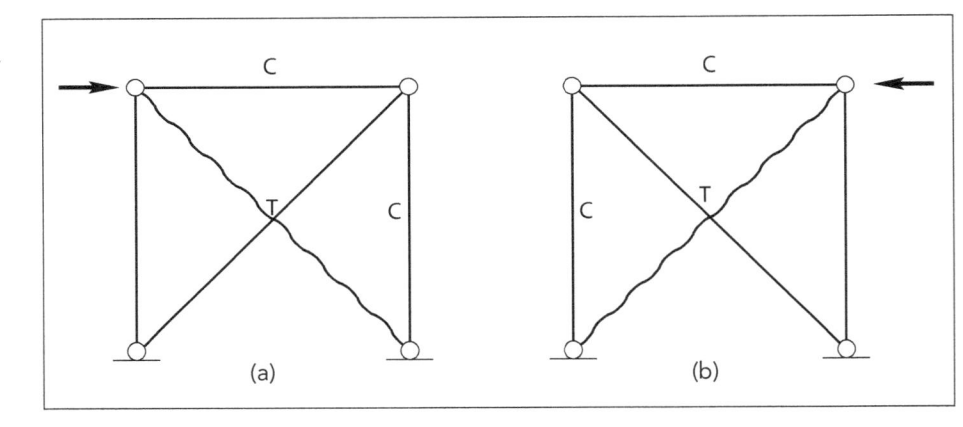

O mesmo procedimento pode ser empregado no travamento em planos
horizontais, como pode ser visto nas Figuras 4.7 e 5.4.

A forma de travamento em "X" é a mais comum, por ser a mais econômica,
mas outras podem ser adotadas, dependendo das necessidades de uso da
edificação.

O travamento em "Y" com barras somente dimensionadas à tração (Figura 5.5) tem comportamento similar ao "X". Para ventos para a direita, o
conjunto "Y" da esquerda é tracionado e o conjunto da direita é comprimido e desconsiderado. Para ventos para a esquerda, inverte-se o esquema.

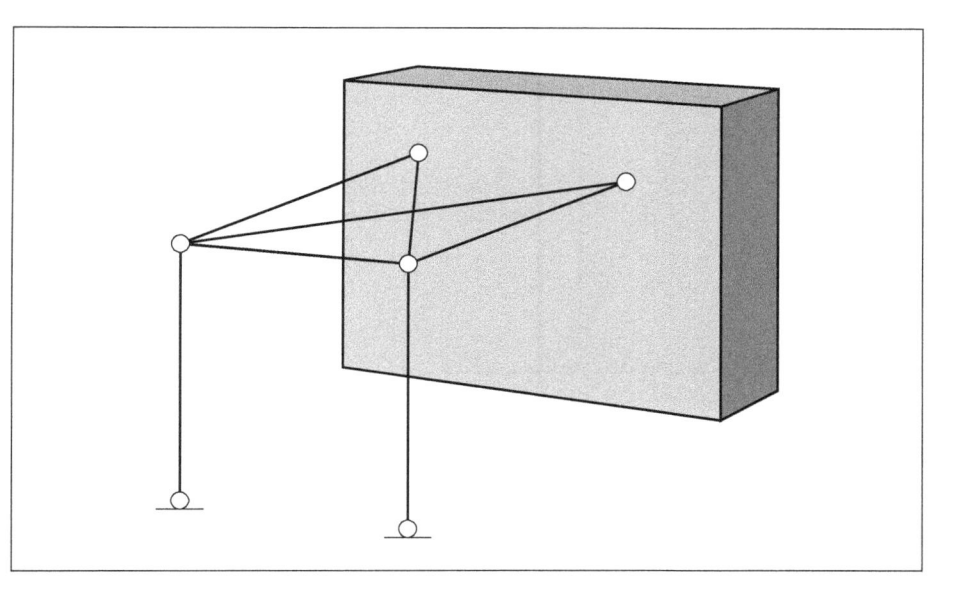

**Figura 5.4**
Pórtico contraventado por meio de travamento horizontal.

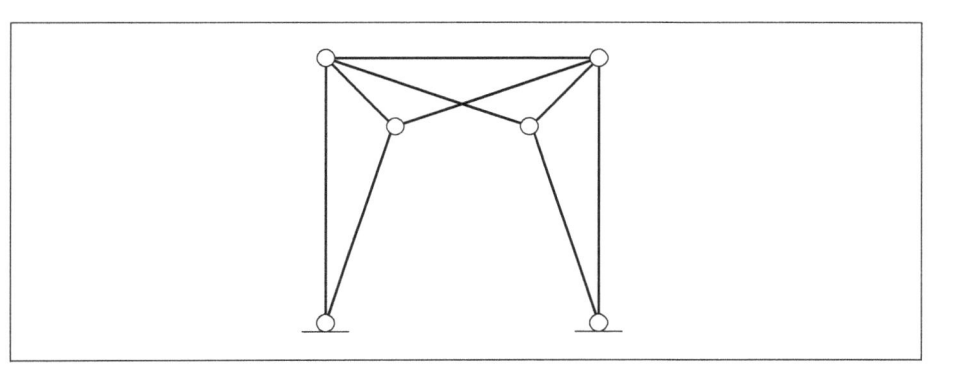

**Figura 5.5**
Pórtico contraventado em "Y".

Há dois tipos de travamento em "K". No primeiro, com as duas barras inclinadas resistindo apenas à tração (Figura 5.6), consegue-se o equilíbrio à custa de uma força transversal atuando na barra horizontal, provocando flexão adicional. Assim, a viga deverá ser dimensionada incluindo o momento fletor adicional e com vão total.

No segundo tipo de travamento, com as duas barras inclinadas dimensionadas à compressão (Figura 5.7), o equilíbrio é conseguido apenas com as duas barras. Além disso, nessa segunda alternativa, a viga poderá ser dimensionada com "meio" vão, pois as barras diagonais podem servir de apoio à viga.

**Figura 5.6**
Travamento em "K" com barras
dimensionadas à tração.

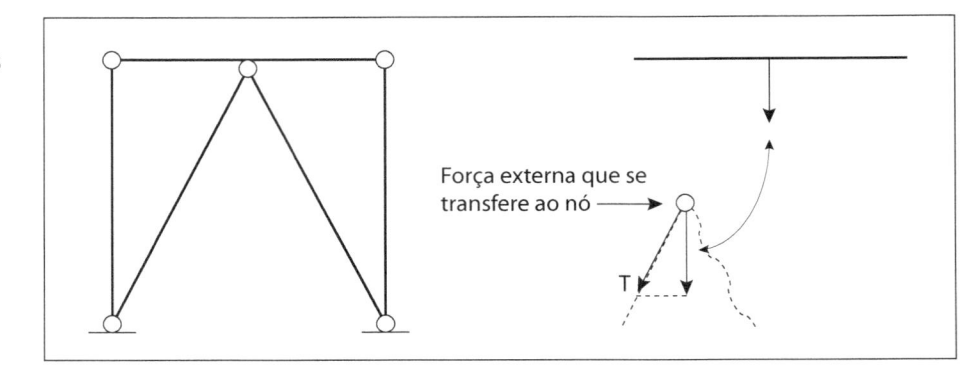

**Figura 5.7**
Travamento em "K" com barras
dimensionadas à compressão.

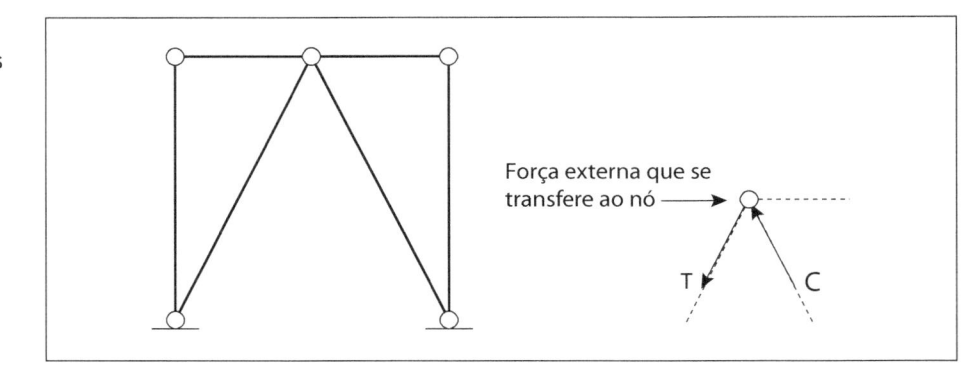

As estruturas como um todo e seus subsistemas devem possuir ligações ou esquemas de travamentos adequados para garantir que não haja hipostaticidade das barras ou do conjunto. As barras devem ter seção, vínculos e comprimentos adequados para evitar problemas de flambagem (Capítulo 7).

Para cada situação, é preciso estudar o melhor esquema estrutural, estrutura isostática ou hiperestática, pórtico deslocável ou indeslocável, ligação rígida ou flexível, em função da economia, funcionalidade e dos aspectos arquitetônicos da edificação.

Nos sistemas estruturais mais complexos, esse mesmo raciocínio deve ser aplicado aos subsistemas que os constituem. A análise deve ser feita considerando a tridimensionalidade da estrutura e verificando-se a sua estabilidade nos vários planos (horizontais, verticais ou, eventualmente, inclinados) que contêm as partes da estrutura.

# Capítulo 6

# O Caminho das Forças

Ao se fazer a análise global da estrutura da edificação, é necessário garantir que todos os esforços caminhem para a fundação. É imediato entender o caminhamento das forças verticais, através das lajes, vigas e pilares. Merece mais atenção a concepção da estrutura para a transferência das forças horizontais, por meio da combinação de pórticos deslocáveis ou indeslocáveis e travamentos horizontais ou lajes maciças. Para edificações regulares, em cada um dos três planos (horizontal, longitudinal e transversal), deve haver uma ou mais estruturas principais que recebem o conjunto de forças e as transfere à outra de outro plano ou diretamente às fundações. Essas estruturas são, por vezes, chamadas de estruturas de estabilidade.

Será apresentado a seguir, como exemplo, o caminhamento das forças horizontais decorrentes do vento, através da estrutura do edifício esquematizado na Figura 1.9, com plantas e vistas apresentadas, respectivamente, nas Figuras 6.1, 6.2 e 6.3.

No plano horizontal, há uma laje pré-moldada que se admite incapaz de transferir esforços horizontais, então foi previsto um "anel" rígido composto de travamentos em "X" em que banzos e montantes são formados pelas vigas de piso (ou cobertura). Se a laje fosse maciça e ligada às vigas, esses travamentos seriam desnecessários.

Nos planos longitudinais, há pórticos indeslocáveis nos eixos A e D, cujos banzos são os pilares, e os montantes, tramos das vigas longitudinais. Todas as ligações são articuladas.

A despeito de as vigas que compõem os travamentos, verticais e horizontais, estarem submetidas à flexão por causa das cargas verticais dos pisos (ou cobertura), para as cargas horizontais de vento elas podem ser consideradas como elementos de treliça.

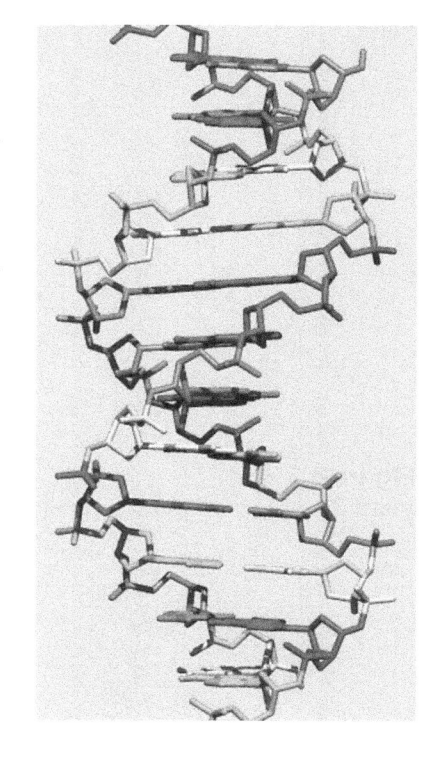

**Figura 6.1**
Planta do edifício-exemplo.

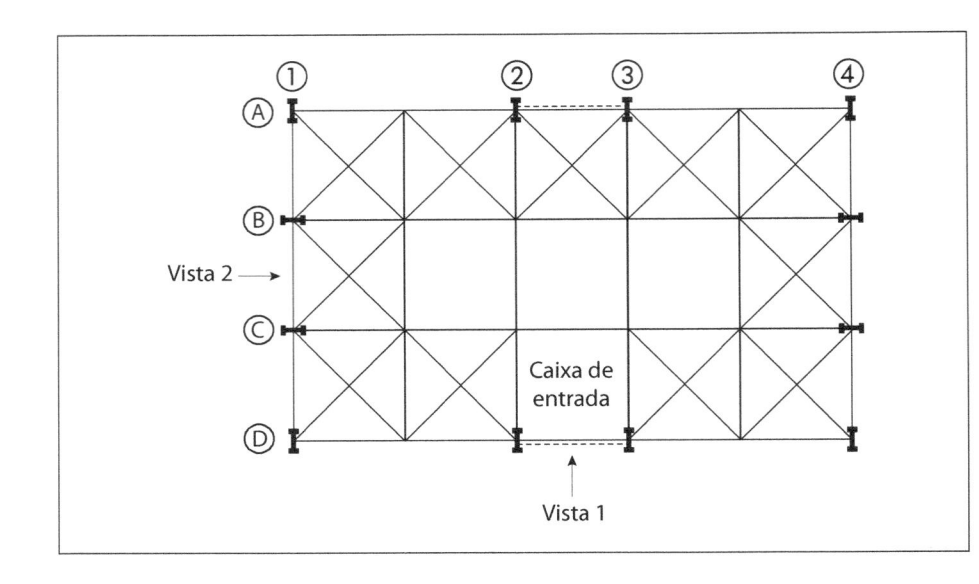

**Figura 6.2**
Vista 1.

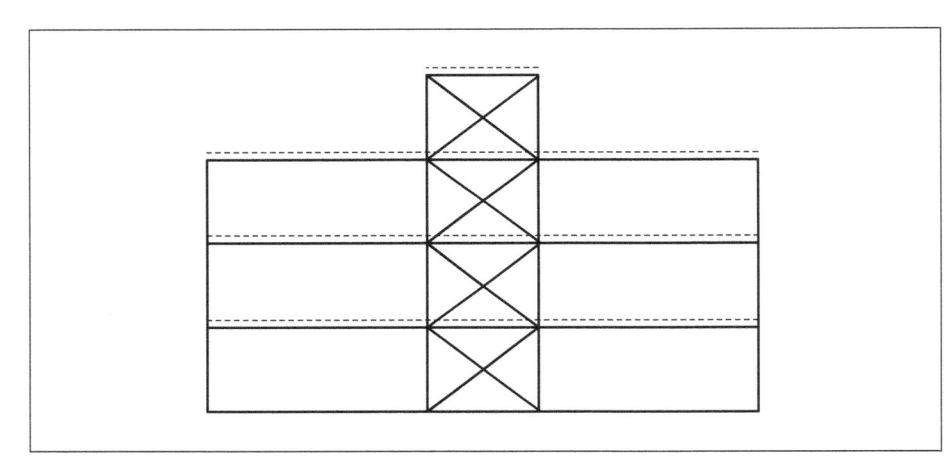

**Figura 6.3**
Vista 2.

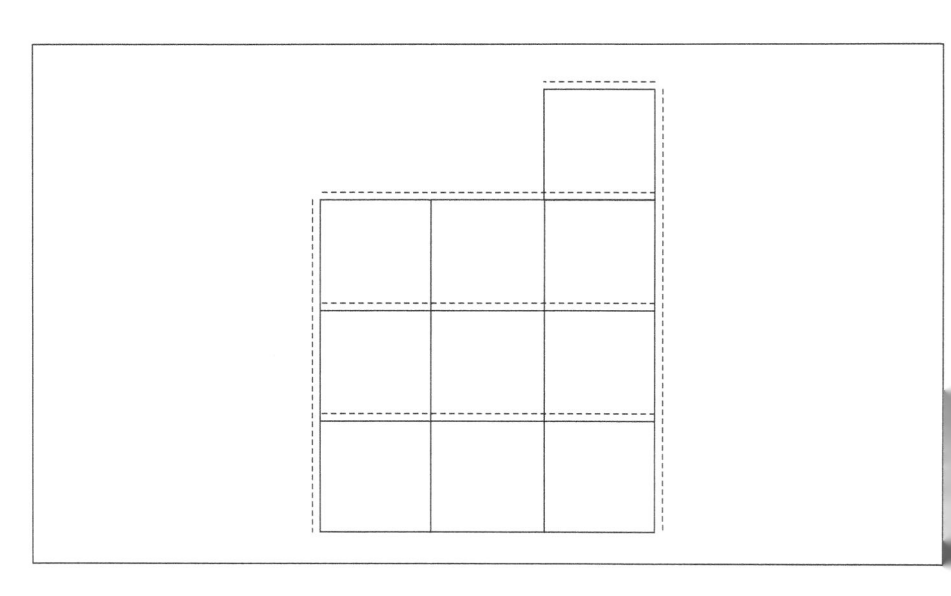

No plano transversal, há dois pórticos deslocáveis hiperestáticos nos eixos 2 e 3 formados por pilares e vigas ligados rigidamente entre si. O conjunto de pilares e vigas articulados entre si dos eixos 1 e 4 não tem estabilidade própria. Os esforços que chegam a ele são transferidos por meio do anel horizontal aos pórticos dos eixos 2 e 3.

As forças transversais do vento, indicadas na Figura 6.4, atuam sobre as alvenarias do edifício, de onde se transferem aos pilares de fachada (podem ser transmitidas também para as vigas dependendo do sistema de ligação que houver entre alvenaria e estrutura).

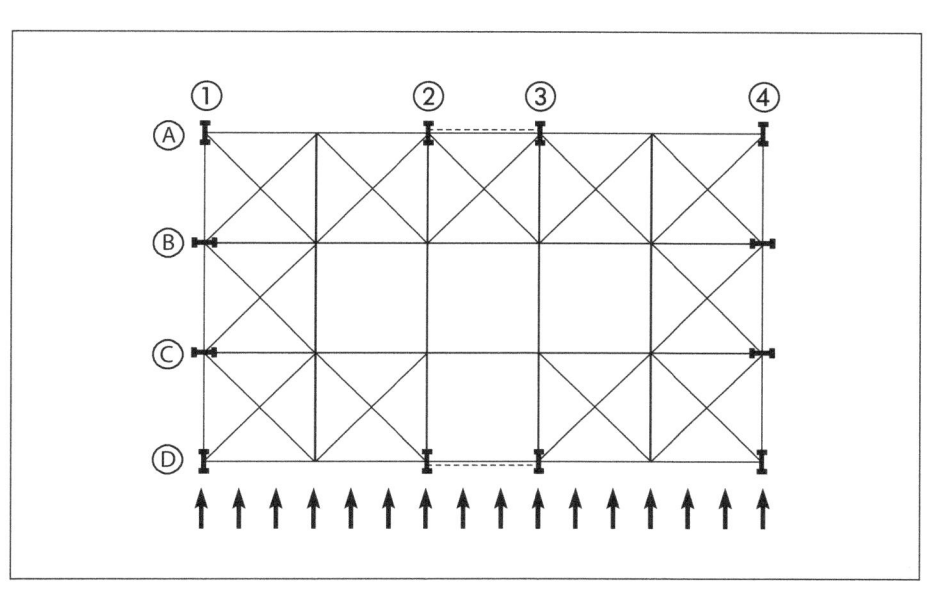

**Figura 6.4**
Forças de vento na fachada longitudinal.

Para as forças horizontais, os pilares de fachada trabalham como vigas apoiadas nas fundações e, em cada pavimento, nos travamentos horizontais longitudinais (Figura 6.5).

Esses travamentos, ou treliças, apesar de serem projetados com diagonais em "X" e, portanto, inserimos hiperestáticos, podem ser calculados como isostáticos considerando-se para cada "X" apenas a diagonal tracionada, escolhida em função do sentido do vento. Na Figura 6.6 indicam-se essas diagonais e demais barras sujeitas a esforços. A treliça (em cada andar) é calculada considerando-se apoiada nos pórticos transversais centrais. Alternativamente, pode-se considerar que a treliça junto à fachada sujeita ao vento se deforme e acione a treliça da outra fachada longitudinal (Figura 6.7), dividindo-se os esforços internos. De qualquer forma, as reações de apoio de ambas as treliças serão ações nos pórticos transversais.

Os pórticos transversais deslocáveis recebem os esforços transversais e os transferem à fundação (Figuras 6.8 e 6.9).

**Figura 6.5**
Forças de vento nos pilares apoiados nos travamentos horizontais.

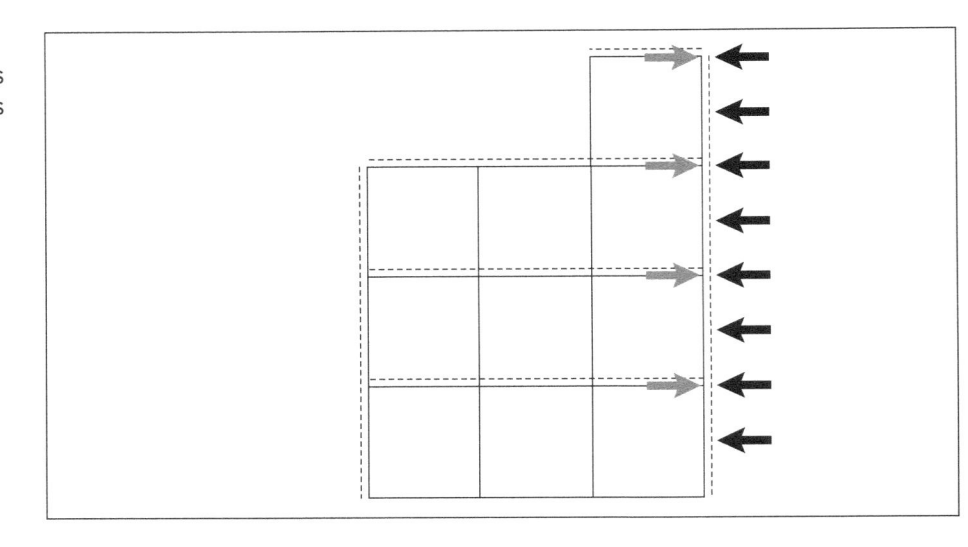

**Figura 6.6**
Forças de vento aplicadas nos travamentos horizontais mais próximos.

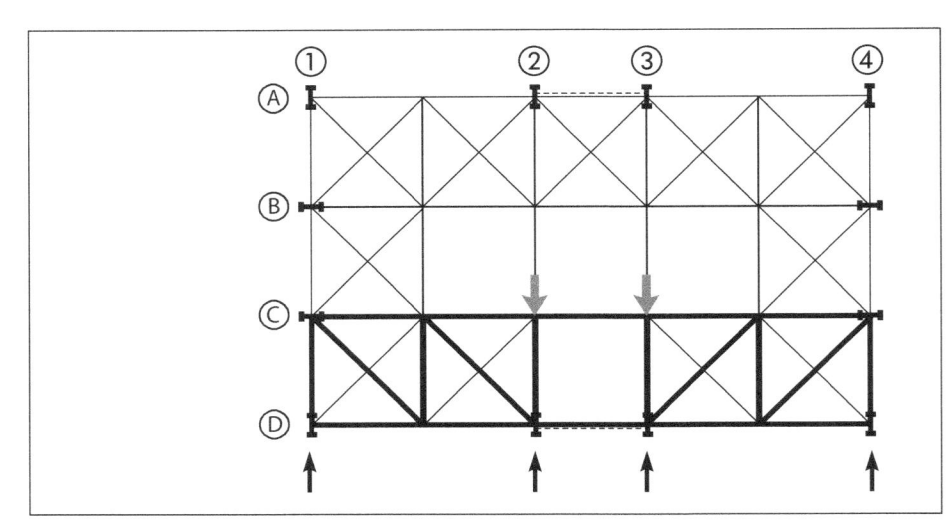

**Figura 6.7**
Esforços de vento aplicados nos dois travamentos horizontais.

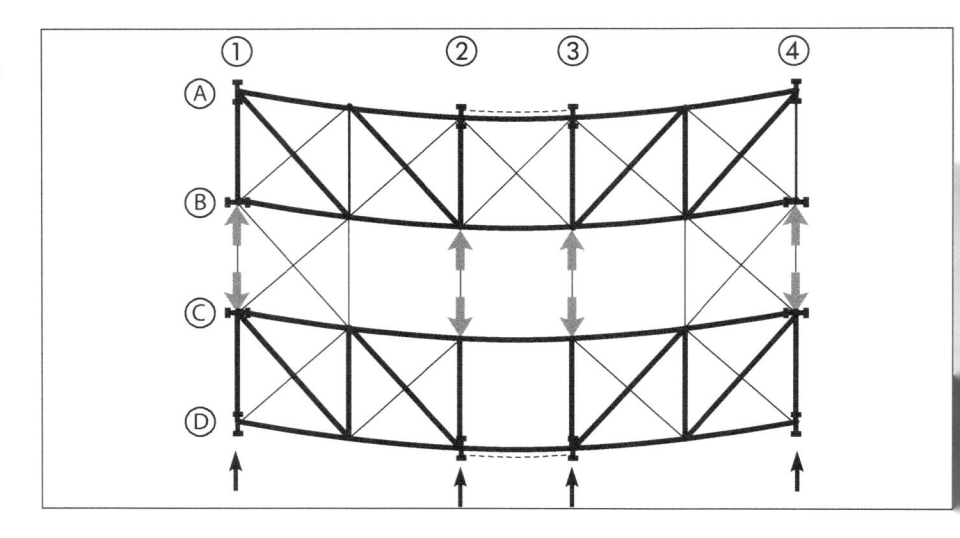

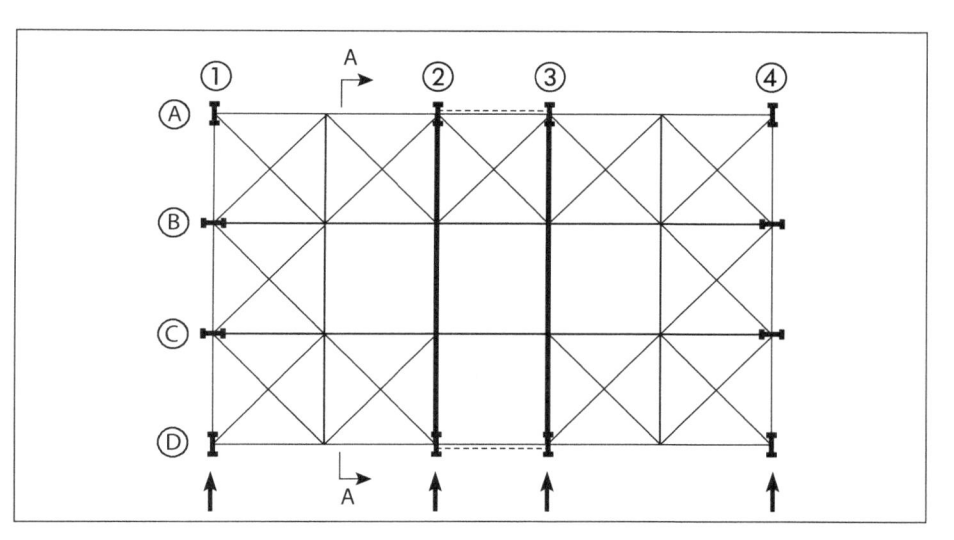

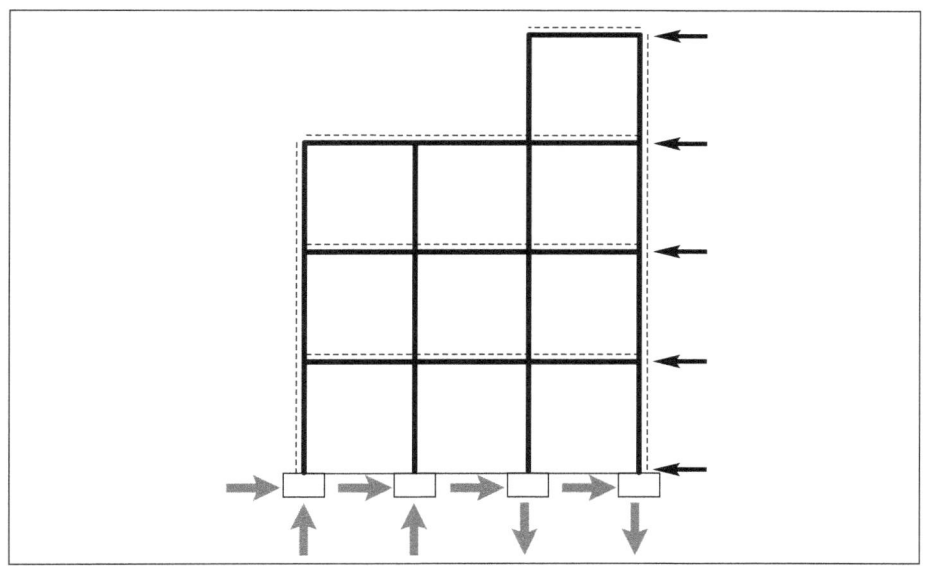

**Figura 6.9**
Pórtico transversal deslocável acionado devido às forças de vento e reações nas fundações.

As forças longitudinais do vento, indicadas na Figura 6.10, atuam sobre as alvenarias do edifício, de onde se transferem aos pilares de fachada.

Os pilares de extremidade se apoiam nas fundações e, via vigas longitudinais da fachada, nos travamentos verticais (Figura 6.11). Os pilares internos da fachada se apoiam nas fundações e nas treliças horizontais transversais de cada pavimento, que, por sua vez, para forças horizontais, se apoiam nos mesmos travamentos verticais atrás referidos.

Da mesma forma que sugerido anteriormente, todas as treliças podem ser calculadas como isostáticas considerando-se, para cada "X", apenas a diagonal tracionada (Figura 6.12).

Na Figura 6.13, ilustra-se a transferência de esforços às fundações por meio do travamento vertical.

Deve ser lembrado que o vento pode atuar no sentido oposto ao aqui assumido, O caminhamento das forças segue processo análogo ao descrito, invertendo-se o sentido de todas as forças.

**Figura 6.10**
Esforços de vento na fachada transversal.

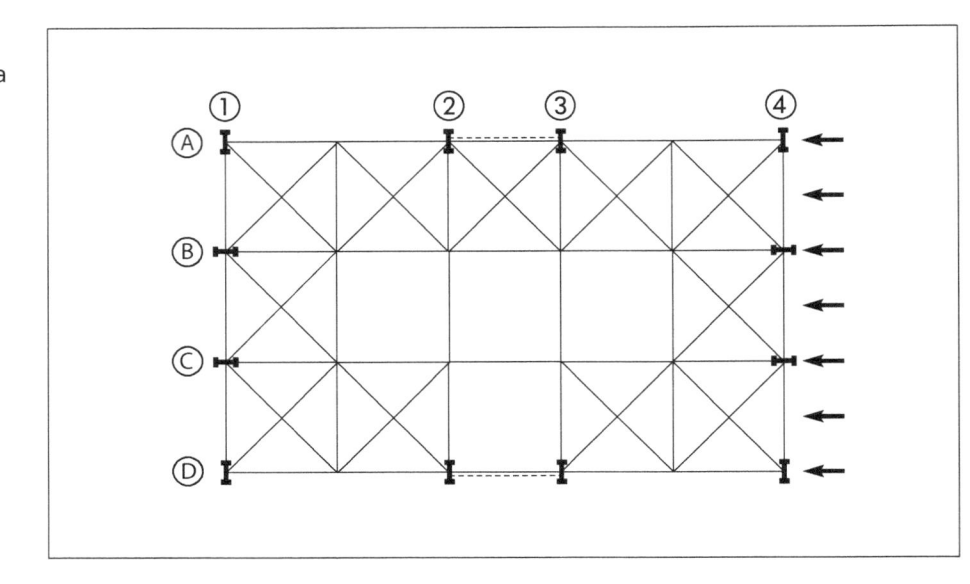

**Figura 6.11**
Esforços de vento nos pilares apoiados nos travamentos horizontais.

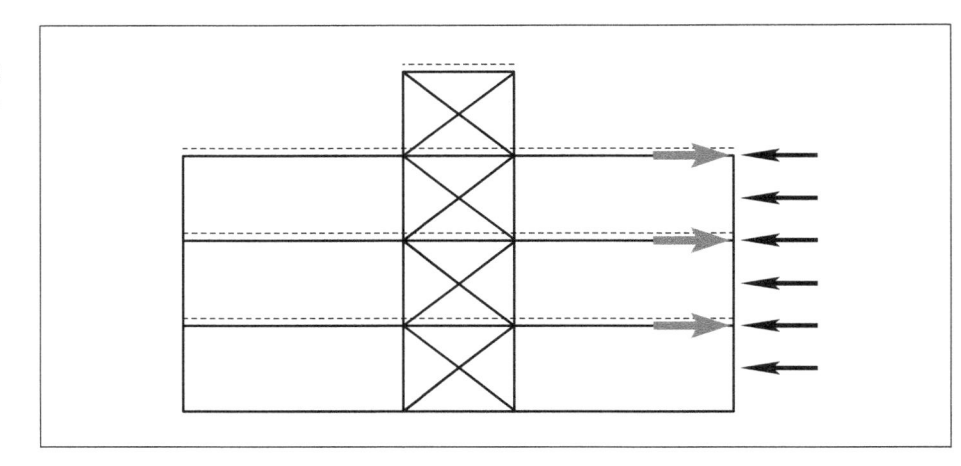

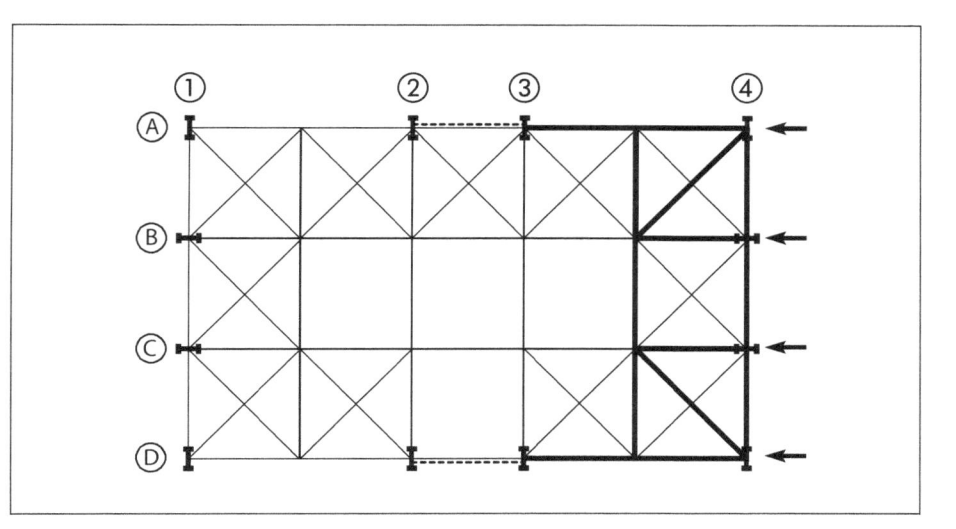

**Figura 6.12**
Esforços de vento aplicados nos travamentos horizontais.

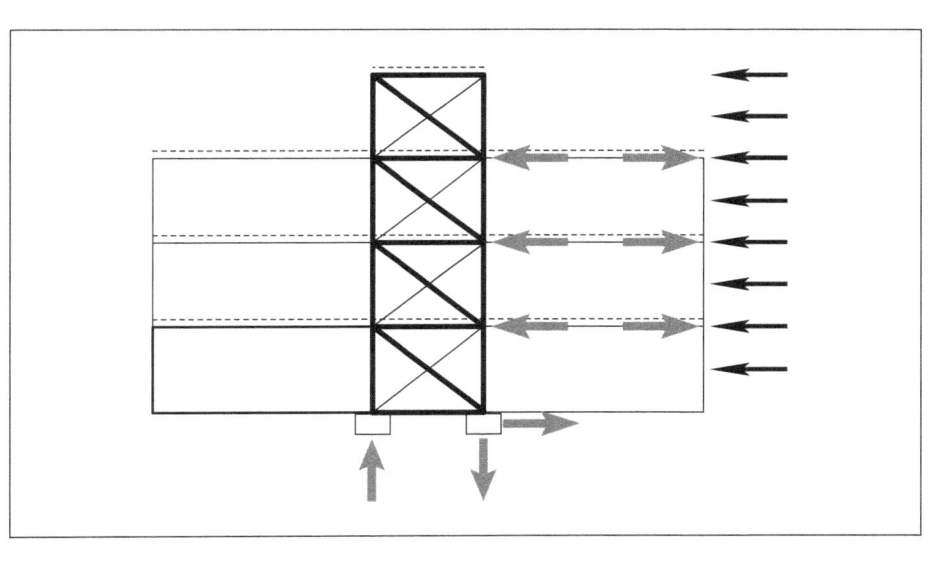

**Figura 6.13**
Esforços de vento nos travamentos verticais e fundações.

# Capítulo 7

# Flambagem

Do ponto de vista estritamente conceitual, o fenômeno da flambagem somente ocorre em pilares ideais (material elástico-linear, elementos perfeitamente retilíneos e ausência de excentricidade na aplicação do carregamento). Em estruturas reais sempre há uma imperfeição na aplicação da força, na retilineidade do eixo do perfil etc. Nesse caso, a presença da força normal, mesmo que centrada, provocará um momento fletor. A barra estará sujeita, portanto, à flexocompressão, o que a fará curvar-se desde o início da aplicação do carregamento, não se encontrando uma alteração notável de deformação quando a força crítica é aplicada, ou seja, o fenômeno da flambagem, conforme definido teoricamente, não ocorre em pilares reais. No entanto, a resposta (deformação) estrutural de um pilar "real" sujeito à força normal aplicada lembra aquela dos fenômenos teóricos de flambagem. Por simplicidade, este livro, que não tem o objetivo de se aprofundar no estudo da instabilidade, manterá a nomenclatura *flambagem*.

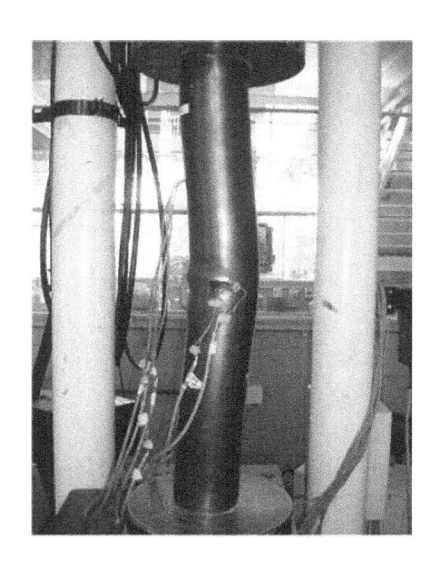

## 7.1 Flambagem de pilares

Uma barra submetida a uma força centrada de compressão superior a um determinado valor, conhecida como *força crítica*, deforma-se transversalmente à linha de ação da força aplicada (Figura 7.1). O fenômeno é denominado *flambagem por flexão* ou *flambagem de Euler*, em homenagem ao matemático suíço que enfrentou pela primeira vez esse problema. Pelo fato de a deformação ser de grande amplitude, essa condição, mesmo em barras de conjuntos isostáticos ou hiperestáticos em equilíbrio, deve ser evitada no projeto.

**Figura 7.1**
Flambagem por flexão.

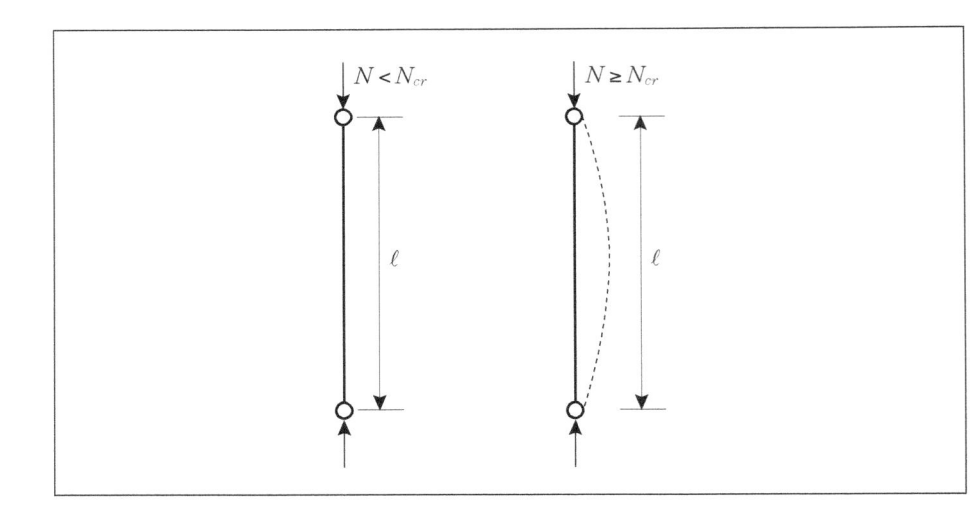

A força crítica que provoca a flambagem depende das dimensões da seção transversal do pilar, de seu comprimento e do tipo de vínculo. Seções mais robustas ou barras com comprimentos menores, ou ainda com vínculos mais restritivos, reduzem o valor da força crítica (Figura 7.2).

**Figura 7.2**
Força crítica.

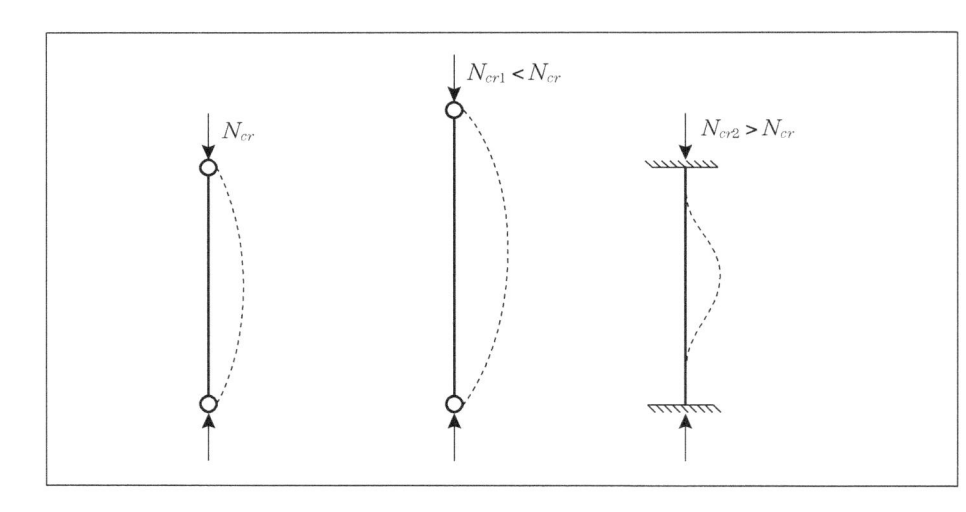

A força atuante no pilar deve ser menor do que a força crítica da flambagem por flexão. Dependendo da seção transversal do pilar, outras forças críticas também devem ser evitadas na fase de dimensionamento. Em pilares de pequeno comprimento, com seção cruciforme (ponto-simétrica), pode ocorrer a *flambagem por torção*.

Em pilares com seção em forma de "L" ou "U", pode ocorrer uma flambagem mista, a *flambagem por flexotorção* (Figura 7.4).

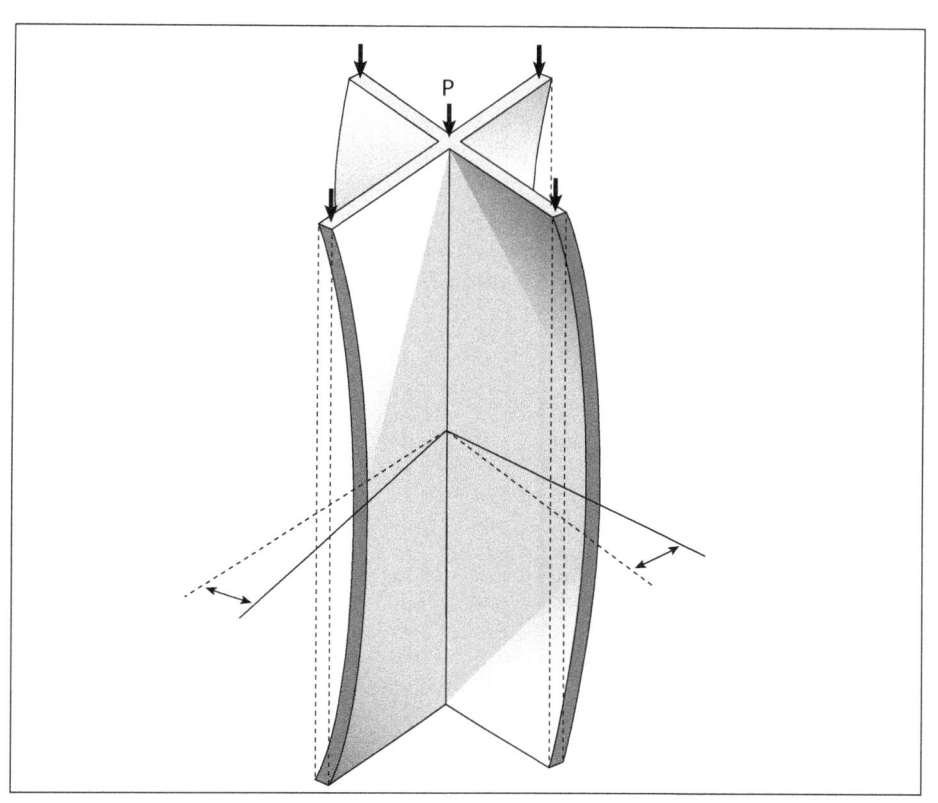

**Figura 7.3**
Flambagem por torção.

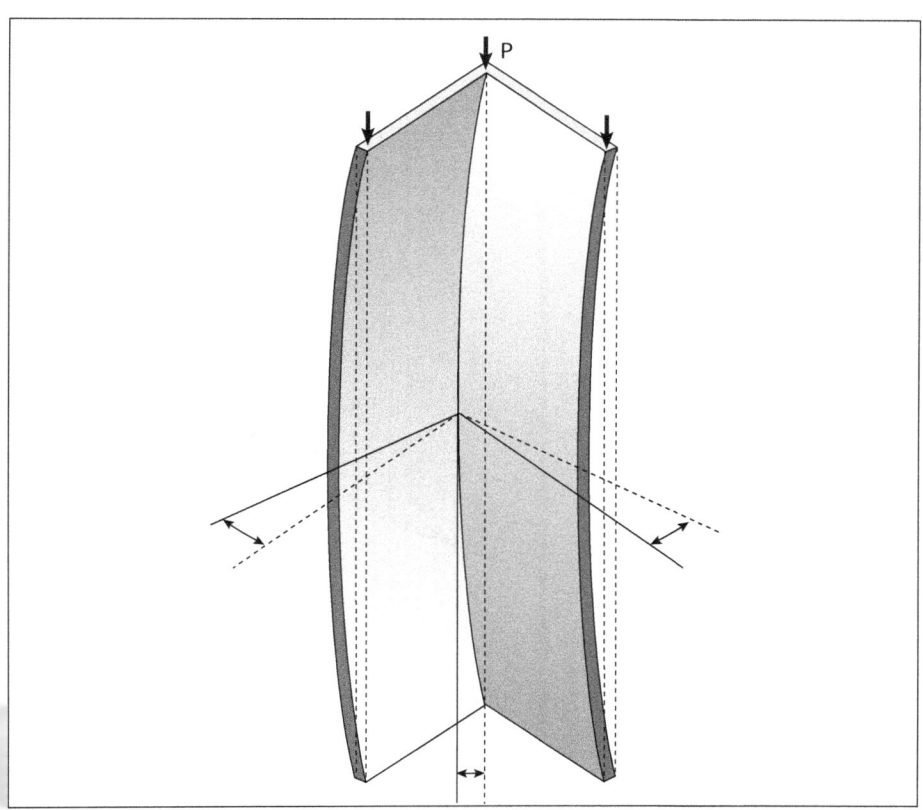

**Figura 7.4**
Flambagem por flexotorção.

## 7.2 Flambagem de vigas

Em vigas com travamento lateral contínuo, ou seja, com impedimento do deslocamento lateral conseguido pela conexão à laje maciça (Figura 7.8a), não ocorre o fenômeno da flambagem lateral. No entanto, para vigas de aço sem travamento contínuo, a *flambagem lateral* de vigas (Figuras 7.5 a 7.7) é fundamental no cálculo da capacidade resistente. Esse fenômeno pode ser descrito de forma simplificada, para seção transversal em forma de "I", da seguinte maneira:

**Figura 7.5**
Flambagem lateral.

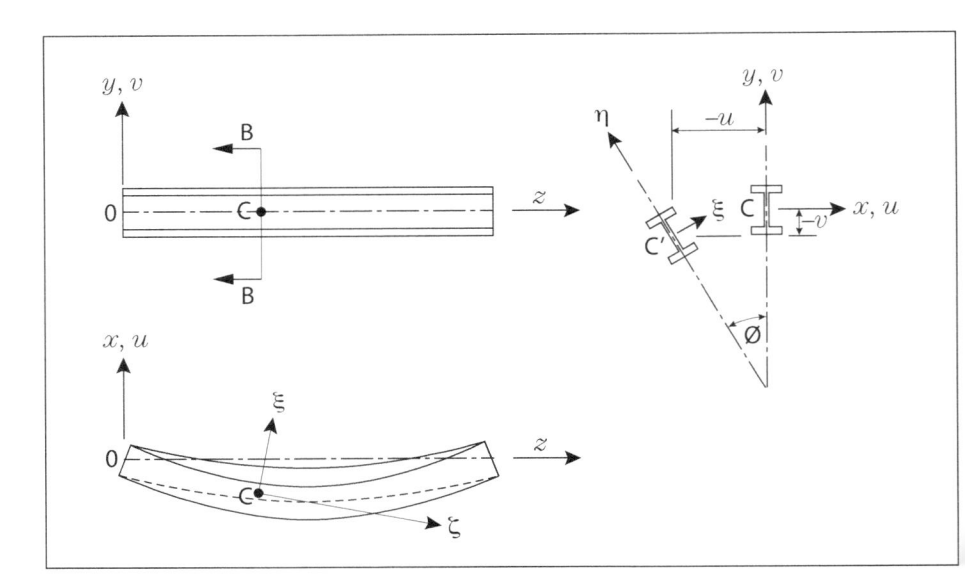

**Figura 7.6**
Flambagem lateral de viga bia-poiada.

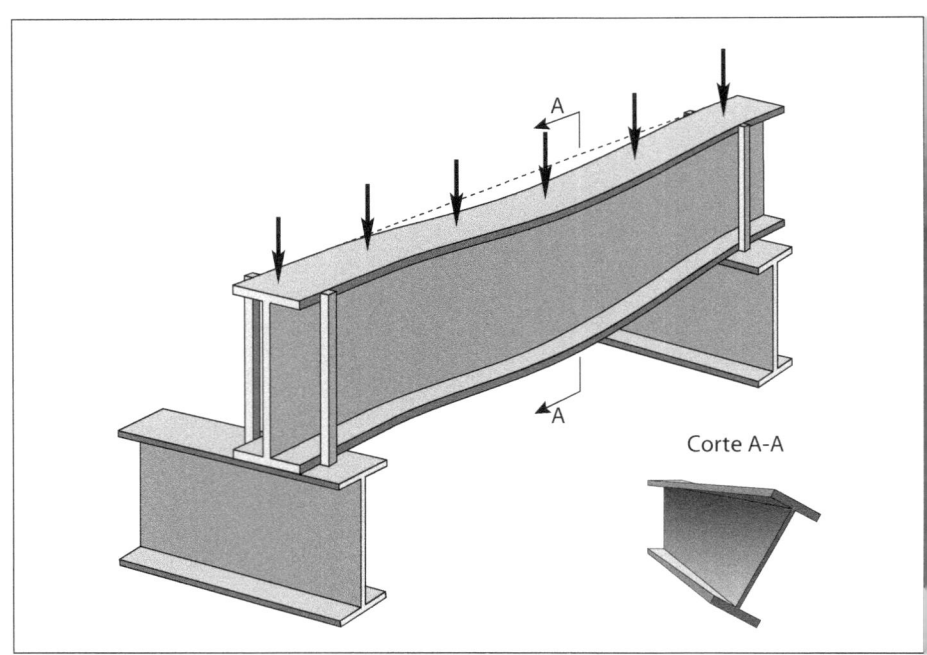

Corte A-A

Uma viga com seção em forma de "I" submetida à flexão deforma-se, causando forças longitudinais de compressão na mesa superior e tração na mesa inferior. A mesa superior, comprimida, tende a se deformar ("flambar") lateralmente, como se fosse um pilar, arrastando a mesa inferior, apesar de esta ser tracionada. O movimento final da viga é composto de deslocamento lateral (flexão lateral), rotação (torção) da seção da viga e empenamento (flexão das mesas no seu próprio plano).

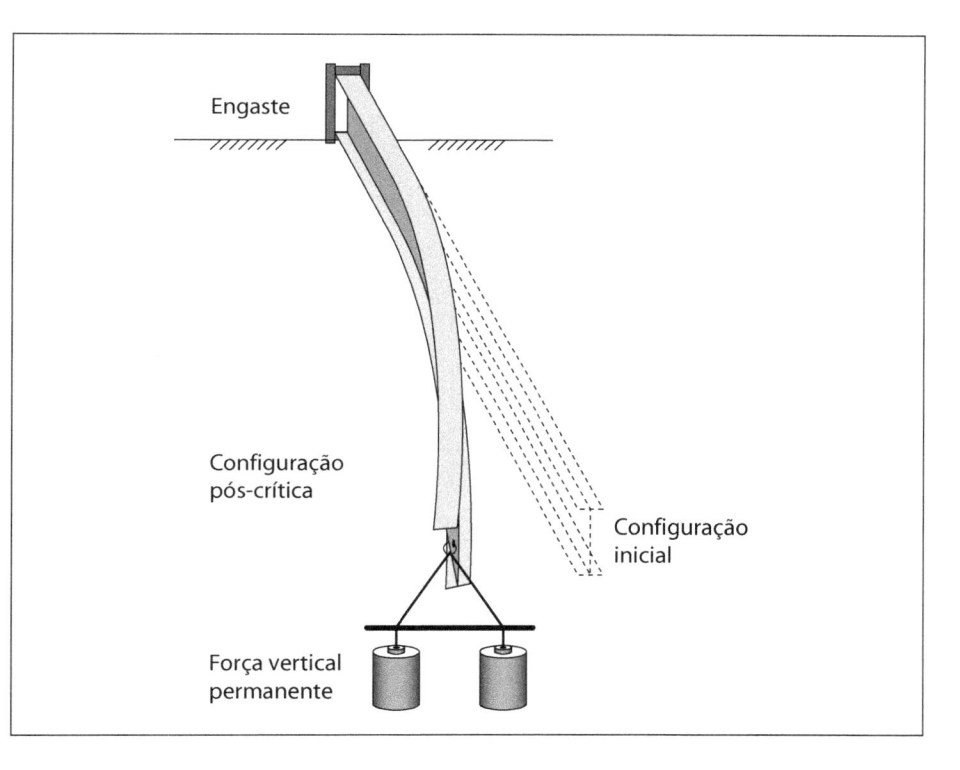

**Figura 7.7**
Flambagem lateral de viga em balanço.

Os deslocamentos decorrentes da flambagem de pilares ou vigas são incompatíveis com o uso normal da construção. Para eliminar o problema, deve-se aumentar a seção da barra, alterar a vinculação ou reduzir seu comprimento de flambagem, por meio de travamentos. Esse último processo, em geral, leva à solução mais econômica. Nas Figuras 7.8 a 7.10 apresentam-se algumas soluções de travamentos para vigas.

Os fenômenos de flambagem até aqui referidos são flambagens globais. Tendo em vista que os perfis são formados por chapas muito finas, podem ocorrer flambagens locais, ou seja, deformações da chapa (Figura 7.10),

**Figura 7.8**
Travamentos para vigas.
a) travamento contínuo;
b) travamentos discretos.

sem que, necessariamente, ocorram flambagens globais.

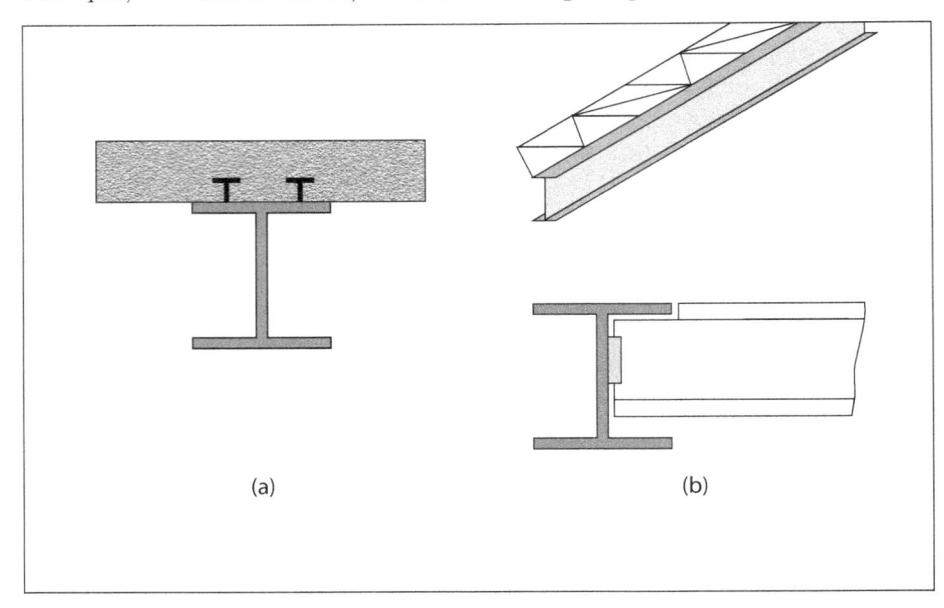

**Figura 7.9**
Travamento entre vigas.
(a) travamento sem eficiência (planta); (b) travamento eficiente (planta).

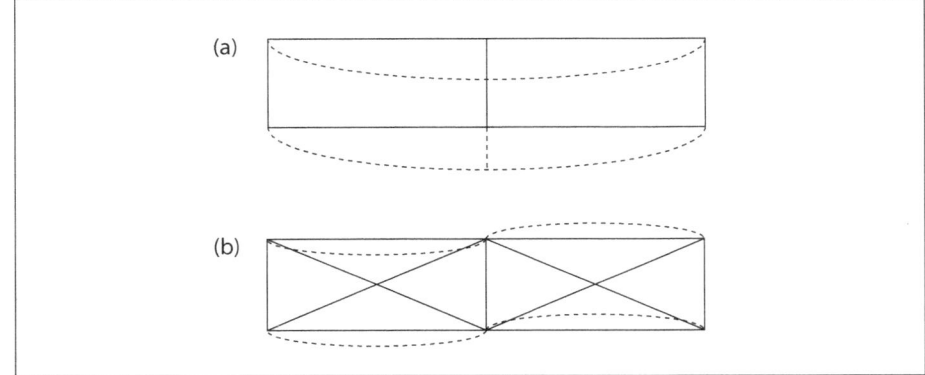

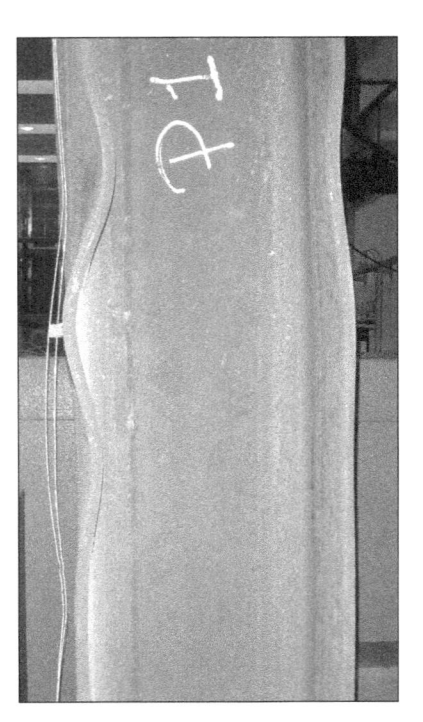

**Figura 7.10**
Flambagem local de mesa (foto do autor).

# Capítulo 8

# Pré-dimensionamento

O objetivo desta seção é prover o leitor de ferramentas que permitam o pré-dimensionamento de pilares e vigas em sistemas estruturais simples de edifícios. O dimensionamento final sempre deve ser feito pelo engenheiro de estruturas especializado em estruturas de aço, que utilizará métodos mais completos e precisos do que aqueles aqui fornecidos.

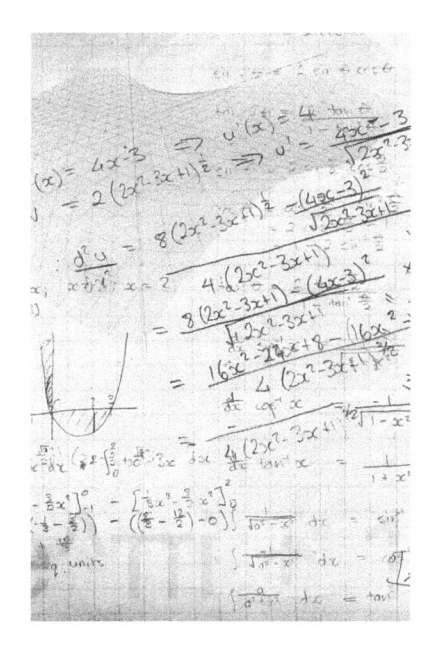

## 8.1 Determinantes das forças atuantes na estrutura

As ações são as causas que provocam as forças na estrutura. São exemplos de ações: ação da gravidade, ação eólica, ação térmica de um incêndio, ação de choques, de explosões etc.

As ações são classificadas em *permanentes* (diretas ou indiretas), *variáveis* e *variáveis excepcionais*. São ações permanentes diretas: os pesos próprios dos elementos da construção (estruturais e construtivos), os pesos dos equipamentos fixos, os empuxos devidos ao peso próprio de terras não removíveis etc. São ações permanentes indiretas: a protensão, os recalques de apoio, as retrações dos materiais etc. São ações variáveis: as cargas acidentais das construções, as forças de frenagem ou de impacto, os efeitos do vento, as variações de temperatura, as pressões hidrostáticas etc. São ações variáveis excepcionais: ação térmica de um incêndio, ação de choques ou explosões etc.

Do ponto de vista prático, as forças são consideradas como se fossem as próprias ações. Os efeitos das ações ou forças são os esforços solicitantes internos (momentos fletores, momentos de torção, forças normais e forças cortantes).

### 8.1.1 Carregamento vertical

Em edificações correntes, as forças verticais (peso próprio e sobrecarga) agem sobre as lajes, que as transferem às vigas, ou, no caso de paredes, agem diretamente sobre as vigas. As vigas transferem os esforços aos pilares que as sustentam.

É de praxe estimar-se o carregamento nos pilares, multiplicando-se sua área horizontal de influência (em $m^2$) pelo número de andares e por 8 $kN/m^2$ a 10 $kN/m^2$ (já se incluindo os coeficientes de segurança), respectivamente, para uma edificação com poucas paredes (por exemplo, escritório com amplas áreas sem paredes) ou com muitas paredes (por exemplo, residência). Neste item se fornecerá um método mais preciso para pré-dimensionamento.

Podem-se estimar as forças que as lajes transferem às vigas, por meio de esquemas como o apresentado na Figura 8.1, em que $\ell_x$ e $\ell_y$ são as dimensões dos vãos menor e maior da laje, respectivamente; $p_x$ e $p_y$ são as forças distribuídas sobre as vigas decorrentes dos carregamentos nas lajes; e $p$ é o carregamento total distribuído sobre a laje.

**Figura 8.1**
Distribuição de forças para lajes com vínculos iguais em todas as bordas.

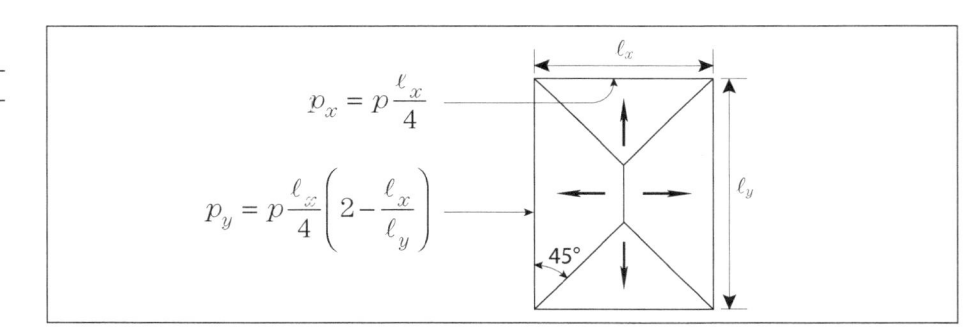

$$p_x = p\,\frac{\ell_x}{4}$$

$$p_y = p\,\frac{\ell_x}{4}\left(2 - \frac{\ell_x}{\ell_y}\right)$$

O valor de $p$ deve incluir o peso próprio da laje e da estrutura de aço, sobrecarga, revestimento e outros elementos eventualmente apoiados na laje (forro, sistema de iluminação, ar condicionado etc.).

Em vista dos demais valores, a avaliação do peso próprio do aço não afeta profundamente o resultado final. Sugere-se admitir que edifícios até quatro pavimentos tenham 0,3 $kN/m^2$ de peso das estruturas de aço, e a cada quatro pavimentos adiciona-se 0,06 $kN/m^2$.

Determina-se o peso próprio da laje por unidade de área da seguinte forma: espessura da laje (em m) × peso específico do concreto armado (25 $kN/m^3$).

A espessura da laje, para pré-dimensionamento, pode ser avaliada por meio das seguintes simplificações:

$$h \cong \ell_x/50 \text{ (lajes com apoios simples nas quatro bordas)}$$

$h \cong \ell_x / 42$ (lajes com continuidade – "engastadas")

$h \cong \ell_x / 30$ (lajes armadas em uma só direção)

$h \cong \ell_x / 25$ (lajes em balanço)

Para se determinar as sobrecargas, deve-se consultar a NBR 6120. Citam-se, a seguir, alguns valores:

Escritórios – 2 kN/m$^2$
Residências – 1,5 kN/m$^2$
Cinemas – 3 a 4 kN/m$^2$
Escolas (sala de aulas) – 3 kN/m$^2$
Lojas – 4 kN/m$^2$
Teatros (palco) – 5 kN/m$^2$
Garagens – 3 kN/m$^2$

Para a determinação do carregamento nas vigas, adiciona-se o peso próprio das paredes, se houver, a $p_x$ e $p_y$, decorrentes da laje. O peso próprio da parede por unidade de comprimento (kN/m) é determinado da seguinte forma: espessura da parede (em m) × altura da parede (em m) × peso específico do tijolo (em kN/m$^3$).

Segundo a NBR 6120, o peso específico vale:

Blocos de argamassa – 22 kN/m$^3$
Lajotas cerâmicas – 18 kN/m$^3$
Tijolos furados – 13 kN/m$^3$
Tijolos maciços – 18 kN/m$^3$
Tijolos sílico-calcáreos – 20 kN/m$^3$

## Exemplo

Determinar as forças distribuídas nas vigas de borda de uma laje retangular, simplesmente apoiada nas quatro bordas, com $\ell_x = 3$ m e $\ell_y = 5$ m. As vigas sustentam uma parede (tijolo com 16 kN/m$^3$) de 2,8 m de altura e 19 cm de espessura. São conhecidos os valores da sobrecarga (2 kN/m$^2$) e do revestimento de piso (1kN/m$^2$).

Estimativa do peso próprio da laje por unidade de área:

Espessura = $\ell_x/50 = 6$ cm
Peso próprio = 0,06 m × 25 kN/m$^2$ = 1,5 kN/m$^2$

Estimativa do peso próprio da estrutura de aço por unidade de área (supondo-se um edifício de baixa altura) = 0,3 kN/m$^2$

Carregamento total na laje = sobrecarga + peso próprio (laje + revestimento + estrutura de aço) = $p = 4,8$ kN/m$^2$

Forças distribuídas nas vigas:

Decorrentes da laje

$$p_x = p\frac{\ell_x}{4} = 4,8\frac{3}{4} = 3,6 \text{ kN/m}$$

$$p_x = p\frac{\ell_x}{4}\left(2 - \frac{\ell_x}{\ell_y}\right) = 3,6\left(2 - \frac{3}{5}\right) = 5,04 \text{ kN/m}$$

Estimativa do peso próprio da parede por unidade de comprimento:

espessura da parede × altura da parede × peso específico do tijolo/bloco

$$= 0,19 \text{ m} \times 2,8 \text{ m} \times 16 \text{ kN/m}^3 = 8,5 \text{ kN/m}$$

Finalmente, as forças distribuídas nas vigas valem:

vão menor = 3,6 kN/m + 8,5 kN/m = 12,1 kN/m
vão maior = 5,04 kN/m + 8,5 kN/m = 13,54 kN/m

O procedimento descrito é adequado para lajes com os quatro vínculos iguais, apesar de, por sua simplicidade, ser empregado também em lajes com vinculações diferentes. A distribuição indicada na Figura 8.2 é mais precisa, porém, mais trabalhosa.

**Figura 8.2**
Distribuição de esforços para lajes com vínculos diferentes nas bordas.

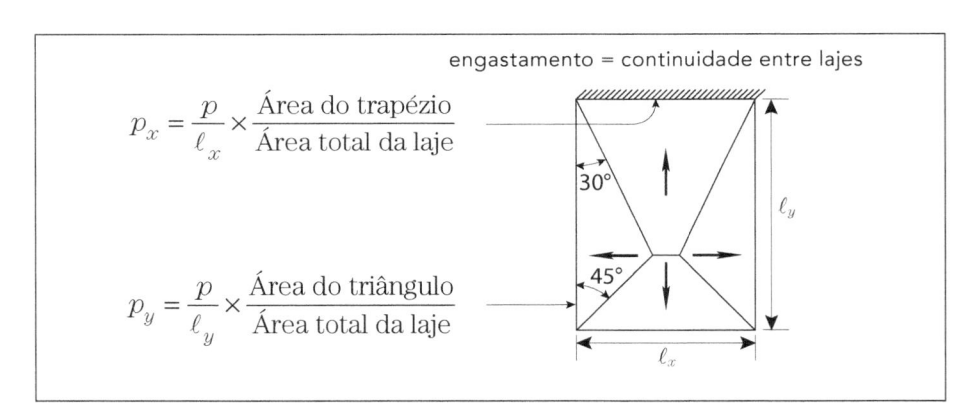

A partir das forças distribuídas nas vigas, com o auxílio da Tabela 8.1, determinam-se os momentos fletores ($M$) nas vigas e as reações verticais ($R_A$ e $R_B$) nos pilares. A soma de todas as reações verticais nos pilares será a força normal ($N$) a considerar.

Na Tabela 8.1, tem-se:

$p$ = força aplicada na viga
$\ell$ = vão da viga
$E$ = módulo de elasticidade do aço (20.000 kN/cm$^2$)
$I$ = momento de inércia da seção transversal da viga encontrado nas tabelas de perfis do Anexo deste livro.

**Tabela 8.1**
Formulário para determinação de flechas, reações de apoio e momento fletor máximo em vigas.

| Formato | Descrição | Momento fletor máximo | Flecha f | Reações |
|---|---|---|---|---|
| | Simplesmente apoiada, força concentrada no meio | $F\ell/4$ | $(F\ell^3)/(48\,E\,I)$ | $R_A = F/2$ <br> $R_B = F/2$ <br> $M_A = 0$ <br> $M_B = 0$ |
| | Simplesmente apoiada, força concentrada em posição genérica | $(F\,a\,b)/\ell$ | $(Fa^2b^2)/(3EI\,\ell)$ | $R_A = Fb/\ell$ <br> $R_B = Fa/\ell$ <br> $M_A = 0$ <br> $M_B = 0$ |
| | Simplesmente apoiada, força distribuída uniforme | $p\ell^2/8$ | $(5p\ell^4)/(384\,EI)$ | $R_A = p\ell/2$ <br> $R_B = p\ell/2$ <br> $M_A = 0$ <br> $M_B = 0$ |
| | Engastada apoiada, força concentrada no meio | $3F\ell/16$ | $(7F\ell^3)/(768\,EI)$ | $R_A = 11\,F/16$ <br> $R_B = 5\,F/16$ <br> $M_A = 3\,F\ell/16$ <br> $M_B = 0$ |
| | Engastada apoiada, força distribuída uniforme | $p\ell^2/8$ | $(p\ell^4)/(185\,EI)$ | $R_A = 5\,p\ell/8$ <br> $R_B = 3\,p\ell/8$ <br> $M_A = p\ell^2/8$ <br> $M_B = 0$ |
| | Em balanço, força concentrada na extremidade | $F\ell$ | $F\ell^3/(3\,EI)$ | $R_A = F$ <br> $M_A = F\ell$ |
| | Em balanço, força distribuída uniforme | $p\ell^2/2$ | $p\ell^4/(8\,EI)$ | $R_A = p\ell$ <br> $M_A = p\ell^2/2$ |

Se o edifício for contraventado em ambas as direções, pode-se, para efeito de pré-dimensionamento, desprezar o efeito dos esforços decorrentes do vento. Pode-se admitir, nesse caso, que os pilares estão sujeitos somente à força normal de compressão. Se esse for o caso estudado, a seção seguinte, 8.1.2, *pode ser desconsiderada* em uma primeira leitura.

## 8.1.2 Forças decorrentes do vento

O efeito do vento sobre uma edificação pode ser uma ação importante, em especial nas construções em que se utilizam perfis de aço, em vista de seu baixo peso próprio. Em galpões industriais, por exemplo, o vento deve ser considerado com todo rigor. A força do vento, em edificações com geometria regular, causa *pressão* nas fachadas frontais a ele e *sucção* nas demais, inclusive na cobertura, como se verifica nas Figuras 8.3 e 8.4.

Em edificações parcialmente ou totalmente abertas, o vento causa esforços também no seu interior (Figuras 8.5 e 8.6), os quais devem ser adicionados às forças externas para efeito de cálculo.

**Figura 8.3**
Vento longitudinal planta – pressão/sucção externas.

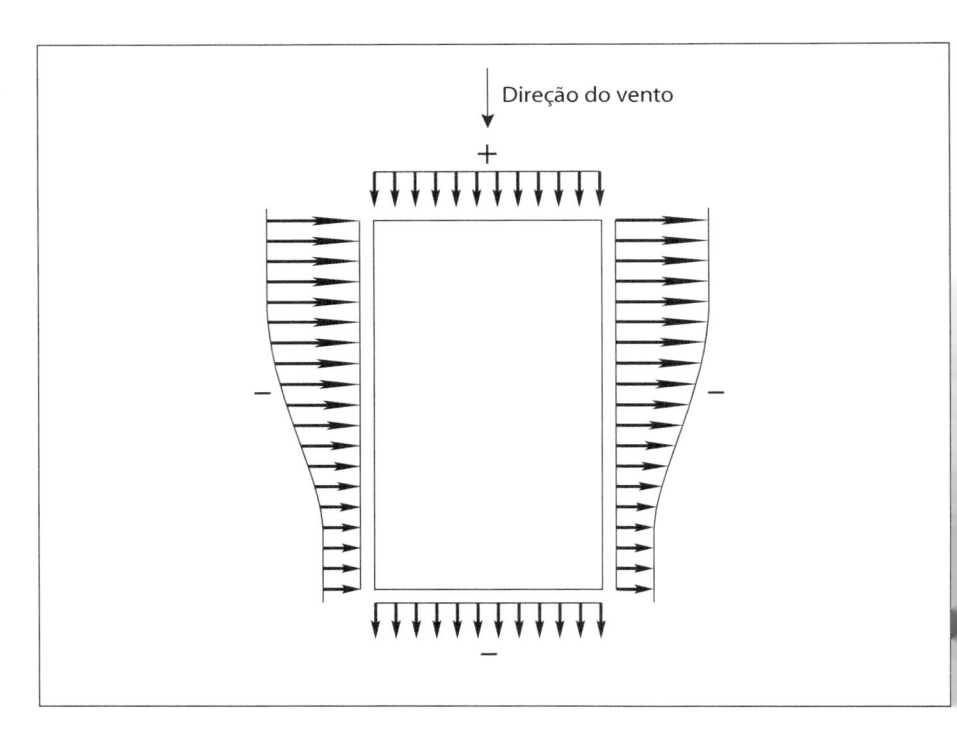

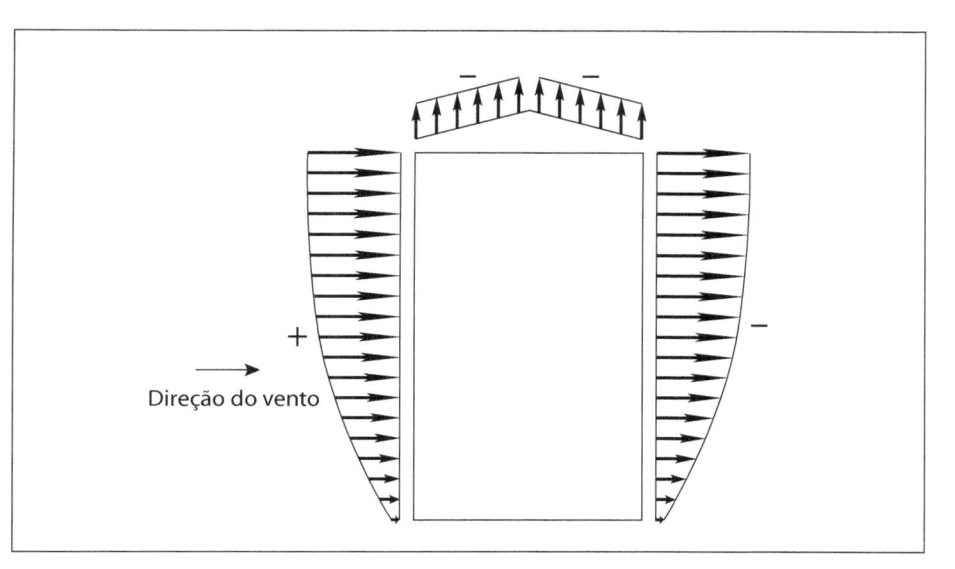

**Figura 8.4**
Vento transversal corte – pressão/sucção externas.

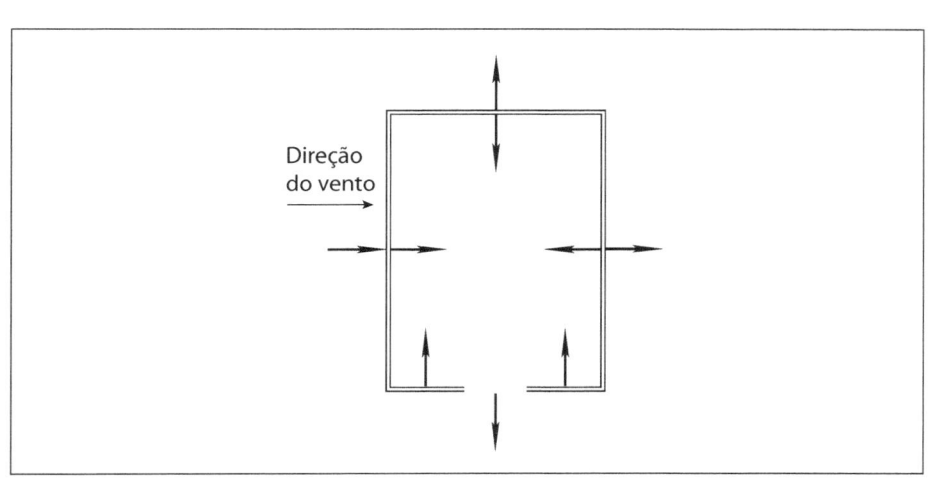

**Figura 8.5**
Vento transversal planta – pressão/sucção internas.

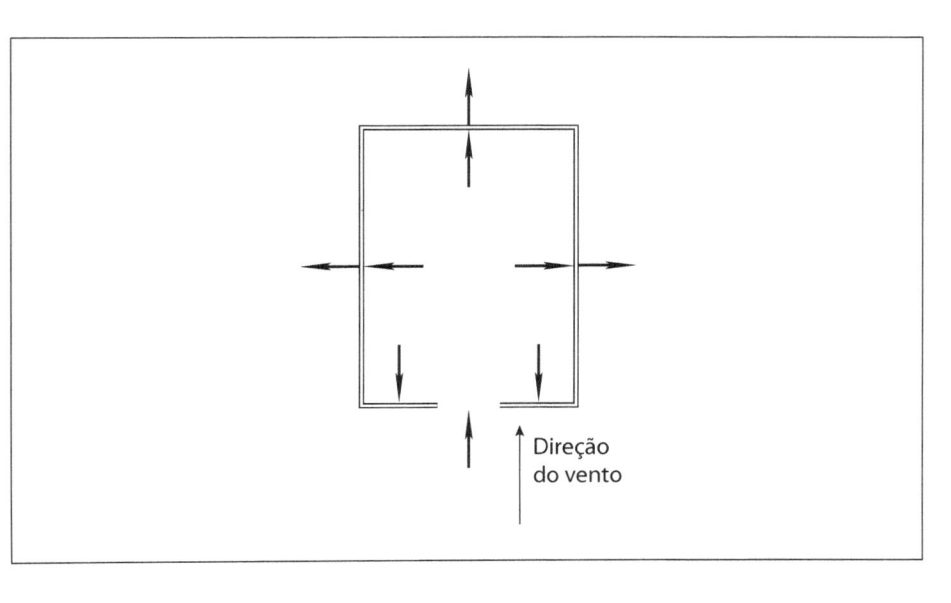

**Figura 8.6**
Vento longitudinal corte – pressão/sucção internas.

Para edifícios paralepipédicos pode-se, por simplicidade, pré-dimensionar as forças decorrentes do vento da seguinte forma:

1    Estima-se a velocidade básica do vento ($V_0$) em m/s a partir da Figura 8.7

2    Calcula-se a velocidade característica do vento ($V_k$) em m/s por meio da seguinte expressão:

$$V_k = V_0\, S_1\, S_2$$

onde:

$S_1$ = fator topográfico
Terreno plano ou fracamente acidentado: $S_1 = 1{,}0$
Vales profundos protegidos de ventos: $S_1 = 0{,}9$
Taludes e morros: $1 \leq S_1 \leq 1{,}77$ (deve ser consultada a NBR 6123)

$S_2$, conforme Tabela 8.2, depende da rugosidade do terreno, dimensões da edificação e altura (z) sobre o terreno.

Rugosidade do terreno:

- Categoria I: superfícies lisas de grandes dimensões, com mais de 5 km de extensão (mar calmo, lagos e rios, pântanos sem vegetação).

- Categoria II: terrenos abertos em nível ou aproximadamente em nível, com poucos obstáculos isolados, como árvores e edificações baixas (zonas costeiras planas, pântanos com vegetação rala, campos de aviação, fazendas sem muros).

- Categoria III: terrenos planos ou ondulados com obstáculos, como muros e edificações baixas e esparsas (granjas, casas de campo, fazendas com muros, subúrbios com casas baixas e esparsas). Cota média do topo dos obstáculos: 3 m.

- Categoria IV: terrenos cobertos por obstáculos numerosos e pouco espaçados (zonas de parques e bosques, cidades pequenas, subúrbios densamente construídos, áreas industriais desenvolvidas). Cota média do topo dos obstáculos: 10 m.

- Categoria V: terrenos cobertos por obstáculos numerosos, pouco espaçados, grandes e altos (florestas com árvores altas, centro de grandes cidades, complexos industriais bem desenvolvidos). Cota média do topo dos obstáculos: 25 m.

3    Calcula-se a pressão dinâmica do vento (q), em N/m$^2$, por meio da seguinte expressão:

$$q = 0{,}613\,(V_k)^2$$

4 Finalmente, determina-se a pressão ou sucção do vento sobre as fachadas, multiplicando-se q por coeficientes apresentados na NBR 6123. Por simplicidade, em edifícios paralepipédicos pode-se, para avaliação global do efeito do vento, multiplicar q pelo coeficiente de arrasto extraído da Figura 8.8.

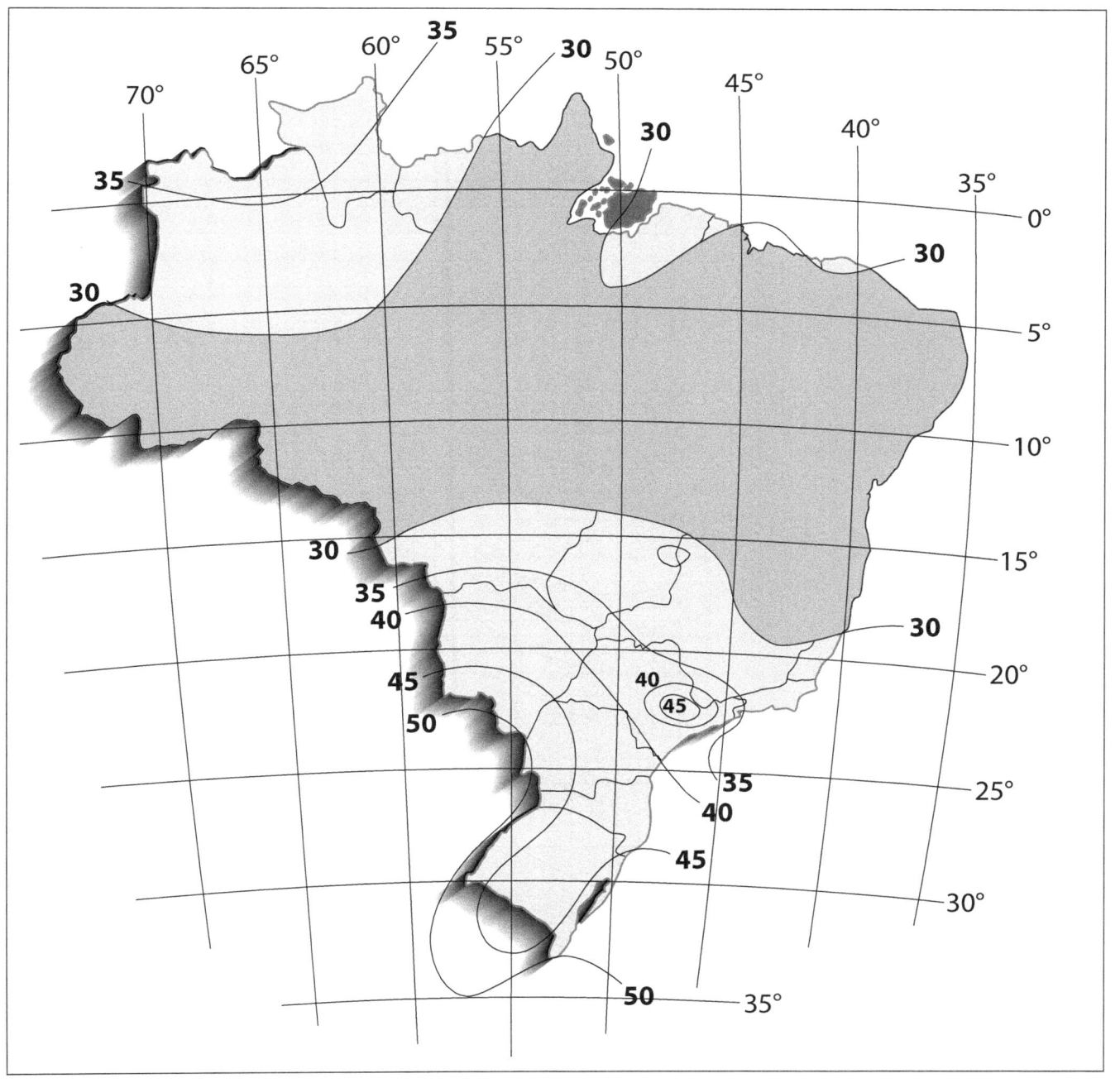

**Figura 8.7**
Isopletas da velocidade básica do vento em m/s.

**Tabela 8.2**
Fator $S_2$.

| z (m) | Categoria | | | | |
|---|---|---|---|---|---|
| | I | II | III | IV | V |
| $\leq 5$ | 1,06 | 0,94 | 0,88 | 0,79 | 0,74 |
| 10 | 1,10 | 1 | 0,94 | 0,86 | 0,74 |
| 15 | 1,13 | 1,04 | 0,98 | 0,90 | 0,79 |
| 20 | 1,15 | 1,06 | 1,01 | 0,93 | 0,82 |
| 30 | 1,17 | 1,10 | 1,05 | 0,98 | 0,87 |
| 40 | 1,20 | 1,13 | 1,08 | 1,01 | 0,91 |
| 50 | 1,21 | 1,15 | 1,10 | 1,04 | 0,94 |
| 60 | 1,22 | 1,16 | 1,12 | 1,07 | 0,97 |
| 80 | 1,25 | 1,19 | 1,16 | 1,10 | 1,01 |
| 100 | 1,26 | 1,22 | 1,18 | 1,13 | 1,05 |
| 120 | 1,28 | 1,24 | 1,20 | 1,16 | 1,07 |
| 140 | 1,29 | 1,25 | 1,22 | 1,18 | 1,10 |
| 160 | 1,30 | 1,27 | 1,24 | 1,20 | 1,12 |
| 180 | 1,31 | 1,28 | 1,26 | 1,22 | 1,14 |
| 200 | 1,32 | 1,29 | 1,27 | 1,23 | 1,16 |

**Figura 8.8**
Coeficiente de arrasto do vento.

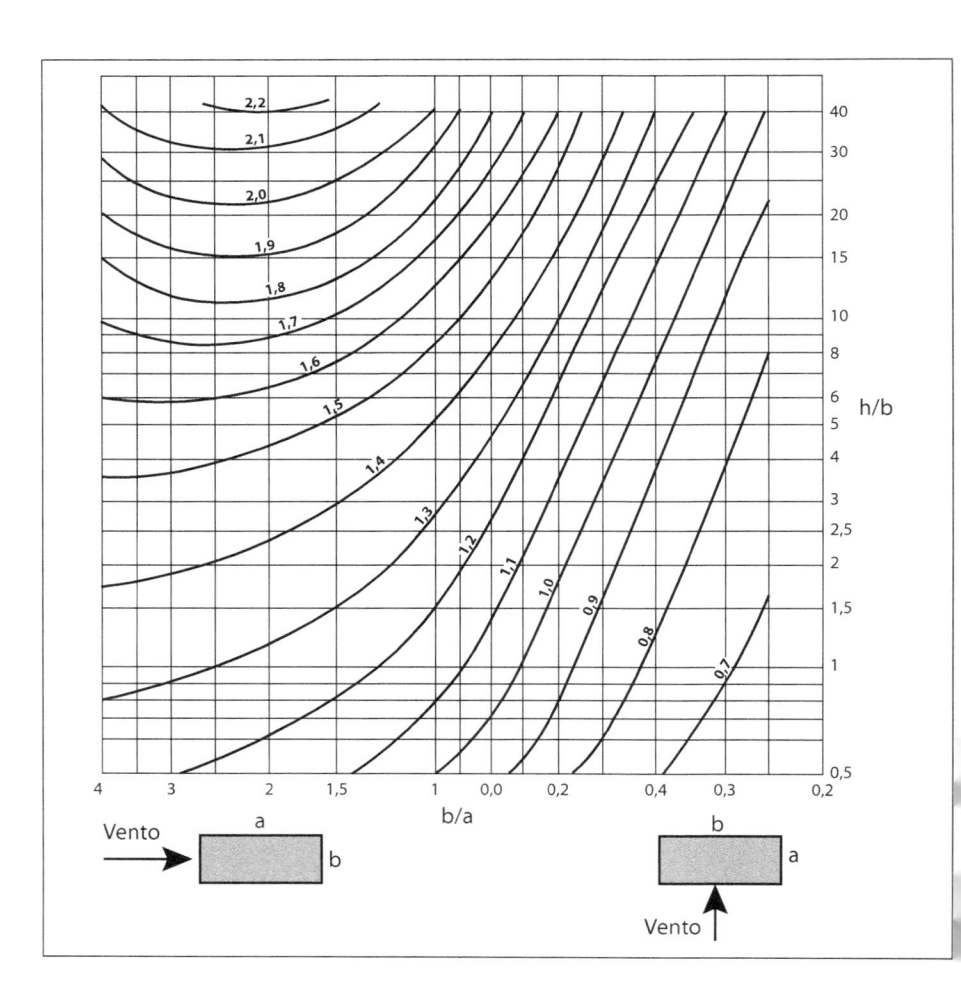

## 8.2 Verificação da segurança estrutural

Conhecendo-se os esforços solicitantes (momento fletor, força normal etc.) nos diversos elementos estruturais, deve-se demonstrar que eles não são superiores aos respectivos esforços resistentes, em cada elemento. Os esforços resistentes (momento fletor resistente, força normal resistente etc.) são os máximos esforços que cada elemento estrutural tem a capacidade de suportar. Eles são calculados a partir da resistência do material e das dimensões do perfil estrutural, conforme será visto nos itens seguintes.

Os valores estimados das ações e das resistências, bem como o modelo estrutural adotado, podem conter imprecisões. As normas brasileiras fornecem coeficientes de segurança, denominados coeficientes de ponderação, maiores do que 1 para minimizar os eventuais erros de avaliação. Os esforços solicitantes devem ser multiplicados, e as resistências, divididas por eles. De forma simplista, impõe-se que a seguinte condição seja respeitada em cada elemento estrutural:

$$S\gamma_f \leq \frac{R}{\gamma_m}$$

onde:

- $S$ é o esforço solicitante calculado a partir das forças atuantes estimadas
- $R$ é o respectivo esforço resistente determinado em função da resistência do material e das dimensões do perfil de aço
- $\gamma_f$ e $\gamma_m$ são, respectivamente, o coeficiente de segurança (ponderação) das ações e da resistência

A NBR 8681 fornece uma quantidade de coeficientes $\gamma$ para cada situação e material específicos. O engenheiro deve usar essa multiplicidade de coeficientes visando economizar material.

Nos procedimentos de pré-dimensionamento apresentados a seguir, por simplicidade, vamos escolher apenas 2 valores: $\gamma_f = 1,4$ e $\gamma_m = 1,1$ (para o aço). Em geral, o esforço resistente é proporcional à resistência do material, assim ao se dividir o valor de $f_y$ por 1,1, o valor do esforço $R$ também será reduzido do mesmo valor.

Então, deve-se comprovar que:

$$S\,1,4 \leq \frac{R}{1,1}$$

Para fins de pré-dimensionamento, pode-se simplificar ainda mais e adotar um coeficiente de ponderação único. Dessa forma:

$$S \leq \frac{R}{1,55}$$

Como, a *priori*, não se conhece a seção transversal do perfil, o valor do esforço resistente R é desconhecido. Este é o problema a ser resolvido: tem-se o valor do esforço atuante, S, enquanto a seção transversal do perfil é incógnita. O procedimento é o seguinte: conhecido o valor do esforço solicitante S, determina-se o valor mínimo de R, impondo-se que R ≥ 1,55 S. R é função da resistência do aço ($f_y$) e da seção transversal do elemento. Conhecido $f_y$, procura-se um perfil cuja seção transversal tenha um esforço resistente igual a "R". Será esse o procedimento para pré-dimensionamento adotado nos próximos itens.

Os valores normatizados das sobrecargas, do peso próprio (de fato, do peso específico, que, ao ser multiplicado pelo volume do elemento, fornece o peso próprio), das forças decorrentes do vento e da resistência dos materiais, são denominados *valores característicos* das ações ou da resistência, conforme o caso. Ao se majorar as ações ou minorar as resistências pelos respectivos coeficientes de segurança normatizados, encontram-se os valores que o engenheiro deve usar no cálculo estrutural, denominados *valores de cálculo* das ações ou das resistências.

## 8.3 Pré-dimensionamento de pilares sob força normal centrada

Um modo bastante simples de pré-dimensionar um pilar é o seguinte

$$A = \frac{N}{0,5 \times f_y}$$

em que A é a área da seção transversal do pilar, N é a força normal aplicada no pilar conforme item 8.1.1 e $f_y$ é a resistência ao escoamento do aço, conforme tabela... Neste item será fornecido um método mais preciso para pré-dimensionamento de pilares de aço.

Como visto no capítulo anterior, o fenômeno da flambagem se manifesta de forma diferente nos pilares em função das dimensões da seção transversal, do comprimento livre e das condições de vínculo.

A característica geométrica que representa a seção transversal, para o estudo da flambagem, é o raio de giração (relação entre o momento de inércia e a área da seção transversal). Para facilidade de cálculo, os valores do raio de giração (r) e do momento de inércia ($I$) são fornecidos nas tabelas de perfis do Anexo deste livro. Esses valores dependem do eixo segundo o qual são calculados. Em perfis com seção em forma de "I", têm-se $r_x$, $I_x$ e $r_y$, $I_y$ segundo o eixo "x-x" ou "y-y", (eixos conforme figuras da Seção 2.3.2 da parte 1 deste livro), respectivamente, do qual se pretende determinar a deformação (flambagem).

Outra característica geométrica fundamental para o estudo da flambagem é o comprimento de flambagem ($\ell_{fl}$). Ele é determinado a partir do comprimento livre ($\ell$) e das condições de vínculo. Na Figura 8.9 são apresentados os valores mais comuns na prática.

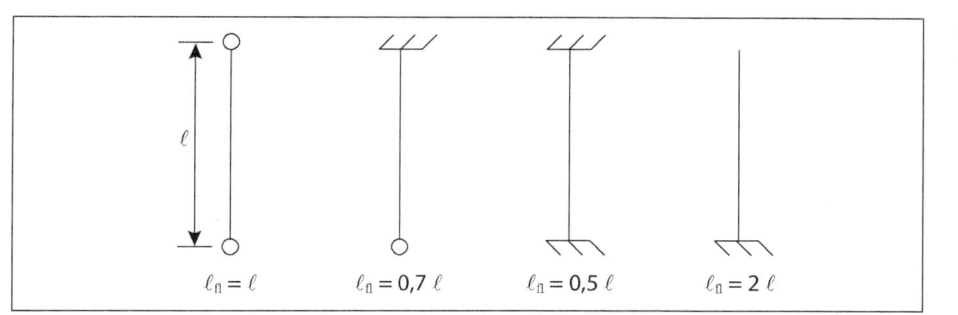

**Figura 8.9**
Comprimentos de flambagem.

Para edifícios contraventados em ambas as direções, o comprimento de flambagem pode ser considerado como a distância entre nós indeslocáveis dos pilares e, portanto, $\ell_{fl} = \ell$.

Para edifícios contraventados em ambas as direções, pode-se, ainda, para efeito de pré-dimensionamento, desprezar o efeito dos esforços transversais decorrentes do vento. Assim, admite-se que os pilares estarão sujeitos somente à força normal de compressão.

Para essa situação, o pré-dimensionamento dos pilares (flambagem por flexão) pode ser feito utilizando-se os gráficos gerais apresentados nas Figuras 8.10 e 8.11, em que:

 N é a força normal em kN, cujo valor deve ser determinado a partir dos carregamentos e considerando-se o coeficiente global de segurança 1,55 – ver Seção 8.2

 A é área da seção transversal do pilar em $cm^2$

 $f_y$ é resistência ao escoamento do aço em $kN/cm^2$

 $\ell_{fl}$ é comprimento (de flambagem) do pilar, em cm

 r é raio de giração em torno de um eixo da seção transversal do pilar, em cm

A partir de N e $\ell$ encontram-se, nos gráficos, os valores de A e r, ou seja, a seção mais adequada do perfil.

Deve-se fazer a verificação nos dois planos, isto é, para $\ell_{flx}/r_x$ e $\ell_{fly}/r_y$, respectivamente para deformações em torno do eixo de maior inércia "x" e em torno do eixo de menor inércia "y". Se o comprimento de flambagem for o mesmo em ambas as direções, basta utilizar $\ell_{fl}/r_y$.

Os gráficos das Figuras 8.12 e 8.13 permitem o pré-dimensionamento de pilares com qualquer seção transversal. Como se pode observar, o cálculo é interativo e, portanto, trabalhoso.

É possível, entretanto, construir os gráficos, de mais fácil uso, apresentados nas Figuras 8.12 a 8.17, exclusivos para aços com $f_y = 25$ $kN/cm^2$ e perfis com seção transversal duplamente simétrica em forma de "I", desde que respeitadas as seguintes limitações:

$$\frac{A}{A_f} \ge 2,5 \qquad \frac{b_f}{r_y} \ge 4,0 \qquad \frac{d}{r_x} \ge 2,3$$

onde:

$A_f = b_f\, t_f$ - área de uma das mesas
$A$ – área da seção transversal do pilar
$b_f$ – largura da mesa
$r_y$ – raio de giração em torno do eixo de menor inércia
$r_x$ – raio de giração em torno do eixo de maior inércia
$d$ – altura da seção transversal

**Figura 8.10**
Pré-dimensionamento de pilares à compressão simples, $f_y =$ = 25 kN/cm².

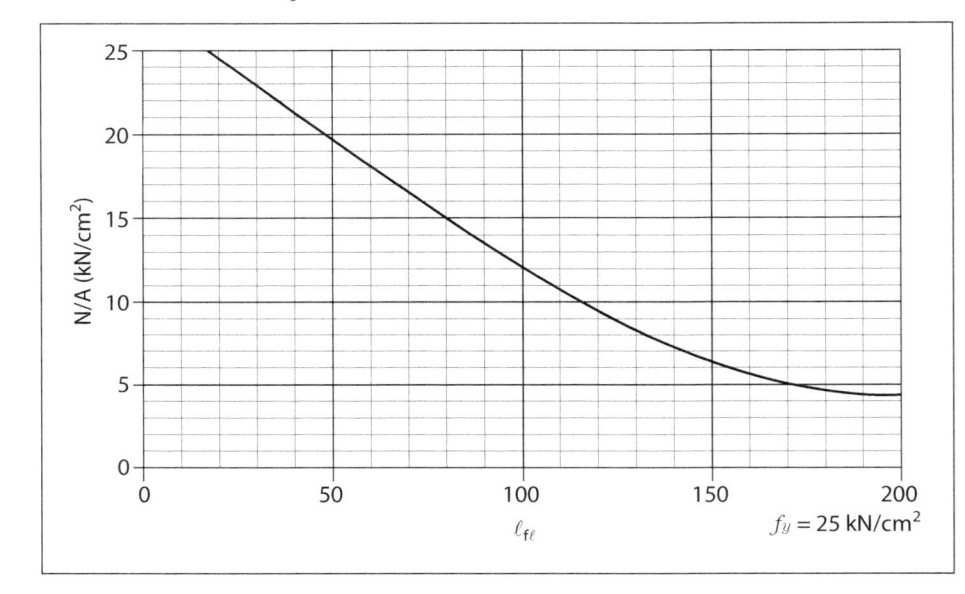

**Figura 8.11**
Pré-dimensionamento de pilares à compressão simples, $f_y =$ = 34,5 kN/cm².

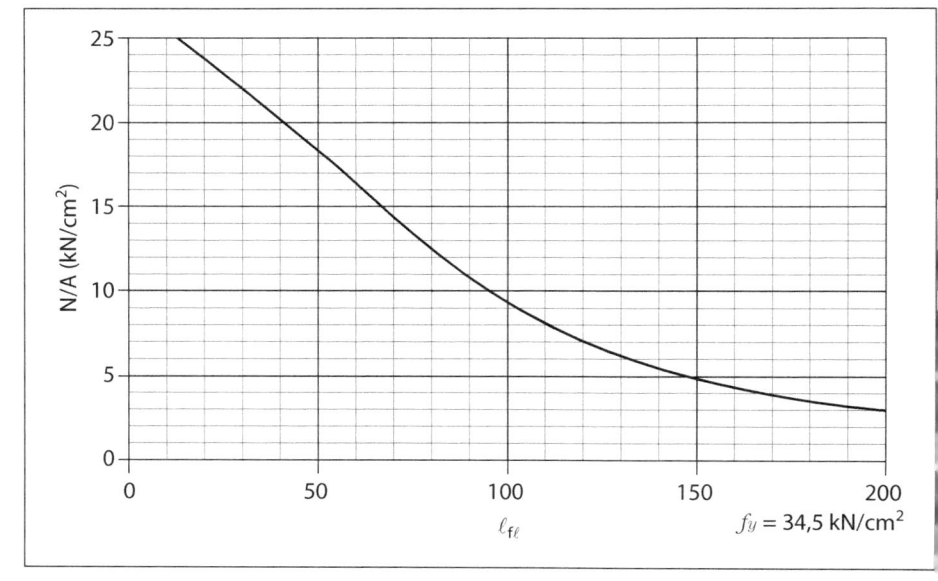

Da mesma forma que no caso dos gráficos gerais, a verificação deve ser feita para os dois planos, "y-y", conforme Figuras 8.12 a 8.16, e "x-x", conforme Figura 8.17. Se o comprimento de flambagem for igual em ambas as direções, basta verificar a deformação ("flambagem") em torno de "y-y".

Nas Figuras 8.12 a 8.17, têm-se:

N é a força normal em kN, cujo valor deve ser determinado a partir dos carregamentos e considerando-se o coeficiente global de segurança 1,55 – ver Seção 8.2

$\ell_{f\ell}$ é o comprimento de flambagem do pilar em cm

$t_f$ é a espessura da mesa em cm

$b_f$ é a largura da mesa em cm

Para perfis laminados e eletrossoldados, em vista da menor variedade de perfis comercialmente disponíveis, é possível construir as Tabelas 8.3 a 8.6, que associam diretamente o tipo de perfil à força normal N, cujo valor deve ser comparado ao da força normal atuante em kN, determinado a partir dos carregamentos e considerando-se o coeficiente global de segurança 1,55. Essa tabelas são válidas para fy = 34,5 kN/cm$^2$.

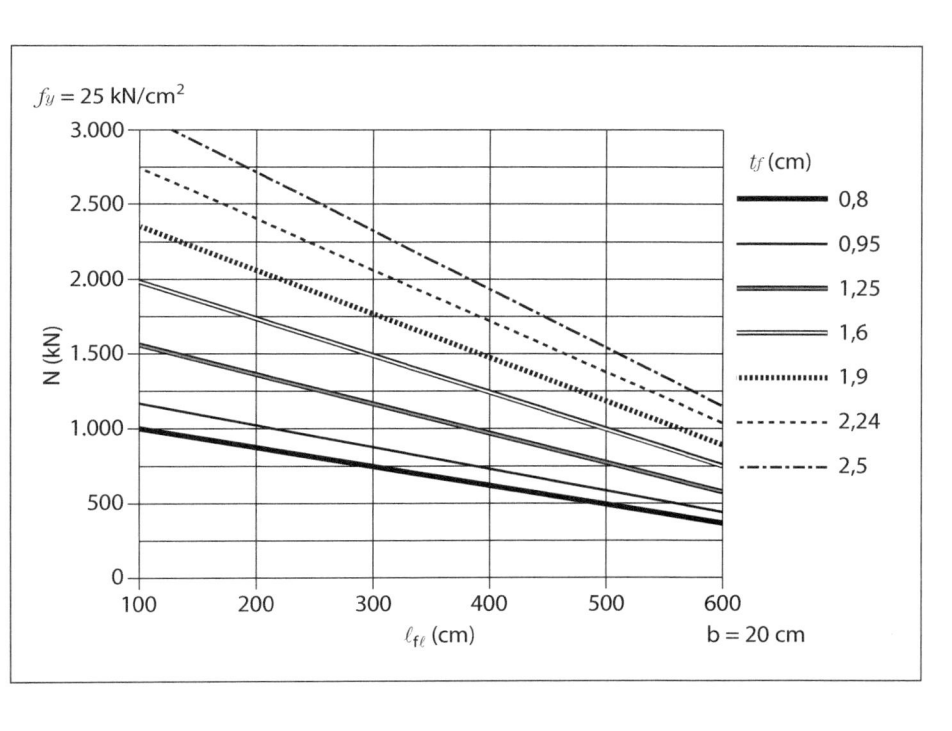

**Figura 8.12**
Força normal em função do comprimento de flambagem $\ell_{f\ell}$, para deformação em torno do eixo de menor inércia (y-y), para $b_f$ = 20 cm.

**Figura 8.13**
Força normal em função do comprimento de flambagem $\ell_{f\ell}$, para deformação em torno do eixo de menor inércia (y-y), para $b_f$ = 25 cm.

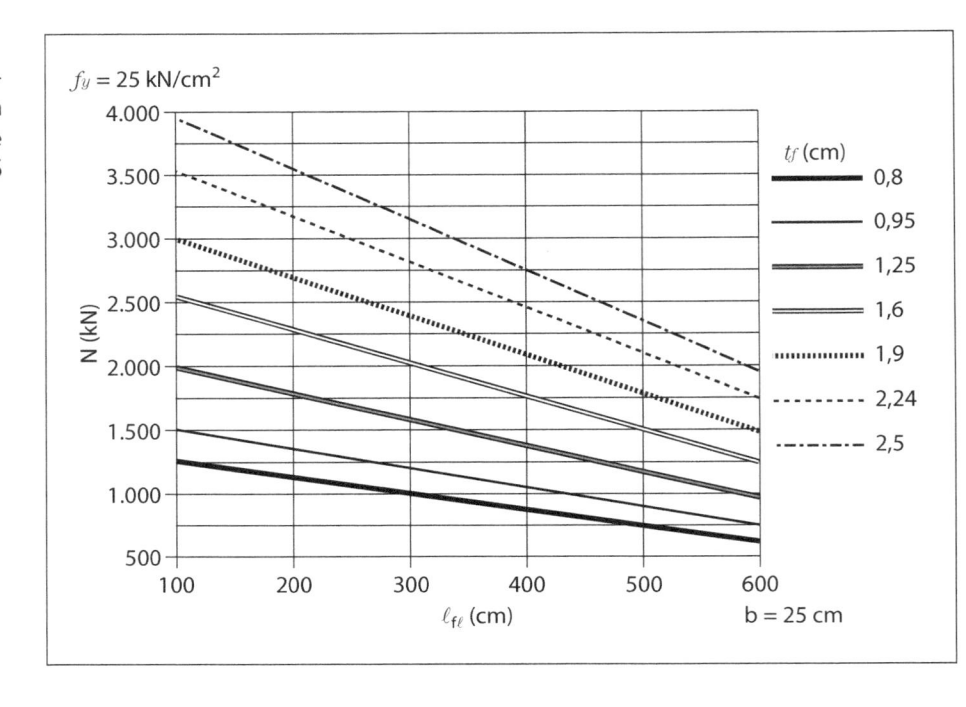

**Figura 8.14**
Força normal em função do comprimento de flambagem $\ell_{f\ell}$, para deformação em torno do eixo de menor inércia (y-y), para $b_f$ = 30 cm.

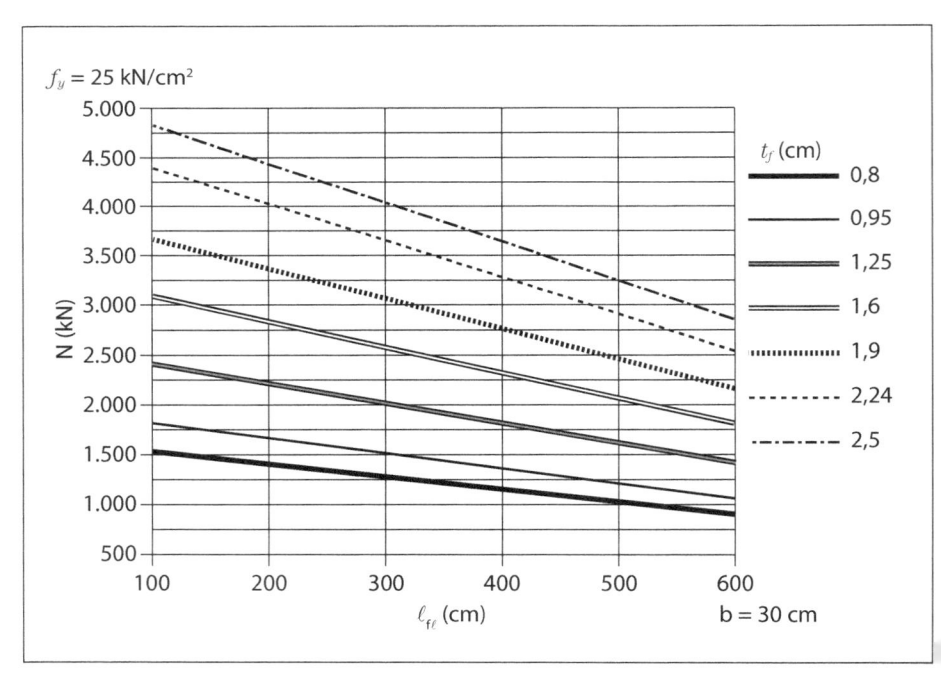

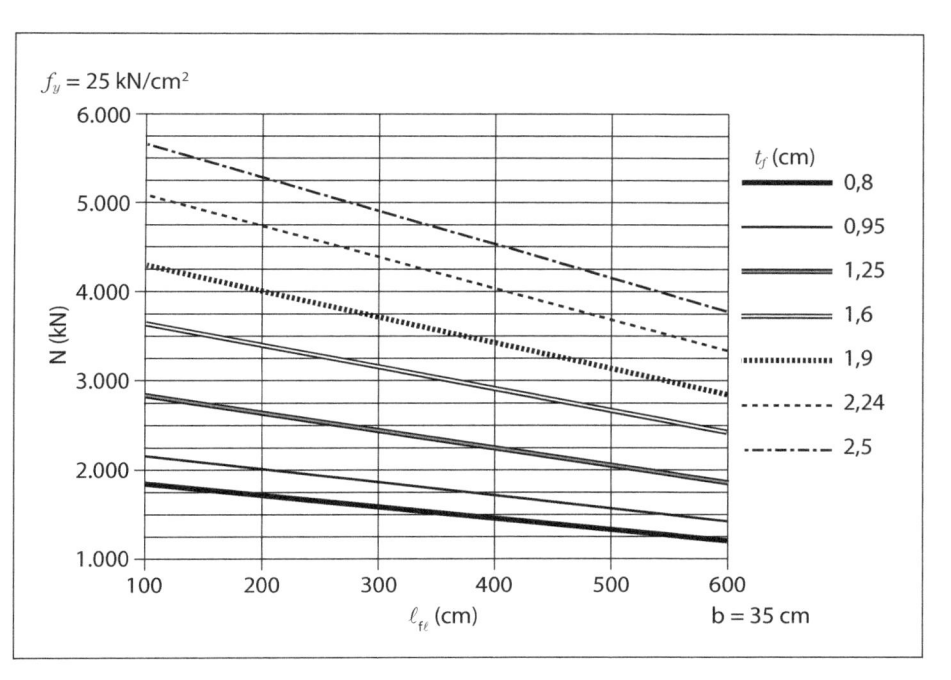

**Figura 8.15**
Força normal em função do comprimento de flambagem $\ell_{f\ell}$, para deformação em torno do eixo de menor inércia (y-y), para $b_f = 35$ cm.

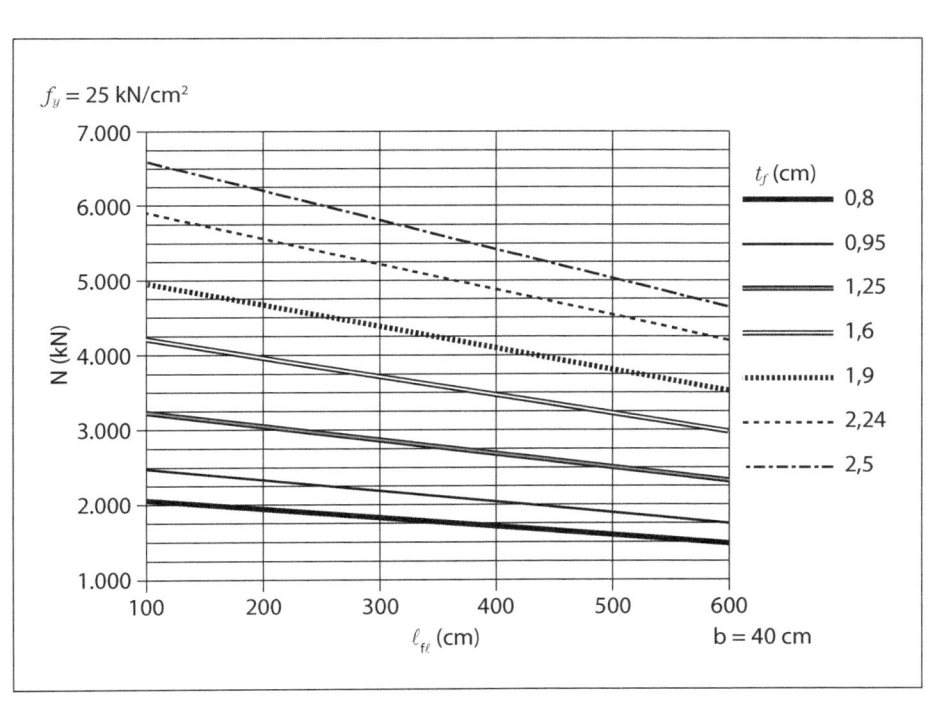

**Figura 8.16**
Força normal em função do comprimento de flambagem $\ell_{f\ell}$, para deformação em torno do eixo de menor inércia (y-y), para $b_f = 40$ cm.

**Figura 8.17**
Força normal em função da relação vão/altura, para deformação em torno do eixo de maior inércia (x-x).

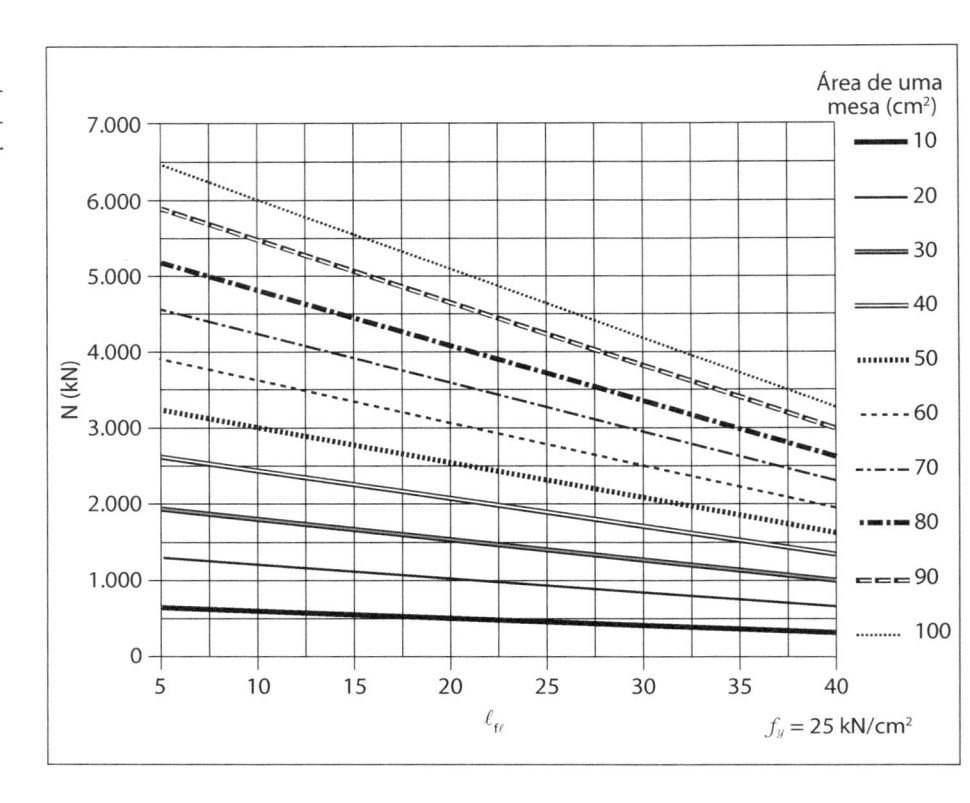

$f_y = 25 \text{ kN/cm}^2$

**Tabela 8.3**
Força normal resistente de pilares laminados em N(kN) ($f_y = 34,5$ kN/cm²), em torno do eixo y-y (menor inércia).

| Designação | Comprimento (de flambagem) do pilar (cm) | | | | | | |
|---|---|---|---|---|---|---|---|
| | 200 | 250 | 300 | 350 | 400 | 500 | 600 |
| W 150 × 13,0 | 316 | 227 | 157 | 116 | 89 | 57 | 39 |
| W 150 × 18,4 | 469 | 345 | 242 | 178 | 136 | 87 | 61 |
| W 150 × 22,5 | 803 | 710 | 610 | 510 | 415 | 267 | 186 |
| W 150 × 29,8 | 1 084 | 967 | 842 | 714 | 590 | 385 | 267 |
| W 150 × 37,1 | 1 352 | 1 209 | 1 055 | 898 | 745 | 488 | 339 |
| W 200 × 15,0 | 348 | 241 | 167 | 123 | 94 | 60 | 42 |
| W 200 × 19,3 | 459 | 320 | 222 | 163 | 125 | 80 | 55 |
| W 200 × 22,5 | 550 | 393 | 273 | 201 | 154 | 98 | 68 |
| W 200 × 26,6 | 872 | 735 | 596 | 466 | 357 | 228 | 158 |
| W 200 × 31,3 | 1 043 | 887 | 727 | 575 | 443 | 283 | 197 |
| W 200 × 35,9 | 1 323 | 1 199 | 1 063 | 922 | 783 | 529 | 367 |
| W 200 × 46,1 | 1 806 | 1 696 | 1 571 | 1 435 | 1 292 | 1 005 | 737 |

(continua)

*(continuação)*

| Tabela 8.3 | | | | | | | |
|---|---|---|---|---|---|---|---|
| **Designação** | Comprimento de flambagem do pilar (cm) | | | | | | |
| | 200 | 250 | 300 | 350 | 400 | 500 | 600 |
| **W 250 × 17,9** | 380 | 253 | 176 | 129 | 99 | 63 | 44 |
| **W 250 × 22,3** | 500 | 339 | 236 | 173 | 133 | 85 | 59 |
| **W 250 × 25,3** | 594 | 413 | 287 | 211 | 161 | 103 | 72 |
| **W 250 × 28,4** | 691 | 492 | 341 | 251 | 192 | 123 | 85 |
| **W 250 × 32,7** | 1 118 | 966 | 807 | 653 | 511 | 327 | 227 |
| **W 250 × 38,5** | 1 340 | 1 168 | 987 | 809 | 642 | 411 | 285 |
| **W 250 × 44,8** | 1 563 | 1 366 | 1 158 | 953 | 761 | 487 | 338 |
| **W 250 × 73,0** | 2 982 | 2 867 | 2 732 | 2 581 | 2 417 | 2 065 | 1 704 |
| **W 250 × 80,0** | 3 281 | 3 156 | 3 009 | 2 845 | 2 666 | 2 282 | 1 886 |
| **W 250 × 89,0** | 3 669 | 3 529 | 3 366 | 3 183 | 2 983 | 2 555 | 2 113 |
| **W 310 × 21,0** | 418 | 272 | 189 | 139 | 106 | 68 | 47 |
| **W 310 × 23,8** | 487 | 320 | 222 | 163 | 125 | 80 | 56 |
| **W 310 × 28,3** | 641 | 438 | 304 | 223 | 171 | 109 | 76 |
| **W 310 × 32,7** | 764 | 531 | 369 | 271 | 208 | 133 | 92 |
| **W 310 × 38,7** | 1 404 | 1 254 | 1 093 | 929 | 770 | 503 | 349 |
| **W 310 × 44,5** | 1 623 | 1 453 | 1 270 | 1 083 | 901 | 591 | 411 |
| **W 310 × 52,0** | 1 910 | 1 715 | 1 504 | 1 287 | 1 076 | 710 | 493 |
| **W 310 × 97,0** | 4 057 | 3 945 | 3 813 | 3 662 | 3 495 | 3 126 | 2 726 |
| **W 310 × 107,0** | 4 481 | 4 359 | 4 214 | 4 049 | 3 866 | 3 461 | 3 023 |
| **W 310 × 117,0** | 4 927 | 4 794 | 4 636 | 4 456 | 4 258 | 3 816 | 3 338 |
| **W 360 × 32,9** | 951 | 749 | 560 | 411 | 315 | 201 | 140 |
| **W 360 × 39,0** | 1 170 | 939 | 717 | 530 | 406 | 260 | 180 |
| **W 360 × 44,0** | 1 619 | 1 441 | 1 251 | 1 057 | 871 | 566 | 393 |
| **W 360 × 51,0** | 1 838 | 1 646 | 1 438 | 1 227 | 1 021 | 670 | 465 |
| **W 360 × 57,8** | 2 067 | 1 857 | 1 628 | 1 394 | 1 166 | 770 | 535 |
| **W 360 × 64,0** | 2 481 | 2 310 | 2 117 | 1 910 | 1 696 | 1 275 | 905 |
| **W 360 × 72,0** | 2 780 | 2 591 | 2 378 | 2 148 | 1 911 | 1 442 | 1 028 |
| **W 360 × 79,0** | 3 088 | 2 882 | 2 649 | 2 398 | 2 137 | 1 622 | 1 161 |
| **W 410 × 38,8** | 1 205 | 981 | 764 | 570 | 436 | 279 | 194 |
| **W 410 × 46,1** | 1 458 | 1 206 | 956 | 725 | 555 | 355 | 247 |

*(continua)*

(*continuação*)

| Tabela 8.3 | | | | | | | |
|---|---|---|---|---|---|---|---|
| **Designação** | Comprimento de flambagem do pilar (cm) | | | | | | |
| | 200 | 250 | 300 | 350 | 400 | 500 | 600 |
| **W 410 × 53,0** | 1 935 | 1 731 | 1 510 | 1 285 | 1 067 | 698 | 485 |
| **W 410 × 60,0** | 2 184 | 1 968 | 1 733 | 1 491 | 1 253 | 834 | 579 |
| **W 410 × 67,0** | 2 480 | 2 237 | 1 972 | 1 699 | 1 431 | 954 | 663 |
| **W 410 × 75,0** | 2 761 | 2 495 | 2 204 | 1 904 | 1 609 | 1 078 | 749 |
| **W 460 × 52,0** | 1 690 | 1 421 | 1 150 | 895 | 686 | 439 | 305 |
| **W 460 × 60,0** | 1 986 | 1 697 | 1 399 | 1 114 | 861 | 551 | 383 |
| **W 460 × 68,0** | 2 301 | 1 974 | 1 636 | 1 311 | 1 017 | 651 | 452 |
| **W 460 × 74,0** | 2 768 | 2 520 | 2 246 | 1 961 | 1 676 | 1 149 | 798 |
| **W 460 × 82,0** | 3 064 | 2 793 | 2 494 | 2 182 | 1 870 | 1 288 | 895 |
| **W 460 × 89,0** | 3 356 | 3 067 | 2 748 | 2 414 | 2 078 | 1 448 | 1 005 |
| **W 530 × 66,0** | 2 167 | 1 845 | 1 516 | 1 202 | 926 | 593 | 412 |
| **W 530 × 72,0** | 2 676 | 2 437 | 2 174 | 1 900 | 1 626 | 1 117 | 776 |
| **W 530 × 74,0** | 2 510 | 2 160 | 1 797 | 1 446 | 1 126 | 720 | 500 |
| **W 530 × 82,0** | 3 099 | 2 847 | 2 567 | 2 270 | 1 971 | 1 403 | 974 |
| **W 530 × 85,0** | 2 895 | 2 516 | 2 119 | 1 730 | 1 365 | 874 | 607 |
| **W 530 × 92,0** | 3 511 | 3 236 | 2 930 | 2 604 | 2 274 | 1 641 | 1 143 |
| **W 610 × 101,0** | 3 951 | 3 673 | 3 361 | 3 025 | 2 680 | 2 003 | 1 417 |
| **W 610 × 113,0** | 4 428 | 4 129 | 3 791 | 3 427 | 3 050 | 2 306 | 1 646 |
| **W 610 × 155,0** | 6 476 | 6 283 | 6 055 | 5 796 | 5 511 | 4 882 | 4 211 |
| **W 610 × 174,0** | 7 292 | 7 078 | 6 826 | 6 540 | 6 224 | 5 528 | 4 782 |
| **HP 200 × 53,0** | 2 086 | 1 951 | 1 797 | 1 631 | 1 459 | 1 115 | 804 |
| **HP 200 × 71,0** | 2 826 | 2 664 | 2 479 | 2 276 | 2 062 | 1 628 | 1 219 |
| **HP 250 × 62,0** | 2 541 | 2 432 | 2 305 | 2 164 | 2 011 | 1 688 | 1 363 |
| **HP 250 × 85,0** | 3 472 | 3 328 | 3 160 | 2 973 | 2 771 | 2 339 | 1 902 |
| **HP 310 × 79,0** | 3 263 | 3 162 | 3 043 | 2 909 | 2 761 | 2 435 | 2 090 |
| **HP 310 × 93,0** | 3 892 | 3 775 | 3 635 | 3 477 | 3 304 | 2 922 | 2 514 |
| **HP 310 × 110,0** | 4 609 | 4 473 | 4 311 | 4 127 | 3 925 | 3 479 | 3 003 |
| **HP 310 × 125,0** | 5 204 | 5 052 | 4 872 | 4 667 | 4 442 | 3 944 | 3 411 |

**Tabela 8.4**
Força normal resistente em pilares laminados em N (kN) ($f_y$ = 34,5 kN/cm²), em torno do eixo x-x (maior inércia).

| Designação | Comprimento (de flambagem) do pilar (cm) | | | |
|---|---|---|---|---|
| | 300 | 400 | 600 | 800 |
| W 150 × 13,0 | 482 | 422 | 288 | 172 |
| W 150 × 18,4 | 685 | 603 | 419 | 254 |
| W 150 × 22,5 | 856 | 759 | 537 | 332 |
| W 150 × 29,8 | 1 148 | 1 025 | 741 | 470 |
| W 150 × 37,1 | 1 433 | 1 285 | 940 | 606 |
| W 200 × 15,0 | 607 | 563 | 452 | 333 |
| W 200 × 19,3 | 786 | 728 | 585 | 431 |
| W 200 × 22,5 | 909 | 845 | 686 | 512 |
| W 200 × 26,6 | 1 083 | 1 013 | 836 | 639 |
| W 200 × 31,3 | 1 279 | 1 199 | 995 | 766 |
| W 200 × 35,9 | 1 444 | 1 349 | 1 110 | 845 |
| W 200 × 46,1 | 1 856 | 1 737 | 1 438 | 1 104 |
| W 250 × 17,9 | 746 | 708 | 611 | 497 |
| W 250 × 22,3 | 933 | 888 | 769 | 628 |
| W 250 × 25,3 | 1 059 | 1 009 | 879 | 725 |
| W 250 × 28,4 | 1 190 | 1 136 | 995 | 827 |
| W 250 × 32,7 | 1 372 | 1 313 | 1 259 | 973 |
| W 250 × 38,5 | 1 621 | 1 555 | 1 379 | 1 166 |
| W 250 × 44,8 | 1 884 | 1 808 | 1 607 | 1 363 |
| W 250 × 73,0 | 3 029 | 2 904 | 2 574 | 2 174 |
| W 250 × 80,0 | 3 333 | 3 197 | 2 839 | 2 403 |
| W 250 × 89,0 | 3 729 | 3 579 | 3 183 | 2 701 |
| W 310 × 21,0 | 896 | 864 | 777 | 670 |
| W 310 × 23,8 | 1 012 | 976 | 880 | 761 |
| W 310 × 28,3 | 1 205 | 1 165 | 1 057 | 922 |
| W 310 × 32,7 | 1 393 | 1 348 | 1 227 | 1 076 |
| W 310 × 38,7 | 1 651 | 1 603 | 1 472 | 1 308 |
| W 310 × 44,5 | 1 901 | 1 846 | 1 698 | 1 510 |

*(continua)*

(*continuação*)

| Tabela 8.4 | | | | |
|---|---|---|---|---|
| Designação | Comprimento de flambagem do pilar (cm) | | | |
| | 300 | 400 | 600 | 800 |
| W 310 × 52,0 | 2 228 | 2.165 | 1 994 | 1.776 |
| W 310 × 97,0 | 4 111 | 3.995 | 3 684 | 3.288 |
| W 310 × 107,0 | 4 540 | 4.414 | 4 072 | 3.639 |
| W 310 × 117,0 | 4 991 | 4.853 | 4 482 | 4.009 |
| W 360 × 32,9 | 1 405 | 1.369 | 1 271 | 1.147 |
| W 360 × 39,0 | 1 677 | 1 636 | 1 523 | 1 379 |
| W 360 × 44,0 | 1 930 | 1 884 | 1 758 | 1 596 |
| W 360 × 51,0 | 2 169 | 2 119 | 1 983 | 1 806 |
| W 360 × 57,8 | 2 429 | 2 373 | 2 222 | 2 027 |
| W 360 × 64,0 | 2 734 | 2 670 | 2 498 | 2 275 |
| W 360 × 72,0 | 3 058 | 2 988 | 2 796 | 2 548 |
| W 360 × 79,0 | 3 390 | 3 314 | 3 104 | 2 833 |
| W 410 × 38,8 | 1 691 | 1 657 | 1 564 | 1 443 |
| W 410 × 46,1 | 1 994 | 1 955 | 1 850 | 1 712 |
| W 410 × 53,0 | 2 304 | 2 261 | 2 144 | 1 989 |
| W 410 × 60,0 | 2 567,9 | 2 522,1 | 2 395,8 | 2 229,5 |
| W 410 × 67,0 | 2 910,7 | 2 859,0 | 2 716,2 | 2 528,2 |
| W 410 × 75,0 | 3 230,2 | 3 173,3 | 3 016,1 | 2 809,0 |
| W 460 × 52,0 | 2 251,9 | 2 216,2 | 2 117,3 | 1 986,2 |
| W 460 × 60,0 | 2 578,2 | 2 539,2 | 2 431,1 | 2 287,5 |
| W 460 × 68,0 | 2 965,5 | 2 921,2 | 2 798,3 | 2 634,8 |
| W 460 × 74,0 | 3 212,0 | 3 165,6 | 3 036,6 | 2 864,9 |
| W 460 × 82,0 | 3 546,7 | 3 495,8 | 3 354,5 | 3 166,1 |
| W 460 × 89,0 | 3 865,2 | 3 810,6 | 3 658,8 | 3 456,4 |
| W 530 × 66,0 | 2 837,6 | 2 803,0 | 2 706,7 | 2 577,3 |
| W 530 × 72,0 | 3 111,6 | 3 075,2 | 2 973,8 | 2 837,3 |
| W 530 × 74,0 | 3 230,0 | 3 191,8 | 3 085,1 | 2 941,8 |
| W 530 × 82,0 | 3 552,3 | 3 512,5 | 3 401,3 | 3 251,6 |

(*continua*)

*(continuação)*

| Tabela 8.4 | | | | |
|---|---|---|---|---|
| Designação | Comprimento de flambagem do pilar (cm) | | | |
| | 300 | 400 | 600 | 800 |
| **W 530 × 85,0** | 3 662,4 | 3 620,9 | 3 504,9 | 3 348,7 |
| **W 530 × 92,0** | 4 001,6 | 3 958,1 | 3 836,4 | 3 672,2 |
| **W 610 × 101,0** | 4 446,6 | 4 408,2 | 4 300,2 | 4 153,5 |
| **W 610 × 113,0** | 4 959,1 | 4 917,4 | 4 800,1 | 4 640,7 |
| **W 610 × 155,0** | 6 765,7 | 6 712,9 | 6 564,3 | 6 361,7 |
| **W 610 × 174,0** | 7 610,4 | 7 551,8 | 7 386,8 | 7 161,9 |
| **HP 200 × 53,0** | 2 148,0 | 2 002,5 | 1 638,6 | 1 237,6 |
| **HP 200 × 71,0** | 2 902,8 | 2 731,2 | 2 294,6 | 1 798,1 |
| **HP 250 × 62,0** | 2 586,2 | 2 468,1 | 2 159,5 | 1 791,1 |
| **HP 250 × 85,0** | 3 531,6 | 3 375,2 | 2 965,6 | 2 474,4 |
| **HP 310 × 79,0** | 3 313,2 | 3 210,7 | 2 935,1 | 2 588,5 |
| **HP 310 × 93,0** | 3 950,2 | 3 829,5 | 3 504,5 | 3 095,4 |
| **HP 310 × 110,0** | 4 676,2 | 4 535,8 | 4 157,5 | 3 680,2 |
| **HP 310 × 125,0** | 5 277,6 | 5 121,1 | 4 699 | 4 165,9 |

**Tabela 8.5**
Força normal resistente em pilares eletrossoldados em N (kN) ($f_y = 34,5$ kN/cm$^2$), em torno do eixo y-y (menor inércia).

| Designação | Comprimento (de flambagem) do pilar (cm) | | | | | | |
|---|---|---|---|---|---|---|---|
| | 200 | 250 | 300 | 350 | 400 | 500 | 600 |
| CE 100 × 11 | 286 | 215 | 153 | 112 | 86 | 55 | 117 |
| CE 150 × 20 | 716 | 637 | 551 | 465 | 382 | 248 | 475 |
| CE 150 × 26 | 907 | 806 | 696 | 586 | 481 | 311 | 591 |
| CE 200 × 22 | 848 | 789 | 721 | 649 | 575 | 429 | 677 |
| CE 200 × 29 | 1 131 | 1 052 | 963 | 868 | 769 | 576 | 898 |
| CE 200 × 34 | 1 337 | 1 250 | 1 151 | 1 044 | 933 | 712 | 1 062 |
| CE 200 × 39 | 1 523 | 1 428 | 1 320 | 1 203 | 1 081 | 835 | 1 207 |
| CE 250 × 43 | 1 753 | 1 679 | 1 592 | 1 495 | 1 391 | 1 169 | 1 518 |
| CE 250 × 49 | 1 994 | 1 913 | 1 819 | 1 713 | 1 599 | 1 355 | 1 726 |
| CE 250 × 63 | 2 583 | 2 480 | 2 360 | 2 225 | 2 079 | 1 766 | 2 226 |
| CE 300 × 52 | 2 158 | 2 093 | 2 017 | 1 931 | 1 836 | 1 627 | 1 956 |
| CE 300 × 62 | 2 597 | 2 519 | 2 426 | 2 321 | 2 205 | 1 951 | 2 349 |
| CE 300 × 76 | 3 182 | 3 093 | 2 987 | 2 867 | 2 735 | 2 442 | 2 877 |
| CVE 200 × 22 | 766 | 673 | 576 | 478 | 386 | 247 | 672 |
| CVE 200 × 28 | 976 | 857 | 730 | 604 | 486 | 311 | 851 |
| CVE 250 × 31 | 1 149 | 1 049 | 940 | 825 | 709 | 493 | 1 078 |
| CVE 250 × 38 | 1 401 | 1 276 | 1 139 | 996 | 853 | 587 | 1 312 |
| CVE 300 × 47 | 1 815 | 1 678 | 1 524 | 1 361 | 1 194 | 872 | 1 765 |

**Tabela 8.6**
Força normal resistente em pilares eletro-soldados em N (kN)
($f_y = 34,5$ kN/cm²), em torno do eixo x-x (maior inércia).

| Designação | Comprimento (de flambagem) do pilar (cm) | | | |
|---|---|---|---|---|
| | 300 N (kN) | 400 N (kN) | 600 N (kN) | 800 N (kN) |
| CE 100 × 11 | 328 | 246 | 117 | 66 |
| CE 150 × 20 | 756 | 670 | 475 | 294 |
| CE 150 × 26 | 956 | 844 | 591 | 362 |
| CE 200 × 22 | 884 | 825 | 677 | 514 |
| CE 200 × 29 | 1 176 | 1 097 | 898 | 679 |
| CE 200 × 34 | 1 381 | 1 290 | 1 062 | 808 |
| CE 200 × 39 | 1 566 | 1 464 | 1 207 | 922 |
| CE 250 × 43 | 1 792 | 1 717 | 1 518 | 1 279 |
| CE 250 × 49 | 2 032 | 1 948 | 1 726 | 1 457 |
| CE 250 × 63 | 2 628 | 2.517 | 2 226 | 1 873 |
| CE 300 × 52 | 2 192 | 2 128 | 1 956 | 1 738 |
| CE 300 × 62 | 2 638 | 2 560 | 2 349 | 2 082 |
| CE 300 × 76 | 3 222 | 3 129 | 2 877 | 2 557 |
| CVE 200 × 22 | 880 | 820 | 672 | 508 |
| CVE 200 × 28 | 1 123 | 1 045 | 851 | 638 |
| CVE 250 × 31 | 1 276 | 1 221 | 1 078 | 906 |
| CVE 250 × 38 | 1 560 | 1 491 | 1 312 | 1 096 |
| CVE 300 × 47 | 2 001 | 1 937 | 1 765 | 1 549 |

## Exemplos

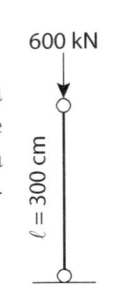

1. Pré-dimensionar um pilar com 300 cm de altura livre para flexão em torno dos dois eixos, sujeito a força centrada de 600 kN. Utilizar o coeficiente global de segurança igual a 1,55. Usar perfis soldados com $f_y = 25$ kN/cm², perfis eletrosoldados e perfis laminados, ambos com $f_y = 34,5$ kN/cm².

### Solução

Valor de cálculo da força normal $N\gamma = 600 \cdot 1,55 = 930$ kN.

Da Figura 8.12 para flambagem em torno do eixo de menor inércia e b = 20 cm tem-se para 930 kN de força normal e 300 cm de comprimento do pilar, t $\cong$ 0,95 cm para $f_y = 25$ kN/cm². Não há necessidade de verificar a flambagem em torno do eixo de maior inércia.

Podem ser empregados:

Perfil soldado – utilizando-se CS, d = $b_f$ = 20 cm, tem-se CS 200 × 39 ($t_f$ = 0,95 cm).

*Observação*: O cálculo preciso fornece a força normal resistente desse perfil igual a 732 kN, contra 600 kN proposto neste pré-dimensionamento.

Perfil laminado – pode-se utilizar diretamente a Tabela 8.3, encontrando-se:

$$W\ 200 \times 35,9$$

Perfil eletrossoldado – pode-se utilizar diretamente a Tabela 8.5, encontrando-se:

$$CE\ 200 \times 29$$

2. Pré-dimensionar um pilar com 400 cm de altura livre para flexão em torno do eixo de maior inércia e 200 cm em relação ao outro eixo, sujeito a força centrada de 2 000 kN. Utilizar coeficiente global de segurança igual a 1,55.

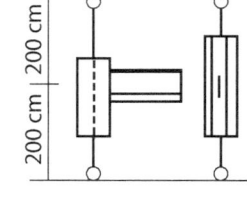

### Solução

Valor de cálculo da força normal $N\gamma = 2\ 000 \times 1,55$
$$= 3\ 100\ kN.$$

Da Figura 8.13 para flambagem em torno do eixo de menor inércia e b = 25 cm tem-se para 3 100 kN e 200 cm, $t_f$ = 2,24 cm. Com esse perfil, verifica-se na Figura 8.17 (flambagem em torno do eixo de maior inércia), considerando-se b*t = 56 cm² e N = 3 100 kN. Encontra-se $\ell/d < 22$ cm.

Podem ser empregados:

Perfil soldado – utilizando-se CS, d = $b_f$ = 25 cm, tem-se CS 250 × 108 ($t_f$ = 2,24 cm; $\ell$ /d = 16).

*Observação*: O cálculo preciso fornece a força normal resistente no perfil igual a 2.337 kN, contra 2.000 kN proposto nesse pré-dimensionamento.

Perfil laminado – podem-se utilizar diretamente as Tabelas 8.3 e 8.4, encontrando-se:

W 250 × 80

# 8.4 Pré-dimensionamento de vigas

Uma maneira expedita de pré-dimensionar a altura das vigas de aço de uma edificação é adotar-se o seguinte:

- vigas continuamente travadas (item 8.4.1): altura = vão/20
- vigas sem travamento lateral (item 8.4.2): altura = vão/15
- via mista (item 9.3): altura = vão/22

Neste item será fornecido um método mais preciso para pré-dimensionamento de vigas de aço.

## 8.4.1 Vigas continuamente travadas (sem flambagem lateral)

Em vigas continuamente travadas (Figura 8.18), como aquelas de edifícios com laje maciça conectada às vigas, não se manifesta o fenômeno da flambagem lateral.

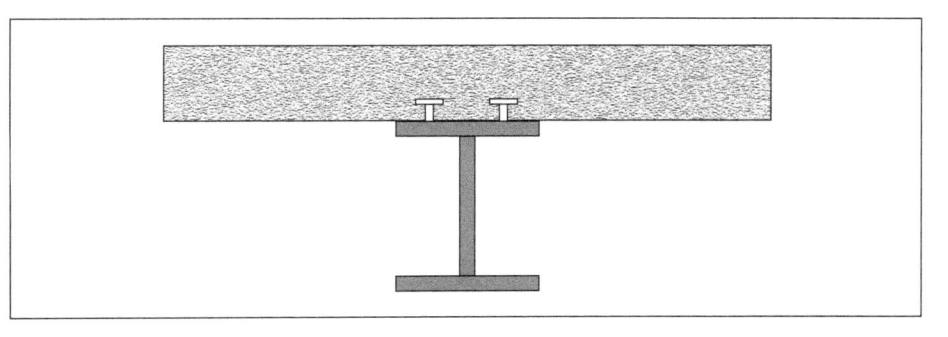

**Figura 8.18**
Viga continuamente travada.

A tensão na fibra mais solicitada da viga sob flexão pode ser determinada como apresentado na Figura 8.19, em que W é o *módulo resistente* da seção transversal. Limitando superiormente a tensão à resistência ao escoamento $f_y$, pode-se encontrar o módulo resistente da seguinte forma:

$$W_x \geq \frac{1,55\ M}{f_y}$$

onde:

M – momento fletor característico (sem incluir o coeficiente de segurança – ver item 8.4) (kN cm);

$W_x$ – módulo resistente da seção transversal em torno do eixo x-x,
encontrado nas tabelas de perfis do Anexo deste livro ($cm^3$);

$f_y$ – resistência ao escoamento do aço ($kN/cm^2$).

**Figura 8.19**
Tensão na fibra mais solicitada.

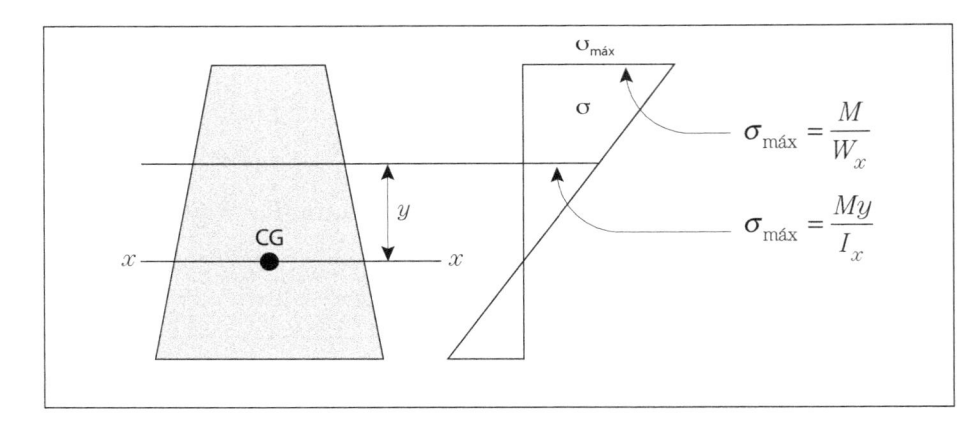

Com o valor mínimo de $W_x$, a seção da viga pode ser retirada das tabelas
de perfis do Anexo deste livro.

## Exemplo

Pré-dimensionar uma viga de 5 m de vão livre, sujeita a um carregamento
uniformemente distribuído de 0,2 kN/cm. Admitir travamento contínuo.
Utilizar coeficiente global de segurança igual a 1,55.

## Solução

a) viga continuamente travada (conectada à laje maciça)

$$M = \frac{p\ell^2}{8} = \frac{0,2 \times 500^2}{8} = 6.250 \text{ kN cm}$$

Valor de cálculo do momento fletor $M\gamma = 6.250 \times 1,55 = 9.687,5$ kN cm

$$W_x \geq \frac{M}{f_y} = \frac{9.687,5}{25} = 387,5 \text{ cm}^3$$

$$W_x \geq \frac{M}{f_y} = \frac{9.687,5}{34,5} = 280,8 \text{ cm}^3$$

Utilizando-se as tabelas de perfis do Anexo deste livro, são soluções:

$$\text{VS } 350 \times 26 \ (W_x = 393 \text{ cm}^2)$$
$$\text{W } 310 \times 23{,}8 \ (W_x = 285 \text{ cm}^2)$$
$$\text{VE } 250 \times 27 \ (W_x = 289 \text{ cm}^2)$$

## 8.4.2 Vigas sujeitas à flambagem lateral

Se os travamentos forem discretos ou não existirem, o dimensionamento deve ser tal que evite a flambagem lateral. Para efeito de pré-dimensionamento, pode-se avaliar a viga por meio do gráfico apresentado na Figura 8.20, em que se admite:

$$\frac{b_f}{r_t} \geq 3{,}6$$

onde:

$b_f$ – largura da mesa

$r_t$ – uma característica geométrica da seção transversal

**Figura 8.20**
Pré-dimensionamento de vigas fletidas, $f_y = 25$ kN/cm².

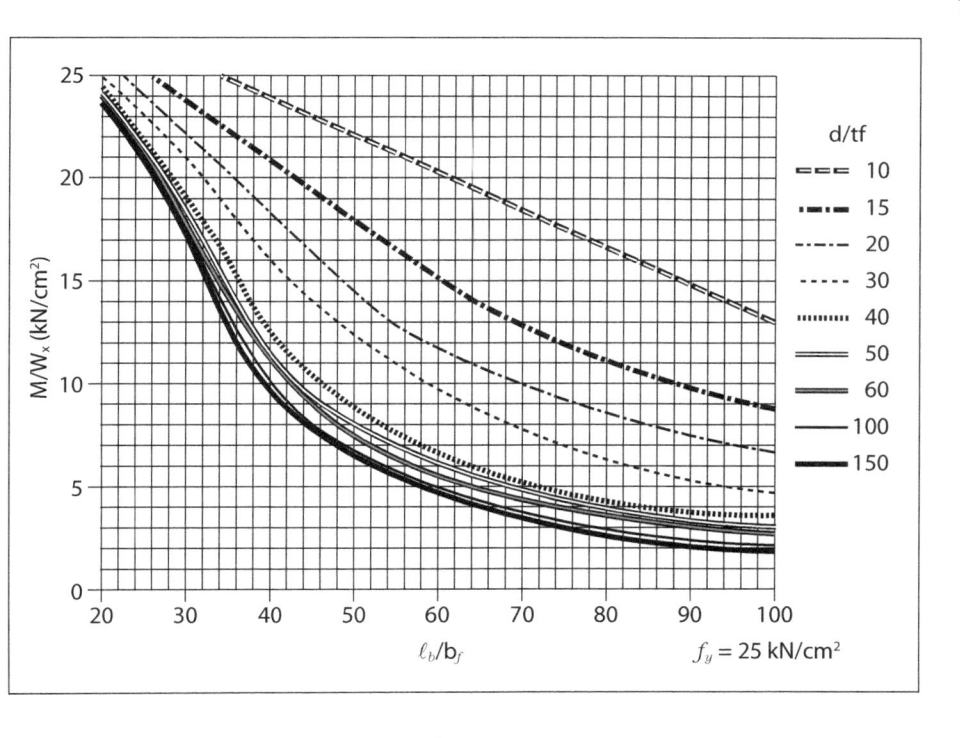

Na Figura 8.20 tem-se:

$\ell_b$ é a distância entre travamentos laterais. Não é necessariamente igual ao vão da viga

$b_f$    é a largura da seção transversal do perfil

M    é o momento fletor, cujo valor deve ser determinado a partir dos carregamentos e considerando-se o coeficiente global de segurança 1,55 – ver seção 8.2

$W_x$    é o módulo resistente da seção transversal em torno do eixo x-x, encontrado nas tabelas do Anexo deste livro($cm^3$)

d    é a altura da seção transversal do perfil.

$t_f$    é a espessura da mesa do perfil.

Para perfis laminados e eletrossoldados, em vista da menor variedade de perfis comercialmente disponíveis, é possível construir as Tabelas 8.7 e 8.8, que associam diretamente o tipo de perfil ao momento fletor M, cujo valor deve ser comparado ao momento fletor atuante em kN cm, determinado a partir dos carregamentos e considerando-se o coeficiente global de segurança 1,55. Essa tabelas são válidas para $f_y = 34,5$ kN/$cm^2$.

**Tabela 8.7**
Momento fletor resistente em vigas laminadas ($f_y = 34,5$ kN/$cm^2$) em M Kn cm.

| Designação | Comprimento do vão destravado da viga (cm) | | | | |
|---|---|---|---|---|---|
| | 400 | 500 | 600 | 800 | 1 000 |
| **W 150 × 13,0** | 1 170 | 870 | 693 | 495 | 387 |
| **W 150 × 18,4** | 2 182 | 1 665 | 1 350 | 983 | 776 |
| **W 150 × 22,5** | 4 621 | 3 978 | 2 751 | 1 926 | 1 488 |
| **W 150 × 29,8** | 6 886 | 6 187 | 5 488 | 3 474 | 2 719 |
| **W 150 × 37,1** | 9 117 | 8.394 | 7 670 | 5 192 | 4 089 |
| **W 200 × 15,0** | 1 518 | 1 106 | 869 | 610 | 472 |
| **W 200 × 19,3** | 2 234 | 1 662 | 1 324 | 946 | 739 |
| **W 200 × 22,5** | 3 041 | 2 296 | 1 848 | 1 336 | 1 049 |
| **W 200 × 26,6** | 6 256 | 4 332 | 3 422 | 2 418 | 1 877 |
| **W 200 × 31,3** | 8 050 | 5 962 | 4 762 | 3 410 | 2 666 |
| **W 200 × 35,9** | 10 415 | 9 226 | 7 274 | 5 120 | 3 966 |
| **W 200 × 46,1** | 14 948 | 13 779 | 12 610 | 9 082 | 6 966 |
| **W 250 × 17,9** | 1 877 | 1 346 | 1 045 | 721 | 553 |
| **W 250 × 22,3** | 2 779 | 2 040 | 1 612 | 1 139 | 884 |
| **W 250 × 25,3** | 3 678 | 2 742 | 2 189 | 1 566 | 1 224 |
| **W 250 × 28,4** | 4 765 | 3 595 | 2 893 | 2 091 | 1 642 |

(continua)

*(continuação)*

| Tabela 8.7 | | | | | |
|---|---|---|---|---|---|
| Designação | Comprimento do vão destravado da viga (cm) | | | | |
| | 400 | 500 | 600 | 800 | 1 000 |
| W 250 × 32,7 | 9 666 | 6 819 | 5 291 | 3 653 | 2 798 |
| W 250 × 38,5 | 12 432 | 9 420 | 7 410 | 5 208 | 4 031 |
| W 250 × 44,8 | 15 196 | 12 116 | 9 619 | 6 840 | 5 328 |
| W 250 × 73,0 | 31 651 | 29 844 | 28 036 | 24 421 | 18 612 |
| W 250 × 80,0 | 35 266 | 33 421 | 31 577 | 27 888 | 24 198 |
| W 250 × 89,0 | 39 907 | 38 021 | 36 135 | 32 362 | 28 589 |
| W 310 × 21,0 | 2 369 | 1 687 | 1 301 | 892 | 680 |
| W 310 × 23,8 | 2 943 | 2 126 | 1 659 | 1 154 | 888 |
| W 310 × 28,3 | 4 440 | 3 277 | 2 598 | 1 844 | 1 434 |
| W 310 × 32,7 | 5 914 | 4 432 | 3 550 | 2 551 | 1 999 |
| W 310 × 38,7 | 14 861 | 11 198 | 8 497 | 5 682 | 4 265 |
| W 310 × 44,5 | 17 709 | 13 922 | 10 683 | 7 262 | 5 510 |
| W 310 × 52,0 | 21 667 | 18 509 | 13 958 | 9 653 | 7 401 |
| W 310 × 97,0 | 53 004 | 50 325 | 47 646 | 42 289 | 36 932 |
| W 310 × 107,0 | 58 998 | 5 6251 | 53 505 | 48 011 | 42 518 |
| W 310 × 117,0 | 65 374 | 62 582 | 59 789 | 54 204 | 48 619 |
| W 360 × 32,9 | 7 729 | 5 460 | 4 186 | 2 843 | 2 155 |
| W 360 × 39,0 | 10 690 | 7 704 | 6 002 | 4 166 | 3 201 |
| W 360 × 44,0 | 18 684 | 13 828 | 10 392 | 6 846 | 5 088 |
| W 360 × 51,0 | 22 163 | 17 256 | 13 128 | 8 814 | 6 634 |
| W 360 × 57,8 | 25 647 | 20 762 | 15 940 | 10 845 | 8 233 |
| W 360 × 64,0 | 32 478 | 28 892 | 25 305 | 16 230 | 12 176 |
| W 360 × 72,0 | 37 020 | 33 250 | 29 481 | 1 9613 | 14 838 |
| W 360 × 79,0 | 41 996 | 38 066 | 34 135 | 23 568 | 17 954 |
| W 410 × 38,8 | 11 552 | 8 011 | 6 046 | 4 011 | 2 995 |
| W 410 × 46,1 | 15 618 | 11 057 | 8 493 | 5 781 | 4 390 |
| W 410 × 53,0 | 25 337 | 19 146 | 14 325 | 9 371 | 6 930 |
| W 410 × 60,0 | 29 976 | 23 910 | 18 079 | 12 025 | 8 996 |

*(continua)*

(*continuação*)

| Tabela 8.7 | | | | | |
|---|---|---|---|---|---|
| Designação | Comprimento do vão destravado da viga (cm) | | | | |
| | 400 | 500 | 600 | 800 | 1 000 |
| W 410 × 67,0 | 34 687 | 29 342 | 21 824 | 14 727 | 11 121 |
| W 410 × 75,0 | 39 474 | 33 834 | 25 917 | 17 692 | 13 458 |
| W 460 × 52,0 | 20 244 | 14 039 | 10 595 | 7 028 | 5 247 |
| W 460 × 60,0 | 26 680 | 18 800 | 14 385 | 9 739 | 7 370 |
| W 460 × 68,0 | 32 730 | 23 592 | 18 254 | 12 554 | 9 593 |
| W 460 × 74,0 | 42 824 | 36 376 | 27 269 | 18 030 | 13 432 |
| W 460 × 82,0 | 48 220 | 41 380 | 31 858 | 21 312 | 16 004 |
| W 460 × 89,0 | 54 068 | 46 927 | 37 328 | 25 241 | 19 086 |
| W 530 × 66,0 | 30 751 | 21 042 | 15 691 | 10 209 | 7 520 |
| W 530 × 72,0 | 44 467 | 37 209 | 26 422 | 16 454 | 11 711 |
| W 530 × 74,0 | 38 687 | 26 797 | 20 223 | 13 412 | 10 013 |
| W 530 × 82,0 | 54 028 | 46 061 | 34 602 | 21 973 | 15 890 |
| W 530 × 85,0 | 47 230 | 34 647 | 26 500 | 17 932 | 13 566 |
| W 530 × 92,0 | 63 201 | 54 504 | 42 611 | 27 562 | 20 216 |
| W 610 × 101,0 | 80 051 | 69 574 | 55 986 | 35 085 | 25 103 |
| W 610 × 113,0 | 92 253 | 80 903 | 67 565 | 43 054 | 31 222 |
| W 610 × 155,0 | 154 572 | 143 954 | 133 337 | 112 102 | 82 444 |
| W 610 × 174,0 | 176 122 | 164 713 | 153 304 | 130 485 | 99 577 |
| HP 200 × 53,0 | 16 810 | 15 647 | 14 483 | 12 157 | 7 863 |
| HP 200 × 71,0 | 25 507 | 24 260 | 23 013 | 20 520 | 18 027 |
| HP 250 × 62,0 | 24 915 | 23 232 | 21 548 | 18 181 | 12 236 |
| HP 250 × 85,0 | 35 274 | 33 478 | 31 682 | 28 090 | 24 498 |
| HP 310 × 79,0 | 39 523 | 37 121 | 34 719 | 29 914 | 21 556 |
| HP 310 × 93,0 | 47 739 | 45 180 | 42 621 | 37 502 | 32 384 |
| HP 310 × 110,0 | 57 390 | 54 717 | 52 045 | 46 700 | 41 355 |
| HP 310 × 125,0 | 65 439 | 62 716 | 59 994 | 54 549 | 49 104 |

**Tabela 8.8**
Momento fletor resistente em vigas eletro-soldadas ($f_y = 34{,}5$ kN/cm$^2$) em M (kN cm).

| Designação | Comprimento do vão destravado da viga (cm) | | | | |
|---|---|---|---|---|---|
| | 400 | 500 | 600 | 800 | 1.000 |
| **VE 150 × 13** | 1 073 | 795 | 632 | 450 | 351 |
| **VE 150 × 18** | 2 347 | 1 804 | 1 468 | 1 075 | 850 |
| **VE 200 × 16** | 2 259 | 1 586 | 1 210 | 816 | 616 |
| **VE 200 × 25** | 4 575 | 3 382 | 2 684 | 1 908 | 1 486 |
| **VE 250 × 18** | 2 694 | 1 858 | 1 396 | 919 | 682 |
| **VE 250 × 27** | 5 287 | 3 834 | 3 001 | 2 096 | 1 616 |
| **VE 300 × 26** | 7 167 | 4 879 | 3 621 | 2 338 | 1 712 |
| **VE 300 × 33** | 9 533 | 6 645 | 5 038 | 3 365 | 2 524 |
| **VE 350 × 35** | 14 685 | 10 965 | 8 061 | 5 118 | 3 701 |
| **VE 350 × 43** | 17 931 | 13 694 | 10 226 | 6 669 | 4 921 |
| **VE 400 × 44** | 24 459 | 20 898 | 15 692 | 9 800 | 6 992 |
| **VE 400 × 49** | 25 433 | 21 555 | 15 925 | 10 001 | 7 168 |
| **VE 450 × 51** | 29 003 | 24 124 | 17 511 | 10 861 | 7 703 |
| **VE 450 × 59** | 39 492 | 35 160 | 30 828 | 19 375 | 13 368 |
| **VE 500 × 61** | 44 617 | 39 514 | 34 411 | 21 109 | 14 442 |
| **VE 500 × 68** | 46 632 | 41 103 | 35 574 | 21 366 | 14 678 |
| **VE 500 × 73** | 56 271 | 50 449 | 44 626 | 29 413 | 20 593 |
| **VE 500 × 79** | 58 242 | 52 013 | 45 784 | 29 711 | 20 883 |
| **CVE 200 × 22** | 5 116 | 3 654 | 2 794 | 1 890 | 1 429 |
| **CVE 200 × 28** | 6 856 | 5 119 | 3 996 | 2 781 | 2 140 |
| **CVE 250 × 31** | 10 396 | 8 490 | 6 394 | 4 227 | 3 149 |
| **CVE 250 × 38** | 12 701 | 10 881 | 8 255 | 5 596 | 4 239 |
| **CVE 300 × 47** | 19 242 | 16 691 | 12 277 | 8 140 | 6 076 |

Deve-se verificar o valor da flecha da viga (vide Tabela 8.1). Os valores máximos para flecha em diversas situações são fornecidos na NBR 8800. Aqui se usará o valor-limite para viga de piso, L/350, em que L é o vão da viga. Para o caso de cálculo de flecha, não se consideram os coeficientes de segurança.

Caso a flecha calculada supere o valor-limite, não será necessário alterar a dimensão da viga. Isso serve de alerta de que a viga pode estar muito esbelta e de que possivelmente será necessária uma contraflecha. Contraflecha é a forma que o fabricante confere à viga, encurvando-a em sentido contrário ao carregamento, conforme valor fornecido pelo engenheiro de estruturas.

## Exemplos

1.  Pré-dimensionar uma viga de 5 m de vão livre, sem travamentos laterais e sujeita a um carregamento uniformemente distribuído de 0,2 kN/cm. Utilizar coeficiente global de segurança igual a 1,55.

## Solução

$$M = \frac{p\ell^2}{8} \frac{0,2 \times 500^2}{8} = 6\ 250 \text{ kN cm}$$

Valor de cálculo do momento fletor $M\gamma$ = 6 250 × 1,55 = 9 687,5 kN cm

Perfil soldado:

*Primeira tentativa* – escolhe-se o mesmo perfil soldado encontrado no exemplo da seção 8.4.1 (flambagem lateral contida): VS 200 × 41 ($b_f$ = = 12,5 cm; $t_f$ = 0,8 cm; $W_x$ = 385 cm$^2$). Para esse perfil tem-se:

$$L/b_f = 500/12,5 = 40$$
$$d/t_f = 20/0,8 = 25$$

Pela Figura 8.20, M/W ≤ 17 kN/cm$^2$, ou seja, $W_x$ ≥ 9 687,5/16 = 570 cm$^3$, portanto, esse perfil não é adequado.

*Segunda tentativa* – VS 300 × 37($b_f$ = 18 cm; $t_f$ = 0,95 cm; $W_x$ = 540 cm$^3$)

$$L/b_f = 500/18 = 36$$
$$d/t_f = 30/0,95 = 32$$

Pela Figura 8.20, M/W ≤ 16 kN/cm$^2$, ou seja, $W_x$ ≥ 9 687,5/16 = 605 cm$^3$, portanto, esse perfil ainda não é adequado.

*Terceira tentativa* – VS 350 × 39 ($b_f$ = 18 cm; $t_f$ = 0,95 cm; $W_x$ = 649 cm$^3$)

$$L/b_f = 500/18 = 36$$
$$d/t_f = 35/0,95 = 37$$

Pela Figura 8.20, M/W ≤ 16 kN/cm$^2$, ou seja, $W_x$ ≥ 9 687,5/16 = 605 cm$^3$, portanto, o perfil VS 350 × 39 é adequado.

*Observação*: O cálculo preciso conduz a momento resistente característico no perfil igual a 9 167 kN cm, contra 6 250 kN cm proposto nesse pré-dimensionamento.

Perfil laminado – pode-se empregar diretamente a Tabela 8.6 para valor de cálculo da força normal igual a 9.687,5 kN cm, encontrando-se:

W 310 × 38,7
(momento fletor = 11 198 kN cm)

Perfil eletrossoldado – pode-se empregar diretamente a Tabela 8.7 para valor de cálculo da força normal atuante igual a 9 687,5 kN cm, encontrando-se:

VE 350 × 35
(momento fletor = 10 965 kN cm)

Verificando flecha:

$$f = \frac{5}{384} \frac{p\ell^4}{E\,I},$$

com L = 500 cm, p = 0,2 kN/cm e E = 20.000 kN/cm$^2$

f = 0,72 cm para VS 350 × 39 ($I_x$ = 11 351 cm$^4$)
f = 0,95 cm para W 310 × 38,7 ($I_x$ = 8 581 cm$^4$)
f = 0,84 cm para VE 350 × 35 ($I_x$ = 9 664 cm$^4$)

Todos os perfis atendem o valor-limite de 500/350 = 1,43 cm.

2.  Pré-dimensionar uma viga de 10 m de vão com travamento lateral central, sujeita a um carregamento de 0,15 kN/cm. Utilizar coeficiente global de segurança igual a 1,55.

## Solução

$$M = \frac{p\ell^2}{8} = \frac{0,15 \times 1.000^2}{8} = 18.750 \text{ kN cm}$$

Valor de cálculo do momento fletor Mγ = 1,55 × 18 750 = 29 063 kN cm.

Caso houvesse travamento lateral contínuo, o módulo resistente necessário seria:

$$W_x \geq \frac{M}{f_y} = \frac{18.750}{25} = 750 \text{ cm}^3$$

Perfil soldado:

*Primeira tentativa* – das tabelas de perfis do Anexo deste livro, encontra-se VS 400 × 41 ($b_f$ = 18 cm; $t_f$ = 0,95 cm; $W_x$ = 762 cm$^2$). Lembrando que, neste exemplo, o vão para flambagem lateral é = 1 000/2 = 500 cm, tem-se:

$$L/b_f = 500/18 = 28$$
$$d/t_f = 40/0,95 = 42$$

Pela Figura 8.20, M/W ≤ 20 kN/cm$^2$, ou seja, $W_x$ ≥ 29 063/20 = 1.453 cm$^3$, portanto, esse perfil não é adequado.

*Segunda tentativa* – VS 550 × 64 ($b_f$ = 25 cm; $t_f$ = 0,95 cm; $W_x$ = 1547 cm$^3$)

$$L/b_f = 500/25 = 20$$
$$d/t_f = 55/0,95 = 58$$

Pela Figura 8.20, M/W ≤ 24 kN/cm$^2$, ou seja, $W_x$ ≥ 29 063/24 = 1.210 cm$^3$, portanto, esse perfil ainda não é adequado, pois o $W_x$ está exagerado.

*Terceira tentativa* (tentando economizar) – VS 450 × 59 ($b_f$ = 25 cm; $t_f$ = 0,95 cm; $W_x$ = 1.211 cm$^3$)

$$L/b_f = 500/25 = 20$$
$$d/t_f = 45/0,95 = 47$$

Pela Figura 8.20, M/W ≤ 24 kN/cm$^2$, ou seja, $W_x$ ≥ 29 063/24 = 1.210 cm$^3$, portanto, esse perfil é adequado.

*Observação*: O cálculo preciso conduz a momento resistente característico desse perfil igual a 20 000 kN cm, contra 18 750 kN cm proposto nesse pré-dimensionamento.

Perfil laminado – pode-se empregar diretamente a Tabela 8.6 para valor de cálculo do momento fletor igual a 29 063 kN cm, encontrando-se:

W 410 × 67,0
(momento fletor = 29 342 kN cm)

Perfil eletrossoldado – pode-se empregar diretamente a Tabela 8.7 para valor de cálculo da força normal atuante igual a 29 063 kN cm, encontrando-se:

VE 450 × 59
(momento fletor = 35 160 kN cm)

Verificando flecha:

$$\frac{5}{384} \times \frac{p\ell^4}{E\,I},$$

com L = 1 000 cm, p = 0,15 kN/cm, E = 20 000 kN/cm$^2$

f = 3,58 cm para VS 450 × 59 ($I_x$ = 27 249 cm$^4$)
f = 3,96 cm para W 410 × 67,0 ($I_x$ = 24 678 cm$^4$)
f = 3,58 cm para VE 450 × 59 ($I_x$ = 27 283 cm$^4$)

As flechas de todos os perfis ultrapassam o valor-limite de 1 000/350 = 2,86 cm. Em princípio, seria necessário prever contraflecha. Conforme já esclarecido neste texto, essa é apenas uma análise inicial, o cálculo a ser a ser feito pelo engenheiro estruturista pode alterar essa conclusão.

## 8.5 Pré-dimensionamento de pilares sob flexão composta

O efeito do vento em pilares não pode ser desprezado no caso de edifícios sem contraventamentos, isto é, quando os pilares fazem parte de pórticos deslocáveis. Nesse caso, deve-se avaliar a pressão do vento (Seção 8.1.2 deste livro), calcular os esforços solicitantes (momento fletor e força normal) nos pilares, via computador, e em seguida dimensionar o pilar à flexocompressão. O uso de programas de computador é fundamental, mesmo para um pré-dimensionamento, no entanto, grosseiramente, o momento atuante num pilar poderá ser avaliado pela expressão:

$$M = \frac{p \times \ell^2}{2} \times b \times \frac{m}{n}$$

Em que
    p    é a pressão do vento (kN/m$^2$)
    b    é a distância entre pórticos (m)
    $\ell$    é a altura do andar (comprimento do pilar) (m)
    m    é o número de andares
    n    é o número de pilares

conforme a Figura 8.21.

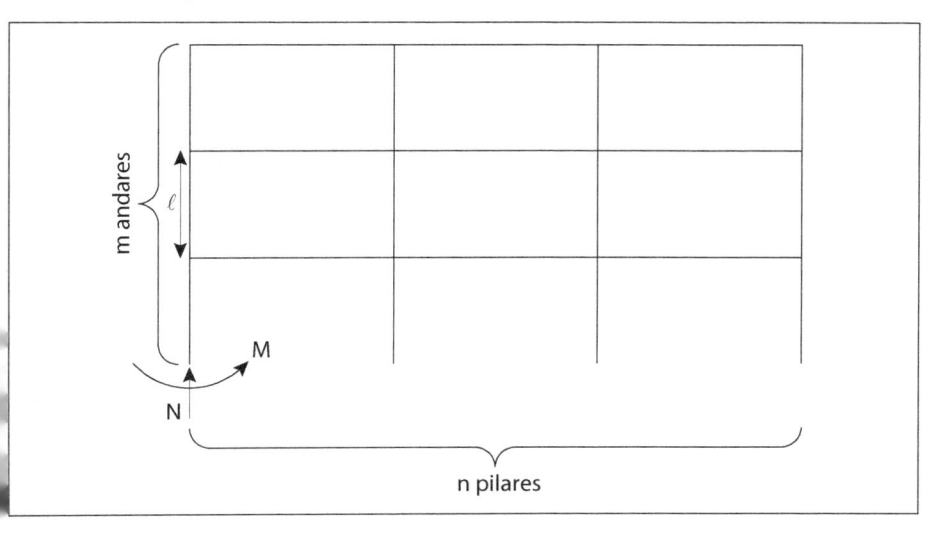

**Figura 8.21**
Pórtico deslocável.

Para pré-dimensionamento à flexocompressão, caso se empregue o coeficiente global de segurança igual a 1,55, sugere-se utilizar a seguinte expressão de interação:

$$\frac{1,55 \times N}{N_R} + \frac{1,55 \times M}{M_R} \leq 1,0$$

onde

N e M são, respectivamente, a força normal e o momento fletor atuantes determinados conforme a Seção 8.1 deste livro.

$N_R$ e $M_R$ são, respectivamente, a força normal e o momento fletor resistentes, ou seja, correspondem aos valores de N e M retirados dos gráficos ou tabelas das Seções 8.3 e 8.4.2, respectivamente.

## 8.6 Pré-dimensionamento de travamentos em forma de "x"

As barras pertencentes a travamentos em "X" devem ser dimensionadas a partir dos esforços de vento. No caso de pórticos indeslocáveis (edifícios com contraventamentos), pode-se desprezar o efeito do vento nos pilares, mas não nos travamentos. Conhecida a pressão do vento sobre o edifício, por área de influência (Figura 8.22), determinam-se os esforços nos contraventamentos. No caso da Figura 8.22, a diagonal mais solicitada terá a seguinte força de tração:

$$N = p \times b \times H \times \frac{\sqrt{\ell^2 + a^2}}{a}$$

Em que:
    $p$   é a pressão do vento $(kN/m^2)$
    $b$   é a largura da área de influência (m)
    $H$   é a altura do edifício (m)
    $\ell$   e $a$ são as distâncias indicadas na Figura 8,23 (m)

Para efeito de pré-dimensionamento pode-se estimar a seção da barra tracionada por meio da seguinte expressão:

$$A \geq \frac{N}{f_y}$$

onde
    A – área do tirante
    N – força de tração solicitante no tirante
    $f_y$ – resistência do aço

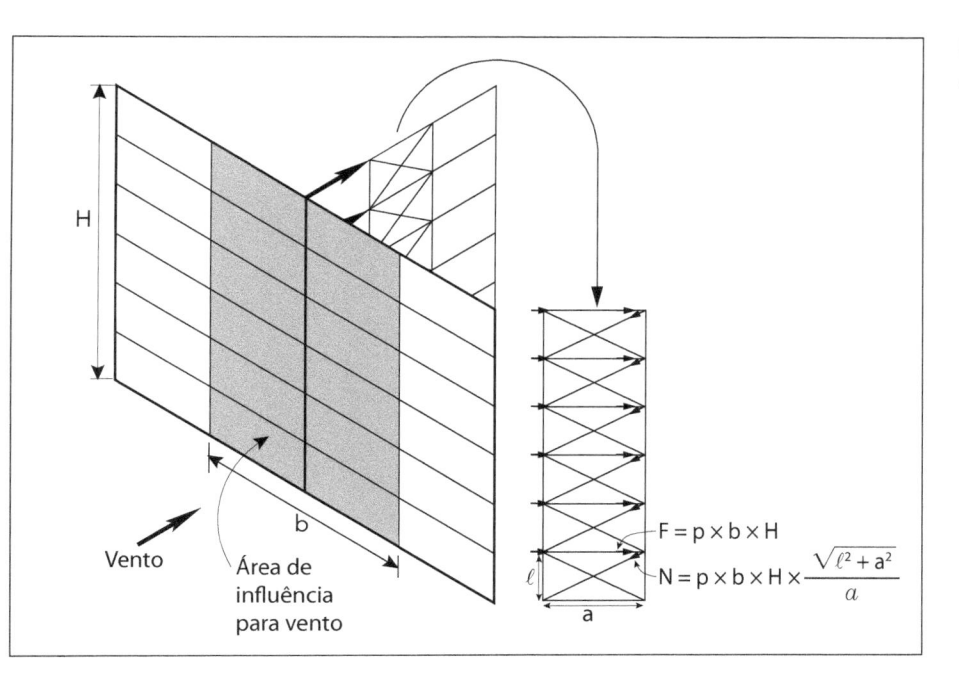

**Figura 8.22**
Área de influência para vento.

Todos os valores devem ser afetados pelos respectivos coeficientes de ponderação (segurança), ou por simplicidade por um coeficiente global igual a 1,55.

Recomenda-se, para evitar vibração, respeitar também a seguinte expressão:

$$r \geq \frac{L}{300}$$

onde:
   r – menor raio de giração da seção transversal
   L – comprimento do tirante

# Capítulo 9

# Estruturas Mistas

As estruturas constituídas de vários materiais trabalhando em conjunto para suportar esforços são denominadas de estruturas mistas. É o caso de vigas, lajes e pilares mistos de aço e concreto.

No século XIX, já se empregava o aço na construção de edifícios de múltiplos andares e era conhecida a necessidade de proteção contra incêndio e corrosão. Na falta de materiais mais adequados, à época, o concreto era empregado como revestimento parcial ou total de vigas e pilares. As espessuras de concreto eram grandes, pois o material não era apropriado para revestimento contra fogo. Foi natural, pois, evoluir para a armação do concreto com o objetivo de que ele também tivesse função estrutural. Surgiram, assim, as estruturas mistas. Trata-se de uma solução teoricamente perfeita, porque se aproveitam as qualidades de ambos os materiais. No entanto, cabe sempre uma análise de viabilidade econômica.

## 9.1 Lajes mistas

Uma laje de concreto demanda armadura inferior para resistir aos esforços de tração. No caso das lajes mistas, essa armadura é substituída por uma fôrma de aço (Figura 9.1), que passa a exercer as duas funções: a de armadura e a de fôrma propriamente dita.

Para garantir a aderência entre concreto e fôrma, são previstas mossas na superfície da fôrma (Figura 9.2).

As vantagens do uso da fôrma de aço incorporada são: economia de concreto devida às reentrâncias da fôrma; limpeza da obra, pois a fôrma serve de plataforma de trabalho; eliminação de pontaletes, se os vãos entre as vigas-suporte da fôrma forem de até 3 m; rapidez de montagem; incorporação de tubulações e outras utilidades nas ondas da fôrma; eliminação da desfôrma, entre outras. Algumas desvantagens são: necessidade do uso de forro falso para esconder a fôrma por razões estéticas; maior quantidade de vigas secundárias para suportar a fôrma caso se opte por não usar pontaletes; e pode ser necessária uma armadura inferior para resistir aos esforços, em caso de incêndio, dependendo das exigências de resistência ao fogo. Portanto, é necessário um estudo econômico para verificar a viabilidade de seu uso.

**Figura 9.1**
Laje mista de aço e concreto Fonte: <www.metform.com.br/website/produtos/steeldeck_index.php>.

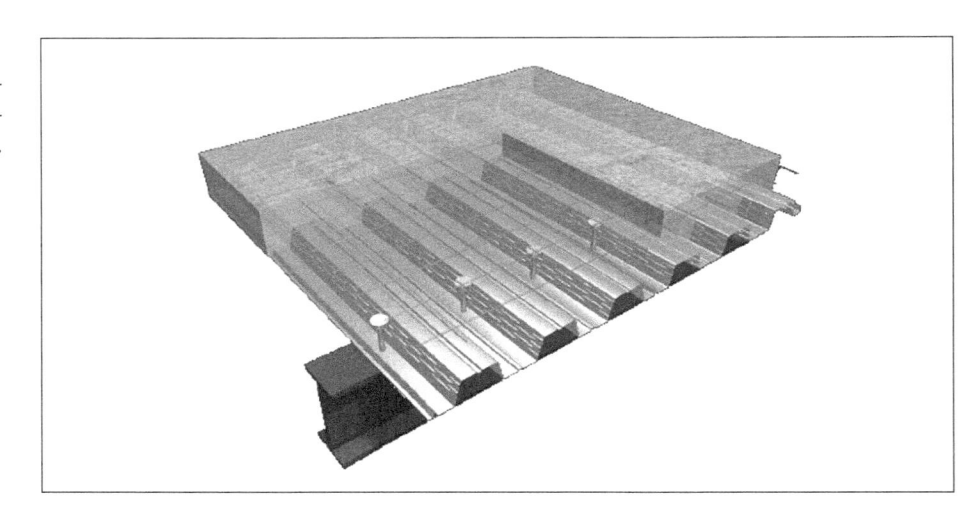

**Figura 9.2**
Mossas de uma fôrma de aço (foto do autor).

O dimensionamento das lajes mistas é similar ao das lajes de concreto, acrescentando-se a verificação do cisalhamento horizontal entre fôrma e concreto. Por se tratar de um produto industrializado e, portanto, padronizado, geralmente os fabricantes tornam disponíveis tabelas para facilitar a escolha da fôrma de dimensões padronizadas mais adequada ao carregamento e aos vãos de projeto.

## 9.2 Pilares mistos

A NBR 8800 provê recomendações para o dimensionamento de quatro tipos de pilares mistos de aço e concreto. São eles: pilar totalmente revestido (Figura 9.3), pilar parcialmente revestido (Figura 9.4), pilar preenchido tubular retangular (Figura 9.5a) e circular (Figura 9.5b).

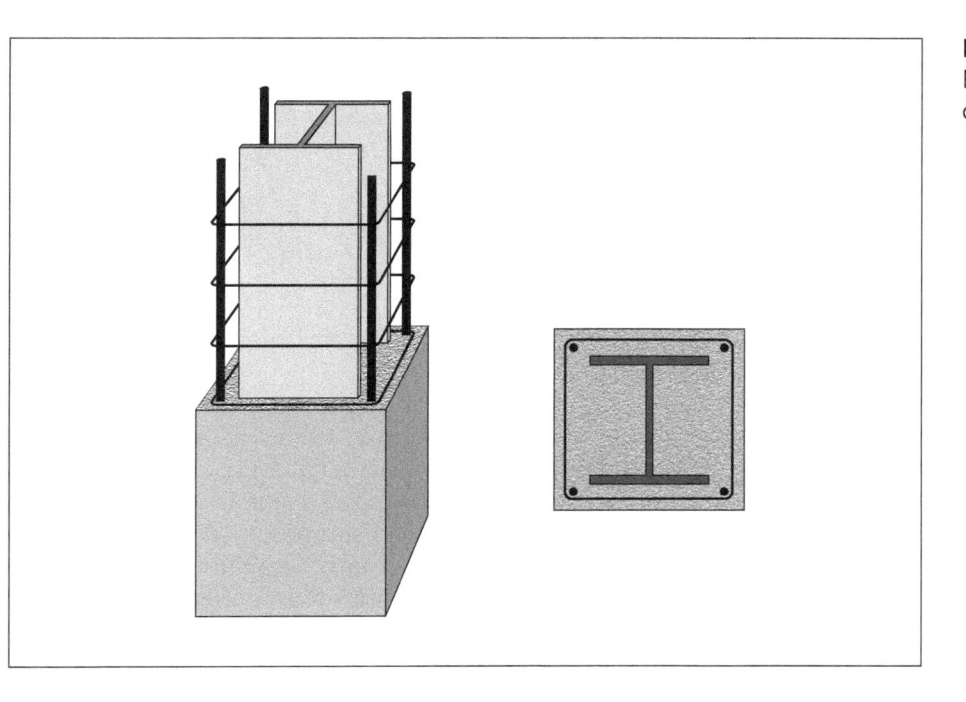

**Figura 9.3**
Pilar totalmente envolvido por concreto.

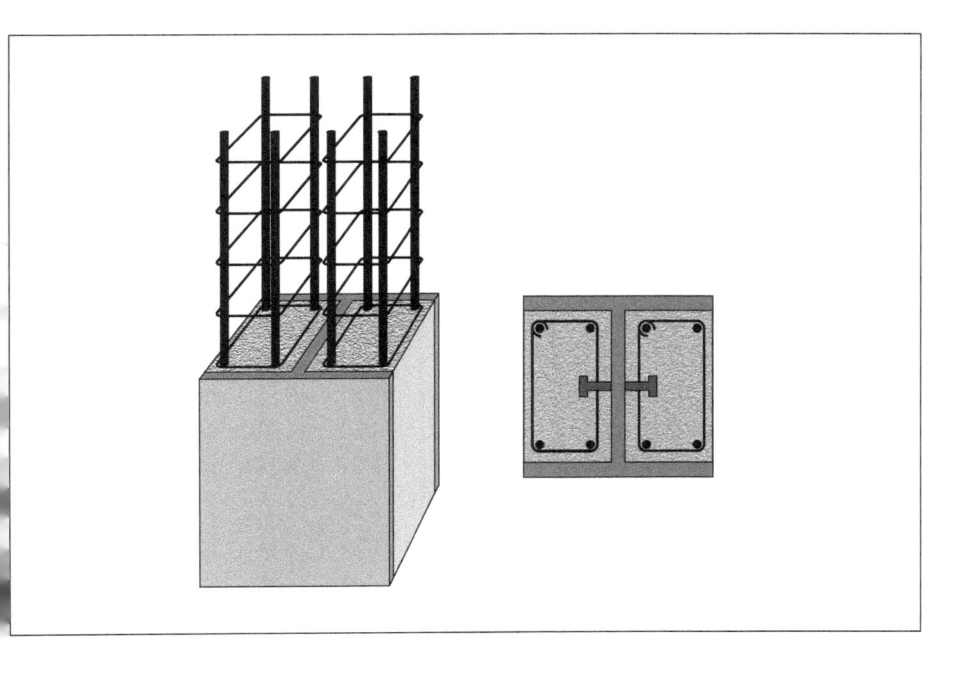

**Figura 9.4**
Pilar parcialmente revestido por concreto.

**Figura 9.5**
Pilares tubulares preenchidos com concreto.

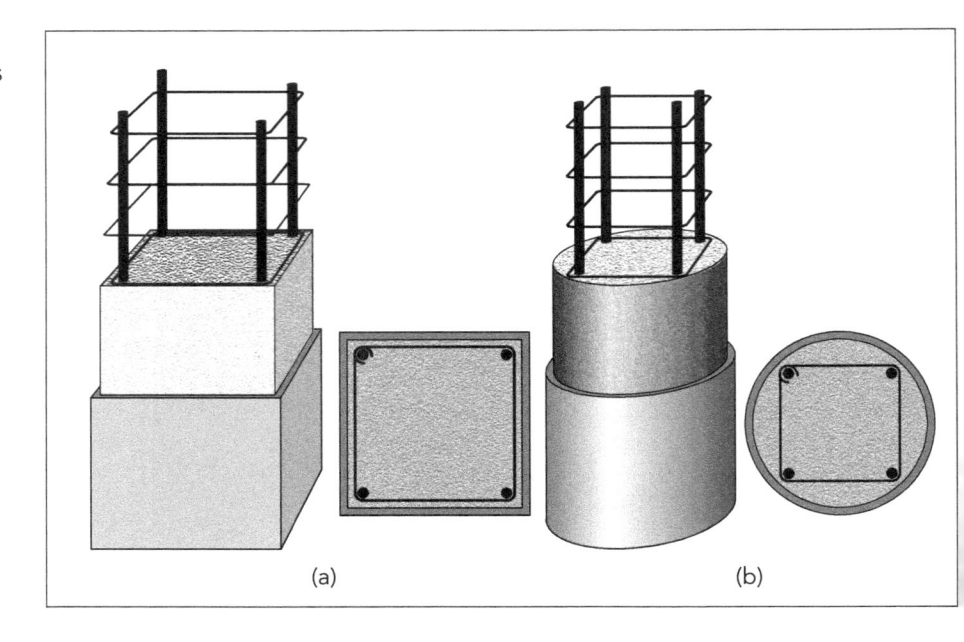

(a)                                    (b)

A principal vantagem do pilar misto é aproveitar a maior resistência do aço e a maior rigidez da estrutura de concreto, em razão de suas maiores dimensões, conferindo ao sistema misto maior capacidade resistente e menor deslocabilidade lateral da edificação. Aumenta-se também, significativamente, a resistência ao fogo. Entretanto, os pilares com faces de aço expostas ao eventual incêndio não estão automaticamente isentos de revestimento contra fogo. Deve-se fazer a verificação estrutural em incêndio.

O pilar misto tem grande capacidade resistente, e por isso o custo-benefício pode ser alto quando empregado para pequenos carregamentos, em edifícios baixos. Demanda, pois, um estudo de viabilidade econômica.

## 9.3 Vigas mistas

Em obras de edifícios de médio e grande porte, em que se usam vigas isostáticas de aço sob lajes de concreto, quase sempre é mais econômico o uso de vigas mistas.

A flexão de uma viga isostática causa compressão na mesa superior do perfil. A laje de concreto pode ser colaborante, ou seja, contribuir na capacidade resistente à compressão, reduzindo, assim, as dimensões do perfil. Além disso, há redução da flecha.

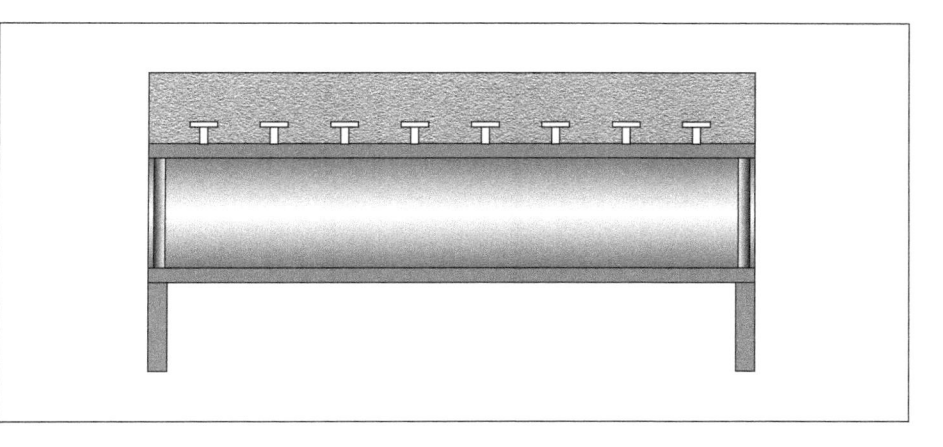

**Figura 9.6**
Viga mista.

Para que a laje seja colaborante, deve garantir-se que os esforços da viga passem para a laje, o que se consegue usando conectores de cisalhamento soldados na mesa superior da viga e embutidos na laje (Figura 9.6). Esses conectores podem ser pino com cabeça, conhecidos como *stud bolt* (Figura 9.7), ou perfis com seção em forma de "U", ou qualquer outro dispositivo, desde que ensaiado previamente. Os dois primeiros são mais utilizados e têm resultados de ensaios conhecidos e normatizados.

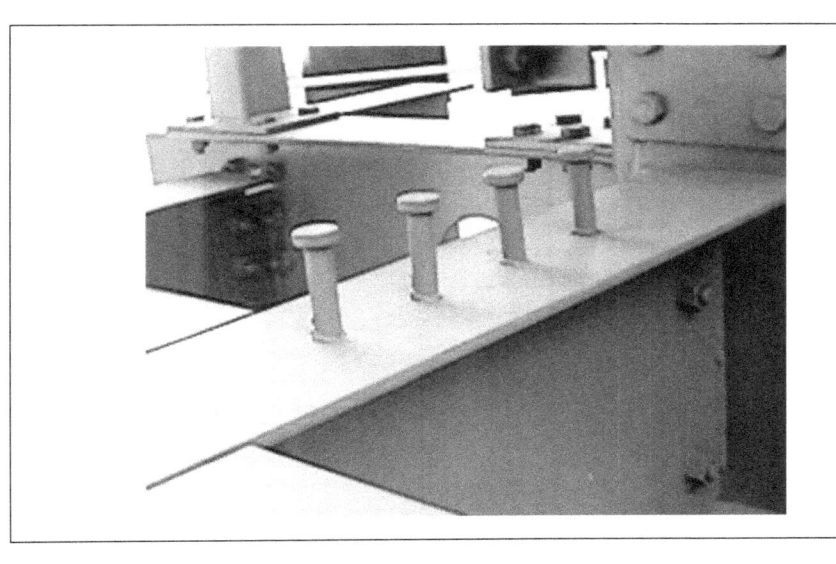

**Figura 9.7**
Pino com cabeça (*stud bolt*).

Para efeito de pré-dimensionamento do perfil de aço, pode-se admitir que o conjunto misto de aço e concreto equivale a um perfil de aço com módulo resistente igual a $1,5\,W_x$ da viga de aço isolada. Portanto, emprega-se o mesmo procedimento adotado para as vigas de aço continuamente travadas e o perfil é pré-dimensionado para $W_x/1,5$, sendo o $W_x$ aquele encontrado no cálculo.

# Capítulo 10

# Concepção das Conexões

O projeto da *conexão* entre vigas e pilares pode influir significativamente no custo da estrutura. Ele deve ser concebido considerando-se: o comportamento da conexão (rígida ou articulada, por contato ou por atrito etc.), limitações construtivas, facilidade de fabricação (padronização de soluções, facilitar automatização, acesso para soldagem etc.) e montagem (simplicidade, acesso para o parafusamento, suportes temporários etc.).

As conexões são executadas por meio de soldagem ou parafusamento. As ligações rebitadas deixaram de ser utilizadas há anos em razão de: utilização de mão de obra especializada, instalação lenta, pequena capacidade resistente e com grande variabilidade e dificuldade para inspeção.

## 10.1 Conexões parafusadas

Os *parafusos* são constituídos de cabeça, fuste e rosca (Figura 10.1). O parafuso é identificado pelo diâmetro do fuste (diâmetro nominal), no entanto, a resistência à tração do parafuso é função do diâmetro do fundo de rosca (diâmetro efetivo). A área efetiva vale cerca de 75% da área nominal.

Os parafusos dividem-se em: parafusos comuns e de alta resistência.

Os *parafusos comuns* são empregados apenas em peças secundárias, como: guarda-corpos, corrimãos, terças e longarinas de fechamento pouco solicitadas. Possuem baixa resistência mecânica. O tipo mais empregado segue a especificação norte-americana ASTM A307 com 41,5 kN cm$^2$ (4 150 kgf/cm$^2$) de resistência à ruptura por tração. A instalação é feita com chave manual comum e sem controle de torque. Despreza-se a eventual resistência por atrito entre as chapas conectadas, permitindo-se, portanto, a movimentação entre elas.

**Figura 10.1**
Parafuso.

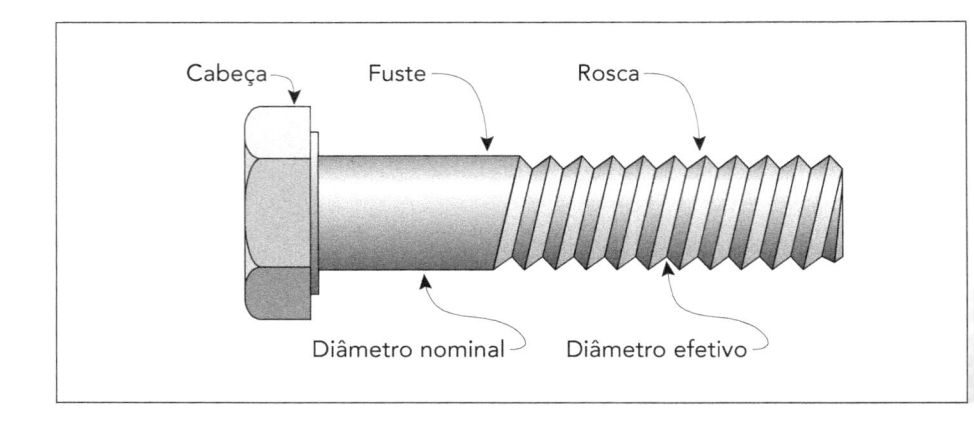

Os *parafusos de alta resistência* são empregados nas ligações de maior responsabilidade. O tipo mais utilizado segue a especificação norte-americana ASTM A-325 com resistência à ruptura por tração de 82,5 kN/$cm^2$ para parafusos com diâmetro inferior ou igual a 25,4 mm e 72,5 kN/$cm^2$ para parafusos com maior diâmetro. Por causa da maior resistência, usam-se menos parafusos por ligação e, por decorrência, menores chapas de ligação. O parafuso de alta resistência deve ter torque controlado. Após um aperto inicial empregando chave comum, aplica-se o torque, cujo controle pode ser feito por torquímetro ou chave pneumática. Esses equipamentos devem ser calibrados diariamente conforme prescrições normativas. Alternativamente, o torque pode ser avaliado controlando-se a rotação da porca.

O torque aplicado causa uma força normal entre as chapas, permitindo, assim, considerar o atrito entre elas. Na Figura 10.2 apresenta-se uma *ligação por atrito* submetida a força cortante. Nesse caso, a força aplicada não causa deslocamentos entre as chapas e, portanto, não há contato entre elas e o parafuso. A ligação por atrito proporciona maior rigidez à ligação e impede a movimentação das partes conectadas. São de particular importância em conexões submetidas a esforços alternados.

Caso, no dimensionamento à força cortante, se desconsidere o atrito entre as chapas, elas sofrerão deslocamento relativo e haverá contato com o parafuso – como se observa na Figura 10.3 –, ao qual será transferido o esforço externo. Esse tipo de ligação é conhecido como *ligação por contato.*

Além das *ligações à força cortante*, têm-se as *ligações à tração* (Figura 10.4) e as sujeitas aos esforços combinados de tração e força cortante.

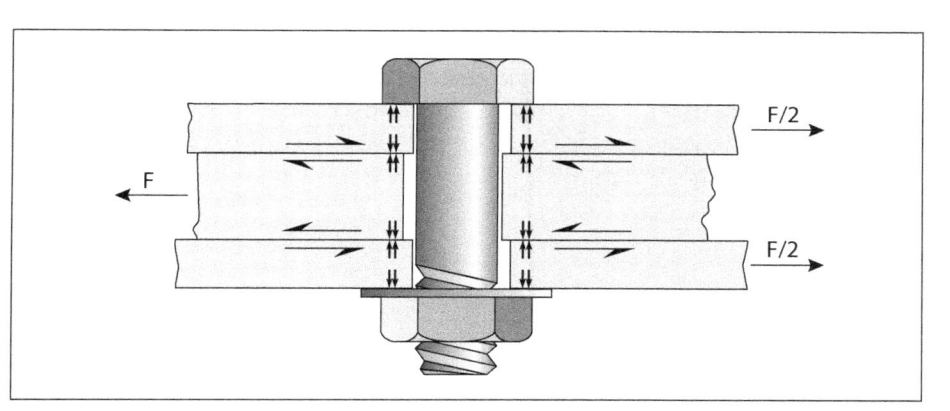

**Figura 10.2**
Ligação à força cortante, por atrito.

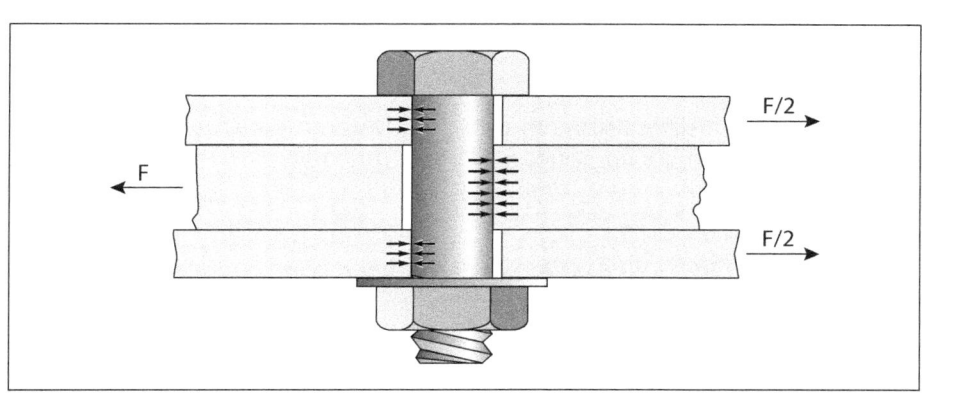

**Figura 10.3**
Ligação à força cortante, por contato.

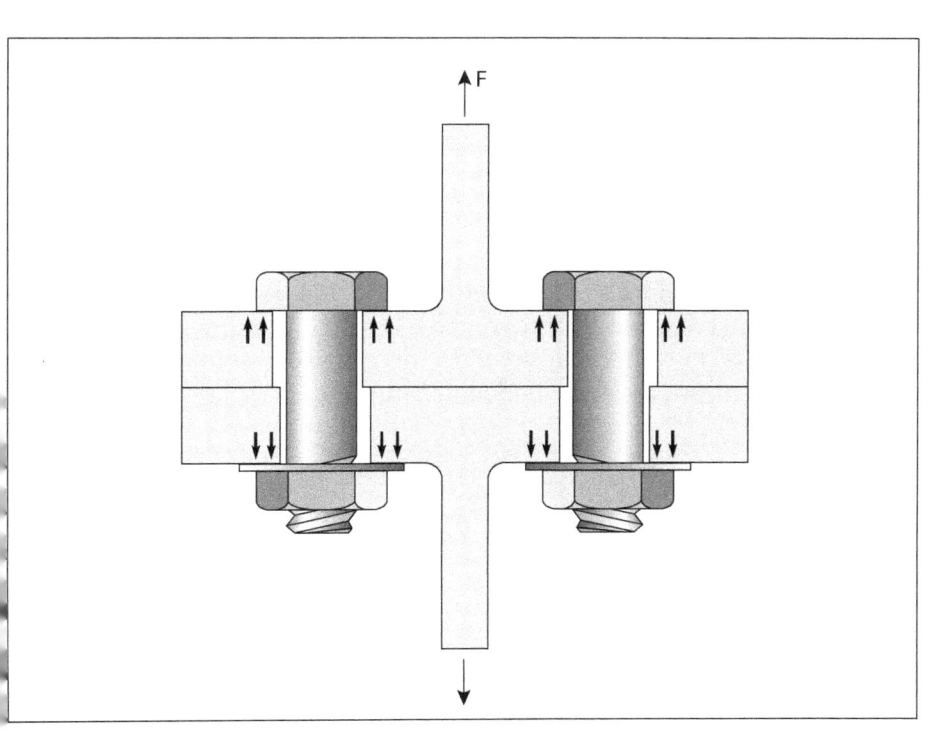

**Figura 10.4**
Ligação à tração.

Os parafusos devem ser compatíveis com os aços dos elementos ligados. É o caso dos aços resistentes à corrosão atmosférica, em que se deve especificar os parafusos conforme a ASTM A325 Tipo 3, ou similar. Esses parafusos têm a mesma resistência dos ASTM A325, porém, com resistência à corrosão atmosférica.

## 10.2 Conexões soldadas

As conexões soldadas são mais rígidas. A ausência das reentrâncias de parafusos e porcas facilita a limpeza e a pintura, além de melhorar o acabamento final. São mais simples de serem executadas em estruturas existentes. O custo de fabricação é menor, pois não há furações e emprega-se menos material do que nas parafusadas, em vista de as dimensões serem reduzidas.

Por outro lado, a desmontagem é mais difícil e o controle de qualidade na obra torna-se mais complicado de ser aplicado.

## 10.3 Comportamento das conexões

Modela-se uma conexão como *flexível* (articulação) ou *rígida* (engastamento). Ao se aplicar um momento fletor, uma ligação rígida não permite rotação, ou seja, o ângulo de rotação entre as partes conectadas é zero. Na ligação flexível, ao contrário, esse ângulo seria infinito, ou seja, a rotação é livre. É claro que, na prática, esses limites são inatingíveis. Por análise experimental, pode-se determinar o valor do ângulo de rotação entre as partes conectadas, isto é, o grau de rigidez da ligação. Para efeito de projeto, as ligações "mais rígidas" são admitidas como rígidas, e as ligações "menos rígidas", como flexíveis (Figura 10.5). Atualmente, é possível considerar, via programas de computador, a semirrigidez das ligações.

As conexões rígidas ou as flexíveis podem ser concebidas utilizando-se tanto parafusos quanto solda (Figura 10.6). É a concepção da ligação que traduz o seu funcionamento, e não o conector empregado. Tendo em vista o controle de qualidade exigido em conexões soldadas, é comum empregar parte das conexões soldadas, em fábrica, e parte parafusada, em obra.

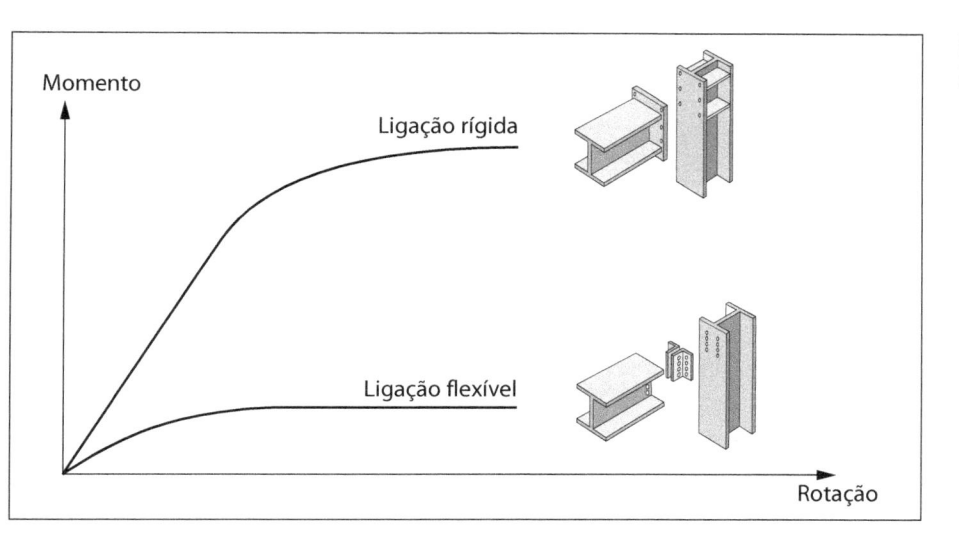

**Figura 10.5**
Ligação rígida e flexível.

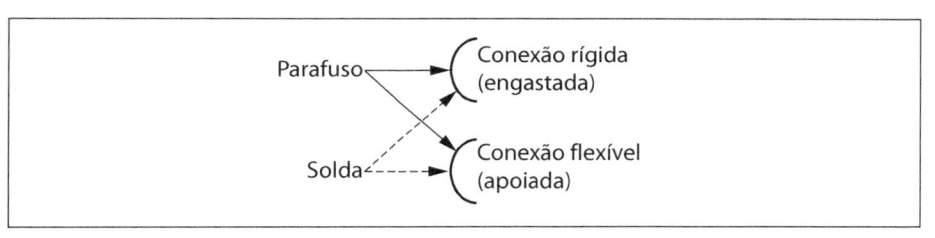

**Figura 10.6**
Combinação de conectores.

Apresentam-se a seguir exemplos de projetos de conexões.

## 10.3.1 Conexões flexíveis

As conexões flexíveis devem ser concebidas de maneira a garantir: que as reações de apoio sejam transmitidas ao pilar ou viga que as recebem; a rotação de uma peça em relação à outra no plano da flexão (plano da alma no caso de uma viga com seção em forma de "I" ou "U" fletida em torno do eixo de maior inércia); e que a rotação em torno do eixo longitudinal seja impedida.

A seguir, são apresentados alguns tipos padronizados de conexões que se comportam como flexíveis.

### Conexão com cantoneira de alma

As Figuras 10.7 e 10.8 apresentam as ligações flexíveis com dupla cantoneira de alma (uma cantoneira em cada face da alma). A reação de apoio é transmitida ao pilar diretamente pelas cantoneiras. A rotação em torno do eixo longitudinal é impedida pelas cantoneiras, que, para isso, devem ter uma altura mínima, padronizada. A rotação da viga no plano da alma é permitida por causa da flexibilidade das cantoneiras.

**Figura 10.7**
Ligação flexível com cantoneiras de alma, na direção de maior inércia.

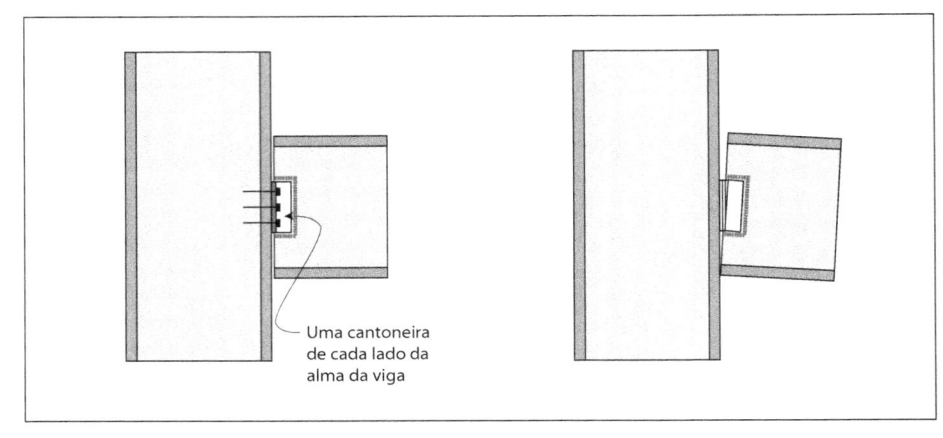

**Figura 10.8**
Ligação flexível com cantonei-ras de alma na direção de me-nor inércia.

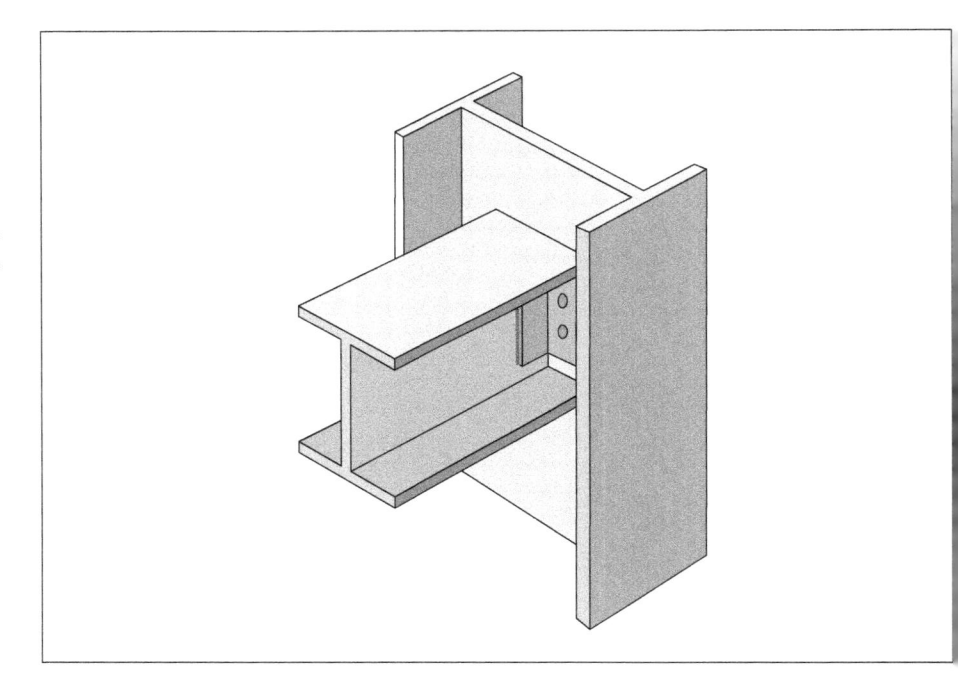

No caso apresentado na Figura 10.8, se a largura da viga interferir com as mesas do pilar, a mesa da viga pode ser cortada, pois, por ser uma ligação articulada, não há momento fletor e, por consequência, forças nas mesas junto ao apoio.

O ideal nesse tipo de conexão é que as cantoneiras venham, de fábrica, soldadas na viga, e, em obra, seja feito o parafusamento.

Caso seja necessário usar solda em obra, a aba da cantoneira em conta-to com o pilar deve receber somente solda vertical. Soldagem horizontal prejudicaria o movimento da cantoneira que permite a rotação no plano da alma da viga. As cantoneiras jamais devem vir de fábrica soldadas no pilar, pois isso pode inviabilizar a montagem da viga, em virtude de ela não se encaixar no espaço entre cantoneiras.

## Conexão com cantoneira de assento

A conexão flexível que emprega cantoneiras ligadas às mesas é apresentada na Figura 10.9. A reação de apoio é transmitida ao pilar pela cantoneira inferior. A cantoneira superior é prevista para evitar o deslocamento lateral e a rotação da viga em relação ao eixo longitudinal. Essas cantoneiras devem ser suficientemente flexíveis para permitir a rotação da viga em relação ao pilar. Uma desvantagem de tal esquema é que essa cantoneira pode interferir com as placas de piso. No caso, a cantoneira superior pode ser colocada na alma da viga.

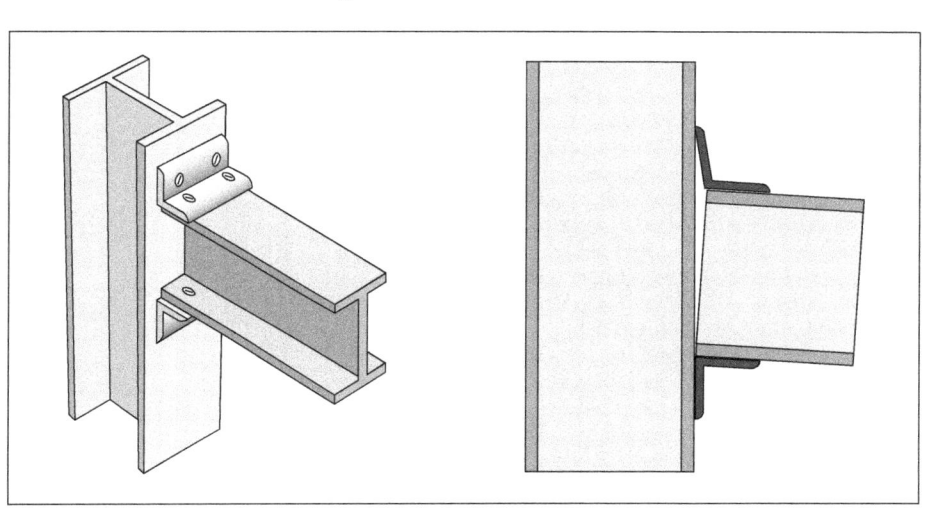

**Figura 10.9**
Ligação flexível com cantoneiras nas mesas.

Caso seja utilizada solda, deve ser evitada a soldagem vertical no contato entre cantoneira superior e pilar para não prejudicar a rotação da viga no plano de flexão. Mas é aconselhável usar solda vertical na fixação entre cantoneira inferior e pilar. Solda horizontal causa transferência de esforços transversais ao pilar (Figura 10.10).

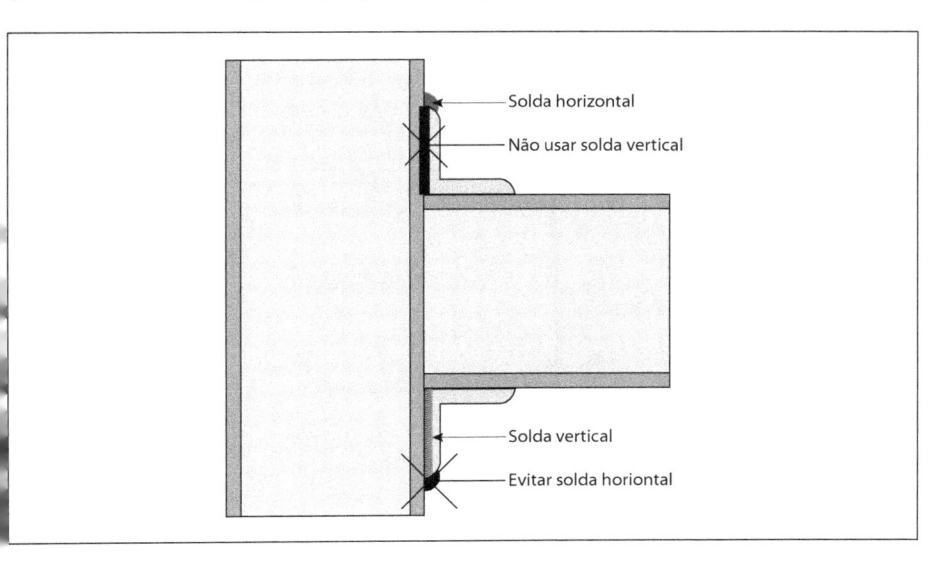

**Figura 10.10**
Ligação com cantoneiras soldadas à viga e pilar.

## Conexão com chapa de extremidade

Na Figura 10.11 é apresentada a conexão flexível com chapa de extremidade. A reação de apoio é transmitida ao pilar por meio da chapa. Essa chapa deve ter dimensões suficientes para evitar a rotação da viga em relação ao seu eixo longitudinal. E deve ter suficiente flexibilidade para permitir, por flexão entre parafusos, a rotação da viga em relação ao pilar.

**Figura 10.11**
Ligação flexível com chapa de extremidade.

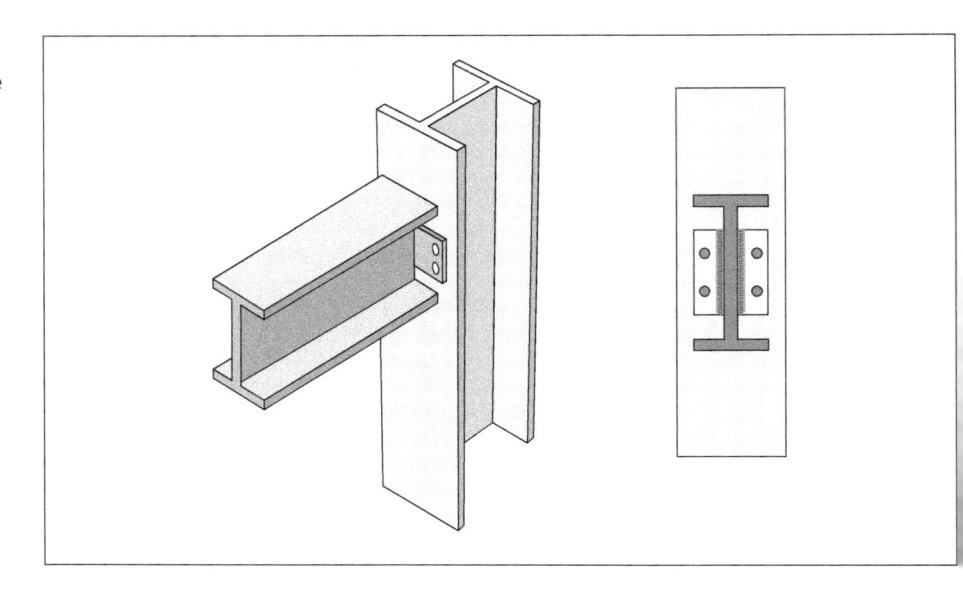

## Conexão com chapa de alma

Na Figura 10.12 é apresentada a conexão flexível com chapa de alma. A reação de apoio é transmitida ao pilar por meio da chapa. Essa chapa deve ter dimensões suficientes para evitar a rotação da viga em relação ao seu eixo longitudinal. A rotação da viga em relação ao pilar é conseguida pela elasticidade da chapa e pelas folgas dos parafusos.

**Figura 10.12**
Ligação flexível com chapa de alma.

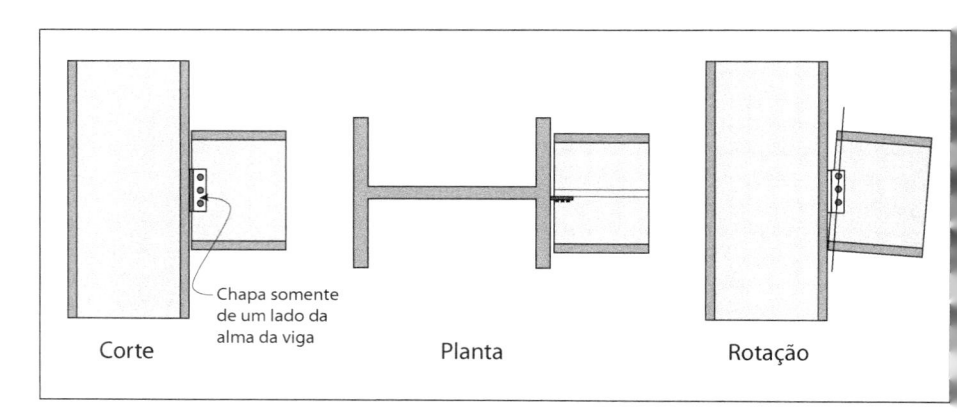

## 10.3.2 Conexões rígidas

As conexões rígidas devem ser concebidas de forma a garantir: que as reações de apoio sejam transmitidas ao pilar ou viga que as recebem; e que a rotação em torno do eixo longitudinal e a rotação de uma peça em relação à outra no plano da flexão sejam impedidas.

Os esforços externos são transferidos através dos pilares e vigas, por meio de momento fletor, força cortante e força normal de compressão ou de tração. Para facilitar o entendimento do comportamento de uma conexão rígida, admite-se que o binário que compõe o momento fletor atue somente nas mesas da viga (Figura 10.13). Então, o momento fletor é transferido da viga ao pilar ao se ligar às mesas. Como a alma também deve ser ligada para a transmissão da força cortante, tem-se que toda a seção transversal é ligada. Assim, a rotação em torno do eixo longitudinal da viga é, naturalmente, impedida.

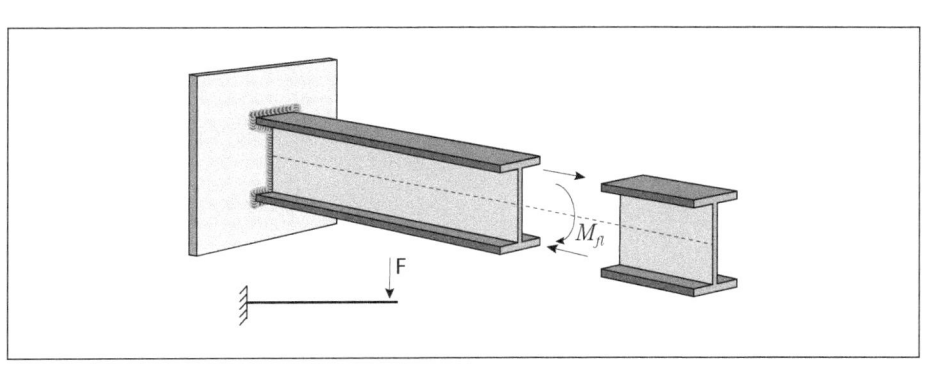

**Figura 10.13**
Transmissão do momento fletor.

## Conexões com chapa de extremidade

Na Figura 10.14, vê-se uma conexão rígida com chapa de extremidade com todos os elementos necessários ao desempenho da ligação.

Admitindo-se que a mesa superior da viga é tracionada, a transmissão dos esforços da viga ao pilar (Figura 10.15) é feita na sequência apresentada a seguir.

A força axial à mesa tracionada provoca flexão da chapa de extremidade entre os parafusos que a ligam ao pilar. Os parafusos, por tração, transmitem o esforço à mesa do pilar, que tende a deformar-se por flexão. Essa flexão é impedida pela colocação de uma chapa (nervura) soldada à mesa e à alma do pilar, ao nível da mesa superior (tracionada) da viga. Essa chapa, por sua vez, transmite o esforço, por força cortante, através das soldas, à alma do pilar.

A força axial à mesa comprimida da viga é transmitida à mesa do pilar, por contato direto, sem que haja tendência de flexão da mesa. A alma do pilar é protegida contra enrugamento por intermédio de uma chapa (nervura) ao nível da mesa inferior (comprimida) da viga. Essa chapa, soldada à mesa e à alma do pilar, transmite o esforço, por força cortante, à alma do pilar.

A reação de apoio é transmitida ao pilar por intermédio dos parafusos submetidos à força cortante. Dessa forma, há parafusos submetidos apenas à cortante (inferiores, no caso descrito) e simultaneamente à cortante e à tração (superiores). Essa é a causa de haver mais parafusos na parte de cima da ligação.

**Figura 10.14**
Ligação rígida entre viga e pilar com chapa de extremidade na direção de maior inércia

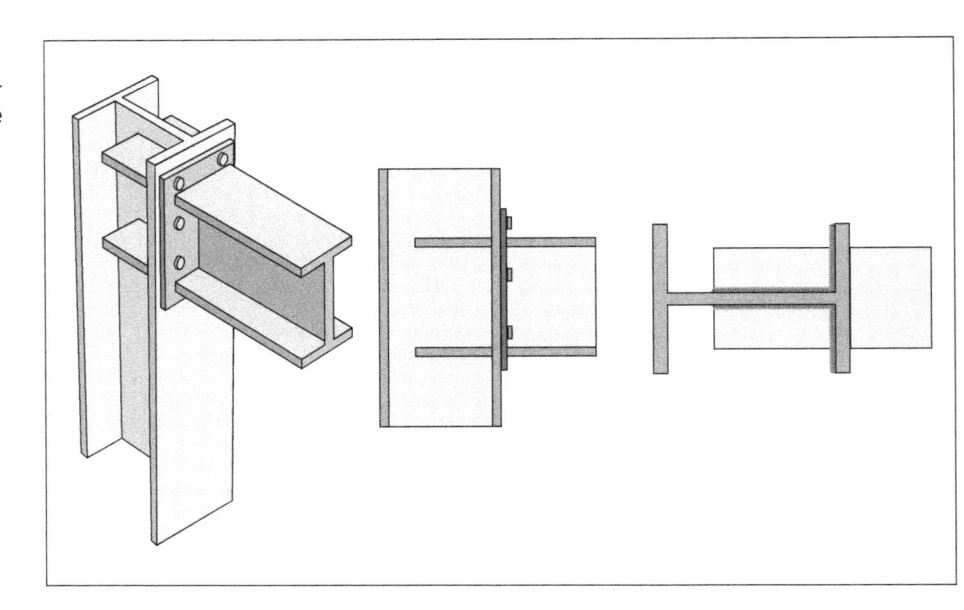

**Figura 10.15**
Caminhamento de esforços em uma ligação rígida.

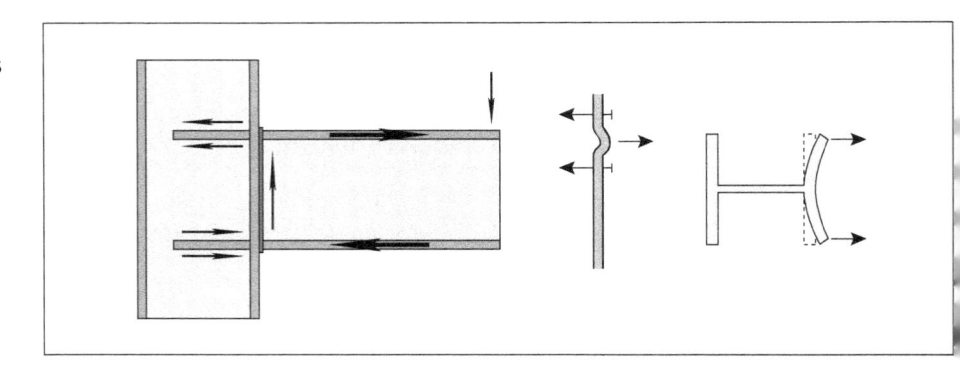

Na Figura 10.16, vê-se um esquema de ligação rígida nas duas direções do pilar. Pode haver dificuldade na ligação na direção de menor inércia do pilar em virtude das dimensões e de interferência das nervuras. Nesse caso, não se pode cortar a mesa superior da viga, pois é a região de maiores momentos fletores. Aproveitam-se as nervuras existentes, acrescenta-se mais chapa vertical e "desloca-se" a ligação para fora do pilar.

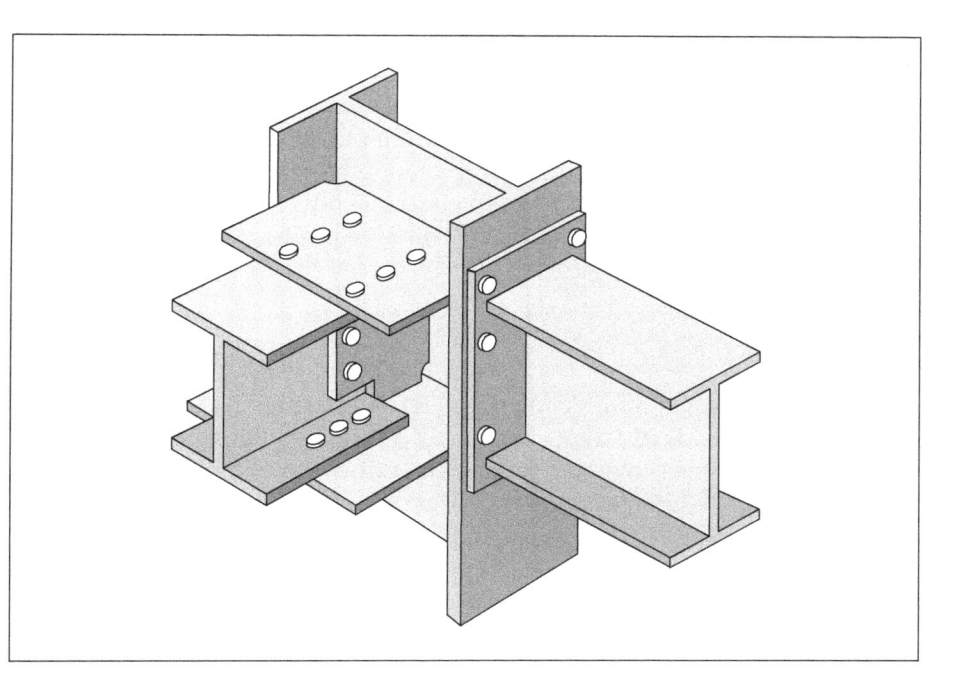

**Figura 10.16**
Ligação rígida entre viga e pilar com chapas de mesa e alma na direção de menor inércia.

A conexão rígida pode ser conseguida também ligando-se todas as partes da viga por meio de solda (Figura 10.17), porém valem as mesmas observações sobre a inclusão das nervuras internas ao pilar.

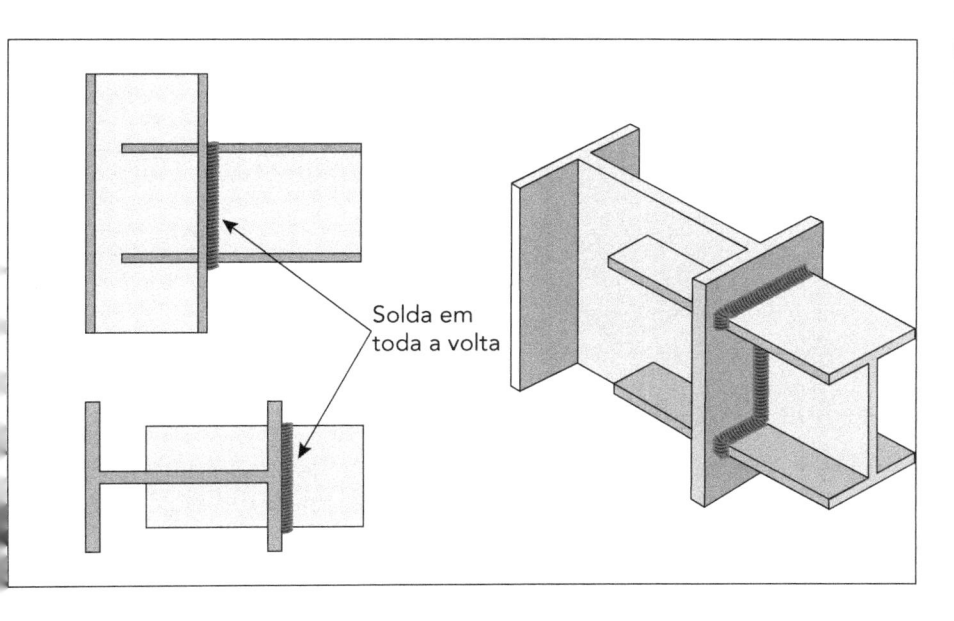

Solda em toda a volta

**Figura 10.17**
Ligação rígida soldada.

### 10.3.3 Ligação dos pilares às fundações

Os pilares podem ser engastados ou articulados às fundações. É possível, também, articular num plano e engastar em outro. Os engastes de fundação conduzem a uma economia de aço nos pilares, mas transferem mais esforços às fundações. Exatamente o contrário ocorre nos pilares articulados nas fundações. Portanto, para a escolha mais adequada, é conveniente conhecer as características do solo.

### Conexão articulada

Um pilar pode se ligar à fundação por meio de uma articulação. Nesse caso, o momento (binário) resistente deve ser, idealmente, nulo. Nos casos reais, reduz-se ao máximo o momento, aproximando-se os chumbadores (barras redondas rosqueadas) que servem de ligação entre o pilar e a fundação de concreto (Figura 10.18). A conexão não consegue absorver momento fletor em torno do eixo x-x. Em torno do eixo y-y, consegue absorver uma pequena parcela do momento, que pode ser desprezada.

**Figura 10.18**
Ligação articulada de pilares à fundação.

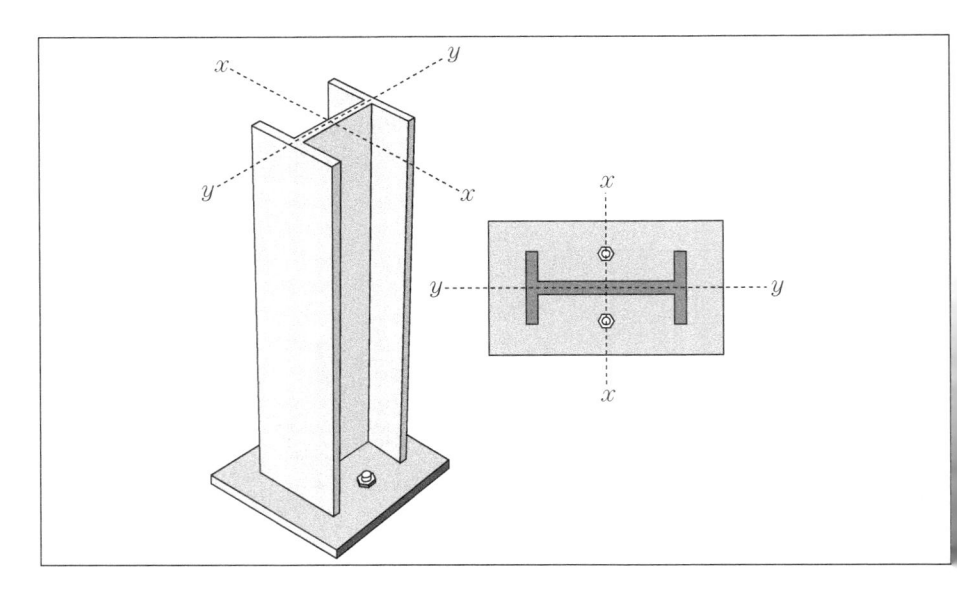

### Conexão engastada

O engaste do pilar à fundação ocorre se os momentos fletores puderem ser transferidos integralmente; portanto, deve haver um momento (binário) resistente. A força de tração do binário corresponde ao chumbador, e a de compressão, ao concreto (Figura 10.19). Para enrijecer a chapa de ligação, é comum incluir nervuras verticais.

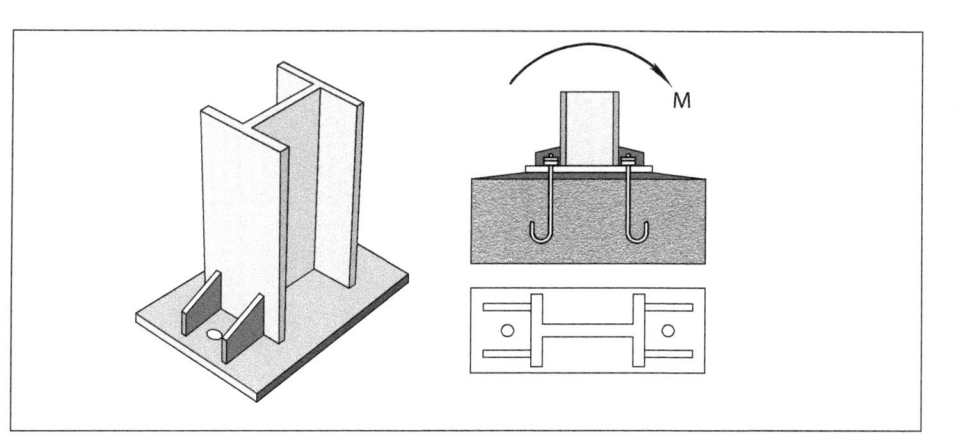

**Figura 10.19**
Ligação engastada de pilares à fundação.

# Anexo
# Tabelas de Perfis

- Perfis laminados
- Perfis eletrossoldados
- Perfis soldados
- Perfis U – laminados
- Cantoneiras de abas iguais
- Cantoneiras de abas desiguais
- Duas cantoneiras de abas iguais
- Duas cantoneiras de abas desiguais (aba maior horizontal)
- Duas cantoneiras de abas desiguais (aba maior vertical)

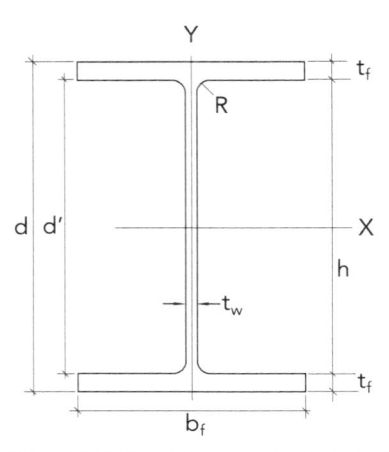

# Perfis laminados

| PERFIS LAMINADOS W | | | | | | | | | | | |
|---|---|---|---|---|---|---|---|---|---|---|---|
| **DESIGNAÇÃO** Altura x massa [mm x kg/m] | **Massa Linear** [kg/m] | **Área A** [cm²] | **DIMENSÕES** | | | | | | | **EIXO X – X** | |
| | | | d [mm] | $b_f$ [mm] | $t_w$ [mm] | $t_f$ [mm] | h [mm] | d' [mm] | $I_x$ [cm⁴] | $W_x$ [cm |
| W 150 x 13,0 | 13,0 | 16,6 | 148 | 100 | 4,3 | 4,9 | 138,2 | 118,20 | 635 | 8 |
| W 150 x 18,4 | 18,4 | 23,4 | 153 | 102 | 5,8 | 7,1 | 138,8 | 118,80 | 939 | 12 |
| W 150 x 22,5 | 22,5 | 29,0 | 152 | 152 | 5,8 | 6,6 | 139,0 | 119,00 | 1 229 | 16 |
| W 150 x 29,8 | 29,8 | 38,5 | 157 | 153 | 6,6 | 9,3 | 138,0 | 118,00 | 1 739 | 22 |
| W 150 x 37,1 | 37,1 | 47,8 | 162 | 154 | 8,1 | 11,6 | 139,0 | 119,00 | 2 224 | 27 |
| W 200 x 15,0 | 15,2 | 19,4 | 200 | 100 | 4,3 | 5,2 | 189,6 | 169,60 | 1 305 | 13 |
| W 200 x 19,3 | 19,7 | 25,1 | 203 | 102 | 5,8 | 6,5 | 190,0 | 170,00 | 1 686 | 16 |
| W 200 x 22,5 | 22,7 | 29,0 | 206 | 102 | 6,2 | 8,0 | 190,0 | 170,00 | 2 029 | 19 |
| W 200 x 26,6 | 26,9 | 34,2 | 207 | 133 | 5,8 | 8,4 | 190,2 | 170,20 | 2 611 | 25 |
| W 200 x 31,3 | 31,7 | 40,3 | 210 | 134 | 6,4 | 10,2 | 189,6 | 169,60 | 3 168 | 30 |
| W 200 x 35,9 | 35,9 | 45,7 | 201 | 165 | 6,2 | 10,2 | 181,0 | 161,00 | 3 437 | 34 |
| W 200 x 46,1 | 46,0 | 58,6 | 203 | 203 | 7,2 | 11,0 | 181,0 | 161,00 | 4 543 | 44 |
| W 250 x 17,9 | 18,1 | 23,1 | 251 | 101 | 4,8 | 5,3 | 240,4 | 220,40 | 2 291 | 18 |
| W 250 x 22,3 | 22,7 | 28,9 | 254 | 102 | 5,8 | 6,9 | 240,2 | 220,20 | 2 939 | 23 |
| W 250 x 25,3 | 25,6 | 32,6 | 257 | 102 | 6,1 | 8,4 | 240,2 | 220,20 | 3 473 | 27 |
| W 250 x 28,4 | 28,7 | 36,6 | 260 | 102 | 6,4 | 10,0 | 240,0 | 220,00 | 4 046 | 31 |
| W 250 x 32,7 | 33,0 | 42,1 | 258 | 146 | 6,1 | 9,1 | 239,8 | 219,80 | 4 937 | 38 |
| W 250 x 38,5 | 38,9 | 49,6 | 262 | 147 | 6,6 | 11,2 | 239,6 | 219,60 | 6 057 | 46 |
| W 250 x 44,8 | 45,2 | 57,6 | 266 | 148 | 7,6 | 13,0 | 240,0 | 220,00 | 7 158 | 53 |
| W 250 x 73,0 | 72,8 | 92,7 | 253 | 254 | 8,6 | 14,2 | 224,6 | 200,60 | 11 257 | 89 |
| W 250 x 80,0 | 80,0 | 101,9 | 256 | 255 | 9,4 | 15,6 | 224,8 | 200,80 | 12 550 | 98 |
| W 250 x 89,0 | 89,4 | 113,9 | 260 | 256 | 10,7 | 17,3 | 225,4 | 201,40 | 14 237 | 1 09 |
| W 310 x 21,0 | 21,4 | 27,2 | 303 | 101 | 5,1 | 5,7 | 291,6 | 271,60 | 3 776 | 24 |
| W 310 x 23,8 | 24,1 | 30,7 | 305 | 101 | 5,6 | 6,7 | 291,6 | 271,60 | 4 346 | 28 |

| EIXO X – X | | EIXO Y - Y | | | | Propriedades associadas à torção | | Esbeltez local | | $r_t$ | $f_y = 34,5$ kN/cm$^2$ |
|---|---|---|---|---|---|---|---|---|---|---|---|
| $r_x$ | $Z_x$ | $I_y$ | $W_y$ | $r_y$ | $Z_y$ | $I_t$ | $C_w$ | $b_f/2t_f$ | $d'/t_w$ | | $\lambda_r$ |
| [cm] | [cm$^4$] | [cm$^4$] | [cm$^3$] | [cm] | [cm$^3$] | [cm$^4$] | [cm$^6$] | [ – ] | [ – ] | [cm] | [cm] |
| 5,18 | 96 | 82 | 16 | 2,22 | 26 | 1,72 | 4 181 | 10,20 | 27,49 | 2,60 | 132 |
| 5,34 | 139 | 126 | 25 | 2,32 | 39 | 4,34 | 6 683 | 7,18 | 20,48 | 2,69 | 152 |
| 5,51 | 180 | 387 | 51 | 3,65 | 78 | 4,75 | 20 417 | 11,52 | 20,48 | 4,10 | 140 |
| 5,72 | 248 | 556 | 73 | 3,80 | 111 | 10,95 | 30 227 | 8,23 | 17,94 | 4,18 | 163 |
| ,85 | 314 | 707 | 92 | 3,84 | 140 | 20,58 | 39 930 | 6,64 | 14,67 | 4,22 | 192 |
| 3,20 | 148 | 87 | 17 | 2,12 | 27 | 2,05 | 8 222 | 9,62 | 39,44 | 2,55 | 124 |
| 3,19 | 191 | 116 | 23 | 2,14 | 36 | 4,02 | 11 098 | 7,85 | 29,31 | 2,59 | 134 |
| 3,37 | 226 | 142 | 28 | 2,22 | 44 | 6,18 | 13 868 | 6,38 | 27,42 | 2,63 | 139 |
| 3,73 | 282 | 330 | 50 | 3,10 | 76 | 7,65 | 32 477 | 7,92 | 29,34 | 3,54 | 133 |
| 3,86 | 339 | 410 | 61 | 3,19 | 94 | 12,59 | 40 822 | 6,57 | 26,50 | 3,60 | 143 |
| 3,67 | 380 | 764 | 93 | 4,09 | 141 | 14,51 | 69 502 | 8,09 | 25,90 | 4,50 | 142 |
| 3,81 | 495 | 1535 | 151 | 5,12 | 229 | 22,01 | 141 342 | 9,23 | 22,36 | 5,58 | 147 |
| 9,96 | 211 | 91 | 18 | 1,99 | 29 | 2,54 | 13 735 | 9,53 | 45,92 | 2,48 | 124 |
| 9,09 | 268 | 123 | 24 | 2,06 | 38 | 4,77 | 18 629 | 7,39 | 37,97 | 2,54 | 128 |
| 0,31 | 311 | 149 | 29 | 2,14 | 46 | 7,06 | 22 955 | 6,07 | 36,10 | 2,58 | 131 |
| 0,51 | 357 | 178 | 35 | 2,20 | 55 | 10,34 | 27 636 | 5,10 | 34,38 | 2,62 | 135 |
| 0,83 | 429 | 473 | 65 | 3,35 | 100 | 10,44 | 73 104 | 8,02 | 36,03 | 3,86 | 126 |
| ,05 | 518 | 594 | 81 | 3,46 | 124 | 17,63 | 93 242 | 6,56 | 33,27 | 3,93 | 133 |
| 1,15 | 606 | 704 | 95 | 3,50 | 146 | 27,14 | 112 398 | 5,69 | 28,95 | 3,96 | 142 |
| ,02 | 983 | 3 880 | 306 | 6,47 | 463 | 56,94 | 552 900 | 8,94 | 23,33 | 7,01 | 149 |
| 1,10 | 1 089 | 4 313 | 338 | 6,51 | 513 | 75,02 | 622 878 | 8,17 | 21,36 | 7,04 | 158 |
| 1,18 | 1 224 | 4 841 | 378 | 6,52 | 574 | 102,81 | 71 2351 | 7,40 | 18,82 | 7,06 | 171 |
| ,77 | 292 | 98 | 19 | 1,90 | 31 | 3,27 | 21 628 | 8,86 | 53,25 | 2,42 | 124 |
| ,89 | 333 | 116 | 23 | 1,94 | 37 | 4,65 | 25 594 | 7,54 | 48,50 | 2,45 | 125 |

*(continua)*

*(continuação)*

## PERFIS LAMINADOS W

| DESIGNAÇÃO Altura x massa [mm x kg/m] | Massa Linear [kg/m] | Área A [cm²] | DIMENSÕES | | | | | | EIXO X – X | |
|---|---|---|---|---|---|---|---|---|---|---|
| | | | d [mm] | b_f [mm] | t_w [mm] | t_f [mm] | h [mm] | d' [mm] | I_x [cm⁴] | W_x [cm³ |
| W 310 x 28,3 | 28,6 | 36,5 | 309 | 102 | 6,0 | 8,9 | 291,2 | 271,20 | 5 500 | 35 |
| W 310 x 32,7 | 33,1 | 42,1 | 313 | 102 | 6,6 | 10,8 | 291,4 | 271,40 | 6 570 | 42 |
| W 310 x 38,7 | 39,0 | 49,7 | 310 | 165 | 5,8 | 9,7 | 290,6 | 270,60 | 8 581 | 55 |
| W 310 x 44,5 | 44,9 | 57,2 | 313 | 166 | 6,6 | 11,2 | 290,6 | 270,60 | 9 997 | 63 |
| W 310 x 52,0 | 52,6 | 67,0 | 317 | 167 | 7,6 | 13,2 | 290,6 | 270,60 | 11 909 | 75 |
| W 310 x 97,0 | 97,0 | 123,6 | 308 | 305 | 9,9 | 15,4 | 277,2 | 245,20 | 22 284 | 1 44 |
| W 310 x 107,0 | 107,1 | 136,4 | 311 | 306 | 10,9 | 17,0 | 277,0 | 245,00 | 24 839 | 1 59 |
| W 310 x 117,0 | 117,7 | 149,9 | 314 | 307 | 11,9 | 18,7 | 276,6 | 244,60 | 27 563 | 1 75 |
| W 360 x 32,9 | 33,0 | 42,1 | 349 | 127 | 5,8 | 8,5 | 332,0 | 308,00 | 8 358 | 47 |
| W 360 x 39,0 | 39,4 | 50,2 | 353 | 128 | 6,5 | 10,7 | 331,6 | 307,60 | 10 331 | 58 |
| W 360 x 44,0 | 45,3 | 57,7 | 352 | 171 | 6,9 | 9,8 | 332,4 | 308,40 | 12 258 | 69 |
| W 360 x 51,0 | 50,9 | 64,8 | 355 | 171 | 7,2 | 11,6 | 331,8 | 307,80 | 14 222 | 80 |
| W 360 x 57,8 | 56,9 | 72,5 | 358 | 172 | 7,9 | 13,1 | 331,8 | 307,80 | 16 143 | 90 |
| W 360 x 64,0 | 64,1 | 81,7 | 347 | 203 | 7,7 | 13,5 | 320,0 | 288,00 | 17 890 | 1 03 |
| W 360 x 72,0 | 71,7 | 91,3 | 350 | 204 | 8,6 | 15,1 | 319,8 | 287,80 | 20 169 | 1 15 |
| W 360 x 79,0 | 79,4 | 101,2 | 354 | 205 | 9,4 | 16,8 | 320,4 | 288,40 | 22 713 | 1 28 |
| W 410 x 38,8 | 39,5 | 50,3 | 399 | 140 | 6,4 | 8,8 | 381,4 | 357,40 | 12 777 | 64 |
| W 410 x 46,1 | 46,5 | 59,2 | 403 | 140 | 7,0 | 11,2 | 380,6 | 356,60 | 15 690 | 77 |
| W 410 x 53,0 | 53,7 | 68,4 | 403 | 177 | 7,5 | 10,9 | 381,2 | 357,20 | 18 734 | 93 |
| W 410 x 60,0 | 59,8 | 76,2 | 407 | 178 | 7,7 | 12,8 | 381,4 | 357,40 | 21 707 | 1 06 |
| W 410 x 67,0 | 67,8 | 86,3 | 410 | 179 | 8,8 | 14,4 | 381,2 | 357,20 | 24 678 | 1 20 |
| W 410 x 75,0 | 75,2 | 95,8 | 413 | 180 | 9,7 | 16,0 | 381,0 | 357,00 | 27 616 | 1 33 |
| W 460 x 52,0 | 52,3 | 66,6 | 450 | 152 | 7,6 | 10,8 | 428,4 | 404,40 | 21 370 | 95 |
| W 460 x 60,0 | 59,8 | 76,2 | 455 | 153 | 8,0 | 13,3 | 428,4 | 404,40 | 25 652 | 1 12 |
| W 460 x 68,0 | 68,8 | 87,6 | 459 | 154 | 9,1 | 15,4 | 428,2 | 404,20 | 29 851 | 1 30 |
| W 460 x 74,0 | 74,5 | 94,9 | 457 | 190 | 9,0 | 14,5 | 428,0 | 404,00 | 33 415 | 1 46 |
| W 460 x 82,0 | 82,2 | 104,7 | 460 | 191 | 9,9 | 16,0 | 428,0 | 404,00 | 37 157 | 1 61 |
| W 460 x 89,0 | 89,6 | 114,1 | 463 | 192 | 10,5 | 17,7 | 427,6 | 403,60 | 41 105 | 1 77 |
| W 530 x 66,0 | 65,6 | 83,6 | 525 | 165 | 8,9 | 11,4 | 502,2 | 478,20 | 34 971 | 1 33 |
| W 530 x 72,0 | 71,9 | 91,6 | 524 | 207 | 9,0 | 10,9 | 502,2 | 478,20 | 39 969 | 1 52 |
| W 530 x 74,0 | 74,6 | 95,1 | 529 | 166 | 9,7 | 13,6 | 501,8 | 477,80 | 40 969 | 1 54 |
| W 530 x 82,0 | 82,0 | 104,5 | 528 | 209 | 9,5 | 13,3 | 501,4 | 477,40 | 47 569 | 1 80 |
| W 530 x 85,0 | 84,6 | 107,7 | 535 | 166 | 10,3 | 16,5 | 502,0 | 478,00 | 48 453 | 1 81 |
| W 530 x 92,0 | 92,3 | 117,6 | 533 | 209 | 10,2 | 15,6 | 501,8 | 477,80 | 55 157 | 2 07 |
| W 610 x 101,0 | 102,3 | 130,3 | 603 | 228 | 10,5 | 14,9 | 573,2 | 541,20 | 77 003 | 2 55 |
| W 610 x 113,0 | 114,1 | 145,3 | 608 | 228 | 11,2 | 17,3 | 573,4 | 541,40 | 88 196 | 2 90 |
| W 610 x 155,0 | 155,5 | 198,1 | 611 | 324 | 12,7 | 19,0 | 573,0 | 541,00 | 129 583 | 4 24 |
| W 610 x 174,0 | 174,9 | 222,8 | 616 | 325 | 14,0 | 21,6 | 572,8 | 540,80 | 147 754 | 4 79 |

| EIXO X – X | | EIXO Y - Y | | | | Propriedades associadas à torção | | Esbeltez local | | $r_t$ | $f_y = 34,5$ kN/cm² |
|---|---|---|---|---|---|---|---|---|---|---|---|
| $r_x$ | $Z_x$ | $I_y$ | $W_y$ | $r_y$ | $Z_y$ | $I_t$ | $C_w$ | $b_f/2t_f$ | $d'/t_w$ | | $\lambda_r$ |
| [cm] | [cm⁴] | [cm⁴] | [cm³] | [cm] | [cm³] | [cm⁴] | [cm⁶] | [ – ] | [ – ] | [cm] | [cm] |
| 2,28 | 412 | 158 | 31 | 2,08 | 49 | 8,14 | 35 441 | 5,73 | 45,20 | 2,55 | 127 |
| 2,49 | 485 | 192 | 38 | 2,13 | 60 | 12,91 | 43 612 | 4,72 | 41,12 | 2,58 | 131 |
| 3,14 | 615 | 727 | 88 | 3,82 | 135 | 13,20 | 163 728 | 8,51 | 46,66 | 4,38 | 119 |
| 3,22 | 713 | 855 | 103 | 3,87 | 158 | 19,90 | 194 433 | 7,41 | 41,00 | 4,41 | 124 |
| 3,33 | 842 | 1 026 | 123 | 3,91 | 189 | 31,81 | 236 422 | 6,33 | 35,61 | 4,45 | 131 |
| 3,43 | 1 594 | 7 286 | 478 | 7,68 | 725 | 92,12 | 1 558 682 | 9,90 | 24,77 | 8,38 | 140 |
| 3,49 | 1 768 | 8 123 | 531 | 7,72 | 806 | 122,68 | 1 754 271 | 9,00 | 22,48 | 8,41 | 148 |
| 3,56 | 1 953 | 9 024 | 588 | 7,76 | 893 | 161,61 | 1 965 950 | 8,21 | 20,55 | 8,44 | 158 |
| 4,09 | 548 | 291 | 46 | 2,63 | 72 | 9,15 | 84 111 | 7,47 | 53,10 | 3,20 | 121 |
| 4,35 | 668 | 375 | 59 | 2,73 | 92 | 15,83 | 109 551 | 5,98 | 47,32 | 3,27 | 124 |
| 4,58 | 784 | 818 | 96 | 3,77 | 148 | 16,70 | 239 091 | 8,72 | 44,70 | 4,43 | 120 |
| 4,81 | 900 | 968 | 113 | 3,87 | 175 | 24,65 | 284 994 | 7,37 | 42,75 | 4,49 | 123 |
| 4,92 | 1 015 | 1 113 | 129 | 3,92 | 200 | 34,45 | 330 394 | 6,56 | 38,96 | 4,53 | 127 |
| 4,80 | 1 146 | 1 885 | 186 | 4,80 | 285 | 44,57 | 523 362 | 7,52 | 37,40 | 5,44 | 127 |
| 4,86 | 1 286 | 2 140 | 210 | 4,84 | 322 | 61,18 | 599 082 | 6,75 | 33,47 | 5,47 | 133 |
| 4,98 | 1 437 | 2 416 | 236 | 4,89 | 362 | 82,41 | 685 701 | 6,10 | 30,68 | 5,51 | 139 |
| 5,94 | 737 | 404 | 58 | 2,83 | 91 | 11,69 | 153 190 | 7,95 | 55,84 | 3,49 | 121 |
| 6,27 | 891 | 514 | 73 | 2,95 | 115 | 20,06 | 196 571 | 6,25 | 50,94 | 3,55 | 123 |
| 6,55 | 1 052 | 1 009 | 114 | 3,84 | 177 | 23,38 | 387 194 | 8,12 | 47,63 | 4,56 | 120 |
| 6,88 | 1 201 | 1 205 | 135 | 3,98 | 209 | 33,78 | 467 404 | 6,95 | 46,42 | 4,65 | 122 |
| 6,91 | 1 363 | 1 379 | 154 | 4,00 | 239 | 48,11 | 538 546 | 6,22 | 40,59 | 4,67 | 126 |
| 6,98 | 1 519 | 1 559 | 173 | 4,03 | 269 | 65,21 | 612 784 | 5,63 | 36,80 | 4,70 | 131 |
| 7,91 | 1 096 | 634 | 83 | 3,09 | 132 | 21,79 | 304 837 | 7,04 | 53,21 | 3,79 | 122 |
| 8,35 | 1 292 | 796 | 104 | 3,23 | 163 | 34,60 | 387 230 | 5,75 | 50,55 | 3,89 | 123 |
| 8,46 | 1 495 | 941 | 122 | 3,28 | 192 | 52,29 | 461 163 | 5,00 | 44,42 | 3,93 | 128 |
| 8,77 | 1 657 | 1 661 | 175 | 4,18 | 271 | 52,97 | 811 417 | 6,55 | 44,89 | 4,93 | 123 |
| 8,84 | 1 836 | 1 862 | 195 | 4,22 | 303 | 70,62 | 915 745 | 5,97 | 40,81 | 4,96 | 127 |
| 8,98 | 2 019 | 2 093 | 218 | 4,28 | 339 | 92,49 | 1 035 073 | 5,42 | 38,44 | 5,01 | 130 |
| 8,46 | 1 558 | 857 | 104 | 3,20 | 166 | 31,52 | 562 854 | 7,24 | 53,73 | 4,02 | 124 |
| 8,89 | 1 756 | 1 615 | 156 | 4,20 | 245 | 33,41 | 1 060 548 | 9,50 | 53,13 | 5,16 | 120 |
| 9,76 | 1 805 | 1 041 | 125 | 3,31 | 200 | 47,39 | 688 558 | 6,10 | 49,26 | 4,10 | 125 |
| 9,34 | 2 059 | 2 028 | 194 | 4,41 | 303 | 51,23 | 1 340 255 | 7,86 | 50,25 | 5,31 | 121 |
| 9,21 | 2 100 | 1 263 | 152 | 3,42 | 242 | 72,93 | 845 463 | 5,03 | 46,41 | 4,17 | 127 |
| 9,65 | 2 360 | 2 379 | 228 | 4,50 | 355 | 75,50 | 1 588 565 | 6,70 | 46,84 | 5,36 | 123 |
| 9,31 | 2 923 | 2 951 | 259 | 4,76 | 405 | 81,68 | 2 544 966 | 7,65 | 51,54 | 5,76 | 121 |
| 9,64 | 3 313 | 3 426 | 301 | 4,86 | 470 | 116,50 | 2 981 078 | 6,59 | 48,34 | 5,82 | 123 |
| 5,58 | 4 749 | 10 783 | 666 | 7,38 | 1 023 | 200,77 | 9 436 714 | 8,53 | 42,60 | 8,53 | 121 |
| 5,75 | 5 383 | 12 374 | 761 | 7,45 | 1 171 | 286,88 | 10 915 665 | 7,52 | 38,63 | 8,58 | 125 |

**PERFIS LAMINADOS HP**

| DESIGNAÇÃO Altura x massa [mm x kg/m] | Massa Linear [kg/m] | Área A [cm²] | DIMENSÕES | | | | | | EIXO X – X | |
|---|---|---|---|---|---|---|---|---|---|---|
| | | | d [mm] | $b_f$ [mm] | $t_w$ [mm] | $t_f$ [mm] | h [mm] | d' [mm] | $I_x$ [cm⁴] | $W_x$ [cm |
| HP 200 x 53,0 | 53,5 | 68,1 | 204 | 207 | 11,3 | 11,3 | 181,0 | 161,00 | 4 977 | 48 |
| HP 200 x 71,0 | 71,0 | 91,0 | 216 | 206 | 10,2 | 17,4 | 181,0 | 161,00 | 7 660 | 70 |
| HP 250 x 62,0 | 62,5 | 79,6 | 246 | 256 | 10,5 | 10,7 | 224,6 | 200,60 | 8 728 | 71 |
| HP 250 x 85,0 | 85,0 | 108,5 | 254 | 260 | 14,4 | 14,4 | 225 | 201,00 | 12 280 | 96 |
| HP 310 x 79,0 | 78,5 | 100,0 | 299 | 306 | 11,0 | 11,0 | 277,0 | 245,00 | 16 316 | 1 09 |
| HP 310 x 93,0 | 93,5 | 119,2 | 303 | 308 | 13,1 | 13,1 | 276,8 | 244,80 | 19 682 | 1 29 |
| HP 310 x 110,0 | 110,7 | 141,0 | 308 | 310 | 15,4 | 15,5 | 277,0 | 245,00 | 23 703 | 1 53 |
| HP 310 x 125,0 | 124,8 | 159,0 | 312 | 312 | 17,4 | 17,4 | 277,2 | 245,20 | 27 076 | 1 73 |

| EIXO X – X | | EIXO Y - Y | | | | Propriedades associadas à torção | | Esbeltez local | | $r_t$ | $f_y = 34,5$ kN/cm² |
|---|---|---|---|---|---|---|---|---|---|---|---|
| $r_x$ | $Z_x$ | $I_y$ | $W_y$ | $r_y$ | $Z_y$ | $I_t$ | $C_w$ | $b_f/2t_f$ | $d'/t_w$ | | $\lambda_r$ |
| [cm] | [cm⁴] | [cm⁴] | [cm³] | [cm] | [cm³] | [cm⁴] | [cm⁶] | [ – ] | [ – ] | [cm] | [cm] |
| 8,55 | 551 | 1 673 | 162 | 4,96 | 249 | 31,93 | 155 075 | 9,16 | 14,28 | 5,57 | 168 |
| 9,17 | 803 | 2 537 | 246 | 5,28 | 375 | 81,66 | 249 976 | 5,92 | 15,80 | 5,70 | 203 |
| 0,47 | 791 | 2 995 | 234 | 6,13 | 358 | 33,46 | 414 130 | 11,96 | 19,10 | 6,89 | 141 |
| 0,64 | 1 093 | 4 225 | 325 | 6,24 | 500 | 82,07 | 605 403 | 9,03 | 13,97 | 7,00 | 170 |
| 2,77 | 1 210 | 5 258 | 344 | 7,25 | 525 | 46,72 | 1 089 258 | 13,91 | 22,27 | 8,20 | 131 |
| 2,85 | 1 450 | 6 387 | 415 | 7,32 | 635 | 77,33 | 1 340 320 | 11,76 | 18,69 | 8,26 | 142 |
| 2,97 | 1 731 | 7 707 | 497 | 7,39 | 764 | 125,66 | 1 646 104 | 10,00 | 15,91 | 8,33 | 156 |
| 3,05 | 1 963 | 8 823 | 566 | 7,45 | 871 | 177,98 | 1 911 029 | 8,97 | 14,09 | 8,38 | 170 |

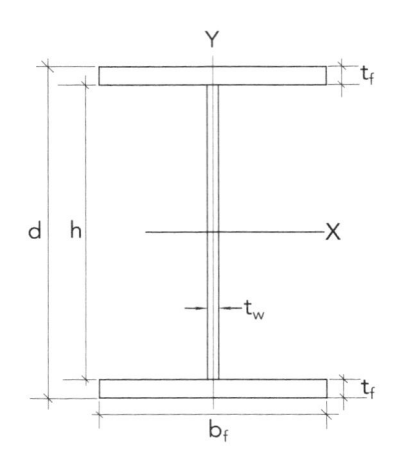

# Perfis eletrossoldados

| PERFIS ELETROSSOLDADOS VE – Tipo vigas com relação 1,5 < d/b$_f$ < 4,0 | | | | | | | | | |
|---|---|---|---|---|---|---|---|---|---|
| DESIGNAÇÃO Altura x massa [mm x kg/m] | Massa Linear [kg/m] | Área A [cm²] | DIMENSÕES | | | | | EIXO X – X | |
| | | | d [mm] | b$_f$ [mm] | t$_w$ [mm] | t$_f$ [mm] | h [mm] | I$_x$ [cm⁴] | W$_x$ [cm³] |
| VE 150 x 13 | 12,7 | 16,2 | 150 | 100 | 4,75 | 4,75 | 141 | 611 | 8 |
| VE 150 x 18 | 17,6 | 22,4 | 150 | 100 | 4,75 | 8,00 | 134 | 903 | 12 |
| VE 200 x 16 | 16,4 | 20,9 | 200 | 125 | 4,75 | 4,75 | 191 | 1 406 | 14 |
| VE 200 x 25 | 24,9 | 31,7 | 200 | 125 | 6,35 | 8,00 | 184 | 2 174 | 21 |
| VE 250 x 18 | 18,3 | 23,3 | 250 | 125 | 4,75 | 4,75 | 241 | 2 336 | 18 |
| VE 250 x 27 | 27,4 | 34,9 | 250 | 125 | 6,35 | 8,00 | 234 | 3 607 | 28 |
| VE 300 x 26 | 25,7 | 32,7 | 300 | 150 | 4,75 | 6,35 | 287 | 5 046 | 33 |
| VE 300 x 33 | 33,0 | 42,0 | 300 | 150 | 6,35 | 8,00 | 284 | 6 329 | 42 |
| VE 350 x 35 | 34,4 | 43,9 | 350 | 175 | 4,75 | 8,00 | 334 | 9 664 | 55 |
| VE 350 x 43 | 42,6 | 54,3 | 350 | 175 | 6,35 | 9,50 | 331 | 11 559 | 66 |
| VE 400 x 44 | 44,0 | 56,1 | 400 | 200 | 4,75 | 9,50 | 381 | 16 679 | 83 |
| VE 400 x 49 | 48,8 | 62,2 | 400 | 200 | 6,35 | 9,50 | 381 | 17 416 | 87 |
| VE 450 x 51 | 51,3 | 65,4 | 450 | 200 | 6,35 | 9,50 | 431 | 22 673 | 1 00 |
| VE 450 x 59 | 58,8 | 74,9 | 450 | 250 | 6,35 | 9,50 | 431 | 27 283 | 1 21 |
| VE 500 x 61 | 61,3 | 78,0 | 500 | 250 | 6,35 | 9,50 | 481 | 34 462 | 1 37 |
| VE 500 x 68 | 67,5 | 86,0 | 500 | 250 | 8,00 | 9,50 | 481 | 35 993 | 1 44 |
| VE 500 x 73 | 72,7 | 92,7 | 500 | 250 | 6,35 | 12,50 | 475 | 42 813 | 1 71 |
| VE 500 x 79 | 78,9 | 100,5 | 500 | 250 | 8,00 | 12,50 | 475 | 44 287 | 1 77 |

| IXO X – X | | EIXO Y - Y | | | | Propriedades associadas à torção | | Esbeltez local | | $r_t$ | $f_y = 34,5$ kN/cm$^2$ |
|---|---|---|---|---|---|---|---|---|---|---|---|
| $_x$ | $Z_x$ | $I_y$ | $W_y$ | $r_y$ | $Z_y$ | $I_t$ | $C_w$ | $b_f/2t_f$ | $h/t_w$ | | $\lambda_r$ |
| m] | [cm$^4$] | [cm$^4$] | [cm$^3$] | [cm] | [cm$^3$] | [cm$^4$] | [cm$^6$] | [ – ] | [ – ] | [cm] | [cm] |
| ,15 | 92 | 79 | 16 | 2,21 | 25 | 1 | 4 176 | 10,5 | 30 | 2,60 | 124 |
| ,35 | 135 | 133 | 27 | 2,44 | 41 | 4 | 6 721 | 6,3 | 28 | 2,71 | 145 |
| ,20 | 159 | 155 | 25 | 2,72 | 38 | 2 | 14 737 | 13,2 | 40 | 3,22 | 121 |
| ,28 | 246 | 261 | 42 | 2,87 | 64 | 6 | 24 000 | 7,8 | 29 | 3,30 | 133 |
| ,01 | 214 | 155 | 25 | 2,58 | 38 | 2 | 23 250 | 13,2 | 51 | 3,14 | 119 |
| ,17 | 329 | 261 | 42 | 2,74 | 65 | 6 | 38 128 | 7,8 | 37 | 3,23 | 124 |
| ,42 | 378 | 357 | 48 | 3,31 | 73 | 4 | 77 001 | 11,8 | 60 | 3,89 | 114 |
| ,27 | 478 | 451 | 60 | 3,27 | 93 | 8 | 95 922 | 9,4 | 45 | 3,87 | 120 |
| ,84 | 611 | 715 | 82 | 4,04 | 124 | 7 | 208 951 | 10,9 | 70 | 4,63 | 111 |
| ,59 | 740 | 849 | 97 | 3,96 | 149 | 13 | 245 958 | 9,2 | 52 | 4,59 | 116 |
| ,24 | 914 | 1 267 | 127 | 4,75 | 192 | 13 | 482 886 | 10,5 | 80 | 5,36 | 110 |
| ,73 | 972 | 1 267 | 127 | 4,51 | 194 | 15 | 482 886 | 10,5 | 60 | 5,25 | 114 |
| ,62 | 1 132 | 1 268 | 127 | 4,40 | 194 | 15 | 614 461 | 10,5 | 68 | 5,19 | 113 |
| ,09 | 1 341 | 2 475 | 198 | 5,75 | 301 | 18 | 1 200 119 | 13,2 | 68 | 6,61 | 111 |
| ,01 | 1 532 | 2 475 | 198 | 5,63 | 302 | 18 | 1 488 026 | 13,2 | 76 | 6,55 | 111 |
| ,46 | 1 628 | 2 476 | 198 | 5,37 | 305 | 23 | 1 488 026 | 13,2 | 60 | 6,41 | 114 |
| ,49 | 1 882 | 3 256 | 260 | 5,93 | 395 | 37 | 1 934 052 | 10,0 | 75 | 6,70 | 111 |
| ,99 | 1 975 | 3 257 | 261 | 5,69 | 398 | 41 | 1 934 052 | 10,0 | 59 | 6,58 | 114 |

**PERFIS ELETROSSOLDADOS CE** – Tipo coluna com relação $d/b_f = 1$

| DESIGNAÇÃO Altura x massa [mm x kg/m] | Massa Linear [kg/m] | Área A [cm²] | DIMENSÕES | | | | | EIXO X – X | |
|---|---|---|---|---|---|---|---|---|---|
| | | | d [mm] | $b_f$ [mm] | $t_w$ [mm] | $t_f$ [mm] | h [mm] | $I_x$ [cm⁴] | $W_x$ [cm³ |
| CE 100 x 11 | 10,8 | 13,8 | 100 | 100 | 4,75 | 4,75 | 91 | 245 | 4 |
| CE 150 x 20 | 20,1 | 25,6 | 150 | 150 | 4,75 | 6,35 | 137 | 1 086 | 14 |
| CE 150 x 26 | 25,5 | 32,5 | 150 | 150 | 6,35 | 8,00 | 134 | 1 338 | 17 |
| CE 200 x 22 | 22,0 | 28,0 | 200 | 200 | 4,75 | 4,75 | 191 | 2 085 | 20 |
| CE 200 x 29 | 29,3 | 37,3 | 200 | 200 | 6,35 | 6,35 | 187 | 2 730 | 27 |
| CE 200 x 34 | 34,3 | 43,7 | 200 | 200 | 6,35 | 8,00 | 184 | 3 280 | 32 |
| CE 200 x 39 | 38,9 | 49,5 | 200 | 200 | 6,35 | 9,50 | 181 | 3 764 | 37 |
| CE 250 x 43 | 43,1 | 54,9 | 250 | 250 | 6,35 | 8,00 | 234 | 6 537 | 52 |
| CE 250 x 49 | 48,8 | 62,2 | 250 | 250 | 6,35 | 9,50 | 231 | 7 524 | 60 |
| CE 250 x 63 | 63,2 | 80,5 | 250 | 250 | 8,00 | 12,50 | 225 | 9 581 | 76 |
| CE 300 x 52 | 51,8 | 66,0 | 300 | 300 | 6,35 | 8,00 | 284 | 11 446 | 76 |
| CE 300 x 62 | 62,4 | 79,5 | 300 | 300 | 8,00 | 9,50 | 281 | 13 509 | 90 |
| CE 300 x 76 | 76,1 | 97,0 | 300 | 300 | 8,00 | 12,50 | 275 | 16 894 | 1 12 |

**PERFIS ELETROSSOLDADOS CVE** – Tipo viga-coluna com relação $1 < d/b_f < 1,5$

| DESIGNAÇÃO Altura x massa [mm x kg/m] | Massa Linear [kg/m] | Área A [cm²] | DIMENSÕES | | | | | EIXO X – X | |
|---|---|---|---|---|---|---|---|---|---|
| | | | d [mm] | $b_f$ [mm] | $t_w$ [mm] | $t_f$ [mm] | h [mm] | $I_x$ [cm⁴] | $W_x$ [cm³ |
| CVE 200 x 22 | 21,9 | 27,9 | 200 | 150 | 4,75 | 6,35 | 187 | 2 047 | 20 |
| CVE 200 x 28 | 28,0 | 35,7 | 200 | 150 | 6,35 | 8,00 | 184 | 2 543 | 254 |
| CVE 250 x 31 | 30,7 | 39,1 | 250 | 175 | 4,75 | 8,00 | 234 | 4 608 | 36 |
| CVE 250 x 38 | 37,6 | 47,9 | 250 | 175 | 6,35 | 9,50 | 231 | 5 463 | 437 |
| CVE 300 x 47 | 47,5 | 60,5 | 300 | 200 | 8,00 | 9,50 | 281 | 9 499 | 63 |

| IXO X – X | | EIXO Y - Y | | | | Propriedades associadas à torção | | Esbeltez local | | $r_t$ | $f_y = 34,5$ kN/cm$^2$ |
|---|---|---|---|---|---|---|---|---|---|---|---|
| $r_x$ | $Z_x$ | $I_y$ | $W_y$ | $r_y$ | $Z_y$ | $I_t$ | $C_w$ | $b_f/2t_f$ | $h/t_w$ | | $\lambda_r$ |
| m] | [cm$^4$] | [cm$^4$] | [cm$^3$] | [cm] | [cm$^3$] | [cm$^4$] | [cm$^6$] | [ – ] | [ – ] | [cm] | [cm] |
| ,21 | 55 | 79 | 16 | 2,40 | 24 | 1 | 1 796 | 10,5 | 19 | 2,69 | 142 |
| ,52 | 159 | 357 | 48 | 3,74 | 72 | 3 | 18 427 | 11,8 | 29 | 4,10 | 126 |
| ,42 | 199 | 450 | 60 | 3,72 | 91 | 6 | 22 685 | 9,4 | 21 | 4,10 | 145 |
| ,62 | 229 | 634 | 63 | 4,75 | 96 | 2 | 60 361 | 21,1 | 40 | 5,36 | 112 |
| ,56 | 302 | 847 | 85 | 4,77 | 129 | 5 | 79 376 | 15,7 | 29 | 5,37 | 120 |
| ,67 | 361 | 1 067 | 107 | 4,94 | 162 | 8 | 98 304 | 12,5 | 29 | 5,45 | 124 |
| ,72 | 414 | 1 267 | 127 | 5,06 | 192 | 13 | 114 919 | 10,5 | 29 | 5,50 | 132 |
| ,92 | 571 | 2 084 | 167 | 6,16 | 252 | 11 | 305 021 | 15,6 | 37 | 6,81 | 116 |
| 00 | 656 | 2 474 | 198 | 6,31 | 299 | 16 | 357 736 | 13,2 | 36 | 6,87 | 119 |
| ,91 | 843 | 3 256 | 260 | 6,36 | 394 | 37 | 459 035 | 10,0 | 28 | 6,89 | 136 |
| ,17 | 829 | 3 601 | 240 | 7,38 | 363 | 13 | 767 376 | 18,8 | 45 | 8,16 | 111 |
| ,04 | 986 | 4 276 | 285 | 7,33 | 432 | 22 | 901 921 | 15,8 | 35 | 8,14 | 116 |
| 20 | 1 229 | 5 626 | 375 | 7,62 | 567 | 44 | 1 162 354 | 12,0 | 34 | 8,27 | 123 |

| IXO X – X | | EIXO Y - Y | | | | Propriedades associadas à torção | | Esbeltez local | | $r_t$ | $f_y = 34,5$ kN/cm$^2$ |
|---|---|---|---|---|---|---|---|---|---|---|---|
| x | $Z_x$ | $I_y$ | $W_y$ | $r_y$ | $Z_y$ | $I_t$ | $C_w$ | $b_f/2t_f$ | $h/t_w$ | | $\lambda_r$ |
| m] | [cm$^4$] | [cm$^4$] | [cm$^3$] | [cm] | [cm$^3$] | [cm$^4$] | [cm$^6$] | [ – ] | [ – ] | [cm] | [cm] |
| 56 | 226 | 357 | 48 | 3,58 | 72 | 3 | 33 487 | 11,8 | 39 | 4,03 | 116 |
| 44 | 284 | 450 | 60 | 3,55 | 92 | 7 | 41 472 | 9,4 | 29 | 4,02 | 130 |
| 85 | 404 | 715 | 82 | 4,27 | 124 | 7 | 104 622 | 10,9 | 49 | 4,75 | 115 |
| 68 | 485 | 849 | 97 | 4,21 | 148 | 12 | 122 703 | 9,2 | 36 | 4,72 | 123 |
| 53 | 710 | 1 268 | 127 | 4,58 | 194 | 16 | 267 236 | 10,5 | 35 | 5,00 | 121 |

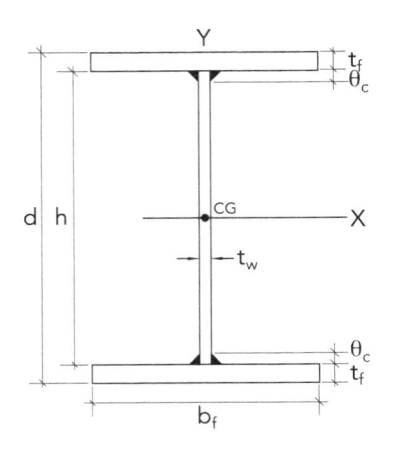

# Perfis soldados

**PERFIS SOLDADOS VS**

| DESIGNAÇÃO Altura x massa [mm x kg/m] | Massa Linear [kg/m] | Área A [cm²] | DIMENSÕES | | | | | EIXO X – X | | | |
|---|---|---|---|---|---|---|---|---|---|---|---|
| | | | d [mm] | $t_w$ [mm] | h [mm] | $t_f$ [mm] | $b_f$ [mm] | $I_x$ [cm⁴] | $W_x$ [cm³] | $r_x$ [cm] | Z [cr |
| 150 x 15 | 15 | 19,1 | 150 | 4,75 | 137 | 6,3 | 100 | 771 | 103 | 6,35 | |
| 150 x 18 | 17,6 | 22,4 | 150 | 4,75 | 134 | 8 | 100 | 903 | 120 | 6,35 | |
| 150 x 20 | 19,8 | 25,2 | 150 | 4,75 | 131 | 9,5 | 100 | 1 028 | 137 | 6,39 | |
| 150 x 19 | 19,2 | 24,4 | 150 | 6,3 | 134 | 8 | 100 | 934 | 125 | 6,19 | |
| 150 x 21 | 21,4 | 27,3 | 150 | 6,3 | 131 | 9,5 | 100 | 1 057 | 141 | 6,22 | |
| 200 x 19 | 18,8 | 24 | 200 | 4,75 | 187 | 6,3 | 120 | 1 720 | 172 | 8,47 | |
| 200 x 22 | 21,9 | 27,9 | 200 | 4,75 | 184 | 8 | 120 | 2 017 | 202 | 8,5 | |
| 200 x 25 | 24,6 | 31,4 | 200 | 4,75 | 181 | 9,5 | 120 | 2 305 | 231 | 8,57 | |
| 200 x 20 | 19,9 | 25,3 | 200 | 4,75 | 187 | 6,3 | 130 | 1 841 | 184 | 8,53 | |
| 200 x 23 | 23,2 | 29,5 | 200 | 4,75 | 184 | 8 | 130 | 2 165 | 217 | 8,57 | |
| 200 x 26 | 26,1 | 33,3 | 200 | 4,75 | 181 | 9,5 | 130 | 2 477 | 248 | 8,62 | |
| 250 x 21 | 20,7 | 26,4 | 250 | 4,75 | 237 | 6,3 | 120 | 2 840 | 227 | 10,37 | |
| 250 x 24 | 23,8 | 30,3 | 250 | 4,75 | 234 | 8 | 120 | 3 319 | 266 | 10,47 | |
| 250 x 27 | 26,5 | 33,8 | 250 | 4,75 | 231 | 9,5 | 120 | 3 787 | 303 | 10,58 | |
| 250 x 23 | 22,7 | 28,9 | 250 | 4,75 | 237 | 6,3 | 140 | 3 225 | 258 | 10,56 | |
| 250 x 26 | 26,3 | 33,5 | 250 | 4,75 | 234 | 8 | 140 | 3 788 | 303 | 10,63 | |
| 250 x 30 | 29,5 | 37,6 | 250 | 4,75 | 231 | 9,5 | 140 | 4 336 | 347 | 10,74 | |
| 250 x 25 | 24,6 | 31,4 | 250 | 4,75 | 237 | 6,3 | 160 | 3 611 | 289 | 10,72 | |
| 250 x 29 | 28,8 | 36,7 | 250 | 4,75 | 234 | 8 | 160 | 4 257 | 341 | 10,77 | |
| 250 x 32 | 32,5 | 41,4 | 250 | 4,75 | 231 | 9,5 | 160 | 4 886 | 391 | 10,86 | |
| 300 x 23 | 22,6 | 28,8 | 300 | 4,75 | 287 | 6,3 | 120 | 4 296 | 286 | 12,21 | |
| 300 x 26 | 25,7 | 32,7 | 300 | 4,75 | 284 | 8 | 120 | 5 000 | 333 | 12,37 | |
| 300 x 28(*) | 28,3 | 36,1 | 300 | 4,75 | 281 | 9,5 | 120 | 5 690 | 379 | 12,55 | |
| 300 x 25 | 24,6 | 31,3 | 300 | 4,75 | 287 | 6,3 | 140 | 4 856 | 324 | 12,46 | |

| EIXO Y - Y | | | | Propriedades associadas à torção | | Esbeltez local | | $r_t$ | $f_y = 25$ kN/cm² | $f_y = 30$ kN/cm² |
|---|---|---|---|---|---|---|---|---|---|---|
| | $W_y$ | $r_y$ | $Z_y$ | $I_t$ | $C_w$ | $h/t_w$ | $b_f/t_f$ | | $\lambda_r$ | $\lambda_r$ |
| [cm⁴] | [cm³] | [cm] | [cm³] | [cm⁴] | [cm⁶] | [ – ] | [ – ] | [cm] | [cm] | [cm] |
| 105 | 21 | 2,34 | 32 | 2,2 | 5 421 | 35 | 7,9 | 2,67 | 167 | 139 |
| 133 | 27 | 2,44 | 41 | 3,9 | 6 721 | 36 | 6,3 | 2,71 | 190 | 159 |
| 158 | 32 | 2,5 | 48 | 6,2 | 7 814 | 37 | 5,3 | 2,74 | 215 | 179 |
| 134 | 27 | 2,34 | 41 | 4,6 | 6 721 | 38 | 6,3 | 2,66 | 204 | 170 |
| 159 | 32 | 2,41 | 49 | 6,9 | 7 814 | 39 | 5,3 | 2,7 | 228 | 190 |
| 182 | 30 | 2,75 | 46 | 2,7 | 17 v019 | 39 | 9,5 | 3,17 | 147 | 123 |
| 231 | 39 | 2,88 | 59 | 4,8 | 21 234 | 39 | 7,5 | 3,23 | 159 | 132 |
| 274 | 46 | 2,95 | 69 | 7,5 | 24 823 | 38 | 6,3 | 3,27 | 171 | 143 |
| 231 | 36 | 3,02 | 54 | 2,9 | 21 638 | 39 | 10,3 | 3,45 | 146 | 122 |
| 293 | 45 | 3,15 | 69 | 5,1 | 26 997 | 39 | 8,1 | 3,52 | 157 | 131 |
| 348 | 54 | 3,23 | 81 | 8,1 | 31 560 | 38 | 6,8 | 3,55 | 171 | 142 |
| 182 | 30 | 2,63 | 47 | 2,9 | 26 939 | 50 | 9,5 | 3,1 | 142 | 118 |
| 231 | 39 | 2,76 | 59 | 5 | 33 733 | 49 | 7,5 | 3,17 | 148 | 123 |
| 274 | 46 | 2,85 | 70 | 7,7 | 39 563 | 49 | 6,3 | 3,22 | 154 | 128 |
| 288 | 41 | 3,16 | 63 | 3,2 | 42 778 | 50 | 11,1 | 3,67 | 139 | 116 |
| 366 | 52 | 3,31 | 80 | 5,6 | 53 567 | 49 | 8,8 | 3,74 | 145 | 121 |
| 435 | 62 | 3,4 | 94 | 8,9 | 62 824 | 49 | 7,4 | 3,79 | 152 | 127 |
| 430 | 54 | 3,7 | 82 | 3,5 | 63 856 | 50 | 12,7 | 4,24 | 136 | 114 |
| 546 | 68 | 3,86 | 104 | 6,3 | 79 959 | 49 | 10 | 4,32 | 143 | 119 |
| 649 | 81 | 3,96 | 123 | 10 | 93 778 | 49 | 8,4 | 4,36 | 150 | 125 |
| 182 | 30 | 2,51 | 47 | 3 | 39 127 | 60 | 9,5 | 3,04 | 140 | 117 |
| 231 | 39 | 2,66 | 59 | 5,1 | 49 112 | 60 | 7,5 | 3,12 | 143 | 119 |
| 274 | 46 | 2,76 | 70 | 7,9 | 57 723 | 59 | 6,3 | 3,17 | 146 | 122 |
| 288 | 41 | 3,03 | 63 | 3,4 | 62 133 | 60 | 11,1 | 3,6 | 137 | 114 |

(continua)

*(continuação)*

| DESIGNAÇÃO Altura x massa [mm x kg/m] | Massa Linear [kg/m] | Área A [cm²] | DIMENSÕES d [mm] | t$_w$ [mm] | h [mm] | t$_f$ [mm] | b$_f$ [mm] | EIXO X – X I$_x$ [cm⁴] | W$_x$ [cm³] | r$_x$ [cm] | Z [cm |
|---|---|---|---|---|---|---|---|---|---|---|---|
| **PERFIS SOLDADOS VS** | | | | | | | | | | | |
| 300 x 28(*) | 28,2 | 35,9 | 300 | 4,75 | 284 | 8 | 140 | 5 683 | 379 | 12,58 | |
| 300 x 31(*) | 31,3 | 39,9 | 300 | 4,75 | 281 | 9,5 | 140 | 6 492 | 433 | 12,76 | |
| 300 x 27 | 26,5 | 33,8 | 300 | 4,75 | 287 | 6,3 | 160 | 5 416 | 361 | 12,66 | |
| 300 x 31(*) | 30,7 | 39,1 | 300 | 4,75 | 284 | 8 | 160 | 6 365 | 424 | 12,76 | |
| 300 x 34 | 34,3 | 43,7 | 300 | 4,75 | 281 | 9,5 | 160 | 7 294 | 486 | 12,92 | |
| 300 x 33 | 33,2 | 42,3 | 300 | 4,75 | 284 | 8 | 180 | 7 047 | 470 | 12,91 | |
| 300 x 37 | 37,3 | 47,5 | 300 | 4,75 | 281 | 9,5 | 180 | 8 096 | 540 | 13,06 | |
| 300 x 46 | 45,6 | 58,1 | 300 | 4,75 | 275 | 12,5 | 180 | 10 128 | 675 | 13,2 | |
| 350 x 26 | 26,4 | 33,6 | 350 | 4,75 | 337 | 6,3 | 140 | 6 884 | 393 | 14,31 | |
| 350 x 30 | 30,1 | 38,3 | 350 | 4,75 | 334 | 8 | 140 | 8 026 | 459 | 14,48 | |
| 350 x 33(*) | 33,2 | 42,3 | 350 | 4,75 | 331 | 9,5 | 140 | 9 148 | 523 | 14,71 | |
| 350 x 28 | 28,4 | 36,2 | 350 | 4,75 | 337 | 6,3 | 160 | 7 651 | 437 | 14,54 | |
| 350 x 33(*) | 32,6 | 41,5 | 350 | 4,75 | 334 | 8 | 160 | 8 962 | 512 | 14,7 | |
| 350 x 36 | 36,2 | 46,1 | 350 | 4,75 | 331 | 9,5 | 160 | 10 249 | 586 | 14,91 | |
| 350 x 30 | 30,4 | 38,7 | 350 | 4,75 | 337 | 6,3 | 180 | 8 418 | 481 | 14,75 | |
| 350 x 35 | 35,1 | 44,7 | 350 | 4,75 | 334 | 8 | 180 | 9 898 | 566 | 14,88 | |
| 350 x 39 | 39,2 | 49,9 | 350 | 4,75 | 331 | 9,5 | 180 | 11 351 | 649 | 15,08 | |
| 350 x 38 | 37,6 | 47,9 | 350 | 4,75 | 334 | 8 | 200 | 10 834 | 619 | 15,04 | |
| 350 x 42 | 42,2 | 53,7 | 350 | 4,75 | 331 | 9,5 | 200 | 12 453 | 712 | 15,23 | |
| 350 x 51 | 51,3 | 65,4 | 350 | 4,75 | 325 | 12,5 | 200 | 15 604 | 892 | 15,45 | |
| 400 x 28 | 28,3 | 36 | 400 | 4,75 | 387 | 6,3 | 140 | 9 340 | 467 | 16,11 | |
| 400 x 32(*) | 31,9 | 40,6 | 400 | 4,75 | 384 | 8 | 140 | 10 848 | 542 | 16,35 | |
| 400 x 35 | 35,1 | 44,7 | 400 | 4,75 | 381 | 9,5 | 140 | 12 332 | 617 | 16,61 | |
| 400 x 30 | 30,2 | 38,5 | 400 | 4,75 | 387 | 6,3 | 160 | 10 347 | 517 | 16,39 | |
| 400 x 34 | 34,4 | 43,8 | 400 | 4,75 | 384 | 8 | 160 | 12 077 | 604 | 16,61 | |
| 400 x 38 | 38,1 | 48,5 | 400 | 4,75 | 381 | 9,5 | 160 | 13 781 | 689 | 16,86 | |
| 400 x 32(*) | 32,3 | 41,1 | 400 | 4,75 | 387 | 6,3 | 180 | 11 353 | 568 | 16,62 | |
| 400 x 37 | 36,9 | 47 | 400 | 4,75 | 384 | 8 | 180 | 13 307 | 665 | 16,83 | |
| 400 x 41 | 41,1 | 52,3 | 400 | 4,75 | 381 | 9,5 | 180 | 15 230 | 762 | 17,06 | |
| 400 x 39 | 39,4 | 50,2 | 400 | 4,75 | 384 | 8 | 200 | 14 536 | 727 | 17,02 | |
| 400 x 44 | 44 | 56,1 | 400 | 4,75 | 381 | 9,5 | 200 | 16 679 | 834 | 17,24 | |
| 400 x 53 | 53,2 | 67,8 | 400 | 4,75 | 375 | 12,5 | 200 | 20 863 | 1 043 | 17,54 | 1 |
| 450 x 51 | 51,2 | 65,2 | 450 | 6,3 | 431 | 9,5 | 200 | 22 640 | 1 006 | 18,63 | 1 |
| 450 x 60 | 60,3 | 76,8 | 450 | 6,3 | 425 | 12,5 | 200 | 27 962 | 1 243 | 19,08 | 1 |
| 450 x 71 | 70,9 | 90,3 | 450 | 6,3 | 418 | 16 | 200 | 33 985 | 1 510 | 19,4 | 1 |
| 450 x 80 | 80,1 | 102 | 450 | 6,3 | 412 | 19 | 200 | 38 989 | 1 733 | 19,55 | 1 |

| EIXO Y - Y | | | | Propriedades associadas à torção | | Esbeltez local | | $r_t$ | $f_y = 25$ kN/cm² | $f_y = 30$ kN/cm² |
|---|---|---|---|---|---|---|---|---|---|---|
| $I_y$ | $W_y$ | $r_y$ | $Z_y$ | $I_t$ | $C_w$ | $h/t_w$ | $b_f/t_f$ | | $\lambda_r$ | $\lambda_r$ |
| [cm⁴] | [cm³] | [cm] | [cm³] | [cm⁴] | [cm⁶] | [ – ] | [ – ] | [cm] | [cm] | [cm] |
| 366 | 52 | 3,19 | 80 | 5,8 | 77 988 | 60 | 8,8 | 3,69 | 140 | 117 |
| 435 | 62 | 3,3 | 95 | 9 | 91 662 | 59 | 7,4 | 3,74 | 144 | 120 |
| 430 | 54 | 3,57 | 82 | 3,7 | 92 746 | 60 | 12,7 | 4,17 | 135 | 112 |
| 546 | 68 | 3,74 | 104 | 6,5 | 116 414 | 60 | 10 | 4,26 | 138 | 115 |
| 649 | 81 | 3,85 | 123 | 10,2 | 136 825 | 59 | 8,4 | 4,31 | 142 | 119 |
| 778 | 86 | 4,29 | 131 | 7,2 | 165 753 | 60 | 11,3 | 4,83 | 137 | 114 |
| 924 | 103 | 4,41 | 155 | 11,3 | 194 815 | 59 | 9,5 | 4,89 | 141 | 117 |
| 215 | 135 | 4,57 | 204 | 24,5 | 251 068 | 58 | 7,2 | 4,96 | 154 | 129 |
| 288 | 41 | 2,93 | 64 | 3,6 | 85 089 | 71 | 11,1 | 3,54 | 137 | 114 |
| 366 | 52 | 3,09 | 80 | 6 | 106 983 | 70 | 8,8 | 3,64 | 138 | 115 |
| 435 | 62 | 3,21 | 95 | 9,2 | 125 930 | 70 | 7,4 | 3,69 | 140 | 116 |
| 430 | 54 | 3,45 | 83 | 3,9 | 127 013 | 71 | 12,7 | 4,11 | 134 | 112 |
| 546 | 68 | 3,63 | 104 | 6,7 | 159 695 | 70 | 10 | 4,21 | 136 | 113 |
| 649 | 81 | 3,75 | 123 | 10,4 | 187 978 | 70 | 8,4 | 4,27 | 138 | 115 |
| 613 | 68 | 3,98 | 104 | 4,2 | 180 845 | 71 | 14,3 | 4,68 | 132 | 110 |
| 778 | 86 | 4,17 | 131 | 7,4 | 227 378 | 70 | 11,3 | 4,78 | 134 | 112 |
| 924 | 103 | 4,3 | 156 | 11,5 | 267 648 | 70 | 9,5 | 4,84 | 136 | 114 |
| 067 | 107 | 4,72 | 162 | 8 | 311 904 | 70 | 12,5 | 5,35 | 133 | 111 |
| 267 | 127 | 4,86 | 192 | 12,6 | 367 144 | 70 | 10,5 | 5,41 | 135 | 112 |
| 667 | 167 | 5,05 | 252 | 27,2 | 474 609 | 68 | 8 | 5,5 | 144 | 120 |
| 288 | 41 | 2,83 | 64 | 3,7 | 111 646 | 81 | 11,1 | 3,48 | 137 | 114 |
| 366 | 52 | 3 | 81 | 6,2 | 140 551 | 81 | 8,8 | 3,58 | 138 | 115 |
| 435 | 62 | 3,12 | 95 | 9,4 | 165 630 | 80 | 7,4 | 3,65 | 138 | 115 |
| 430 | 54 | 3,34 | 83 | 4,1 | 166 656 | 81 | 12,7 | 4,05 | 135 | 112 |
| 546 | 68 | 3,53 | 105 | 6,9 | 209 803 | 81 | 10 | 4,15 | 135 | 113 |
| 649 | 81 | 3,66 | 124 | 10,5 | 247 238 | 80 | 8,4 | 4,22 | 136 | 113 |
| 613 | 68 | 3,86 | 104 | 4,4 | 237 289 | 81 | 14,3 | 4,61 | 133 | 111 |
| 778 | 86 | 4,07 | 132 | 7,5 | 298 723 | 81 | 11,3 | 4,72 | 133 | 111 |
| 924 | 103 | 4,2 | 156 | 11,7 | 352 024 | 80 | 9,5 | 4,79 | 134 | 112 |
| 067 | 107 | 4,61 | 162 | 8,2 | 409 771 | 81 | 12,5 | 5,29 | 132 | 110 |
| 267 | 127 | 4,75 | 192 | 12,8 | 482 886 | 80 | 10,5 | 5,36 | 133 | 111 |
| 667 | 167 | 4,96 | 252 | 27,4 | 625 651 | 79 | 8 | 5,46 | 138 | 115 |
| 268 | 127 | 4,41 | 194 | 15,1 | 614 461 | 68 | 10,5 | 5,19 | 137 | 114 |
| 668 | 167 | 4,66 | 254 | 29,7 | 797 526 | 67 | 8 | 5,32 | 139 | 116 |
| 134 | 213 | 4,86 | 324 | 58,2 | 1 004 565 | 66 | 6,3 | 5,41 | 147 | 122 |
| 534 | 253 | 4,98 | 384 | 95 | 1 176 486 | 65 | 5,3 | 5,47 | 157 | 130 |

(continua)

(*continuação*)

## PERFIS SOLDADOS VS

| DESIGNAÇÃO Altura x massa [mm x kg/m] | Massa Linear [kg/m] | Área A [cm²] | DIMENSÕES | | | | | EIXO X – X | | | |
|---|---|---|---|---|---|---|---|---|---|---|---|
| | | | d [mm] | $t_w$ [mm] | h [mm] | $t_f$ [mm] | $b_f$ [mm] | $I_x$ [cm⁴] | $W_x$ [cm³] | $r_x$ [cm] | Z [cm |
| 450 x 59 | 58,6 | 74,7 | 450 | 6,3 | 431 | 9,5 | 250 | 27 249 | 1 211 | 19,1 | 1 |
| 450 x 70 | 70,1 | 89,3 | 450 | 6,3 | 425 | 12,5 | 250 | 33 946 | 1 509 | 19,5 | 1 |
| 450 x 83 | 83,4 | 106,3 | 450 | 6,3 | 418 | 16 | 250 | 41 523 | 1 845 | 19,76 | 2 |
| 450 x 95 | 95 | 121 | 450 | 6,3 | 412 | 19 | 250 | 47 818 | 2 125 | 19,88 | 2 |
| 500 x 61 | 61,1 | 77,8 | 500 | 6,3 | 481 | 9,5 | 250 | 34 416 | 1 377 | 21,03 | 1 |
| 500 x 73 | 72,5 | 92,4 | 500 | 6,3 | 475 | 12,5 | 250 | 42 768 | 1 711 | 21,51 | 1 |
| 500 x 86 | 86 | 109,5 | 500 | 6,3 | 468 | 16 | 250 | 52 250 | 2 090 | 21,84 | 2 |
| 500 x 97 | 97,4 | 124,1 | 500 | 6,3 | 462 | 19 | 250 | 60 154 | 2 406 | 22,02 | 2 |
| 550 x 64 | 63,6 | 81 | 550 | 6,3 | 531 | 9,5 | 250 | 42 556 | 1 547 | 22,92 | 2 |
| 550 x 75 | 75 | 95,6 | 550 | 6,3 | 525 | 12,5 | 250 | 52 747 | 1 918 | 23,49 | 2 |
| 550 x 88 | 88,4 | 112,6 | 550 | 6,3 | 518 | 16 | 250 | 64 345 | 2 340 | 23,9 | 2 |
| 550 x 100 | 99,9 | 127,3 | 550 | 6,3 | 512 | 19 | 250 | 74 041 | 2 692 | 24,12 | 2 |
| 600 x 81 | 81,2 | 103,5 | 600 | 8 | 581 | 9,5 | 300 | 62 768 | 2 092 | 24,63 | 2 |
| 600 x 95 | 95 | 121 | 600 | 8 | 575 | 12,5 | 300 | 77 401 | 2 580 | 25,29 | 2 |
| 600 x 111 | 111 | 141,4 | 600 | 8 | 568 | 16 | 300 | 94 091 | 3 136 | 25,8 | 3 |
| 600 x 125 | 124,8 | 159 | 600 | 8 | 562 | 19 | 300 | 108 073 | 3 602 | 26,07 | 3 |
| 600 x 140 | 140,4 | 178,8 | 600 | 8 | 555 | 22,4 | 300 | 124 012 | 4 134 | 26,34 | 4 |
| 600 x 152 | 152,3 | 194 | 600 | 8 | 550 | 25 | 300 | 135 154 | 4 505 | 26,39 | 4 |
| 650 x 84 | 84,4 | 107,5 | 650 | 8 | 631 | 9,5 | 300 | 75 213 | 2 314 | 26,45 | 2 |
| 650 x 98 | 98,1 | 125 | 650 | 8 | 625 | 12,5 | 300 | 92 487 | 2 846 | 27,2 | 3 |
| 650 x 114 | 114,1 | 145,4 | 650 | 8 | 618 | 16 | 300 | 112 225 | 3 453 | 27,78 | 3 |
| 650 x 128 | 128 | 163 | 650 | 8 | 612 | 19 | 300 | 128 792 | 3 963 | 28,11 | 4 |
| 650 x 143 | 143,5 | 182,8 | 650 | 8 | 605 | 22,4 | 300 | 147 713 | 4 545 | 28,43 | 4 |
| 650 x 155 | 155,4 | 198 | 650 | 8 | 600 | 25 | 300 | 160 963 | 4 953 | 28,51 | 5 |
| 700 x 105 | 105,2 | 134 | 700 | 8 | 675 | 12,5 | 320 | 115 045 | 3 287 | 29,3 | 3 |
| 700 x 122 | 122,3 | 155,8 | 700 | 8 | 668 | 16 | 320 | 139 665 | 3 990 | 29,94 | 4 |
| 700 x 137 | 137,1 | 174,6 | 700 | 8 | 662 | 19 | 320 | 160 361 | 4 582 | 30,31 | 5 |
| 700 x 154 | 153,7 | 195,8 | 700 | 8 | 655 | 22,4 | 320 | 184 037 | 5 258 | 30,66 | 5 |
| 700 x 166 | 166,4 | 212 | 700 | 8 | 650 | 25 | 320 | 200 642 | 5 733 | 30,76 | 6 |
| 750 x 108 | 108,3 | 138 | 750 | 8 | 725 | 12,5 | 320 | 134 197 | 3 579 | 31,18 | 4 |
| 750 x 125 | 125,4 | 159,8 | 750 | 8 | 718 | 16 | 320 | 162 620 | 4 337 | 31,9 | 4 |
| 750 x 140 | 140,2 | 178,6 | 750 | 8 | 712 | 19 | 320 | 186 545 | 4 975 | 32,32 | 5 |
| 750 x 157 | 156,8 | 199,8 | 750 | 8 | 705 | 22,4 | 320 | 213 953 | 5 705 | 32,72 | 6 |
| 750 x 170 | 169,6 | 216 | 750 | 8 | 700 | 25 | 320 | 233 200 | 6 219 | 32,86 | 6 |
| 800 x 111 | 111,5 | 142 | 800 | 8 | 775 | 12,5 | 320 | 155 074 | 3 877 | 33,05 | 4 |
| 800 x 129 | 128,6 | 163,8 | 800 | 8 | 768 | 16 | 320 | 187 573 | 4 689 | 33,84 | 5 |

| EIXO Y - Y | | | | Propriedades associadas à torção | | Esbeltez local | | $r_t$ | $f_y = 25$ kN/cm² | $f_y = 30$ kN/cm² |
|---|---|---|---|---|---|---|---|---|---|---|
| $_y$ | $W_y$ | $r_y$ | $Z_y$ | $I_t$ | $C_w$ | $h/t_w$ | $b_f/t_f$ | | $\lambda_r$ | $\lambda_r$ |
| $^4]$ | [cm³] | [cm] | [cm³] | [cm⁴] | [cm⁶] | [ – ] | [ – ] | [cm] | [cm] | [cm] |
| 475 | 198 | 5,76 | 301 | 18 | 1 200 119 | 68 | 13,2 | 6,61 | 133 | 111 |
| 256 | 260 | 6,04 | 395 | 36,2 | 1 557 668 | 67 | 10 | 6,75 | 136 | 114 |
| 168 | 333 | 6,26 | 504 | 71,9 | 1 962 042 | 66 | 7,8 | 6,85 | 144 | 120 |
| 949 | 396 | 6,4 | 598 | 117,9 | 2 297 825 | 65 | 6,6 | 6,91 | 154 | 129 |
| 475 | 198 | 5,64 | 302 | 18,4 | 1 488 026 | 76 | 13,2 | 6,55 | 133 | 111 |
| 256 | 260 | 5,94 | 395 | 36,6 | 1 934 052 | 75 | 10 | 6,7 | 134 | 112 |
| 168 | 333 | 6,17 | 505 | 72,3 | 2 440 167 | 74 | 7,8 | 6,81 | 140 | 117 |
| 949 | 396 | 6,31 | 598 | 118,3 | 2 861 887 | 73 | 6,6 | 6,87 | 147 | 123 |
| 475 | 198 | 5,53 | 302 | 18,8 | 1 806 857 | 84 | 13,2 | 6,5 | 133 | 111 |
| 256 | 260 | 5,84 | 396 | 37 | 2 351 125 | 83 | 10 | 6,65 | 133 | 111 |
| 168 | 333 | 6,08 | 505 | 72,7 | 2 970 375 | 82 | 7,8 | 6,77 | 137 | 114 |
| 949 | 396 | 6,24 | 599 | 118,7 | 3 487 799 | 81 | 6,6 | 6,84 | 142 | 119 |
| 277 | 285 | 6,43 | 437 | 27,2 | 3 726 627 | 73 | 15,8 | 7,68 | 135 | 112 |
| 627 | 375 | 6,82 | 572 | 49,1 | 4 853 760 | 72 | 1  2 | 7,89 | 134 | 112 |
| 202 | 480 | 7,14 | 729 | 91,9 | 6 139 008 | 71 | 9,4 | 8,05 | 136 | 113 |
| 552 | 570 | 7,33 | 864 | 147,1 | 7 215 366 | 70 | 7,9 | 8,14 | 140 | 117 |
| 082 | 672 | 7,51 | 1 017 | 234,6 | 8 407 268 | 69 | 6,7 | 8,22 | 147 | 122 |
| 252 | 750 | 7,62 | 1 134 | 322,3 | 9 298 828 | 69 | 6 | 8,27 | 154 | 128 |
| 278 | 285 | 6,31 | 438 | 28,1 | 4 384 443 | 79 | 15,8 | 7,61 | 135 | 113 |
| 628 | 375 | 6,71 | 573 | 49,9 | 5 715 088 | 78 | 12 | 7,83 | 134 | 111 |
| 203 | 480 | 7,04 | 730 | 92,7 | 7 235 208 | 77 | 9,4 | 8 | 135 | 112 |
| 553 | 570 | 7,24 | 865 | 147,9 | 8 510 691 | 77 | 7,9 | 8,1 | 138 | 115 |
| 083 | 672 | 7,43 | 1 018 | 235,5 | 9 925 820 | 76 | 6,7 | 8,18 | 143 | 119 |
| 253 | 750 | 7,54 | 1 135 | 323,2 | 10 986 328 | 75 | 6 | 8,23 | 148 | 124 |
| 830 | 427 | 7,14 | 651 | 53,4 | 8 066 667 | 84 | 12,8 | 8,35 | 133 | 111 |
| 741 | 546 | 7,49 | 830 | 99,1 | 10 220 470 | 84 | 10 | 8,53 | 133 | 111 |
| 379 | 649 | 7,71 | 983 | 157,9 | 12 030 579 | 83 | 8,4 | 8,63 | 135 | 113 |
| 236 | 765 | 7,91 | 1 157 | 251,3 | 14 042 147 | 82 | 7,1 | 8,72 | 139 | 116 |
| 656 | 854 | 8,03 | 1 290 | 344,9 | 15 552 000 | 81 | 6,4 | 8,77 | 144 | 120 |
| 830 | 427 | 7,04 | 652 | 54,3 | 9 282 667 | 91 | 12,8 | 8,29 | 133 | 111 |
| 741 | 546 | 7,4 | 831 | 99,9 | 11 769 304 | 90 | 10 | 8,48 | 132 | 110 |
| 380 | 649 | 7,62 | 984 | 158,8 | 13 862 037 | 89 | 8,4 | 8,59 | 134 | 112 |
| 236 | 765 | 7,83 | 1158 | 252,2 | 16 190 941 | 88 | 7,1 | 8,69 | 137 | 114 |
| 656 | 854 | 7,95 | 1291 | 345,7 | 17 941 333 | 88 | 6,4 | 8,74 | 141 | 117 |
| 830 | 427 | 6,94 | 652 | 55,1 | 10 584 000 | 97 | 12,8 | 8,24 | 133 | 111 |
| 741 | 546 | 7,31 | 831 | 100,8 | 13 427 365 | 96 | 10 | 8,43 | 132 | 110 |

(continua)

*(continuação)*

## PERFIS SOLDADOS VS

| DESIGNAÇÃO Altura x massa [mm x kg/m] | Massa Linear [kg/m] | Área A [cm²] | DIMENSÕES | | | | | EIXO X – X | | | |
|---|---|---|---|---|---|---|---|---|---|---|---|
| | | | d [mm] | $t_w$ [mm] | h [mm] | $t_f$ [mm] | $b_f$ [mm] | $I_x$ [cm⁴] | $W_x$ [cm³] | $r_x$ [cm] | Z [cr |
| 800 x 143 | 143,3 | 182,6 | 800 | 8 | 762 | 19 | 320 | 214 961 | 5 374 | 34,31 | 5 |
| 800 x 160 | 160 | 203,8 | 800 | 8 | 755 | 22,4 | 320 | 246 374 | 6 159 | 34,77 | 6 |
| 800 x 173 | 172,7 | 220 | 800 | 8 | 750 | 25 | 320 | 268 458 | 6 711 | 34,93 | 7 |
| 850 x 120 | 120,5 | 153,5 | 850 | 8 | 825 | 12,5 | 350 | 190 878 | 4 491 | 35,26 | 5 |
| 850 x 139 | 139,3 | 177,4 | 850 | 8 | 818 | 16 | 350 | 231 269 | 5 442 | 36,11 | 6 |
| 850 x 155 | 155,4 | 198 | 850 | 8 | 812 | 19 | 350 | 265 344 | 6 243 | 36,61 | 6 |
| 850 x 174 | 173,6 | 221,2 | 850 | 8 | 805 | 22,4 | 350 | 304 467 | 7 164 | 37,1 | 7 |
| 850 x 188 | 187,6 | 239 | 850 | 8 | 800 | 25 | 350 | 331 998 | 7 812 | 37,27 | 8 |
| 900 x 124 | 123,6 | 157,5 | 900 | 8 | 875 | 12,5 | 350 | 216 973 | 4 822 | 37,12 | 5 |
| 900 x 142 | 142,4 | 181,4 | 900 | 8 | 868 | 16 | 350 | 262 430 | 5 832 | 38,04 | 6 |
| 900 x 159 | 158,6 | 202 | 900 | 8 | 862 | 19 | 350 | 300 814 | 6 685 | 38,59 | 7 |
| 900 x 177 | 176,8 | 225,2 | 900 | 8 | 855 | 22,4 | 350 | 344 925 | 7 665 | 39,14 | 8 |
| 900 x 191 | 190,8 | 243 | 900 | 8 | 850 | 25 | 350 | 375 994 | 8 355 | 39,34 | 9 |
| 950 x 127 | 126,8 | 161,5 | 950 | 8 | 925 | 12,5 | 350 | 245 036 | 5 159 | 38,95 | 5 |
| 950 x 146 | 145,5 | 185,4 | 950 | 8 | 918 | 16 | 350 | 295 858 | 6 229 | 39,95 | 6 |
| 950 x 162 | 161,7 | 206 | 950 | 8 | 912 | 19 | 350 | 338 808 | 7 133 | 40,55 | 7 |
| 950 x 180 | 179,9 | 229,2 | 950 | 8 | 905 | 22,4 | 350 | 388 207 | 8 173 | 41,16 | 8 |
| 950 x 194 | 193,9 | 247 | 950 | 8 | 900 | 25 | 350 | 423 027 | 8 906 | 41,38 | 9 |
| 1000 x 140 | 139,7 | 178 | 1 000 | 8 | 975 | 12,5 | 400 | 305 593 | 6 112 | 41,43 | 6 |
| 1000 x 161 | 161,2 | 205,4 | 1 000 | 8 | 968 | 16 | 400 | 370 339 | 7 407 | 42,46 | 8 |
| 1000 x 180 | 179,8 | 229 | 1 000 | 8 | 962 | 19 | 400 | 425 095 | 8 502 | 43,08 | 9 |
| 1000 x 201 | 200,6 | 255,6 | 1 000 | 8 | 955 | 22,4 | 400 | 488 119 | 9 762 | 43,7 | 10 |
| 1000 x 217 | 216,7 | 276 | 1 000 | 8 | 950 | 25 | 400 | 532 575 | 10 652 | 43,93 | 11 |
| 1100 x 159 | 158,6 | 202,1 | 1 100 | 9,5 | 1 075 | 12,5 | 400 | 394 026 | 7 164 | 44,15 | 8 |
| 1100 x 180 | 180,2 | 229,5 | 1 100 | 9,5 | 1 068 | 16 | 400 | 472 485 | 8 591 | 45,37 | 9 |
| 1100 x 199 | 198,5 | 252,9 | 1 100 | 9,5 | 1 062 | 19 | 400 | 538 922 | 9 799 | 46,16 | 10 |
| 1100 x 219 | 219,3 | 279,4 | 1 100 | 9,5 | 1 055 | 22,4 | 400 | 615 490 | 11 191 | 46,94 | 12 |
| 1100 x 235 | 235,3 | 299,8 | 1 100 | 9,5 | 1 050 | 25 | 400 | 669 562 | 12 174 | 47,26 | 13 |
| 1200 x 200 | 200,2 | 255 | 1 200 | 9,5 | 1 168 | 16 | 450 | 630 844 | 10 514 | 49,74 | 11 |
| 1200 x 221 | 220,9 | 281,4 | 1 200 | 9,5 | 1 162 | 19 | 450 | 720 523 | 12 009 | 50,6 | 13 |
| 1200 x 244 | 244,4 | 311,3 | 1 200 | 9,5 | 1 155 | 22,4 | 450 | 823 984 | 13 733 | 51,45 | 15 |
| 1200 x 262 | 262,4 | 334,3 | 1 200 | 9,5 | 1 150 | 25 | 450 | 897 121 | 14 952 | 51,8 | 16 |
| 1200 x 307 | 307,3 | 391,5 | 1 200 | 9,5 | 1 137 | 31,5 | 450 | 1 084 322 | 18 072 | 52,63 | 19 |
| 1300 x 237 | 237,5 | 302,5 | 1 300 | 12,5 | 1 268 | 16 | 450 | 805 914 | 12 399 | 51,62 | 14 |
| 1300 x 258 | 258,1 | 328,8 | 1 300 | 12,5 | 1 262 | 19 | 450 | 910 929 | 14 014 | 52,64 | 15 |
| 1300 x 281 | 281,4 | 358,5 | 1 300 | 12,5 | 1 255 | 22,4 | 450 | 1 032 190 | 15 880 | 53,66 | 17 |

| EIXO Y - Y | | | | Propriedades associadas à torção | | Esbeltez local | | $r_t$ | $f_y = 25$ kN/cm² | $f_y = 30$ kN/cm² |
|---|---|---|---|---|---|---|---|---|---|---|
| y | $W_y$ | $r_y$ | $Z_y$ | $I_t$ | $C_w$ | $h/t_w$ | $b_f/t_f$ | | $\lambda_r$ | $\lambda_r$ |
| $n^4$] | [cm³] | [cm] | [cm³] | [cm⁴] | [cm⁶] | [ – ] | [ – ] | [cm] | [cm] | [cm] |
| 380 | 649 | 7,54 | 985 | 159,7 | 15 823 202 | 95 | 8,4 | 8,55 | 133 | 111 |
| 237 | 765 | 7,75 | 1 159 | 253 | 18 492 653 | 94 | 7,1 | 8,65 | 135 | 113 |
| 657 | 854 | 7,88 | 1 292 | 346,6 | 20 501 333 | 94 | 6,4 | 8,71 | 139 | 115 |
| 936 | 511 | 7,63 | 779 | 59,9 | 15 662 913 | 103 | 14 | 9,03 | 132 | 110 |
| 437 | 654 | 8,03 | 993 | 109,8 | 19 881 309 | 102 | 10,9 | 9,24 | 131 | 109 |
| 581 | 776 | 8,28 | 1 177 | 174,2 | 23 439 511 | 102 | 9,2 | 9,37 | 131 | 110 |
| 010 | 915 | 8,51 | 1 385 | 276,4 | 27 408 286 | 101 | 7,8 | 9,48 | 133 | 111 |
| 868 | 1 021 | 8,65 | 1 544 | 378,7 | 30 397 705 | 100 | 7 | 9,54 | 136 | 113 |
| 936 | 511 | 7,53 | 780 | 60,7 | 17 588 938 | 109 | 14 | 8,98 | 132 | 110 |
| 437 | 654 | 7,94 | 994 | 110,7 | 22 336 617 | 109 | 10,9 | 9,2 | 131 | 109 |
| 581 | 776 | 8,2 | 1 178 | 175,1 | 26 345 006 | 108 | 9,2 | 9,33 | 131 | 109 |
| 010 | 915 | 8,43 | 1 386 | 277,2 | 30 820 107 | 107 | 7,8 | 9,44 | 132 | 110 |
| 868 | 1 021 | 8,58 | 1 545 | 379,5 | 34 193 929 | 106 | 7 | 9,51 | 134 | 112 |
| 936 | 511 | 7,44 | 780 | 61,6 | 19 626 617 | 116 | 14 | 8,92 | 132 | 110 |
| 437 | 654 | 7,85 | 995 | 111,5 | 24 934 842 | 115 | 10,9 | 9,15 | 131 | 109 |
| 581 | 776 | 8,12 | 1 178 | 175,9 | 29 420 216 | 114 | 9,2 | 9,29 | 131 | 109 |
| 011 | 915 | 8,36 | 1 386 | 278,1 | 34 432 011 | 113 | 7,8 | 9,41 | 131 | 110 |
| 868 | 1 021 | 8,51 | 1 546 | 380,4 | 38 213 460 | 113 | 7 | 9,48 | 133 | 111 |
| 337 | 667 | 8,66 | 1 016 | 68,9 | 32 505 208 | 122 | 16 | 10,29 | 131 | 109 |
| 071 | 854 | 9,12 | 1 295 | 126 | 41 312 256 | 121 | 12,5 | 10,53 | 129 | 108 |
| 271 | 1 014 | 9,41 | 1 535 | 199,6 | 48 759 624 | 120 | 10,5 | 10,68 | 129 | 107 |
| 897 | 1 195 | 9,67 | 1 807 | 316,4 | 57 087 252 | 119 | 8,9 | 10,81 | 129 | 108 |
| 671 | 1 334 | 9,83 | 2 015 | 433,3 | 63 375 000 | 119 | 8 | 10,88 | 131 | 109 |
| 341 | 667 | 8,12 | 1 024 | 83,2 | 39 421 875 | 113 | 16 | 9,97 | 135 | 112 |
| 074 | 854 | 8,63 | 1 304 | 140,2 | 50 135 723 | 112 | 12,5 | 10,27 | 132 | 110 |
| 274 | 1 014 | 8,95 | 1 544 | 213,8 | 59 207 091 | 112 | 10,5 | 10,45 | 131 | 109 |
| 901 | 1 195 | 9,25 | 1 816 | 330,5 | 69 363 646 | 111 | 8,9 | 10,6 | 131 | 109 |
| 674 | 1 334 | 9,43 | 2 024 | 447,4 | 77 041 667 | 111 | 8 | 10,69 | 132 | 110 |
| 308 | 1 080 | 9,76 | 1 646 | 156,7 | 85 162 752 | 123 | 14,1 | 11,59 | 131 | 109 |
| 865 | 1 283 | 10,13 | 1 950 | 239,5 | 100 618 930 | 122 | 11,8 | 11,78 | 130 | 108 |
| 028 | 1 512 | 10,46 | 2 294 | 370,8 | 117 942 387 | 122 | 10 | 11,95 | 129 | 108 |
| 977 | 1 688 | 10,66 | 2 557 | 502,3 | 131 051 514 | 121 | 9 | 12,05 | 130 | 108 |
| 849 | 2 127 | 11,06 | 3 215 | 971,1 | 163 303 047 | 120 | 7,1 | 12,24 | 132 | 110 |
| 321 | 1 081 | 8,97 | 1 670 | 206,5 | 100 155 852 | 101 | 14,1 | 11,11 | 137 | 114 |
| 877 | 1 283 | 9,37 | 1 973 | 289,2 | 118 379 952 | 101 | 11,8 | 11,36 | 135 | 113 |
| 040 | 1 513 | 9,74 | 2 317 | 420,4 | 138 823 863 | 100 | 10 | 11,58 | 134 | 111 |

(continua)

(*continuação*)

**PERFIS SOLDADOS VS**

| DESIGNAÇÃO Altura x massa [mm x kg/m] | Massa Linear [kg/m] | Área A [cm²] | DIMENSÕES | | | | | EIXO X – X | | | |
|---|---|---|---|---|---|---|---|---|---|---|---|
| | | | d [mm] | $t_w$ [mm] | h [mm] | $t_f$ [mm] | $b_f$ [mm] | $I_x$ [cm⁴] | $W_x$ [cm³] | $r_x$ [cm] | Z [cm |
| 1300 x 299 | 299,3 | 381,3 | 1 300 | 12,5 | 1 250 | 25 | 450 | 1 117 982 | 17 200 | 54,15 | 19 |
| 1300 x 344 | 343,9 | 438,1 | 1 300 | 12,5 | 1 237 | 31,5 | 450 | 1 337 847 | 20 582 | 55,26 | 22 |
| 1400 x 260 | 259,8 | 331 | 1 400 | 12,5 | 1 368 | 16 | 500 | 1 032 894 | 14 756 | 55,86 | 16 |
| 1400 x 283 | 282,8 | 360,3 | 1 400 | 12,5 | 1 362 | 19 | 500 | 1 169 143 | 16 702 | 56,96 | 18 |
| 1400 x 309 | 308,8 | 393,4 | 1 400 | 12,5 | 1 355 | 22,4 | 500 | 1 326 589 | 18 951 | 58,07 | 21 |
| 1400 x 329 | 328,8 | 418,8 | 1 400 | 12,5 | 1 350 | 25 | 500 | 1 438 060 | 2 0544 | 58,6 | 22 |
| 1400 x 378 | 378,4 | 482,1 | 1 400 | 12,5 | 1 337 | 31,5 | 500 | 1 724 041 | 24 629 | 59,8 | 27 |
| 1400 x 424 | 424,4 | 540,6 | 1 400 | 12,5 | 1 325 | 37,5 | 500 | 1 983 133 | 283 30 | 60,57 | 31 |
| 1400 x 478 | 478 | 608,9 | 1 400 | 12,5 | 1 311 | 44,5 | 500 | 2 279 533 | 32 565 | 61,19 | 35 |
| 1500 x 270 | 269,6 | 343,5 | 1 500 | 12,5 | 1 468 | 16 | 500 | 1 210 476 | 16 140 | 59,36 | 18 |
| 1500 x 293 | 292,6 | 372,8 | 1 500 | 12,5 | 1 462 | 19 | 500 | 1 367 419 | 18 232 | 60,56 | 20 |
| 1500 x 319 | 318,6 | 405,9 | 1 500 | 12,5 | 1 455 | 22,4 | 500 | 1 548 898 | 20 652 | 61,77 | 23 |
| 1500 x 339 | 338,6 | 431,3 | 1 500 | 12,5 | 1 450 | 25 | 500 | 1 677 461 | 22 366 | 62,36 | 25 |
| 1500 x 388 | 388,3 | 494,6 | 1 500 | 12,5 | 1 437 | 31,5 | 500 | 2 007 598 | 26 768 | 63,71 | 29 |
| 1500 x 434 | 434,2 | 553,1 | 1 500 | 12,5 | 1 425 | 37,5 | 500 | 2 307 085 | 30 761 | 64,58 | 33 |
| 1500 x 488 | 487,8 | 621,4 | 1 500 | 12,5 | 1 411 | 44,5 | 500 | 2 650 168 | 35 336 | 65,31 | 38 |
| 1600 x 328 | 328,4 | 418,4 | 1 600 | 12,5 | 1 555 | 22,4 | 500 | 1 791 549 | 22 394 | 65,44 | 25 |
| 1600 x 348 | 348,4 | 443,8 | 1 600 | 12,5 | 1 550 | 25 | 500 | 1 938 424 | 242 30 | 66,09 | 27 |
| 1600 x 398 | 398,1 | 507,1 | 1 600 | 12,5 | 1 537 | 31,5 | 500 | 2 315 887 | 28 949 | 67,58 | 32 |
| 1600 x 444 | 444 | 565,6 | 1 600 | 12,5 | 1 525 | 37,5 | 500 | 2 658 693 | 33 234 | 68,56 | 36 |
| 1600 x 498 | 497,6 | 633,9 | 1 600 | 12,5 | 1 511 | 44,5 | 500 | 3 051 871 | 38 148 | 69,39 | 41 |
| 1700 x 338 | 338,3 | 430,9 | 1 700 | 12,5 | 1 655 | 22,4 | 500 | 2 055 170 | 24 178 | 69,06 | 27 |
| 1700 x 358 | 358,2 | 456,3 | 1 700 | 12,5 | 1 650 | 25 | 500 | 2 221 576 | 261 36 | 69,78 | 29 |
| 1700 x 408 | 407,9 | 519,6 | 1 700 | 12,5 | 1 637 | 31,5 | 500 | 2 649 532 | 31 171 | 71,41 | 34 |
| 1700 x 454 | 453,8 | 578,1 | 1 700 | 12,5 | 1 625 | 37,5 | 500 | 3 038 582 | 35 748 | 72,5 | 39 |
| 1700 x 507 | 507,4 | 646,4 | 1 700 | 12,5 | 1 611 | 44,5 | 500 | 3 485 268 | 41 003 | 73,43 | 44 |
| 1800 x 348 | 348,1 | 443,4 | 1 800 | 12,5 | 1 755 | 22,4 | 500 | 2 340 384 | 26 004 | 72,65 | 29 |
| 1800 x 368 | 368 | 468,8 | 1 800 | 12,5 | 1 750 | 25 | 500 | 2 527 539 | 28 084 | 73,43 | 31 |
| 1800 x 418 | 417,7 | 532,1 | 1 800 | 12,5 | 1 737 | 31,5 | 500 | 3 009 158 | 33 435 | 75,2 | 37 |
| 1800 x 464 | 463,6 | 590,6 | 1 800 | 12,5 | 1 725 | 37,5 | 500 | 3 447 378 | 38 304 | 76,4 | 42 |
| 1800 x 517 | 517,2 | 658,9 | 1 800 | 12,5 | 1 711 | 44,5 | 500 | 3 950 984 | 43 900 | 77,44 | 48 |
| 1800 x 465 | 465,4 | 592,9 | 1 800 | 16 | 1 737 | 31,5 | 500 | 3 162 016 | 35 134 | 73,03 | 39 |
| 1800 x 511 | 511 | 651 | 1 800 | 16 | 1 725 | 37,5 | 500 | 3 597 089 | 39 968 | 74,33 | 44 |
| 1800 x 564 | 564,3 | 718,8 | 1 800 | 16 | 1 711 | 44,5 | 500 | 4 097 080 | 45 523 | 75,5 | 50 |
| 1900 x 429 | 428,6 | 546 | 1 900 | 16 | 1 850 | 25 | 500 | 3 041 613 | 32 017 | 74,64 | 37 |
| 1900 x 478 | 478 | 608,9 | 1 900 | 16 | 1 837 | 31,5 | 500 | 3 5761 98 | 37 644 | 76,64 | 42 |

| EIXO Y - Y | | | | Propriedades associadas à torção | | Esbeltez local | | $r_t$ | $f_y = 25$ kN/cm² | $f_y = 30$ kN/cm² |
|---|---|---|---|---|---|---|---|---|---|---|
| y | $W_y$ | $r_y$ | $Z_y$ | $I_t$ | $C_w$ | $h/t_w$ | $b_f/t_f$ | | $\lambda_r$ | $\lambda_r$ |
| n⁴] | [cm³] | [cm] | [cm³] | [cm⁴] | [cm⁶] | [ – ] | [ – ] | [cm] | [cm] | [cm] |
| 989 | 1 688 | 9,98 | 2 580 | 551,8 | 154 307 373 | 100 | 9 | 11,71 | 134 | 111 |
| 861 | 2 127 | 10,45 | 3 238 | 1 020,3 | 192 449 947 | 99 | 7,1 | 11,95 | 135 | 112 |
| 356 | 1 334 | 10,04 | 2 053 | 226,6 | 159 621 333 | 109 | 15,6 | 12,4 | 136 | 113 |
| 606 | 1 584 | 10,48 | 2 428 | 318,5 | 188 729 474 | 109 | 13,2 | 12,67 | 134 | 112 |
| 689 | 1 868 | 10,89 | 2 853 | 464,3 | 221 407 872 | 108 | 11,2 | 12,9 | 132 | 110 |
| 105 | 2 084 | 11,15 | 3 178 | 610,4 | 246 175 130 | 108 | 10 | 13,04 | 132 | 110 |
| 647 | 2 626 | 11,67 | 3 990 | 1131 | 307 254 979 | 107 | 7,9 | 13,31 | 132 | 110 |
| 147 | 3 126 | 12,02 | 4 739 | 1 846,5 | 362 579 346 | 106 | 6,7 | 13,48 | 135 | 112 |
| 730 | 3 709 | 12,34 | 5 614 | 3 025,6 | 425 851 152 | 105 | 5,6 | 13,62 | 139 | 116 |
| 357 | 1 334 | 9,85 | 2 057 | 233,1 | 183 521 333 | 117 | 15,6 | 12,28 | 137 | 114 |
| 607 | 1 584 | 10,31 | 2 432 | 325,1 | 217 051 349 | 117 | 13,2 | 12,56 | 134 | 112 |
| 690 | 1 868 | 10,73 | 2 857 | 470,8 | 254 718 539 | 116 | 11,2 | 12,81 | 133 | 110 |
| 107 | 2 084 | 10,99 | 31 82 | 616,9 | 283 284 505 | 116 | 10 | 12,95 | 132 | 110 |
| 648 | 2 626 | 11,52 | 3 994 | 1 137,5 | 353 799 510 | 115 | 7,9 | 13,23 | 132 | 110 |
| 148 | 3 126 | 11,89 | 4 743 | 1853 | 417 755 127 | 114 | 6,7 | 13,41 | 133 | 111 |
| 731 | 3 709 | 12,22 | 5 618 | 3 032,1 | 491 001 933 | 113 | 5,6 | 13,57 | 137 | 114 |
| 692 | 1 868 | 10,56 | 2 861 | 477,4 | 290 362 539 | 124 | 11,2 | 12,71 | 133 | 111 |
| 109 | 2 084 | 10,84 | 3 186 | 623,4 | 322 998 047 | 124 | 10 | 12,87 | 132 | 110 |
| 650 | 2 626 | 11,38 | 3 998 | 1144 | 403 625 291 | 123 | 7,9 | 13,16 | 132 | 110 |
| 150 | 3 126 | 11,75 | 4 747 | 1 859,5 | 476 837 158 | 122 | 6,7 | 13,35 | 133 | 111 |
| 733 | 3 709 | 12,1 | 5 622 | 3 038,6 | 560 788 131 | 121 | 5,6 | 13,51 | 135 | 113 |
| 694 | 1 868 | 10,41 | 2 865 | 483,9 | 328 339 872 | 132 | 11,2 | 12,62 | 134 | 111 |
| 110 | 2 084 | 10,69 | 3 189 | 629,9 | 365 315 755 | 132 | 10 | 12,78 | 133 | 111 |
| 652 | 2 626 | 11,24 | 4 001 | 1 150,5 | 456 732 322 | 131 | 7,9 | 13,09 | 132 | 110 |
| 151 | 3 126 | 11,63 | 4 751 | 1 866 | 539 825 439 | 130 | 6,7 | 13,28 | 132 | 110 |
| 735 | 3 709 | 11,98 | 5 625 | 3 045,2 | 635 209 745 | 129 | 5,6 | 13,46 | 134 | 112 |
| 695 | 1 868 | 10,26 | 2 869 | 490,4 | 368 650 539 | 140 | 11,2 | 12,53 | 134 | 112 |
| 12 | 2 084 | 10,54 | 3 193 | 636,4 | 410 237 630 | 140 | 10 | 12,7 | 133 | 111 |
| 653 | 2 626 | 11,11 | 4 005 | 1 157 | 513 120 604 | 139 | 7,9 | 13,02 | 132 | 110 |
| 153 | 3 126 | 11,5 | 4 755 | 1 872,6 | 606 719 971 | 138 | 6,7 | 13,22 | 132 | 110 |
| 736 | 3 709 | 11,86 | 5 629 | 3 051,7 | 714 266 777 | 137 | 5,6 | 13,4 | 133 | 111 |
| 684 | 2 627 | 10,53 | 4 049 | 1 283,3 | 513 120 604 | 109 | 7,9 | 12,69 | 136 | 113 |
| 184 | 3 127 | 10,96 | 4 798 | 1 998,5 | 606 719 971 | 108 | 6,7 | 12,94 | 136 | 113 |
| 767 | 3 711 | 11,36 | 5 672 | 3 177,1 | 714 266 777 | 107 | 5,6 | 13,15 | 137 | 114 |
| 146 | 2 086 | 9,77 | 3 243 | 776,8 | 457 763 672 | 116 | 10 | 12,22 | 138 | 115 |
| 688 | 2 628 | 10,39 | 4 055 | 1 297 | 572 790 135 | 115 | 7,9 | 12,61 | 136 | 113 |

(continua)

(*continuação*)

## PERFIS SOLDADOS VS

| DESIGNAÇÃO Altura x massa [mm x kg/m] | Massa Linear [kg/m] | Área A [cm²] | DIMENSÕES | | | | | EIXO X – X | | | |
|---|---|---|---|---|---|---|---|---|---|---|---|
| | | | d [mm] | $t_w$ [mm] | h [mm] | $t_f$ [mm] | $b_f$ [mm] | $I_x$ [cm⁴] | $W_x$ [cm³] | $r_x$ [cm] | Z [cr |
| 1900 x 524 | 523,6 | 667 | 1 900 | 16 | 1 825 | 37,5 | 500 | 4 062 991 | 42 768 | 78,05 | 48 |
| 1900 x 577 | 576,8 | 734,8 | 1 900 | 16 | 1 811 | 44,5 | 500 | 4 622 882 | 48 662 | 79,32 | 54 |
| 2000 x 461 | 460,8 | 587 | 2 000 | 16 | 1 950 | 25 | 550 | 3 670 473 | 36 705 | 79,08 | 42 |
| 2000 x 515 | 515,3 | 656,4 | 2 000 | 16 | 1 937 | 31,5 | 550 | 4 326 007 | 43 260 | 81,18 | 49 |
| 2000 x 566 | 565,6 | 720,5 | 2 000 | 16 | 1 925 | 37,5 | 550 | 4 923 357 | 49 234 | 82,66 | 55 |
| 2000 x 624 | 624,3 | 795,3 | 2 000 | 16 | 1 911 | 44,5 | 550 | 5 610 913 | 56 109 | 83,99 | 62 |

(*) – há dois perfis diferentes com a mesma designação; ao especificá-los devem-se dar mais informações.

## PERFIS SOLDADOS CS

| DESIGNAÇÃO Altura x massa [mm x kg/m] | Massa Linear [kg/m] | Área A [cm²] | DIMENSÕES | | | | | EIXO X – X | | | |
|---|---|---|---|---|---|---|---|---|---|---|---|
| | | | d [mm] | $t_w$ [mm] | h [mm] | $t_f$ [mm] | $b_f$ [mm] | $I_x$ [cm⁴] | $W_x$ [cm³] | $r_x$ [cm] | Z [cr |
| 150 x 25 | 25,4 | 32,4 | 150 | 6,3 | 134 | 8 | 150 | 1 337 | 178 | 6,42 | |
| 150 x 29 | 28,9 | 36,8 | 150 | 6,3 | 131 | 9,5 | 150 | 1 527 | 204 | 6,44 | |
| 150 x 31 | 30,6 | 39 | 150 | 8 | 131 | 9,5 | 150 | 1 559 | 208 | 6,32 | |
| 150 x 37 | 37,3 | 47,5 | 150 | 8 | 125 | 12,5 | 150 | 1 908 | 254 | 6,34 | |
| 150 x 45 | 45,1 | 57,4 | 150 | 8 | 118 | 16 | 150 | 2 274 | 303 | 6,29 | |
| 200 x 39 | 38,8 | 49,4 | 200 | 6,3 | 181 | 9,5 | 200 | 3 762 | 376 | 8,73 | |
| 200 x 41 | 41,2 | 52,5 | 200 | 8 | 181 | 9,5 | 200 | 3 846 | 385 | 8,56 | |
| 200 x 50 | 50,2 | 64 | 200 | 8 | 175 | 12,5 | 200 | 4 758 | 476 | 8,62 | |
| 200 x 61 | 60,8 | 77,4 | 200 | 8 | 168 | 16 | 200 | 5 747 | 575 | 8,62 | |
| 250 x 43 | 42,9 | 54,7 | 250 | 6,3 | 234 | 8 | 250 | 6 531 | 522 | 10,93 | |
| 250 x 49 | 48,7 | 62,1 | 250 | 6,3 | 231 | 9,5 | 250 | 7 519 | 602 | 11 | |
| 250 x 52 | 51,8 | 66 | 250 | 8 | 231 | 9,5 | 250 | 7 694 | 616 | 10,8 | |
| 250 x 63 | 63,2 | 80,5 | 250 | 8 | 225 | 12,5 | 250 | 9 581 | 766 | 10,91 | |
| 250 x 66 | 65,9 | 83,9 | 250 | 9,5 | 225 | 12,5 | 250 | 9 723 | 778 | 10,77 | |
| 250 x 76 | 76,5 | 97,4 | 250 | 8 | 218 | 16 | 250 | 11 659 | 933 | 10,94 | 1 |
| 250 x 79 | 79 | 100,7 | 250 | 9,5 | 218 | 16 | 250 | 11 788 | 943 | 10,82 | 1 |
| 250 x 84 | 84,2 | 107,3 | 250 | 12,5 | 218 | 16 | 250 | 12 047 | 964 | 10,6 | 1 |
| 250 x 90 | 90,4 | 115,1 | 250 | 9,5 | 212 | 19 | 250 | 13 456 | 1 076 | 10,81 | 1 |
| 250 x 95 | 95,4 | 121,5 | 250 | 12,5 | 212 | 19 | 250 | 13 694 | 1 096 | 10,62 | 1 |
| 250 x 108 | 108 | 137,6 | 250 | 12,5 | 205 | 22,4 | 250 | 15 501 | 1 240 | 10,61 | 1 |
| 300 x 62 | 62,4 | 79,5 | 300 | 8 | 281 | 9,5 | 300 | 13 509 | 901 | 13,04 | |
| 300 x 76 | 76,1 | 97 | 300 | 8 | 275 | 12,5 | 300 | 16 894 | 1 126 | 13,2 | 1 |
| 300 x 92 | 92,2 | 117,4 | 300 | 8 | 268 | 16 | 300 | 20 661 | 1 377 | 13,27 | 1 |

| EIXO Y - Y | | | | Propriedades associadas à torção | | Esbeltez local | | $r_t$ | $f_y = 25$ kN/cm² | $f_y = 30$ kN/cm² |
|---|---|---|---|---|---|---|---|---|---|---|
| $I_y$ | $W_y$ | $r_y$ | $Z_y$ | $I_t$ | $C_w$ | $h/t_w$ | $b_f/t_f$ | | $\lambda_r$ | $\lambda_r$ |
| [cm⁴] | [cm³] | [cm] | [cm³] | [cm⁴] | [cm⁶] | [ – ] | [ – ] | [cm] | [cm] | [cm] |
| 187 | 3 127 | 10,83 | 4 804 | 2 012,1 | 677 520 752 | 114 | 6,7 | 12,86 | 135 | 113 |
| 770 | 3 711 | 11,24 | 5 678 | 3 190,7 | 797 959 225 | 113 | 5,6 | 13,08 | 136 | 113 |
| 389 | 2 523 | 10,87 | 3 906 | 842,6 | 676 006 755 | 122 | 11 | 13,53 | 137 | 114 |
| 413 | 3 179 | 11,54 | 4 888 | 1 414,8 | 8 461 711 59 | 121 | 8,7 | 13,94 | 135 | 112 |
| 050 | 3 784 | 12,02 | 5 795 | 2 201,5 | 1 001 215 179 | 120 | 7,3 | 14,21 | 134 | 112 |
| 460 | 4 489 | 12,46 | 6 853 | 3 498,1 | 1 179 648 116 | 119 | 6,2 | 14,45 | 134 | 112 |

| EIXO Y - Y | | | | Propriedades associadas à torção | | Esbeltez local | | $r_t$ | $f_y = 25$ kN/cm² | $f_y = 30$ kN/cm² |
|---|---|---|---|---|---|---|---|---|---|---|
| $I_y$ | $W_y$ | $r_y$ | $Z_y$ | $I_t$ | $C_w$ | $h/t_w$ | $b_f/t_f$ | | $\lambda_r$ | $\lambda_r$ |
| [cm⁴] | [cm³] | [cm] | [cm³] | [cm⁴] | [cm⁶] | [ – ] | [ – ] | [cm] | [cm] | [cm] |
| 450 | 60 | 3,73 | 91 | 6 | 22 685 | 21 | 9,4 | 4,1 | 194 | 162 |
| 535 | 71 | 3,81 | 108 | 10 | 26 372 | 21 | 7,9 | 4,14 | 217 | 181 |
| 535 | 71 | 3,7 | 109 | 11 | 26 372 | 16 | 7,9 | 4,09 | 232 | 193 |
| 704 | 94 | 3,85 | 143 | 22 | 33 234 | 16 | 6 | 4,15 | 288 | 240 |
| 901 | 120 | 3,96 | 182 | 43 | 40 401 | 15 | 4,7 | 4,2 | 369 | 307 |
| 267 | 127 | 5,06 | 192 | 13 | 114 919 | 29 | 10,5 | 5,51 | 172 | 143 |
| 267 | 127 | 4,91 | 193 | 15 | 114 919 | 23 | 10,5 | 5,44 | 180 | 150 |
| 667 | 167 | 5,1 | 253 | 29 | 146 484 | 22 | 8 | 5,52 | 213 | 178 |
| 134 | 213 | 5,25 | 323 | 58 | 180 565 | 21 | 6,3 | 5,58 | 265 | 221 |
| 084 | 167 | 6,17 | 252 | 11 | 305 021 | 37 | 15,6 | 6,81 | 144 | 120 |
| 474 | 198 | 6,31 | 299 | 16 | 357 736 | 37 | 13,2 | 6,87 | 150 | 125 |
| 475 | 198 | 6,12 | 301 | 18 | 357 736 | 29 | 13,2 | 6,79 | 157 | 131 |
| 256 | 260 | 6,36 | 394 | 37 | 459 035 | 28 | 10 | 6,89 | 177 | 148 |
| 257 | 261 | 6,23 | 396 | 39 | 459 035 | 24 | 10 | 6,84 | 183 | 152 |
| 168 | 333 | 6,54 | 503 | 72 | 570 375 | 27 | 7,8 | 6,97 | 211 | 176 |
| 168 | 333 | 6,43 | 505 | 75 | 570 375 | 23 | 7,8 | 6,92 | 216 | 180 |
| 170 | 334 | 6,23 | 509 | 84 | 570 375 | 17 | 7,8 | 6,84 | 228 | 190 |
| 949 | 396 | 6,56 | 599 | 121 | 660 064 | 22 | 6,6 | 6,98 | 251 | 209 |
| 951 | 396 | 6,38 | 602 | 129 | 660 064 | 17 | 6,6 | 6,9 | 261 | 218 |
| 837 | 467 | 6,51 | 708 | 202 | 755 442 | 16 | 5,6 | 6,96 | 304 | 253 |
| 276 | 285 | 7,33 | 432 | 22 | 90 1921 | 35 | 15,8 | 8,14 | 144 | 120 |
| 626 | 375 | 7,62 | 567 | 44 | 116 2354 | 34 | 12 | 8,27 | 157 | 131 |
| 201 | 480 | 7,83 | 724 | 87 | 145 1808 | 34 | 9,4 | 8,36 | 180 | 150 |

(continua)

(continuação)

## PERFIS SOLDADOS CS

| DESIGNAÇÃO Altura x massa [mm x kg/m] | Massa Linear [kg/m] | Área A [cm²] | DIMENSÕES | | | | | EIXO X – X | | | |
|---|---|---|---|---|---|---|---|---|---|---|---|
| | | | d [mm] | $t_w$ [mm] | h [mm] | $t_f$ [mm] | $b_f$ [mm] | $I_x$ [cm⁴] | $W_x$ [cm³] | $r_x$ [cm] | Z [cr |
| 300 x 95 | 95,4 | 121,5 | 300 | 9,5 | 268 | 16 | 300 | 20 902 | 1 393 | 13,12 | 1 |
| 300 x 102 | 101,7 | 129,5 | 300 | 12,5 | 268 | 16 | 300 | 21 383 | 1 426 | 12,85 | 1 |
| 300 x 109 | 109 | 138,9 | 300 | 9,5 | 262 | 19 | 300 | 23 962 | 1 597 | 13,13 | 1 |
| 300 x 115 | 115,2 | 146,8 | 300 | 12,5 | 262 | 19 | 300 | 24 412 | 1 627 | 12,9 | 1 |
| 300 x 122 | 122,4 | 155,9 | 300 | 16 | 262 | 19 | 300 | 24 936 | 1 662 | 12,65 | 1 |
| 300 x 131 | 130,5 | 166,3 | 300 | 12,5 | 255 | 22,4 | 300 | 27 774 | 1 852 | 12,92 | 2 |
| 300 x 138 | 137,5 | 175,2 | 300 | 16 | 255 | 22,4 | 300 | 28 257 | 1 884 | 12,7 | 2 |
| 300 x 149 | 149,2 | 190 | 300 | 16 | 250 | 25 | 300 | 30 521 | 2 035 | 12,67 | 2 |
| 350 x 89 | 89,1 | 113,5 | 350 | 8 | 325 | 12,5 | 350 | 27 217 | 1 555 | 15,49 | 1 |
| 350 x 93 | 92,9 | 118,4 | 350 | 9,5 | 325 | 12,5 | 350 | 27 646 | 1 580 | 15,28 | 1 |
| 350 x 108 | 107,9 | 137,4 | 350 | 8 | 318 | 16 | 350 | 33 403 | 1 909 | 15,59 | 2 |
| 350 x 112 | 111,6 | 142,2 | 350 | 9,5 | 318 | 16 | 350 | 33 805 | 1 932 | 15,42 | 2 |
| 350 x 119 | 119,2 | 151,8 | 350 | 12,5 | 318 | 16 | 350 | 34 609 | 1 978 | 15,1 | 2 |
| 350 x 128 | 127,6 | 162,6 | 350 | 9,5 | 312 | 19 | 350 | 38 873 | 2 221 | 15,46 | 2 |
| 350 x 135 | 135 | 172 | 350 | 12,5 | 312 | 19 | 350 | 39 633 | 2 265 | 15,18 | 2 |
| 350 x 144 | 143,6 | 182,9 | 350 | 16 | 312 | 19 | 350 | 40 519 | 2 315 | 14,88 | 2 |
| 350 x 153 | 153 | 194,9 | 350 | 12,5 | 305 | 22,4 | 350 | 45 254 | 2 586 | 15,24 | 2 |
| 350 x 161 | 161,4 | 205,6 | 350 | 16 | 305 | 22,4 | 350 | 46 082 | 2 633 | 14,97 | 2 |
| 350 x 175 | 175,1 | 223 | 350 | 16 | 300 | 25 | 350 | 49 902 | 2 852 | 14,96 | 3 |
| 350 x 182 | 182,1 | 232 | 350 | 19 | 300 | 25 | 350 | 50 577 | 2 890 | 14,76 | 3 |
| 350 x 216 | 215,9 | 275 | 350 | 19 | 287 | 31,5 | 350 | 59 845 | 3 420 | 14,75 | 3 |
| 400 x 106 | 106,4 | 135,6 | 400 | 9,5 | 375 | 12,5 | 400 | 41 727 | 2 086 | 17,54 | 2 |
| 400 x 128 | 128 | 163 | 400 | 9,5 | 368 | 16 | 400 | 51 159 | 2 558 | 17,72 | 2 |
| 400 x 137 | 136,6 | 174 | 400 | 12,5 | 368 | 16 | 400 | 52 404 | 2 620 | 17,35 | 2 |
| 400 x 146 | 146,3 | 186,4 | 400 | 9,5 | 362 | 19 | 400 | 58 962 | 2 948 | 17,79 | 3 |
| 400 x 155 | 154,9 | 197,3 | 400 | 12,5 | 362 | 19 | 400 | 60 148 | 3 007 | 17,46 | 3 |
| 400 x 165 | 164,8 | 209,9 | 400 | 16 | 362 | 19 | 400 | 61 532 | 3 077 | 17,12 | 3 |
| 400 x 176 | 175,5 | 223,6 | 400 | 12,5 | 355 | 22,4 | 400 | 68 864 | 3 443 | 17,55 | 3 |
| 400 x 185 | 185,3 | 236 | 400 | 16 | 355 | 22,4 | 400 | 70 169 | 3 508 | 17,24 | 3 |
| 400 x 201 | 201 | 256 | 400 | 16 | 350 | 25 | 400 | 76 133 | 3 807 | 17,25 | 4 |
| 400 x 209 | 209,2 | 266,5 | 400 | 19 | 350 | 25 | 400 | 77 205 | 3 860 | 17,02 | 4 |
| 400 x 248 | 248,1 | 316 | 400 | 19 | 337 | 31,5 | 400 | 91 817 | 45 91 | 17,05 | 5 |
| 450 x 144 | 144,2 | 183,7 | 450 | 9,5 | 418 | 16 | 450 | 73 621 | 3 272 | 20,02 | 3 |
| 450 x 154 | 154,1 | 196,3 | 450 | 12,5 | 418 | 16 | 450 | 75 447 | 3 353 | 19,6 | 3 |
| 450 x 165 | 164,9 | 210,1 | 450 | 9,5 | 412 | 19 | 450 | 85 001 | 3 78 | 20,11 | 4 |
| 450 x 175 | 174,7 | 222,5 | 450 | 12,5 | 412 | 19 | 450 | 86 749 | 3 856 | 19,75 | 4 |

| EIXO Y - Y | | | | Propriedades associadas à torção | | Esbeltez local | | $r_t$ | $f_y = 25$ kN/cm² | $f_y = 30$ kN/cm² |
|---|---|---|---|---|---|---|---|---|---|---|
| y | $W_y$ | $r_y$ | $Z_y$ | $I_t$ | $C_w$ | $h/t_w$ | $b_f/t_f$ | | $\lambda_r$ | $\lambda_r$ |
| n⁴] | [cm³] | [cm] | [cm³] | [cm⁴] | [cm⁶] | [ – ] | [ – ] | [cm] | [cm] | [cm] |
| 202 | 480 | 7,7 | 726 | 90 | 145 1808 | 28 | 9,4 | 8,3 | 184 | 153 |
| 204 | 480 | 7,46 | 730 | 100 | 1 451 808 | 21 | 9,4 | 8,2 | 194 | 161 |
| 552 | 570 | 7,85 | 861 | 145 | 1 687 791 | 28 | 7,9 | 8,36 | 209 | 174 |
| 554 | 570 | 7,63 | 865 | 156 | 1 687 791 | 21 | 7,9 | 8,27 | 217 | 181 |
| 559 | 571 | 7,41 | 872 | 176 | 1 687 791 | 16 | 7,9 | 8,18 | 231 | 193 |
| 084 | 672 | 7,79 | 1 018 | 243 | 1 941 956 | 20 | 6,7 | 8,34 | 249 | 207 |
| 089 | 673 | 7,59 | 1 024 | 263 | 1 941 956 | 16 | 6,7 | 8,25 | 260 | 217 |
| 259 | 751 | 7,7 | 1.141 | 350 | 2 126 953 | 16 | 6 | 8,3 | 287 | 239 |
| 934 | 511 | 8,87 | 771 | 51 | 2 543 610 | 41 | 14 | 9,64 | 146 | 121 |
| 935 | 511 | 8,69 | 773 | 55 | 2 543 610 | 34 | 14 | 9,56 | 149 | 124 |
| 435 | 653 | 9,12 | 985 | 101 | 3 188 642 | 40 | 10,9 | 9,74 | 162 | 135 |
| 436 | 653 | 8,97 | 987 | 105 | 3 188 642 | 33 | 10,9 | 9,68 | 164 | 137 |
| 439 | 654 | 8,68 | 992 | 117 | 3 188 642 | 25 | 10,9 | 9,55 | 172 | 144 |
| 579 | 776 | 9,14 | 1 171 | 170 | 3 718 797 | 33 | 9,2 | 9,75 | 183 | 152 |
| 582 | 776 | 8,89 | 1 176 | 182 | 3 718 797 | 25 | 9,2 | 9,64 | 189 | 158 |
| 588 | 776 | 8,62 | 1 184 | 205 | 3 718 797 | 20 | 9,2 | 9,53 | 201 | 167 |
| 012 | 915 | 9,06 | 1 384 | 284 | 4 294659 | 24 | 7,8 | 9,72 | 213 | 178 |
| 017 | 915 | 8,83 | 1 392 | 307 | 4 294 659 | 19 | 7,8 | 9,62 | 222 | 185 |
| 875 | 1 021 | 8,95 | 1 550 | 409 | 4 717 367 | 19 | 7 | 9,67 | 244 | 203 |
| 882 | 1 022 | 8,78 | 1 558 | 439 | 4 717 367 | 16 | 7 | 9,6 | 253 | 211 |
| 526 | 1 287 | 9,05 | 1 955 | 802 | 5 708 504 | 15 | 5,6 | 9,71 | 310 | 258 |
| 336 | 667 | 9,92 | 1 008 | 63 | 5 005 208 | 39 | 16 | 10,92 | 141 | 118 |
| 069 | 853 | 10,23 | 1 288 | 120 | 6 291 456 | 39 | 12,5 | 11,06 | 152 | 127 |
| 073 | 854 | 9,91 | 1 294 | 134 | 6 291 456 | 29 | 12,5 | 10,91 | 159 | 132 |
| 269 | 1 013 | 10,43 | 1 528 | 194 | 7 354 824 | 38 | 10,5 | 11,14 | 166 | 138 |
| 273 | 1 014 | 10,14 | 1 534 | 208 | 7 354 824 | 29 | 10,5 | 11,01 | 171 | 143 |
| 279 | 1 014 | 9,83 | 1 543 | 235 | 7 354 824 | 23 | 10,5 | 10,88 | 180 | 150 |
| 899 | 1 195 | 10,34 | 1 806 | 324 | 8 516 884 | 28 | 8,9 | 11,1 | 189 | 158 |
| 905 | 1 195 | 10,06 | 1 815 | 351 | 8 516 884 | 22 | 8,9 | 10,98 | 197 | 164 |
| 679 | 1 334 | 10,21 | 2 022 | 468 | 9 375 000 | 22 | 8 | 11,04 | 213 | 178 |
| 687 | 1 334 | 10,01 | 2 032 | 502 | 9 375 000 | 18 | 8 | 10,96 | 221 | 185 |
| 619 | 1 681 | 10,31 | 2 550 | 918 | 11 406 549 | 18 | 6,3 | 11,09 | 267 | 223 |
| 303 | 1 080 | 11,5 | 1 629 | 135 | 11 442 627 | 44 | 14,1 | 12,43 | 144 | 120 |
| 307 | 1 080 | 11,13 | 1 636 | 151 | 11 442 627 | 33 | 14,1 | 12,27 | 150 | 125 |
| 859 | 1 283 | 11,72 | 1 933 | 218 | 13 400 915 | 43 | 11,8 | 12,52 | 154 | 128 |
| 863 | 1 283 | 11,39 | 1 940 | 234 | 13 400 915 | 33 | 11,8 | 12,38 | 159 | 132 |

(continua)

*(continuação)*

## PERFIS SOLDADOS CS

| DESIGNAÇÃO Altura x massa [mm x kg/m] | Massa Linear [kg/m] | Área A [cm²] | DIMENSÕES | | | | | EIXO X – X | | | |
|---|---|---|---|---|---|---|---|---|---|---|---|
| | | | d [mm] | $t_w$ [mm] | h [mm] | $t_f$ [mm] | $b_f$ [mm] | $I_x$ [cm⁴] | $W_x$ [cm³] | $r_x$ [cm] | Z [cr |
| 450 x 188 | 188,5 | 240,1 | 450 | 9,5 | 405 | 22,4 | 450 | 97 865 | 4 350 | 20,19 | 4 |
| 450 x 198 | 198 | 252,2 | 450 | 12,5 | 405 | 22,4 | 450 | 99 526 | 4 423 | 19,87 | 4 |
| 450 x 209 | 209,1 | 266,4 | 450 | 16 | 405 | 22,4 | 450 | 101 463 | 4 509 | 19,52 | 4 |
| 450 x 216 | 215,9 | 275 | 450 | 12,5 | 400 | 25 | 450 | 108 385 | 4 817 | 19,85 | 5 |
| 450 x 227 | 226,9 | 289 | 450 | 16 | 400 | 25 | 450 | 110 252 | 4 900 | 19,53 | 5 |
| 450 x 236 | 236,3 | 301 | 450 | 19 | 400 | 25 | 450 | 111 852 | 4 971 | 19,28 | 5 |
| 450 x 280 | 280,2 | 357 | 450 | 19 | 387 | 31,5 | 450 | 133 544 | 5 935 | 19,34 | 6 |
| 450 x 291 | 290,6 | 370,2 | 450 | 22,4 | 387 | 31,5 | 450 | 135 186 | 6 008 | 19,11 | 6 |
| 450 x 321 | 320,9 | 408,8 | 450 | 19 | 375 | 37,5 | 450 | 152 314 | 6 770 | 19,3 | 7 |
| 450 x 331 | 330,9 | 421,5 | 450 | 22,4 | 375 | 37,5 | 450 | 153 809 | 6 836 | 19,1 | 7 |
| 500 x 172 | 171,5 | 218,5 | 500 | 12,5 | 468 | 16 | 500 | 104 414 | 4 177 | 21,86 | 4 |
| 500 x 195 | 194,5 | 247,8 | 500 | 12,5 | 462 | 19 | 500 | 120 226 | 4 809 | 22,03 | 5 |
| 500 x 207 | 207,2 | 263,9 | 500 | 16 | 462 | 19 | 500 | 123 102 | 4 924 | 21,6 | 5 |
| 500 x 221 | 220,5 | 280,9 | 500 | 12,5 | 455 | 22,4 | 500 | 138 161 | 5 526 | 22,18 | 5 |
| 500 x 233 | 233 | 296,8 | 500 | 16 | 455 | 22,4 | 500 | 140 908 | 5 636 | 21,79 | 6 |
| 500 x 253 | 252,8 | 322 | 500 | 16 | 450 | 25 | 500 | 153 296 | 6 132 | 21,82 | 6 |
| 500 x 263 | 263,4 | 335,5 | 500 | 19 | 450 | 25 | 500 | 155 574 | 6 223 | 21,53 | 6 |
| 500 x 312 | 312,4 | 398 | 500 | 19 | 437 | 31,5 | 500 | 186 324 | 7 453 | 21,64 | 8 |
| 500 x 324 | 324,1 | 412,9 | 500 | 22,4 | 437 | 31,5 | 500 | 188 689 | 7 548 | 21,38 | 8 |
| 500 x 333 | 333,1 | 424,3 | 500 | 25 | 437 | 31,5 | 500 | 190 497 | 7 620 | 21,19 | 8 |
| 500 x 369 | 369,1 | 470,2 | 500 | 22,4 | 425 | 37,5 | 500 | 215 306 | 8 612 | 21,4 | 9 |
| 500 x 378 | 377,8 | 481,3 | 500 | 25 | 425 | 37,5 | 500 | 216 969 | 8 679 | 21,23 | 9 |
| 550 x 228 | 228,4 | 290,9 | 550 | 16 | 512 | 19 | 550 | 165 283 | 6 010 | 23,84 | 6 |
| 550 x 257 | 256,9 | 327,2 | 550 | 16 | 505 | 22,4 | 550 | 189 447 | 6 889 | 24,06 | 7 |
| 550 x 269 | 268,8 | 342,4 | 550 | 19 | 505 | 22,4 | 550 | 192 667 | 7 006 | 23,72 | 7 |
| 550 x 279 | 278,7 | 355 | 550 | 16 | 500 | 25 | 550 | 206 302 | 7 502 | 24,11 | 8 |
| 550 x 290 | 290,5 | 370 | 550 | 19 | 500 | 25 | 550 | 209 427 | 7 616 | 23,79 | 8 |
| 550 x 345 | 344,6 | 439 | 550 | 19 | 487 | 31,5 | 550 | 251 459 | 9 144 | 23,93 | 10 |
| 550 x 358 | 357,6 | 455,6 | 550 | 22,4 | 487 | 31,5 | 550 | 254 731 | 9 263 | 23,65 | 10 |
| 550 x 368 | 367,6 | 468,3 | 550 | 25 | 487 | 31,5 | 550 | 257 234 | 9 354 | 23,44 | 10 |
| 550 x 395 | 394,7 | 502,8 | 550 | 19 | 475 | 37,5 | 550 | 288 317 | 10 484 | 23,95 | 11 |
| 550 x 407 | 407,3 | 518,9 | 550 | 22,4 | 475 | 37,5 | 550 | 291 353 | 10 595 | 23,7 | 11 |
| 550 x 417 | 417,1 | 531,3 | 550 | 25 | 475 | 37,5 | 550 | 293 675 | 10 679 | 23,51 | 11 |
| 550 x 441 | 441,2 | 562,1 | 550 | 31,5 | 475 | 37,5 | 550 | 299 480 | 10 890 | 23,08 | 12 |
| 550 x 498 | 498,2 | 634,7 | 550 | 31,5 | 461 | 44,5 | 550 | 339 231 | 12 336 | 23,12 | 14 |
| 600 x 250 | 249,6 | 317,9 | 600 | 16 | 562 | 19 | 600 | 216 146 | 7 205 | 26,08 | 7 |

| EIXO Y - Y | | | | Propriedades associadas à torção | | Esbeltez local | | $r_t$ | $f_y = 25$ kN/cm² | $f_y = 30$ kN/cm² |
|---|---|---|---|---|---|---|---|---|---|---|
| y | $W_y$ | $r_y$ | $Z_y$ | $I_t$ | $C_w$ | $h/t_w$ | $b_f/t_f$ | | $\lambda_r$ | $\lambda_r$ |
| n⁴] | [cm³] | [cm] | [cm³] | [cm⁴] | [cm⁶] | [ – ] | [ – ] | [cm] | [cm] | [cm] |
| 023 | 1 512 | 11,9 | 2 277 | 349 | 15 550 692 | 43 | 10 | 12,6 | 168 | 140 |
| 027 | 1 512 | 11,62 | 2 284 | 365 | 15 550 692 | 32 | 10 | 12,48 | 173 | 144 |
| 034 | 1 513 | 11,3 | 2 294 | 396 | 15 550 692 | 25 | 10 | 12,35 | 179 | 149 |
| 975 | 1 688 | 11,75 | 2 547 | 496 | 17 145 264 | 32 | 9 | 12,53 | 186 | 155 |
| 982 | 1 688 | 11,46 | 2 557 | 527 | 17 145 264 | 25 | 9 | 12,42 | 192 | 160 |
| 992 | 1 689 | 11,23 | 2 567 | 566 | 17 145 264 | 21 | 9 | 12,32 | 199 | 166 |
| 863 | 2 127 | 11,58 | 3 224 | 1 033 | 20 947 287 | 20 | 7,1 | 12,46 | 236 | 197 |
| 877 | 2 128 | 11,37 | 3 238 | 1 095 | 20 947 287 | 17 | 7,1 | 12,38 | 244 | 203 |
| 975 | 2 532 | 11,81 | 3 831 | 1 676 | 24 227 325 | 20 | 6 | 12,56 | 277 | 231 |
| 988 | 2 533 | 11,63 | 3 844 | 1 737 | 24 227 325 | 17 | 6 | 12,48 | 284 | 236 |
| 341 | 1 334 | 12,35 | 2 018 | 168 | 19 521 333 | 37 | 15,6 | 13,63 | 143 | 119 |
| 591 | 1 584 | 12,64 | 2 393 | 260 | 22 895 099 | 37 | 13,2 | 13,75 | 150 | 125 |
| 599 | 1 584 | 12,25 | 2 405 | 294 | 22 895 099 | 29 | 13,2 | 13,58 | 157 | 131 |
| 674 | 1 867 | 12,89 | 2 818 | 406 | 26 611 872 | 36 | 11,2 | 13,86 | 161 | 134 |
| 682 | 1 867 | 12,54 | 2 829 | 440 | 26 611 872 | 28 | 11,2 | 13,71 | 167 | 139 |
| 099 | 2 084 | 12,72 | 3 154 | 586 | 29 378 255 | 28 | 10 | 13,79 | 177 | 147 |
| 109 | 2 084 | 12,46 | 3 166 | 629 | 29 378 255 | 24 | 10 | 13,68 | 183 | 152 |
| 650 | 2 626 | 12,84 | 3 977 | 1 149 | 36 010 447 | 23 | 7,9 | 13,84 | 213 | 178 |
| 666 | 2 627 | 12,61 | 3 992 | 1 217 | 36 010 447 | 20 | 7,9 | 13,74 | 220 | 183 |
| 682 | 2 627 | 12,44 | 4 006 | 1 286 | 36 010 447 | 17 | 7,9 | 13,67 | 226 | 188 |
| 165 | 3 127 | 12,89 | 4 741 | 1 931 | 41 778 564 | 19 | 6,7 | 13,86 | 253 | 211 |
| 180 | 3 127 | 12,75 | 4 754 | 1 999 | 41 778 564 | 17 | 6,7 | 13,8 | 258 | 215 |
| 703 | 1 916 | 13,46 | 2 907 | 324 | 37 138 082 | 32 | 14,5 | 14,93 | 150 | 125 |
| 131 | 2 259 | 13,78 | 3 420 | 484 | 43 224 942 | 32 | 12,3 | 15,08 | 157 | 131 |
| 142 | 2 260 | 13,47 | 3 434 | 533 | 43 224 942 | 27 | 12,3 | 14,94 | 163 | 136 |
| 340 | 2 521 | 13,98 | 3 813 | 645 | 47 767 822 | 31 | 11 | 15,16 | 166 | 138 |
| 351 | 2 522 | 13,69 | 3 826 | 693 | 477 67 822 | 26 | 11 | 15,04 | 171 | 142 |
| 375 | 3 177 | 14,11 | 4 808 | 1 265 | 58 706 326 | 26 | 8,7 | 15,22 | 195 | 163 |
| 392 | 3 178 | 13,85 | 4 825 | 1 340 | 58 706 326 | 22 | 8,7 | 15,11 | 201 | 168 |
| 410 | 3 179 | 13,66 | 4 840 | 1 416 | 58 706 326 | 19 | 8,7 | 15,02 | 207 | 172 |
| 012 | 3 782 | 14,38 | 5 715 | 2 051 | 68 280 365 | 25 | 7,3 | 15,33 | 225 | 187 |
| 029 | 3 783 | 14,16 | 5 731 | 2 126 | 68 280 365 | 21 | 7,3 | 15,24 | 230 | 191 |
| 046 | 3 783 | 13,99 | 5 746 | 2 201 | 68 280 365 | 19 | 7,3 | 15,17 | 234 | 195 |
| 108 | 3 786 | 13,61 | 5 790 | 2 468 | 68 280 365 | 15 | 7,3 | 15 | 249 | 207 |
| 515 | 4 491 | 13,95 | 6 845 | 3758 | 78 827 755 | 15 | 6,2 | 15,15 | 284 | 237 |
| 419 | 2 281 | 14,67 | 3 456 | 354 | 57 722 931 | 35 | 15,8 | 16,28 | 144 | 120 |

*(continua)*

(*continuação*)

## PERFIS SOLDADOS CS

| DESIGNAÇÃO Altura x massa [mm x kg/m] | Massa Linear [kg/m] | Área A [cm²] | DIMENSÕES | | | | | EIXO X – X | | | |
| --- | --- | --- | --- | --- | --- | --- | --- | --- | --- | --- | --- |
| | | | d [mm] | $t_w$ [mm] | h [mm] | $t_f$ [mm] | $b_f$ [mm] | $I_x$ [cm⁴] | $W_x$ [cm³] | $r_x$ [cm] | Z [cr |
| 600 x 281 | 280,7 | 357,6 | 600 | 16 | 555 | 22,4 | 600 | 248 024 | 8 267 | 26,34 | 8 |
| 600 x 294 | 293,8 | 374,3 | 600 | 19 | 555 | 22,4 | 600 | 252 298 | 8 410 | 25,96 | 9 |
| 600 x 305 | 304,6 | 388 | 600 | 16 | 550 | 25 | 600 | 270 308 | 9 010 | 26,39 | 9 |
| 600 x 318 | 317,5 | 404,5 | 600 | 19 | 550 | 25 | 600 | 274 468 | 9 149 | 26,05 | 10 |
| 600 x 332 | 332,2 | 423,2 | 600 | 22,4 | 550 | 25v | 600 | 279 182 | 9 306 | 25,68 | 10 |
| 600 x 377 | 376,8 | 480 | 600 | 19 | 537 | 31,5 | 600 | 330 248 | 11 008 | 26,23 | 12 |
| 600 x 391 | 391,2 | 498,3 | 600 | 22,4 | 537 | 31,5 | 600 | 334 635 | 11 155 | 25,91 | 12 |
| 600 x 402 | 402,2 | 512,3 | 600 | 25 | 537 | 31,5 | 600 | 337 991 | 11 266 | 25,69 | 12 |
| 600 x 432 | 431,6 | 549,8 | 600 | 19 | 525 | 37,5 | 600 | 379 396 | 12 647 | 26,27 | 13 |
| 600 x 446 | 445,6 | 567,6 | 600 | 22,4 | 525 | 37,5 | 600 | 383 496 | 12 783 | 25,99 | 14 |
| 600 x 456 | 456,3 | 581,3 | 600 | 25 | 525 | 37,5 | 600 | 386 631 | 12 888 | 25,79 | 14 |
| 600 x 483 | 483,1 | 615,4 | 600 | 31,5 | 525 | 37,5 | 600 | 394 469 | 13 149 | 25,32 | 14 |
| 600 x 546 | 545,6 | 695 | 600 | 31,5 | 511 | 44,5 | 600 | 447 862 | 14 929 | 25,39 | 16 |
| 650 x 305 | 304,6 | 388 | 650 | 16 | 605 | 22,4 | 650 | 317 584 | 9 772 | 28,61 | 10 |
| 650 x 319 | 318,9 | 406,2 | 650 | 19 | 605 | 22,4 | 650 | 323 120 | 9 942 | 28,2 | 10 |
| 650 x 330 | 330,5 | 421 | 650 | 16 | 600 | 25 | 650 | 346 352 | 10 657 | 28,68 | 11 |
| 650 x 345 | 344,6 | 439 | 650 | 19 | 600 | 25 | 650 | 351 752 | 10 823 | 28,31 | 11 |
| 650 x 361 | 360,6 | 459,4 | 650 | 22,4 | 600 | 25 | 650 | 357 872 | 11 011 | 27,91 | 12 |
| 650 x 395 | 395,2 | 503,4 | 650 | 16 | 587 | 31,5 | 650 | 418 935 | 12 890 | 28,85 | 14 |
| 650 x 409 | 409 | 521 | 650 | 19 | 587 | 31,5 | 650 | 423 991 | 13 046 | 28,53 | 14 |
| 650 x 425 | 424,7 | 541 | 650 | 22,4 | 587 | 31,5 | 650 | 429 722 | 13 222 | 28,18 | 14 |
| 650 x 437 | 436,7 | 556,3 | 650 | 25 | 587 | 31,5 | 650 | 434 104 | 13 357 | 27,93 | 14 |
| 650 x 468 | 468,5 | 596,8 | 650 | 19 | 575 | 37,5 | 650 | 487 894 | 15 012 | 28,59 | 16 |
| 650 x 484 | 483,8 | 616,3 | 650 | 22,4 | 575 | 37,5 | 650 | 493 280 | 15 178 | 28,29 | 16 |
| 650 x 496 | 495,6 | 631,3 | 650 | 25 | 575 | 37,5 | 650 | 497 399 | 15 305 | 28,07 | 16 |
| 650 x 525 | 524,9 | 668,6 | 650 | 31,5 | 575 | 37,5 | 650 | 507 697 | 15 621 | 27,56 | 17 |
| 650 x 593 | 592,8 | 755,2 | 650 | 31,5 | 561 | 44,5 | 650 | 577 540 | 17 770 | 27,65 | 19 |

| EIXO Y - Y | | | | Propriedades associadas à torção | | Esbeltez local | | $r_t$ | $f_y = 25$ kN/cm² | $f_y = 30$ kN/cm² |
|---|---|---|---|---|---|---|---|---|---|---|
| y | $W_y$ | $r_y$ | $Z_y$ | $I_t$ | $C_w$ | $h/t_w$ | $b_f/t_f$ | | $\lambda_r$ | $\lambda_r$ |
| n⁴] | [cm³] | [cm] | [cm³] | [cm⁴] | [cm⁶] | [ – ] | [ – ] | [cm] | [cm] | [cm] |
| 659 | 2 689 | 15,02 | 4 068 | 528 | 67 258 147 | 35 | 13,4 | 16,44 | 150 | 125 |
| 672 | 2 689 | 14,68 | 4 082 | 582 | 67 258 147 | 29 | 13,4 | 16,29 | 155 | 129 |
| 019 | 3 001 | 15,23 | 4 535 | 704 | 74 390 625 | 34 | 12 | 16,53 | 157 | 131 |
| 031 | 3 001 | 14,92 | 4 550 | 757 | 743 90 625 | 29 | 12 | 16,4 | 162 | 135 |
| 052 | 3 002 | 14,59 | 4 569 | 840 | 74 390 625 | 25 | 12 | 16,25 | 168 | 140 |
| 431 | 3 781 | 15,37 | 5 718 | 1 380 | 91 625 003 | 28 | 9,5 | 16,59 | 182 | 152 |
| 450 | 3 782 | 15,09 | 5 737 | 1 463 | 91 625 003 | 24 | 9,5 | 16,47 | 187 | 156 |
| 470 | 3 782 | 14,88 | 5 754 | 1 546 | 91 625 003 | 21 | 9,5 | 16,38 | 192 | 160 |
| 030 | 4 501 | 15,67 | 6 797 | 2 238 | 106 787 109 | 28 | 8 | 16,71 | 207 | 172 |
| 049 | 4 502 | 15,42 | 6 816 | 2 320 | 106 787 109 | 23 | 8 | 16,61 | 211 | 176 |
| 068 | 4 502 | 15,24 | 6 832 | 2 402 | 106 787 109 | 21 | 8 | 16,54 | 215 | 179 |
| 137 | 4 505 | 14,82 | 6 880 | 2 695 | 106 787 109 | 17 | 8 | 16,35 | 228 | 190 |
| 333 | 5 344 | 15,19 | 8 137 | 4 104 | 123 586 390 | 16 | 6,7 | 16,51 | 259 | 215 |
| 547 | 3 155 | 16,26 | 4 771 | 573 | 100 958 460 | 38 | 14,5 | 17,8 | 145 | 121 |
| 561 | 3 156 | 15,89 | 4 787 | 631 | 100 958 460 | 32 | 14,5 | 17,64 | 149 | 125 |
| 448 | 3 521 | 16,49 | 5 320 | 762 | 111 745 199 | 38 | 13 | 17,9 | 151 | 125 |
| 461 | 3 522 | 16,15 | 5 335 | 820 | 111 745 199 | 32 | 13 | 17,76 | 155 | 129 |
| 483 | 3 523 | 15,79 | 5 357 | 911 | 111 745 199 | 27 | 13 | 17,59 | 160 | 133 |
| 198 | 4 437 | 16,92 | 6 692 | 1 439 | 137 885 561 | 37 | 10,3 | 18,09 | 168 | 140 |
| 212 | 4 437 | 16,64 | 6 707 | 1 496 | 137 885 561 | 31 | 10,3 | 17,97 | 171 | 143 |
| 233 | 4 438 | 16,33 | 6 728 | 1 586 | 137 885 561 | 26 | 10,3 | 17,83 | 176 | 147 |
| 255 | 4 439 | 16,1 | 6 746 | 1 677 | 137 885 561 | 23 | 10,3 | 17,74 | 180 | 150 |
| 673 | 5 282 | 16,96 | 7 974 | 2 425 | 160 980 133 | 30 | 8,7 | 18,1 | 193 | 160 |
| 694 | 5 283 | 16,69 | 7 994 | 2 515 | 160 980 133 | 26 | 8,7 | 17,99 | 196 | 164 |
| 715 | 5 284 | 16,49 | 8 012 | 2 604 | 160 980 133 | 23 | 8,7 | 17,91 | 200 | 167 |
| 790 | 5 286 | 16,03 | 8 065 | 2 923 | 160 980 133 | 18 | 8,7 | 17,7 | 212 | 176 |
| 826 | 6 272 | 16,43 | 9 540 | 4 449 | 186 688 314 | 18 | 7,3 | 17,88 | 238 | 198 |

## PERFIS SOLDADOS CVS

| DESIGNAÇÃO Altura x massa [mm x kg/m] | Massa Linear [kg/m] | Área A [cm²] | DIMENSÕES | | | | | EIXO X – X | | | |
| --- | --- | --- | --- | --- | --- | --- | --- | --- | --- | --- | --- |
| | | | d [mm] | $t_w$ [mm] | h [mm] | $t_f$ [mm] | $b_f$ [mm] | $I_x$ [cm⁴] | $W_x$ [cm³] | $r_x$ [cm] | Z [cr |
| 150 x 22 | 21,7 | 27,6 | 150 | 6,3 | 134 | 8 | 120 | 1 095 | 146 | 6,3 | |
| 150 x 24 | 24,4 | 31,1 | 150 | 6,3 | 131 | 9,5 | 120 | 1 245 | 166 | 6,33 | |
| 200 x 21 | 20,8 | 26,5 | 200 | 4,75 | 187 | 6,3 | 140 | 1 963 | 196 | 8,61 | |
| 200 x 24 | 24,4 | 31,1 | 200 | 4,75 | 184 | 8 | 140 | 2 312 | 231 | 8,62 | |
| 200 x 28 | 27,6 | 35,2 | 200 | 4,75 | 181 | 9,5 | 140 | 2 650 | 265 | 8,68 | |
| 200 x 27 | 26,7 | 34 | 200 | 6,3 | 184 | 8 | 140 | 2 393 | 239 | 8,39 | |
| 200 x 30 | 29,8 | 38 | 200 | 6,3 | 181 | 9,5 | 140 | 2 727 | 273 | 8,47 | |
| 200 x 36 | 36,1 | 46 | 200 | 6,3 | 175 | 12,5 | 140 | 3 362 | 336 | 8,55 | |
| 200 x 38 | 38,5 | 49 | 200 | 8 | 175 | 12,5 | 140 | 3 438 | 344 | 8,38 | |
| 200 x 46 | 45,7 | 58,2 | 200 | 8 | 168 | 16 | 140 | 4 118 | 412 | 8,41 | |
| 250 x 30 | 30,1 | 38,3 | 250 | 4,75 | 234 | 8 | 170 | 4 491 | 359 | 10,83 | |
| 250 x 33 | 32,9 | 41,9 | 250 | 6,3 | 234 | 8 | 170 | 4 656 | 372 | 10,54 | |
| 250 x 40 | 39,9 | 50,8 | 250 | 8 | 231 | 9,5 | 170 | 5 495 | 440 | 10,4 | |
| 250 x 47 | 47,5 | 60,5 | 250 | 8 | 225 | 12,5 | 170 | 6 758 | 541 | 10,57 | |
| 250 x 56 | 56,4 | 71,8 | 250 | 8 | 218 | 16 | 170 | 8 149 | 652 | 10,65 | |
| 250 x 64 | 64,1 | 81,7 | 250 | 12,5 | 218 | 16 | 170 | 8 538 | 683 | 10,22 | |
| 250 x 72 | 71,5 | 91,1 | 250 | 12,5 | 212 | 19 | 170 | 9 630 | 770 | 10,28 | |
| 300 x 47 | 47,5 | 60,5 | 300 | 8 | 281 | 9,5 | 200 | 9 499 | 633 | 12,53 | |
| 300 x 57 | 56,5 | 72 | 300 | 8 | 275 | 12,5 | 200 | 11 725 | 782 | 12,76 | |
| 300 x 67 | 67 | 85,4 | 300 | 8 | 268 | 16 | 200 | 14 202 | 947 | 12,9 | 1 |
| 300 x 70 | 70,3 | 89,5 | 300 | 9,5 | 268 | 16 | 200 | 14 442 | 963 | 12,7 | 1 |
| 300 x 79 | 79,2 | 100,9 | 300 | 9,5 | 262 | 19 | 200 | 16 449 | 1 097 | 12,77 | 1 |
| 300 x 85 | 85,4 | 108,8 | 300 | 12,5 | 262 | 19 | 200 | 16 899 | 1 127 | 12,46 | 1 |
| 300 x 95 | 95,4 | 121,5 | 300 | 12,5 | 255 | 22,4 | 200 | 19 092 | 1 273 | 12,54 | 1 |
| 300 x 55 | 55 | 70 | 300 | 8 | 281 | 9,5 | 250 | 11 504 | 767 | 12,82 | |
| 300 x 66 | 66,3 | 84,5 | 300 | 8 | 275 | 12,5 | 250 | 14 310 | 954 | 13,01 | 1 |
| 300 x 80 | 79,6 | 101,4 | 300 | 8 | 268 | 16 | 250 | 17 432 | 1 162 | 13,11 | 1 |
| 300 x 83 | 82,8 | 105,5 | 300 | 9,5 | 268 | 16 | 250 | 17 672 | 1 178 | 12,94 | 1 |
| 300 x 94 | 94,1 | 119,9 | 300 | 9,5 | 262 | 19 | 250 | 20 206 | 1 347 | 12,98 | 1 |
| 300 x 100 | 100,3 | 127,8 | 300 | 12,5 | 262 | 19 | 250 | 20 655 | 1 377 | 12,71 | 1 |
| 300 x 113 | 113 | 143,9 | 300 | 12,5 | 255 | 22,4 | 250 | 23 433 | 1 562 | 12,76 | 1 |
| 350 x 73 | 73,3 | 93,4 | 350 | 9,5 | 325 | 12,5 | 250 | 20 524 | 1 173 | 14,82 | 1 |
| 350 x 87 | 86,5 | 110,2 | 350 | 9,5 | 318 | 16 | 250 | 24 874 | 1 421 | 15,02 | 1 |
| 350 x 98 | 97,8 | 124,6 | 350 | 9,5 | 312 | 19 | 250 | 28 454 | 1 626 | 15,11 | 1 |
| 350 x 105 | 105,2 | 134 | 350 | 12,5 | 312 | 19 | 250 | 29 213 | 1 669 | 14,77 | 1 |
| 350 x 118 | 117,8 | 150,1 | 350 | 12,5 | 305 | 22,4 | 250 | 33 169 | 1 895 | 14,87 | 2 |

| EIXO Y - Y | | | | Propriedades associadas à torção | | Esbeltez local | | $r_t$ | $f_y = 25$ kN/cm² | $f_y = 30$ kN/cm² |
|---|---|---|---|---|---|---|---|---|---|---|
| $_y$ | $W_y$ | $r_y$ | $Z_y$ | $I_t$ | $C_w$ | $h/t_w$ | $b_f/2t_f$ | | $\lambda_r$ | $\lambda_r$ |
| $^4]$ | [cm³] | [cm] | [cm³] | [cm⁴] | [cm⁶] | [ – ] | [ – ] | [cm] | [cm] | [cm] |
| 231 | 39 | 2,89 | 59 | 5,3 | 11 614 | 21 | 7,5 | 3,24 | 200 | 167 |
| 274 | 46 | 2,97 | 70 | 8 | 13 502 | 21 | 6,3 | 3,27 | 222 | 185 |
| 288 | 41 | 3,3 | 63 | 3 | 27 025 | 39 | 11,1 | 3,74 | 144 | 120 |
| 366 | 52 | 3,43 | 79 | 5,5 | 33 718 | 39 | 8,8 | 3,8 | 157 | 131 |
| 435 | 62 | 3,52 | 94 | 8,7 | 39 417 | 38 | 7,4 | 3,84 | 170 | 141 |
| 366 | 52 | 3,28 | 80 | 6,4 | 33 718 | 29 | 8,8 | 3,73 | 166 | 138 |
| 435 | 62 | 3,38 | 95 | 9,6 | 39 417 | 29 | 7,4 | 3,78 | 178 | 148 |
| 572 | 82 | 3,53 | 124 | 19,8 | 50 244 | 28 | 5,6 | 3,85 | 212 | 176 |
| 572 | 82 | 3,42 | 125 | 21,4 | 50 244 | 22 | 5,6 | 3,8 | 221 | 184 |
| 732 | 105 | 3,55 | 159 | 41,4 | 61 934 | 21 | 4,4 | 3,85 | 271 | 226 |
| 655 | 77 | 4,14 | 117 | 6,7 | 95 908 | 49 | 10,6 | 4,6 | 143 | 119 |
| 656 | 77 | 3,96 | 118 | 7,8 | 95 908 | 37 | 10,6 | 4,52 | 149 | 125 |
| 779 | 92 | 3,92 | 141 | 13,8 | 112 484 | 29 | 8,9 | 4,5 | 165 | 137 |
| 025 | 121 | 4,12 | 184 | 26,2 | 144 335 | 28 | 6,8 | 4,59 | 183 | 153 |
| 311 | 154 | 4,27 | 235 | 50,4 | 179 344 | 27 | 5,3 | 4,67 | 217 | 181 |
| 314 | 155 | 4,01 | 240 | 61,7 | 179 344 | 17 | 5,3 | 4,54 | 241 | 201 |
| 559 | 183 | 4,14 | 283 | 92,8 | 207 545 | 17 | 4,5 | 4,6 | 272 | 227 |
| 268 | 127 | 4,58 | 194 | 16,4 | 267 236 | 35 | 10,5 | 5,28 | 152 | 126 |
| 668 | 167 | 4,81 | 254 | 30,9 | 344 401 | 34 | 8 | 5,39 | 163 | 136 |
| 134 | 213 | 5 | 324 | 59,5 | 430 165 | 34 | 6,3 | 5,48 | 185 | 154 |
| 135 | 214 | 4,88 | 326 | 62,7 | 430 165 | 28 | 6,3 | 5,43 | 191 | 159 |
| 535 | 254 | 5,01 | 386 | 99,5 | 500 086 | 28 | 5,3 | 5,48 | 215 | 179 |
| 538 | 254 | 4,83 | 390 | 109,7 | 500 086 | 21 | 5,3 | 5,4 | 227 | 189 |
| 991 | 299 | 4,96 | 458 | 167,9 | 575 394 | 20 | 4,5 | 5,46 | 257 | 214 |
| 475 | 198 | 5,95 | 301 | 19,2 | 521 945 | 35 | 13,2 | 6,71 | 147 | 123 |
| 256 | 260 | 6,21 | 395 | 37,5 | 672 658 | 34 | 10 | 6,83 | 160 | 133 |
| 168 | 333 | 6,41 | 504 | 73,1 | 840 167 | 34 | 7,8 | 6,91 | 182 | 152 |
| 169 | 334 | 6,29 | 506 | 76,4 | 840 167 | 28 | 7,8 | 6,86 | 187 | 155 |
| 950 | 396 | 6,43 | 600 | 122,3 | 976 731 | 28 | 6,6 | 6,92 | 211 | 176 |
| 952 | 396 | 6,22 | 604 | 132,6 | 976 731 | 21 | 6,6 | 6,84 | 221 | 184 |
| 837 | 467 | 6,37 | 710 | 205,4 | 1 123 817 | 20 | 5,6 | 6,9 | 252 | 210 |
| 258 | 261 | 5,91 | 398 | 42,2 | 926 971 | 34 | 10 | 6,69 | 155 | 129 |
| 169 | 334 | 6,15 | 507 | 77,8 | 1 162 042 | 33 | 7,8 | 6,8 | 169 | 141 |
| 950 | 396 | 6,3 | 601 | 123,8 | 1 355 247 | 33 | 6,6 | 6,87 | 187 | 156 |
| 953 | 396 | 6,08 | 606 | 135,9 | 1 355 247 | 25 | 6,6 | 6,77 | 196 | 163 |
| 838 | 467 | 6,24 | 712 | 208,7 | 1 565 109 | 24 | 5,6 | 6,84 | 219 | 182 |

*(continua)*

*(continuação)*

| PERFIS SOLDADOS CVS | | | | | | | | | | | |
|---|---|---|---|---|---|---|---|---|---|---|---|
| **DESIGNAÇÃO** Altura x massa [mm x kg/m] | Massa Linear [kg/m] | Área A [cm²] | **DIMENSÕES** | | | | | **EIXO X – X** | | | |
| | | | d [mm] | $t_w$ [mm] | h [mm] | $t_f$ [mm] | $b_f$ [mm] | $I_x$ [cm⁴] | $W_x$ [cm³] | $r_x$ [cm] | Z [cr |
| **350 x 128** | 127,6 | 162,5 | 350 | 12,5 | 300 | 25 | 250 | 35 885 | 2 051 | 14,86 | 2 |
| **350 x 136** | 135,8 | 173 | 350 | 16 | 300 | 25 | 250 | 36 673 | 2 096 | 14,56 | 2 |
| **400 x 82** | 82,4 | 105 | 400 | 8 | 375 | 12,5 | 300 | 31 680 | 1 584 | 17,37 | 1 |
| **400 x 87** | 86,8 | 110,6 | 400 | 9,5 | 375 | 12,5 | 300 | 32 339 | 1 617 | 17,1 | 1 |
| **400 x 103** | 102,8 | 131 | 400 | 9,5 | 368 | 16 | 300 | 39 355 | 1 968 | 17,33 | 2 |
| **400 x 116** | 116,5 | 148,4 | 400 | 9,5 | 362 | 19 | 300 | 45 161 | 2 258 | 17,44 | 2 |
| **400 x 125** | 125,1 | 159,3 | 400 | 12,5 | 362 | 19 | 300 | 46 347 | 2 317 | 17,06 | 2 |
| **400 x 140** | 140,4 | 178,8 | 400 | 12,5 | 355 | 22,4 | 300 | 52 813 | 2 641 | 17,19 | 2 |
| **400 x 152** | 152,1 | 193,8 | 400 | 12,5 | 350 | 25 | 300 | 57 279 | 2 864 | 17,19 | 3 |
| **400 x 162** | 161,7 | 206 | 400 | 16 | 350 | 25 | 300 | 58 529 | 2 926 | 16,86 | 3 |
| **450 x 116** | 116,4 | 148,3 | 450 | 12,5 | 418 | 16 | 300 | 52 834 | 2 348 | 18,87 | 2 |
| **450 x 130** | 129,9 | 165,5 | 450 | 12,5 | 412 | 19 | 300 | 60 261 | 2 678 | 19,08 | 2 |
| **450 x 141** | 141,2 | 179,9 | 450 | 16 | 412 | 19 | 300 | 62 301 | 2 769 | 18,61 | 3 |
| **450 x 156** | 156,4 | 199,2 | 450 | 16 | 405 | 22,4 | 300 | 70 595 | 3 138 | 18,83 | 3 |
| **450 x 168** | 168 | 214 | 450 | 16 | 400 | 25 | 300 | 76 346 | 3 393 | 18,89 | 3 |
| **450 x 177** | 177,4 | 226 | 450 | 19 | 400 | 25 | 300 | 77 946 | 3 464 | 18,57 | 3 |
| **450 x 188** | 188,1 | 239,6 | 450 | 22,4 | 400 | 25 | 300 | 79 759 | 3 545 | 18,25 | 4 |
| **450 x 206** | 206,1 | 262,5 | 450 | 19 | 387 | 31,5 | 300 | 92 088 | 4 093 | 18,73 | 4 |
| **450 x 216** | 216,4 | 275,7 | 450 | 22,4 | 387 | 31,5 | 300 | 93 730 | 4 166 | 18,44 | 4 |
| **500 x 123** | 122,9 | 156,5 | 500 | 9,5 | 468 | 16 | 350 | 73 730 | 2 949 | 21,71 | 3 |
| **500 x 134** | 133,8 | 170,5 | 500 | 12,5 | 468 | 16 | 350 | 76 293 | 3 052 | 21,15 | 3 |
| **500 x 150** | 149,8 | 190,8 | 500 | 12,5 | 462 | 19 | 350 | 87 240 | 3 490 | 21,38 | 3 |
| **500 x 162** | 162,4 | 206,9 | 500 | 16 | 462 | 19 | 350 | 90 116 | 3 605 | 20,87 | 4 |
| **500 x 180** | 180,2 | 229,6 | 500 | 16 | 455 | 22,4 | 350 | 102 403 | 4 096 | 21,12 | 4 |
| **500 x 194** | 193,9 | 247 | 500 | 16 | 450 | 25 | 350 | 110 952 | 4 438 | 21,19 | 4 |
| **500 x 204** | 204,5 | 260,5 | 500 | 19 | 450 | 25 | 350 | 113 230 | 4 529 | 20,85 | 5 |
| **500 x 217** | 216,5 | 275,8 | 500 | 22,4 | 450 | 25 | 350 | 115 812 | 4 632 | 20,49 | 5 |
| **500 x 238** | 238,2 | 303,5 | 500 | 19 | 437 | 31,5 | 350 | 134 391 | 5 376 | 21,04 | 6 |
| **500 x 250** | 249,9 | 318,4 | 500 | 22,4 | 437 | 31,5 | 350 | 136 755 | 5 470 | 20,72 | 6 |
| **500 x 259** | 258,9 | 329,8 | 500 | 25 | 437 | 31,5 | 350 | 138 564 | 5 543 | 20,5 | 6 |
| **500 x 281** | 280,8 | 357,7 | 500 | 22,4 | 425 | 37,5 | 350 | 155 013 | 6 201 | 20,82 | 7 |
| **500 x 317** | 316,8 | 403,6 | 500 | 22,4 | 411 | 44,5 | 350 | 175 049 | 7 002 | 20,83 | 8 |
| **550 x 184** | 183,6 | 233,9 | 550 | 16 | 512 | 19 | 400 | 125 087 | 4 549 | 23,13 | 5 |
| **550 x 204** | 204,1 | 260 | 550 | 16 | 505 | 22,4 | 400 | 142 463 | 5 180 | 23,41 | 5 |
| **550 x 220** | 219,8 | 280 | 550 | 16 | 500 | 25 | 400 | 154 583 | 5 621 | 23,5 | 6 |
| **550 x 232** | 231,6 | 295 | 550 | 19 | 500 | 25 | 400 | 157 708 | 5 735 | 23,12 | 6 |

| EIXO Y - Y | | | | Propriedades associadas à torção | | Esbeltez local | | $r_t$ | $f_y = 25$ kN/cm² | $f_y = 30$ kN/cm² |
|---|---|---|---|---|---|---|---|---|---|---|
| y | $W_y$ | $r_y$ | $Z_y$ | $I_t$ | $C_w$ | $h/t_w$ | $b_f/2t_f$ | | $\lambda_r$ | $\lambda_r$ |
| n⁴] | [cm³] | [cm] | [cm³] | [cm⁴] | [cm⁶] | [ – ] | [ – ] | [cm] | [cm] | [cm] |
| 515 | 521 | 6,33 | 793 | 281,6 | 1 719 157 | 24 | 5 | 6,88 | 240 | 200 |
| 521 | 522 | 6,14 | 800 | 304,8 | 1 719 157 | 19 | 5 | 6,8 | 252 | 210 |
| 627 | 375 | 7,32 | 569 | 45,7 | 2 111 572 | 47 | 12 | 8,14 | 142 | 118 |
| 628 | 375 | 7,13 | 571 | 50,1 | 2 111 572 | 39 | 12 | 8,05 | 146 | 121 |
| 203 | 480 | 7,42 | 728 | 92,9 | 2 654 208 | 39 | 9,4 | 8,18 | 156 | 130 |
| 553 | 570 | 7,59 | 863 | 148,1 | 3 102 816 | 38 | 7,9 | 8,26 | 169 | 141 |
| 556 | 570 | 7,33 | 869 | 162 | 3 102 816 | 29 | 7,9 | 8,14 | 176 | 147 |
| 086 | 672 | 7,51 | 1 022 | 249,4 | 3 593 060 | 28 | 6,7 | 8,22 | 193 | 161 |
| 256 | 750 | 7,62 | 1 139 | 336,9 | 3 955 078 | 28 | 6 | 8,27 | 210 | 175 |
| 262 | 751 | 7,39 | 1 147 | 363,7 | 3 955 078 | 22 | 6 | 8,17 | 220 | 183 |
| 207 | 480 | 6,97 | 736 | 110,2 | 3 390 408 | 33 | 9,4 | 7,97 | 157 | 131 |
| 557 | 570 | 7,19 | 871 | 165,2 | 3 970 641 | 33 | 7,9 | 8,07 | 165 | 138 |
| 564 | 571 | 6,9 | 881 | 196 | 3 970 641 | 26 | 7,9 | 7,93 | 176 | 147 |
| 094 | 673 | 7,12 | 1 034 | 283,2 | 4 607 612 | 25 | 6,7 | 8,04 | 188 | 156 |
| 264 | 751 | 7,26 | 1 151 | 370,5 | 5 080 078 | 25 | 6 | 8,1 | 200 | 167 |
| 273 | 752 | 7,06 | 1 161 | 409,7 | 5 080 078 | 21 | 6 | 8,01 | 210 | 175 |
| 287 | 752 | 6,86 | 1 175 | 471,7 | 5 080 078 | 18 | 6 | 7,91 | 224 | 186 |
| 197 | 946 | 7,35 | 1 452 | 720,8 | 6 206 603 | 20 | 4,8 | 8,15 | 245 | 204 |
| 211 | 947 | 7,18 | 1 466 | 781,9 | 6 206 603 | 17 | 4,8 | 8,07 | 256 | 213 |
| 437 | 654 | 8,55 | 991 | 109,4 | 6 695 817 | 49 | 10,9 | 9,5 | 142 | 119 |
| 441 | 654 | 8,19 | 998 | 127,1 | 6 695 817 | 37 | 10,9 | 9,33 | 149 | 124 |
| 585 | 776 | 8,44 | 1 182 | 191,4 | 7 853 019 | 37 | 9,2 | 9,44 | 155 | 129 |
| 593 | 777 | 8,11 | 1 193 | 225,7 | 7 853 019 | 29 | 9,2 | 9,28 | 164 | 137 |
| 022 | 916 | 8,35 | 1 401 | 327,5 | 9 127 872 | 28 | 7,8 | 9,4 | 173 | 144 |
| 880 | 1 022 | 8,51 | 1 560 | 429,4 | 10 076 742 | 28 | 7 | 9,48 | 183 | 152 |
| 890 | 1 022 | 8,29 | 1 572 | 473,2 | 10 076742 | 24 | 7 | 9,37 | 191 | 159 |
| 907 | 1 023 | 8,06 | 1 588 | 542,5 | 10 076 742 | 20 | 7 | 9,26 | 202 | 169 |
| 534 | 1 288 | 8,62 | 1 969 | 836,4 | 12 351 583 | 23 | 5,6 | 9,53 | 220 | 183 |
| 550 | 1 289 | 8,42 | 1 984 | 904,8 | 12 351 583 | 20 | 5,6 | 9,43 | 229 | 191 |
| 566 | 1 289 | 8,27 | 1 998 | 973,3 | 12 351 583 | 17 | 5,6 | 9,36 | 238 | 198 |
| 837 | 1 534 | 8,66 | 2 350 | 1 403,7 | 14 330 048 | 19 | 4,7 | 9,55 | 261 | 218 |
| 837 | 1 819 | 8,88 | 2 777 | 2 226,8 | 16 494 140 | 18 | 3,9 | 9,64 | 306 | 255 |
| 284 | 1 014 | 9,31 | 1 553 | 255,4 | 14 286 024 | 32 | 10,5 | 10,63 | 156 | 130 |
| 911 | 1 196 | 9,59 | 1 824 | 371,8 | 16 627 476 | 32 | 8,9 | 10,77 | 163 | 135 |
| 684 | 1 334 | 9,76 | 2 032 | 488,3 | 18 375 000 | 31 | 8 | 10,85 | 171 | 142 |
| 695 | 1 335 | 9,51 | 2 045 | 536,7 | 18 375 000 | 26 | 8 | 10,73 | 177 | 148 |

(continua)

(*continuação*)

## PERFIS SOLDADOS CVS

| DESIGNAÇÃO Altura x massa [mm x kg/m] | Massa Linear [kg/m] | Área A [cm²] | DIMENSÕES | | | | | EIXO X – X | | | |
|---|---|---|---|---|---|---|---|---|---|---|---|
| | | | d [mm] | $t_w$ [mm] | h [mm] | $t_f$ [mm] | $b_f$ [mm] | $I_x$ [cm⁴] | $W_x$ [cm³] | $r_x$ [cm] | Z [cr |
| 550 x 245 | 244,9 | 312 | 550 | 22,4 | 500 | 25 | 400 | 161 250 | 5 864 | 22,73 | 6 |
| 550 x 270 | 270,4 | 344,5 | 550 | 19 | 487 | 31,5 | 400 | 187 867 | 6 832 | 23,35 | 7 |
| 550 x 283 | 283,5 | 361,1 | 550 | 22,4 | 487 | 31,5 | 400 | 191 139 | 6 951 | 23,01 | 7 |
| 550 x 293 | 293,4 | 373,8 | 550 | 25 | 487 | 31,5 | 400 | 193 642 | 7 042 | 22,76 | 8 |
| 550 x 319 | 319 | 406,4 | 550 | 22,4 | 475 | 37,5 | 400 | 217 349 | 7 904 | 23,13 | 8 |
| 550 x 329 | 328,8 | 418,8 | 550 | 25 | 475 | 37,5 | 400 | 219 671 | 7 988 | 22,9 | 9 |
| 550 x 361 | 360,6 | 459,3 | 550 | 22,4 | 461 | 44,5 | 400 | 246 298 | 8 956 | 23,16 | 10 |
| 550 x 370 | 370 | 471,3 | 550 | 25 | 461 | 44,5 | 400 | 248 420 | 9 033 | 22,96 | 10 |
| 600 x 156 | 156,2 | 199 | 600 | 12,5 | 568 | 16 | 400 | 128 254 | 4 275 | 25,39 | 4 |
| 600 x 190 | 189,9 | 241,9 | 600 | 16 | 562 | 19 | 400 | 151 986 | 5 066 | 25,07 | 5 |
| 600 x 210 | 210,4 | 268 | 600 | 16 | 555 | 22,4 | 400 | 172 948 | 5 765 | 25,4 | 6 |
| 600 x 226 | 226,1 | 288 | 600 | 16 | 550 | 25 | 400 | 187 600 | 6 253 | 25,52 | 6 |
| 600 x 239 | 239 | 304,5 | 600 | 19 | 550 | 25 | 400 | 191 759 | 6 392 | 25,09 | 7 |
| 600 x 278 | 277,9 | 354 | 600 | 19 | 537 | 31,5 | 400 | 228 338 | 7 611 | 25,4 | 8 |
| 600 x 292 | 292,3 | 372,3 | 600 | 22,4 | 537 | 31,5 | 400 | 232 726 | 7 758 | 25 | 8 |
| 600 x 328 | 327,8 | 417,6 | 600 | 22,4 | 525 | 37,5 | 400 | 264 668 | 8 822 | 25,18 | 9 |
| 600 x 339 | 338,6 | 431,3 | 600 | 25 | 525 | 37,5 | 400 | 267 803 | 8 927 | 24,92 | 10 |
| 600 x 369 | 369,3 | 470,5 | 600 | 22,4 | 511 | 44,5 | 400 | 300 131 | 10 004 | 25,26 | 11 |
| 650 x 211 | 211,1 | 268,9 | 650 | 16 | 612 | 19 | 450 | 200 828 | 6 179 | 27,33 | 6 |
| 650 x 234 | 234,2 | 298,4 | 650 | 16 | 605 | 22,4 | 450 | 228 951 | 7 045 | 27,7 | 7 |
| 650 x 252 | 252 | 321 | 650 | 16 | 600 | 25 | 450 | 248 644 | 7 651 | 27,83 | 8 |
| 650 x 266 | 266,1 | 339 | 650 | 19 | 600 | 25 | 450 | 254 044 | 7 817 | 27,38 | 8 |
| 650 x 282 | 282,1 | 359,4 | 650 | 22,4 | 600 | 25 | 450 | 260 164 | 8 005 | 26,91 | 9 |
| 650 x 310 | 310,1 | 395 | 650 | 19 | 587 | 31,5 | 450 | 303 386 | 9 335 | 27,71 | 10 |
| 650 x 326 | 325,8 | 415 | 650 | 22,4 | 587 | 31,5 | 450 | 309 117 | 9 511 | 27,29 | 10 |
| 650 x 351 | 350,7 | 446,8 | 650 | 19 | 575 | 37,5 | 450 | 347 034 | 10 678 | 27,87 | 11 |
| 650 x 366 | 366 | 466,3 | 650 | 22,4 | 575 | 37,5 | 450 | 352 421 | 10 844 | 27,49 | 12 |
| 650 x 413 | 413,1 | 526,2 | 650 | 22,4 | 561 | 44,5 | 450 | 400 707 | 12 329 | 27,6 | 13 |
| 650 x 461 | 461,2 | 587,5 | 650 | 25 | 550 | 50 | 450 | 440 599 | 13 557 | 27,39 | 15 |
| 700 x 214 | 214,1 | 272,8 | 700 | 12,5 | 662 | 19 | 500 | 250 564 | 7 159 | 30,31 | 7 |
| 700 x 232 | 232,3 | 295,9 | 700 | 16 | 662 | 19 | 500 | 259 026 | 7 401 | 29,59 | 8 |
| 700 x 278 | 277,9 | 354 | 700 | 16 | 650 | 25 | 500 | 321 513 | 9 186 | 30,14 | 10 |
| 700 x 293 | 293,2 | 373,5 | 700 | 19 | 650 | 25 | 500 | 328 378 | 9 382 | 29,65 | 10 |
| 700 x 327 | 327,3 | 416,9 | 700 | 16 | 637 | 31,5 | 500 | 386 651 | 11 047 | 30,45 | 12 |
| 700 x 342 | 342,3 | 436 | 700 | 19 | 637 | 31,5 | 500 | 393 113 | 11 232 | 30,03 | 12 |
| 750 x 284 | 284,2 | 362 | 750 | 16 | 700 | 25 | 500 | 374 379 | 9 983 | 32,16 | 11 |

| EIXO Y - Y | | | | Propriedades associadas à torção | | Esbeltez local | | $r_t$ | $f_y = 25$ kN/cm² | $f_y = 30$ kN/cm² |
|---|---|---|---|---|---|---|---|---|---|---|
| $I_y$ | $W_y$ | $r_y$ | $Z_y$ | $I_t$ | $C_w$ | $h/t_w$ | $b_f/2t_f$ | | $\lambda_r$ | $\lambda_r$ |
| [cm⁴] | [cm³] | [cm] | [cm³] | [cm⁴] | [cm⁶] | [ – ] | [ – ] | [cm] | [cm] | [cm] |
| 713 | 1 336 | 9,25 | 2 063 | 613,4 | 18 375 000 | 22 | 8 | 10,6 | 187 | 156 |
| 628 | 1 681 | 9,88 | 2 564 | 952 | 22 582 749 | 26 | 6,3 | 10,9 | 201 | 167 |
| 646 | 1 682 | 9,65 | 2 581 | 1027,7 | 22 582 749 | 22 | 6,3 | 10,8 | 209 | 174 |
| 663 | 1 683 | 9,49 | 2 596 | 1 103,5 | 22 582 749 | 19 | 6,3 | 10,72 | 216 | 180 |
| 044 | 2 002 | 9,93 | 3 060 | 1 598,3 | 26 265 625 | 21 | 5,3 | 10,92 | 236 | 197 |
| 062 | 2 003 | 9,78 | 3 074 | 1 673,2 | 26 265 625 | 19 | 5,3 | 10,86 | 242 | 202 |
| 510 | 2 376 | 10,17 | 3 618 | 2 539,3 | 30 322 923 | 21 | 4,5 | 11,03 | 274 | 229 |
| 527 | 2 376 | 10,04 | 3 632 | 2 613,2 | 30 322 923 | 18 | 4,5 | 10,97 | 279 | 233 |
| 076 | 854 | 9,26 | 1 302 | 147,2 | 14 551 723 | 45 | 12,5 | 10,61 | 141 | 118 |
| 286 | 1 014 | 9,16 | 1 556 | 262,2 | 17 103 091 | 35 | 10,5 | 10,55 | 152 | 126 |
| 912 | 1 196 | 9,45 | 1 828 | 378,6 | 19 928 340 | 35 | 8,9 | 10,7 | 157 | 131 |
| 685 | 1 334 | 9,63 | 2 035 | 495,2 | 22 041 667 | 34 | 8 | 10,78 | 163 | 136 |
| 698 | 1 335 | 9,36 | 2 050 | 548,1 | 22 041 667 | 29 | 8 | 10,66 | 169 | 141 |
| 631 | 1 682 | 9,75 | 2 568 | 963,5 | 27 148 149 | 28 | 6,3 | 10,84 | 189 | 157 |
| 650 | 1 683 | 9,51 | 2 587 | 1 046,5 | 27 148 149 | 24 | 6,3 | 10,73 | 196 | 163 |
| 049 | 2 002 | 9,79 | 3 066 | 1 617 | 31 640 625 | 23 | 5,3 | 10,86 | 219 | 182 |
| 068 | 2 003 | 9,64 | 3 082 | 1699,2 | 31 640 625 | 21 | 5,3 | 10,79 | 225 | 187 |
| 515 | 2 376 | 10,05 | 3 624 | 2558 | 36 618 190 | 23 | 4,5 | 10,98 | 252 | 210 |
| 877 | 1 283 | 10,36 | 1 963 | 291,9 | 28 723 583 | 38 | 11,8 | 11,91 | 147 | 122 |
| 041 | 1 513 | 10,68 | 2 307 | 422,9 | 33 499 644 | 38 | 10 | 12,06 | 150 | 125 |
| 989 | 1 688 | 10,88 | 2 570 | 554,1 | 37 078 857 | 38 | 9 | 12,16 | 156 | 130 |
| 003 | 1 689 | 10,59 | 2 585 | 611,6 | 37 078 857 | 32 | 9 | 12,02 | 161 | 134 |
| 025 | 1 690 | 10,29 | 2 607 | 702,9 | 37 078 857 | 27 | 9 | 11,87 | 169 | 141 |
| 874 | 2 128 | 11,01 | 3 242 | 1079,1 | 45 752 651 | 31 | 7,1 | 12,22 | 177 | 147 |
| 896 | 2 129 | 10,74 | 3 263 | 1169,4 | 45 752 651 | 26 | 7,1 | 12,09 | 183 | 153 |
| 986 | 2 533 | 11,29 | 3 849 | 1722,1 | 53 415 802 | 30 | 6 | 12,34 | 197 | 165 |
| 007 | 2 534 | 11,06 | 3 869 | 1811,5 | 53 415 802 | 26 | 6 | 12,24 | 203 | 169 |
| 637 | 3 006 | 11,34 | 4 576 | 2870,5 | 61 946 191 | 25 | 5,1 | 12,36 | 231 | 193 |
| 009 | 3 378 | 11,37 | 5 148 | 4062,5 | 68 343 750 | 22 | 4,5 | 12,38 | 260 | 217 |
| 594 | 1 584 | 12,05 | 2 401 | 273 | 45 893 016 | 53 | 13,2 | 13,49 | 137 | 114 |
| 606 | 1 584 | 11,57 | 2 417 | 321,6 | 45 893 016 | 41 | 13,2 | 13,26 | 143 | 119 |
| 106 | 2 084 | 12,13 | 3 167 | 613 | 59 326 172 | 41 | 10 | 13,53 | 150 | 125 |
| 120 | 2 085 | 11,81 | 3 184 | 675,2 | 59 326 172 | 34 | 10 | 13,38 | 155 | 129 |
| 647 | 2 626 | 12,55 | 3 978 | 1133,1 | 73 318 260 | 40 | 7,9 | 13,71 | 164 | 137 |
| 661 | 2 626 | 12,27 | 3 995 | 1194,7 | 73 318 260 | 34 | 7,9 | 13,59 | 168 | 140 |
| 107 | 2 084 | 12 | 3 170 | 619,8 | 68 440 755 | 44 | 10 | 13,46 | 147 | 122 |

*(continua)*

(*continuação*)

| DESIGNAÇÃO Altura x massa [mm x kg/m] | Massa Linear [kg/m] | Área A [cm²] | DIMENSÕES | | | | | EIXO X – X | | | |
|---|---|---|---|---|---|---|---|---|---|---|---|
| | | | d [mm] | $t_w$ [mm] | h [mm] | $t_f$ [mm] | $b_f$ [mm] | $I_x$ [cm⁴] | $W_x$ [cm³] | $r_x$ [cm] | Z [cr |
| 750 x 301 | 300,7 | 383 | 750 | 19 | 700 | 25 | 500 | 382 954 | 10 212 | 31,62 | 11 |
| 750 x 334 | 333,5 | 424,9 | 750 | 16 | 687 | 31,5 | 500 | 450 034 | 12 001 | 32,54 | 13 |
| 750 x 350 | 349,7 | 445,5 | 750 | 19 | 687 | 31,5 | 500 | 458 140 | 12 217 | 32,07 | 13 |
| 800 x 288 | 288,3 | 367,2 | 800 | 16 | 755 | 22,4 | 550 | 431 525 | 10 788 | 34,28 | 11 |
| 800 x 310 | 310,1 | 395 | 800 | 16 | 750 | 25 | 550 | 469 323 | 11 733 | 34,47 | 12 |
| 800 x 328 | 327,7 | 417,5 | 800 | 19 | 750 | 25 | 550 | 479 870 | 11 997 | 33,9 | 13 |
| 800 x 365 | 364,6 | 464,4 | 800 | 16 | 737 | 31,5 | 550 | 565 262 | 14 132 | 34,89 | 15 |
| 800 x 382 | 381,9 | 486,5 | 800 | 19 | 737 | 31,5 | 550 | 575 270 | 14 382 | 34,39 | 15 |
| 850 x 336 | 336 | 428 | 850 | 16 | 800 | 25 | 600 | 578 892 | 13 621 | 36,78 | 14 |
| 850 x 355 | 354,8 | 452 | 850 | 19 | 800 | 25 | 600 | 591 692 | 13 922 | 36,18 | 15 |
| 850 x 396 | 395,6 | 503,9 | 850 | 16 | 787 | 31,5 | 600 | 698 400 | 16 433 | 37,23 | 17 |
| 850 x 414 | 414,1 | 527,5 | 850 | 19 | 787 | 31,5 | 600 | 710 587 | 16 720 | 36,7 | 18 |
| 900 x 342 | 342,3 | 436 | 900 | 16 | 850 | 25 | 600 | 656 258 | 14 584 | 38,8 | 16 |
| 900 x 362 | 362,3 | 461,5 | 900 | 19 | 850 | 25 | 600 | 671 611 | 14 925 | 38,15 | 16 |
| 900 x 402 | 401,8 | 511,9 | 900 | 16 | 837 | 31,5 | 600 | 791 302 | 17 584 | 39,32 | 19 |
| 900 x 422 | 421,5 | 537 | 900 | 19 | 837 | 31,5 | 600 | 805 962 | 17 910 | 38,74 | 19 |
| 950 x 368 | 368,2 | 469 | 950 | 16 | 900 | 25 | 650 | 792 565 | 16 686 | 41,11 | 18 |
| 950 x 389 | 389,4 | 496 | 950 | 19 | 900 | 25 | 650 | 810 790 | 17 069 | 40,43 | 18 |
| 950 x 433 | 432,8 | 551,4 | 950 | 16 | 887 | 31,5 | 650 | 957 066 | 20 149 | 41,66 | 21 |
| 950 x 454 | 453,7 | 578 | 950 | 19 | 887 | 31,5 | 650 | 974 513 | 20 516 | 41,06 | 22 |
| 1000 x 394 | 394,1 | 502 | 1 000 | 16 | 950 | 25 | 700 | 946 296 | 18 926 | 43,42 | 20 |
| 1000 x 416 | 416,4 | 530,5 | 1 000 | 19 | 950 | 25 | 700 | 967 730 | 19 355 | 42,71 | 21 |
| 1000 x 464 | 463,9 | 590,9 | 1 000 | 16 | 937 | 31,5 | 700 | 1E+06 | 22 884 | 44 | 24 |
| 1000 x 486 | 485,9 | 619 | 1 000 | 19 | 937 | 31,5 | 700 | 1E+06 | 23 295 | 43,38 | 25 |

| EIXO Y - Y | | | | Propriedades associadas à torção | | Esbeltez local | | $r_t$ | $f_y = 25$ kN/cm² | $f_y = 30$ kN/cm² |
|---|---|---|---|---|---|---|---|---|---|---|
| $_y$ | $W_y$ | $r_y$ | $Z_y$ | $I_t$ | $C_w$ | $h/t_w$ | $b_f/2t_f$ | | $\lambda_r$ | $\lambda_r$ |
| $^4]$ | [cm³] | [cm] | [cm³] | [cm⁴] | [cm⁶] | [ – ] | [ – ] | [cm] | [cm] | [cm] |
| 123 | 2 085 | 11,67 | 3 188 | 686,6 | 68 440 755 | 37 | 10 | 13,3 | 151 | 126 |
| 648 | 2 626 | 12,43 | 3 981 | 1 140 | 84 695 994 | 43 | 7,9 | 13,66 | 158 | 132 |
| 664 | 2 627 | 12,14 | 4 000 | 1206,1 | 84 695 994 | 36 | 7,9 | 13,53 | 162 | 135 |
| 139 | 2 260 | 13,01 | 3 436 | 518,3 | 93 893 894 | 47 | 12,3 | 14,72 | 140 | 117 |
| 349 | 2 522 | 13,25 | 3 829 | 678,7 | 104 092 692 | 47 | 11 | 14,84 | 143 | 119 |
| 366 | 2 522 | 12,89 | 3 849 | 750,1 | 104 092 692 | 39 | 11 | 14,66 | 147 | 122 |
| 372 | 3 177 | 13,72 | 4 812 | 1 251 | 128 965 969 | 46 | 8,7 | 15,05 | 152 | 127 |
| 389 | 3 178 | 13,4 | 4 831 | 1 321,8 | 128 965 969 | 39 | 8,7 | 14,91 | 156 | 130 |
| 027 | 3 001 | 14,5 | 4 551 | 737,6 | 153 140 625 | 50 | 12 | 16,21 | 140 | 116 |
| 046 | 3 002 | 14,11 | 4 572 | 813,6 | 153 140 625 | 42 | 12 | 16,02 | 144 | 120 |
| 427 | 3 781 | 15 | 5 720 | 1 362 | 189 928 628 | 49 | 9,5 | 16,43 | 148 | 123 |
| 445 | 3 782 | 14,66 | 5 741 | 1 437,4 | 189 928 628 | 41 | 9,5 | 16,28 | 151 | 126 |
| 029 | 3 001 | 14,37 | 4 554 | 744,5 | 172 265 625 | 53 | 12 | 16,14 | 138 | 115 |
| 049 | 3 002 | 13,97 | 4 577 | 825,1 | 172 265 625 | 45 | 12 | 15,95 | 142 | 118 |
| 429 | 3 781 | 14,89 | 5 724 | 1 368,8 | 213 841 853 | 52 | 9,5 | 16,38 | 145 | 121 |
| 448 | 3 782 | 14,53 | 5 746 | 1 448,8 | 213 841 853 | 44 | 9,5 | 16,22 | 148 | 124 |
| 458 | 3 522 | 15,62 | 5 339 | 803,4 | 244 766 683 | 56 | 13 | 17,52 | 136 | 113 |
| 479 | 3 522 | 15,19 | 5 362 | 888,6 | 244 766 683 | 47 | 13 | 17,31 | 139 | 116 |
| 208 | 4 437 | 16,17 | 6 711 | 1 479,8 | 304 086 894 | 55 | 10,3 | 17,77 | 142 | 118 |
| 229 | 4 438 | 15,8 | 6 734 | 1 564,4 | 304 086 894 | 47 | 10,3 | 17,6 | 145 | 121 |
| 949 | 4 084 | 16,87 | 6 186 | 862,3 | 339 650 391 | 59 | 14 | 18,89 | 134 | 112 |
| 971 | 4 085 | 16,42 | 6 211 | 952,1 | 339 650 391 | 50 | 14 | 18,67 | 137 | 114 |
| 107 | 5 146 | 17,46 | 7 777 | 1 590,8 | 422 272 386 | 59 | 11,1 | 19,15 | 139 | 116 |
| 129 | 5 147 | 17,06 | 7 802 | 1 680 | 422 272 386 | 49 | 11,1 | 18,97 | 142 | 118 |

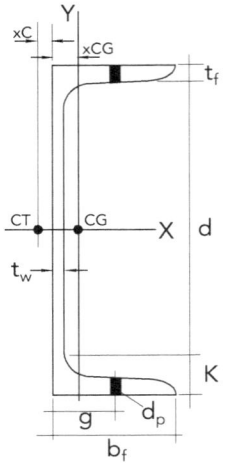

# Perfis U – laminados

| PERFIS U | | | | | | | | | |
|---|---|---|---|---|---|---|---|---|---|
| **DESIGNAÇÃO**<br>Altura x massa<br>[mm x kg/m] | **Massa<br>Linear<br>[kg/m]** | **Área<br>A<br>[cm²]** | **DIMENSÕES** | | | | | | |
| | | | $d$<br>[mm] | $t_w$<br>[mm] | $b_f$<br>[mm] | $t_f$<br>[mm] | $x_{CG}$<br>[mm] | $x_{CT}$<br>[mm] | $k$<br>[mm |
| **C 76 x 6,11** | 6,11 | 7,78 | 76,2 | 4,3 | 35,8 | 6,9 | 11,1 | 13,8 | 17 |
| **C 102 x 7,95** | 7,95 | 10,1 | 101,6 | 4,6 | 40,1 | 7,5 | 11,6 | 15,0 | 17 |
| **C 152 x 12,2** | 12,2 | 15,5 | 152,4 | 5,1 | 46,8 | 8,7 | 13,0 | 17,8 | 21 |
| **C 203 x 17,1** | 17,1 | 21,8 | 203,2 | 5,6 | 57,4 | 9,9 | 14,5 | 20,5 | 24 |
| **C 254 x 22,7** | 22,7 | 29,0 | 254,0 | 6,1 | 66,0 | 11,1 | 16,1 | 23,3 | 25 |
| **C 305 x 30,7** | 30,7 | 39,1 | 304,8 | 7,1 | 74,7 | 12,7 | 17,7 | 25,7 | 29 |

| g | $d_p$ | EIXO X – X | | | EIXO Y - Y | | | Propriedades associadas à torção | | $d/A_t$ |
| | | $I_x$ | $W_x$ | $r_x$ | $I_y$ | $W_y$ | $r_y$ | $I_t$ | $C_w$ | |
| [mm] | [mm] | [cm⁴] | [cm³] | [cm] | [cm⁴] | [cm³] | [cm] | [cm⁴] | [cm⁶] | [cm⁻¹] |
| 22 | 12,7 | 68,9 | 18,1 | 2,98 | 8,2 | 3,32 | 1,03 | 1,12 | 82 | 3,06 |
| 25 | 12,7 | 159,5 | 31,4 | 3,97 | 13,1 | 4,61 | 1,14 | 1,66 | 248 | 3,35 |
| 29 | 16,0 | 546 | 71,7 | 5,94 | 28,8 | 8,16 | 1,36 | 3,12 | 1270 | 3,56 |
| 35 | 19,0 | 1356 | 133,4 | 7,89 | 54,9 | 12,80 | 1,59 | 5,45 | 4431 | 3,57 |
| 38 | 19,0 | 2800 | 221,0 | 9,84 | 95,1 | 19,00 | 1,81 | 8,78 | 12218 | 3,47 |
| 44 | 22,0 | 5370 | 352,0 | 11,70 | 161,1 | 28,3 | 2,03 | 15,44 | 30076 | 3,20 |

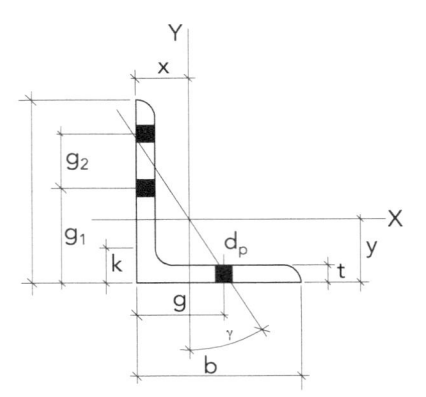

# Cantoneiras de abas iguais

| CANTONEIRAS | | | | | | |
|---|---|---|---|---|---|---|
| Largura nominal x espessura [mm x mm] | Massa Linear [kg/m] | PROPRIEDADES | | | | |
| | | A [cm²] | $f_{mín.}$ [cm] | $I_x = I_y$ [cm⁴] | $W_x = W_y$ [cm³] | $r_x$ [c |
| L 22 x 3,2 | 1,04 | 1,32 | 0,46 | 0,58 | 0,38 | 0, |
| L 22 x 4,8 | 1,49 | 1,9 | 0,48 | 0,79 | 0,54 | 0, |
| L 25 x 3,2 | 1,19 | 1,48 | 0,48 | 0,83 | 0,49 | 0, |
| L 25 x 4,8 | 1,73 | 2,19 | 0,48 | 1,25 | 0,66 | 0, |
| L 32 x 3,2 | 1,5 | 1,93 | 0,64 | 1,67 | 0,82 | 0, |
| L 32 x 4,8 | 2,2 | 2,77 | 0,61 | 2,5 | 1,15 | 0, |
| L 32 x 6,4 | 2,86 | 3,62 | 0,61 | 3,33 | 1,47 | 0, |
| L 38 x 3,2 | 1,83 | 2,32 | 0,76 | 3,33 | 1,15 | 1, |
| L 38 x 4,8 | 2,68 | 3,42 | 0,74 | 4,58 | 1,64 | 1, |
| L 38 x 6,4 | 3,48 | 4,45 | 0,74 | 5,83 | 2,13 | 1, |
| L 44 x 3,2 | 2,14 | 2,71 | 0,89 | 5,41 | 1,64 | 1, |
| L 44 x 4,8 | 3,15 | 4 | 0,89 | 7,5 | 2,30 | 1, |
| L 44 x 6,4 | 4,12 | 5,22 | 0,86 | 9,57 | 3,13 | 1, |
| L 44 x 7,9 | 5,04 | 6,45 | 0,86 | 11,2 | 3,77 | 1, |
| L 51 x 4,8 | 3,63 | 4,58 | 1,02 | 11,7 | 3,13 | 1, |
| L 51 x 6,4 | 4,74 | 6,06 | 0,99 | 14,6 | 4,10 | 1, |
| L 51 x 7,9 | 5,83 | 7,42 | 0,99 | 17,5 | 4,91 | 1, |
| L 51 x 9,5 | 6,99 | 8,76 | 0,99 | 20 | 5,73 | 1, |
| L 64 x 4,8 | 4,57 | 5,8 | 1,24 | 23 | 4,91 | 1, |
| L 64 x 6,4 | 6,1 | 7,67 | 1,24 | 29 | 6,40 | 1, |
| L 64 x 7,9 | 7,44 | 9,48 | 1,24 | 35 | 7,87 | 1, |
| L 64 x 9,5 | 8,78 | 11,16 | 1,22 | 41 | 9,35 | 1, |

| DIMENSÕES | | | | | | |
|---|---|---|---|---|---|---|
| = y | b | k | g | g₁ | g₂ | dₚ |
| [mm] | [mm] | [mm] | [mm] | [mm] | [mm] | [mm] |
| 5,6 | 22,2 | – | – | – | – | – |
| 7,4 | | | | | | |
| 7,6 | 25,4 | – | 16 | – | – | – |
| 3,1 | | | | | | |
| 3,9 | 31,8 | – | 19 | – | – | 9,5 |
| 9,7 | | | | | | |
| 0,2 | | | | | | |
| 0,7 | 38,1 | – | 22 | – | – | 11,1 |
| 1,2 | | | | | | |
| 1,9 | | | | | | |
| 2,2 | 44,5 | – | 25 | – | – | 12,5 |
| 3 | | | | | | |
| 3,5 | | | | | | |
| 4,1 | | | | | | |
| 4,5 | 50,8 | 11 | 28 | – | – | 16,0 |
| 5 | | 12 | | | | |
| 5,5 | | 14 | | | | |
| 0,3 | | 16 | | | | |
| 7,5 | 63,5 | 11 | 35 | – | – | 19,0 |
| 3,3 | | 12 | | | | |
| 3,8 | | 14 | | | | |
| 2,3 | | 16 | | | | |

*(continua)*

*(continuação)*

## CANTONEIRAS

| Largura nominal x espessura [mm x mm] | Massa Linear [kg/m] | PROPRIEDADES | | | | |
|---|---|---|---|---|---|---|
| | | A [cm²] | $f_{mín.}$ [cm] | $I_x = I_y$ [cm⁴] | $W_x = W_y$ [cm³] | $r_x =$ [c |
| L 76 x 6,4 | 7,29 | 9,29 | 1,5 | 50 | 9,5 | 2, |
| L 76 x7,9 | 9,07 | 11,48 | 1,5 | 62 | 11,6 | 2, |
| L 76 x 9,5 | 10,71 | 13,61 | 1,47 | 75 | 13,6 | 2, |
| L 76 x 11,1 | 12,34 | 15,67 | 1,47 | 83 | 15,6 | 2, |
| L 76 x 12,7 | 14 | 17,74 | 1,47 | 91 | 18 | 2, |
| L 102 x 6,4 | 9,81 | 12,51 | 2 | 125 | 16,4 | 3, |
| L 102 x7,9 | 12,19 | 15,48 | 2 | 154 | 21,3 | 3, |
| L 102 x 9,5 | 14,57 | 18,45 | 2 | 183 | 24,6 | 3, |
| L 102 x 12,7 | 19,03 | 24,19 | 1,96 | 233 | 32,8 | 3, |
| L 102 x 15,9 | 23,35 | 29,73 | 1,96 | 279 | 39,4 | 3, |
| L 127 x 9,5 | 18,3 | 23,29 | 2,51 | 362 | 39,5 | 3, |
| L 127 x 12,7 | 24,1 | 30,64 | 2,49 | 470 | 52,5 | 3, |
| L 127 x 15,9 | 29,8 | 37,8 | 2,46 | 566 | 64 | 3, |
| L 127 x 19,0 | 35,1 | 44,76 | 2,46 | 653 | 73,8 | 3, |
| L 152 x 9,5 | 22,22 | 28,12 | 3,02 | 641 | 57,4 | 4, |
| L 152 x 12,7 | 29,2 | 37,09 | 3 | 828 | 75,4 | 4, |
| L 152 x 15,9 | 36 | 45,86 | 2,97 | 1 007 | 93,5 | 4, |
| L 152 x 19,0 | 42,7 | 54,44 | 2,97 | 11 173 | 109,9 | 4, |
| L 152 x 22,2 | 49,3 | 62,76 | 2,97 | 1 327 | 124,6 | 4, |
| L 203 x 12,7 | 39,3 | 49,99 | 4,01 | 2 022 | 137,8 | 6, |
| L 203 x 15,9 | 48,7 | 61,98 | 4,01 | 2 471 | 168,9 | 6, |
| L 203 x 19,0 | 57,9 | 73,79 | 3,99 | 2 899 | 200,1 | 6, |
| L 203 x 22,2 | 67 | 85,33 | 3,96 | 3 311 | 229,6 | 6, |
| L 203 x 25,4 | 75,9 | 96,75 | 3,96 | 3 702 | 259,1 | 6, |

| DIMENSÕES | | | | | | |
|---|---|---|---|---|---|---|
| = y | b | k | g | g₁ | g₂ | dₚ |
| m] | [mm] | [mm] | [mm] | [mm] | [mm] | [mm] |
| 1,3 | 76,2 | 14 | 44 | – | – | 22,0 |
| 2,1 | | 16 | | | | |
| 2,6 | | 18 | | | | |
| 3,1 | | 19 | | | | |
| 3,6 | | 21 | | | | |
| 7,7 | 101,6 | 16 | 64 | – | – | 22,0 |
| 3,4 | | 18 | | | | |
| 9 | | 19 | | | | |
| ) | | 22 | | | | |
| 1,2 | | 25 | | | | |
| 5,3 | 127,0 | 22 | 76 | 50 | 44 | 22,0 |
| 5,3 | | 25 | | | | |
| 7,6 | | 29 | | | | |
| 3,6 | | 32 | | | | |
| 1,7 | 152,4 | 22 | 90 | 57 | 64 | 22,0 |
| 2,7 | | 25 | | | | |
| 3,9 | | 29 | | | | |
| 5,2 | | 32 | | | | |
| 5,2 | | 35 | | | | |
| 5,6 | 203,2 | 29 | 114 | 76 | 76 | 25,0 |
| 5,6 | | 32 | | | | |
| 7,9 | | 35 | | | | |
| 3,9 | | 38 | | | | |
| ),2 | | 41 | | | | |

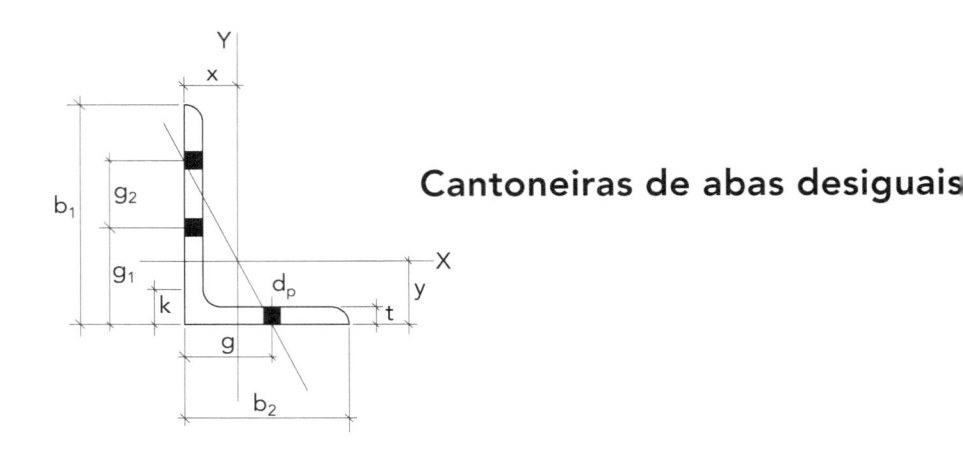

## Cantoneiras de abas desiguais

| CANTONEIRAS | | | | | | | | |
|---|---|---|---|---|---|---|---|---|
| **DESIGNAÇÃO** | | | | | | | | **PROPRIED** |
| Largura nominal x espessura [mm x mm] | Massa Linear [kg/m] | A [kg/m] | r$_{mín.}$ [cm²] | tg $\alpha$ | Eixo X | | | |
| | | | | | I$_x$ [cm⁴] | W$_x$ [cm³] | r$_x$ [cm] | I$_y$ [cm⁴] |
| L 89 x 64 x  6,4 | 7,29 | 9,28 | 1,37 | 0,51 | 74,92 | 12,29 | 2,84 | 32,4 |
| x  7,9 | 9,08 | 11,48 | 1,37 | 0,5 | 91,56 | 15,24 | 2,82 | 39,1 |
| x  9,5 | 10,71 | 13,61 | 1,37 | 0,5 | 108,21 | 18,02 | 2,79 | 45,7 |
| x 11,1 | 12,35 | 15,67 | 1,37 | 0,49 | 120,7 | 21,30 | 2,77 | 49,9 |
| x 12,7 | 14 | 17,74 | 1,35 | 0,49 | 133,18 | 22,94 | 2,77 | 58,3 |
| L 102 x 76 x  6,4 | 8,63 | 10,9 | 1,65 | 0,56 | 116,34 | 16,39 | 3,25 | 58,2 |
| x  7,9 | 10,71 | 13,48 | 1,65 | 0,55 | 141,51 | 19,66 | 3,22 | 70,7 |
| x  9,5 | 12,65 | 16 | 1,62 | 0,55 | 166,4 | 24,58 | 3,2 | 79,0 |
| x 12,7 | 16,52 | 20,96 | 1,62 | 0,54 | 208,1 | 31,13 | 3,17 | 99,8 |
| L 102 x 89 x  6,4 | 9,22 | 11,67 | 1,85 | 0,76 | 120,7 | 16,39 | 3,22 | 87,4 |
| x  7,9 | 11,46 | 14,51 | 1,85 | 0,76 | 149,83 | 21,30 | 3,2 | 108,2 |
| x  9,5 | 13,54 | 17,22 | 1,85 | 0,76 | 174,8 | 24,58 | 3,17 | 124,8 |
| x 12,7 | 17,71 | 22,57 | 1,83 | 0,75 | 220,59 | 31,13 | 3,12 | 158,1 |
| L 127 x 89 x  7,9 | 13 | 16,51 | 1,93 | 0,49 | 275 | 31 | 4,09 | 112 |
| x  9,5 | 15,5 | 19,67 | 1,93 | 0,49 | 325 | 38 | 4,06 | 133 |
| x 12,7 | 20,2 | 25,8 | 1,91 | 0,48 | 416 | 49 | 4,01 | 166 |
| x 15,9 | 25 | 31,73 | 1,91 | 0,47 | 499 | 60 | 3,96 | 200 |
| x 19,0 | 29,5 | 37,47 | 1,91 | 0,46 | 578 | 70 | 3,94 | 233 |
| L152 x 102 x  9,5 | 18,3 | 23,28 | 2,24 | 0,45 | 562 | 54 | 4,9 | 204 |
| x 12,7 | 24,1 | 30,64 | 2,21 | 0,44 | 724 | 71 | 4,85 | 262 |
| x 15,9 | 29,8 | 37,8 | 2,18 | 0,44 | 878 | 87 | 4,83 | 312 |
| x 19,0 | 35,1 | 44,76 | 2,18 | 0,43 | 1 019 | 102 | 4,78 | 362 |

| Y | | | | | DIMENSÕES | | | |
|---|---|---|---|---|---|---|---|---|
| $W_y$ | $r_y$ | x | y | k | g | $g_1$ | $g_2$ | $d_p$ |
| [cm³] | [cm] | [mm] | [mm] | [mm] | [mm] | [mm] | [mm] | [mm] |
| 6,72 | 1,88 | 15,5 | 28,2 | 18 | | – | – | |
| 8,19 | 1,85 | 16,2 | 28,9 | 19 | 35 | – | – | 19 |
| 9,67 | 1,83 | 16,7 | 29,4 | 21 | (51) | – | – | (22) |
| 11,14 | 1,80 | 17,3 | 30,0 | 22 | | – | – | |
| 12,45 | 1,78 | 17,8 | 30,5 | 24 | | – | – | |
| 9,83 | 2,26 | 18,8 | 31,5 | 18 | | – | – | |
| 12,13 | 2,26 | 19,3 | 32 | 19 | 44 | – | – | 22 |
| 14,60 | 2,23 | 19,8 | 32,5 | 21 | (64) | – | – | |
| 18,02 | 2,18 | 21,1 | 33,8 | 24 | | – | – | |
| 13,27 | 2,72 | 23,1 | 29,5 | 18 | | – | – | |
| 16,33 | 2,72 | 23,6 | 30 | 19 | 50 | – | – | 22 |
| 19,66 | 2,69 | 24,4 | 30,7 | 21 | (64) | – | – | |
| 24,58 | 2,64 | 25,4 | 31,7 | 24 | | – | – | |
| 16 | 2,62 | 21,3 | 40,4 | 21 | | | | |
| 20 | 2,59 | 21,8 | 40,9 | 22 | 50 | 50 | 44 | 22 |
| 26 | 2,57 | 23,1 | 42,2 | 25 | (76) | | | |
| 31 | 2,51 | 24,1 | 43,2 | 28 | | | | |
| 36 | 2,49 | 25,4 | 44,5 | 32 | | | | |
| 26 | 2,97 | 23,9 | 49,3 | 22 | | | | |
| 34 | 2,92 | 25,1 | 50,5 | 25 | 64 | 57 | 64 | 22 |
| 41 | 2,87 | 26,2 | 51,6 | 28 | (90) | | | |
| 49 | 2,84 | 27,4 | 52,8 | 32 | | | | |

(continua)

(*continuação*)

| CANTONEIRAS | | | | | | | | |
|---|---|---|---|---|---|---|---|---|
| **DESIGNAÇÃO** | **Massa Linear [kg/m]** | **A [kg/m]** | $r_{min.}$ **[cm²]** | **tg** $\alpha$ | **PROPRIED** | | | |
| | | | | | Eixo X | | | |
| Largura nominal x espessura [mm x mm] | | | | | $I_x$ [cm⁴] | $W_x$ [cm³] | $r_x$ [cm] | $I_y$ [cm⁴] |
| **L178 x 102 x 12,7** | 26,6 | 33,86 | 2,21 | 0,34 | 1 111 | 95 | 5,72 | 270 |
| **x 15,9** | 32,9 | 41,86 | 2,18 | 0,33 | 1 348 | 116 | 5,69 | 325 |
| **x 19,0** | 39 | 49,6 | 2,18 | 0,32 | 1 573 | 138 | 5,64 | 379 |
| **L203 x 102 x 12,7** | 29,2 | 37,09 | 2,18 | 0,27 | 1 602 | 123 | 6,58 | 279 |
| **x 15,9** | 36 | 45,86 | 2,18 | 0,27 | 1 951 | 151 | 6,5 | 337 |
| **x 19,0** | 42,7 | 54,44 | 2,16 | 0,26 | 2 284 | 179 | 6,48 | 391 |
| **x 22,2** | 49,3 | 62,76 | 2,16 | 0,25 | 2 596 | 205 | 6,43 | 437 |
| **x 25,4** | 55,7 | 70,95 | 2,16 | 0,25 | 2 895 | 231 | 6,4 | 483 |

* O valor entre parêntesis vale para a aba maior.

| | | DIMENSÕES | | | | | | |
| Y | | | | | | | | |
| $W_y$ | $r_y$ | x | y | k | g | $g_1$ | $g_2$ | $d_p$ |
| [cm³] | [cm] | [mm] | [mm] | [mm] | [mm] | [mm] | [mm] | [mm] |
| 34 | 2,82 | 23,4 | 61,5 | 25 | 64 | 64 | 76 | 22 |
| 43 | 2,79 | 24,4 | 62,5 | 28 | (102) | | | (25) |
| 49 | 2,77 | 25,7 | 63,8 | 32 | | | | |
| 36 | 2,74 | 21,8 | 72,6 | 25 | | | | |
| 43 | 2,72 | 23,1 | 73,9 | 28 | 64 | 76 | 76 | 22 |
| 51 | 2,67 | 24,1 | 74,9 | 32 | (114) | | | (25) |
| 58 | 2,64 | 25,4 | 76,2 | 35 | | | | |
| 64 | 2,62 | 26,7 | 77,5 | 38 | | | | |

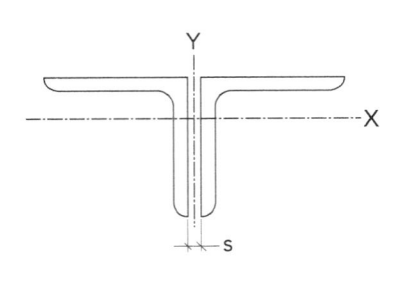
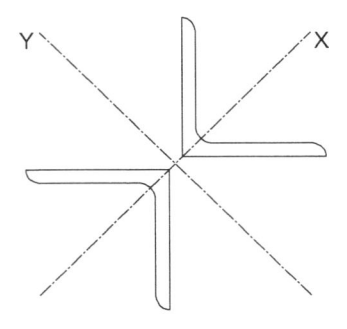

## Duas cantoneiras
## de abas iguais

| CANTONEIRAS | | | | | | | | | |
|---|---|---|---|---|---|---|---|---|---|
| **DESIGNAÇÃO** | Massa Linear [kg/m] | A | $r_x$ | $r_y$ | | | | | $r_x$ |
| Largura nominal x espessura [mm x mm] | | | | Afastamento s [mm] | | | | | |
| | | [cm²] | [cm] | 0 | 6,4 | 9,5 | 12,7 | 15,9 | [cm] |
| 25 x 3,2 | 2,4 | 3 | 0,77 | 1,08 | 1,32 | 1,45 | 1,59 | 1,73 | 1,01 |
| x 4,8 | 3,5 | 4,4 | 0,75 | 1,1 | 1,35 | 1,49 | 1,63 | 1,77 | 0,97 |
| 32 x 3,2 | 3 | 3,8 | 0,98 | 1,34 | 1,57 | 1,7 | 1,83 | 1,97 | 1,21 |
| x 4,8 | 4,4 | 5,6 | 0,96 | 1,36 | 1,6 | 1,73 | 1,87 | 2 | 1,23 |
| x 6,4 | 5,7 | 7,3 | 0,94 | 1,39 | 1,64 | 1,77 | 1,91 | 2,04 | 1,18 |
| 38 x 3,2 | 3,7 | 4,6 | 1,18 | 1,60 | 1,82 | 1,95 | 2,08 | 2,21 | 1,47 |
| x 4,8 | 5,4 | 6,8 | 1,16 | 1,62 | 1,85 | 1,98 | 2,11 | 2,24 | 1,48 |
| x 6,4 | 6,5 | 8,9 | 1,14 | 1,64 | 1,88 | 2,01 | 2,15 | 2,28 | 1,45 |
| 44 x 3,2 | 4,3 | 5,4 | 1,38 | 1,85 | 2,08 | 2,19 | 2,32 | 2,45 | 1,77 |
| x 4,8 | 6,3 | 8 | 1,36 | 1,87 | 2,11 | 2,23 | 2,36 | 2,49 | 1,72 |
| x 6,4 | 8,3 | 10,5 | 1,34 | 1,9 | 2,14 | 2,26 | 2,39 | 2,52 | 1,7 |
| 51 x 4,8 | 7,3 | 9,2 | 1,57 | 2,13 | 2,36 | 2,48 | 2,62 | 2,74 | 1,99 |
| x 6,4 | 9,5 | 12,2 | 1,55 | 2,16 | 2,39 | 2,51 | 2,64 | 2,77 | 1,96 |
| x 7,9 | 11,7 | 14,8 | 1,53 | 2,18 | 2,42 | 2,54 | 2,67 | 2,79 | 1,92 |
| x 9,5 | 14 | 17,5 | 1,51 | 2,21 | 2,45 | 2,56 | 2,72 | 2,84 | 1,88 |
| 64 x 4,8 | 9,2 | 11,6 | 1,98 | 2,64 | 2,87 | 3 | 3,1 | 3,23 | 2,51 |
| x 6,4 | 12,2 | 15,4 | 1,95 | 2,67 | 2,9 | 3,02 | 3,15 | 3,28 | 2,48 |
| x 7,9 | 14,9 | 18,9 | 1,93 | 2,69 | 2,92 | 3,05 | 3,18 | 3,3 | 2,43 |
| x 9,5 | 17,6 | 22,4 | 1,91 | 2,7 | 2,95 | 3,07 | 3,2 | 3,33 | 2,41 |
| 76 x 6,4 | 14,6 | 18,6 | 2,36 | 3,2 | 3,4 | 3,53 | 3,63 | 3,76 | 2,98 |
| x 7,9 | 18,2 | 22,9 | 2,34 | 3,2 | 3,43 | 3,56 | 3,68 | 3,81 | 2,95 |
| x 9,5 | 21,4 | 27,2 | 2,32 | 3,23 | 3,45 | 3,58 | 3,71 | 3,84 | 2,92 |
| x 11,1 | 24,7 | 31,4 | 2,3 | 3,25 | 3,48 | 3,6 | 3,73 | 3,86 | 2,92 |
| x 12,7 | 28 | 35,5 | 2,28 | 3,28 | 3,53 | 3,63 | 3,76 | 3,89 | 2,89 |

*(continua)*

*(continuação)*

## CANTONEIRAS

| DESIGNAÇÃO | Massa Linear [kg/m] | A | $r_x$ | $r_y$ | | | | | $r_x$ |
|---|---|---|---|---|---|---|---|---|---|
| Largura nominal x espessura [mm x mm] | | | | Afastamento s [mm] | | | | | |
| | | [cm²] | [cm] | 0 | 6,4 | 9,5 | 12,7 | 15,9 | [cm] |
| 102 x 6,4 | 19,6 | 25 | 3,18 | 4,22 | 4,45 | 4,55 | 4,67 | 4,78 | 4,01 |
| x 7,9 | 24,4 | 31 | 3,15 | 4,24 | 4,47 | 4,57 | 4,7 | 4,8 | 3,98 |
| x 9,5 | 29,2 | 36,9 | 3,12 | 4,27 | 4,5 | 4,59 | 4,72 | 4,85 | 3,93 |
| x 12,7 | 38,1 | 48,4 | 3,1 | 4,32 | 4,55 | 4,65 | 4,78 | 4,9 | 3,91 |
| x 15,9 | 46,7 | 59,5 | 3,05 | 4,37 | 4,60 | 4,72 | 4,83 | 4,95 | 3,84 |
| 127 x 9,5 | 36,6 | 46,6 | 3,96 | 5,31 | 5,51 | 5,64 | 5,74 | 5,87 | 4,97 |
| x 12,7 | 48,2 | 61,3 | 3,91 | 5,33 | 5,56 | 5,69 | 5,79 | 5,92 | 4,94 |
| x 15,9 | 59,5 | 75,5 | 3,86 | 5,38 | 5,61 | 5,74 | 5,84 | 5,97 | 4,87 |
| x 19,0 | 70,2 | 89,7 | 3,83 | 5,44 | 5,66 | 5,79 | 5,92 | 6,02 | 4,79 |
| 152 x 9,5 | 44,3 | 56,2 | 4,78 | 6,32 | 6,55 | 6,65 | 6,76 | 6,88 | 6,05 |
| x 12,7 | 58,3 | 74,2 | 4,72 | 6,38 | 6,6 | 6,7 | 6,81 | 6,93 | 5,96 |
| x 15,9 | 72,0 | 91,6 | 4,67 | 6,43 | 6,65 | 6,76 | 6,88 | 6,99 | 5,9 |
| x 19,0 | 85,4 | 109 | 4,65 | 6,48 | 6,71 | 6,8 | 6,93 | 7,04 | 5,87 |
| x 22,2 | 98,5 | 125,8 | 4,6 | 6,53 | 6,76 | 6,86 | 6,99 | 7,11 | 5,79 |
| 203 x 12,7 | 78,6 | 100 | 6,35 | 8,43 | 8,66 | 8,76 | 8,86 | 8,99 | 8,08 |
| x 15,9 | 97,3 | 123,8 | 6,32 | 8,48 | 8,71 | 8,81 | 8,92 | 9,04 | 7,99 |
| x 19,0 | 115,8 | 147,7 | 6,27 | 8,53 | 8,74 | 8,86 | 8,97 | 9,09 | 7,92 |
| x 22,2 | 133,9 | 170,9 | 6,22 | 8,59 | 8,79 | 8,92 | 9,02 | 9,14 | 7,85 |
| x 25,4 | 151,8 | 193,5 | 6,19 | 8,64 | 8,84 | 8,97 | 9,07 | 9,19 | 7,82 |

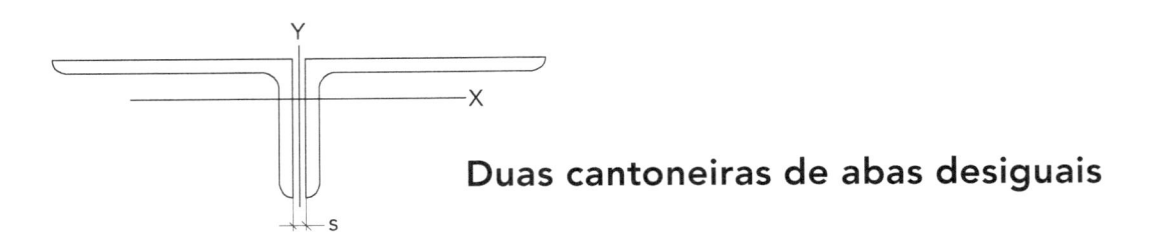

# Duas cantoneiras de abas desiguais

| CANTONEIRAS | | | | | | | | |
|---|---|---|---|---|---|---|---|---|
| **DESIGNAÇÃO** | **Massa Linear [kg/m]** | **A** | **$r_x$** | **$r_y$ [cm]** | | | | |
| Largura nominal x espessura [mm x mm] | | | | Afastamento s [mm] | | | | |
| | | [cm²] | [cm] | 0 | 6,4 | 9,5 | 12,7 | 15,9 |
| 89 x 64 x   6,4 | 14,6 | 18,6 | 1,87 | 4,01 | 4,24 | 4,37 | 4,47 | 4,6 |
| x   7,9 | 18,5 | 22,9 | 1,85 | 4,04 | 4,27 | 4,39 | 4,52 | 4,65 |
| x   9,5 | 21,4 | 27,2 | 1,83 | 4,06 | 4,29 | 4,42 | 4,55 | 4,67 |
| x 11,1 | 24,7 | 31,4 | 1,8 | 4,09 | 4,36 | 4,44 | 4,57 | 4,7 |
| x 12,7 | 28 | 35,5 | 1,79 | 4,11 | 4,37 | 4,49 | 4,6 | 4,75 |
| 102 x 76 x   6,4 | 17,3 | 21,8 | 2,28 | 4,52 | 4,75 | 4,87 | 4,98 | 5,11 |
| x   7,9 | 21,4 | 26,9 | 2,25 | 4,55 | 4,78 | 4,9 | 5 | 5,13 |
| x   9,5 | 25,3 | 32,1 | 2,23 | 4,57 | 4,8 | 4,93 | 5,05 | 5,16 |
| x 12,7 | 33 | 41,9 | 2,19 | 4,62 | 4,85 | 4,98 | 5,11 | 5,23 |
| 102 x 89 x   6,4 | 18,5 | 23,4 | 2,71 | 4,37 | 4,57 | 4,7 | 4,83 | 4,93 |
| x   7,9 | 22,9 | 29 | 2,71 | 4,39 | 4,6 | 4,72 | 4,85 | 4,95 |
| x   9,5 | 27,1 | 34,4 | 2,69 | 4,42 | 4,65 | 4,75 | 4,88 | 5 |
| x 12,7 | 35,4 | 45,2 | 2,64 | 4,47 | 4,7 | 4,8 | 4,93 | 5,05 |
| 127 x 89 x   7,9 | 25,9 | 33 | 2,61 | 5,74 | 5,97 | 6,07 | 6,20 | 6,32 |
| x   9,5 | 31 | 39,3 | 2,59 | 5,77 | 5,99 | 6,12 | 6,22 | 6,35 |
| x 12,7 | 40,5 | 51,6 | 2,56 | 5,82 | 6,05 | 6,17 | 6,3 | 6,4 |
| x 15,9 | 50 | 63,5 | 2,52 | 5,87 | 6,1 | 6,22 | 6,35 | 6,48 |
| x 19,0 | 58,9 | 74,8 | 2,48 | 5,92 | 6,17 | 6,3 | 6,43 | 6,55 |
| 152 x 102 x   9,5 | 36,6 | 46,6 | 2,97 | 6,96 | 7,19 | 7,29 | 7,42 | 7,54 |
| x 12,7 | 48,2 | 61,3 | 2,92 | 7,01 | 7,24 | 7,37 | 7,47 | 7,59 |
| x 15,9 | 59,5 | 75,5 | 2,87 | 7,06 | 7,29 | 7,41 | 7,54 | 7,67 |
| x 19,0 | 70,2 | 89,7 | 2,84 | 7,11 | 7,37 | 7,46 | 7,59 | 7,72 |

*(continua)*

*(continuação)*

## CANTONEIRAS

| Largura nominal x espessura [mm x mm] | Massa Linear [kg/m] | A [cm²] | r$_x$ [cm] | r$_y$ Afastamento s [mm] | | | | |
|---|---|---|---|---|---|---|---|---|
| | | | | 0 | 6,4 | 9,5 | 12,7 | 15,9 |
| 178 x 102 x 12,7 | 53,3 | 67,7 | 2,82 | 8,38 | 8,64 | 8,74 | 8,86 | 8,99 |
| x 15,9 | 65,8 | 83,9 | 2,79 | 8,46 | 8,69 | 8,81 | 8,94 | 9,04 |
| x 19,0 | 78,0 | 99,3 | 2,77 | 8,51 | 8,74 | 8,86 | 8,99 | 9,12 |
| 203 x 102 x 12,7 | 58,3 | 74,2 | 2,74 | 9,8 | 10,03 | 10,16 | 10,26 | 10,39 |
| x 15,9 | 72 | 91,6 | 2,72 | 9,86 | 10,08 | 10,21 | 10,34 | 10,46 |
| x 19,0 | 85,4 | 109 | 2,67 | 9,91 | 10,16 | 10,29 | 10,39 | 10,52 |
| x 22,0 | 98,5 | 125,8 | 2,64 | 9,98 | 10,21 | 10,34 | 10,46 | 10,59 |
| x 25,4 | 111,3 | 141,9 | 2,61 | 10,03 | 10,29 | 10,41 | 10,54 | 10,67 |

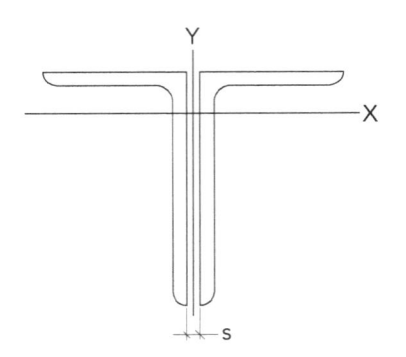

# Duas cantoneiras de abas desiguais (aba maior vertical)

## CANTONEIRAS

| DESIGNAÇÃO Largura nominal x espessura [mm x mm] | Massa Linear [kg/m] | A [cm²] | r_x [cm] | r_y [cm] Afastamento s [mm] | | | | |
|---|---|---|---|---|---|---|---|---|
| | | | | 0 | 6,4 | 9,5 | 12,7 | 15,9 |
| 89 x 64 x 6,4 | 14,6 | 18,6 | 2,85 | 2,43 | 2,64 | 2,77 | 2,77 | 3 |
| x 7,9 | 18,5 | 22,9 | 2,82 | 2,45 | 2,67 | 2,79 | 2,92 | 3,05 |
| x 9,5 | 21,4 | 27,2 | 2,79 | 2,48 | 2,69 | 2,82 | 2,95 | 3,07 |
| x 11,1 | 24,7 | 31,4 | 2,77 | 2,5 | 2,74 | 2,85 | 2,97 | 3,1 |
| x 12,7 | 28 | 35,5 | 2,77 | 2,53 | 2,77 | 2,9 | 3,02 | 3,15 |
| 102 x 76 x 6,4 | 17,3 | 21,8 | 3,25 | 2,95 | 3,15 | 3,27 | 3,38 | 3,51 |
| x 7,9 | 21,4 | 26,9 | 3,22 | 2,97 | 3,18 | 3,3 | 3,4 | 3,53 |
| x 9,5 | 25,3 | 32,1 | 3,2 | 3 | 3,2 | 3,33 | 3,45 | 3,56 |
| x 12,7 | 33 | 41,9 | 3,18 | 3,05 | 3,28 | 3,38 | 3,51 | 3,63 |
| 102 x 89 x 6,4 | 18,5 | 23,4 | 3,25 | 3,58 | 3,78 | 3,28 | 4,01 | 4,14 |
| x 7,9 | 22,9 | 29 | 3,2 | 3,61 | 3,81 | 3,94 | 4,04 | 4,17 |
| x 9,5 | 27,1 | 34,4 | 3,18 | 3,61 | 3,84 | 3,96 | 4,06 | 4,19 |
| x 12,7 | 35,4 | 45,2 | 3,12 | 3,66 | 3,89 | 4,01 | 4,14 | 4,27 |
| 127 x 89 x 7,9 | 25,9 | 33 | 4,09 | 3,38 | 3,58 | 3,68 | 3,81 | 3,91 |
| x 9,5 | 31 | 39,3 | 4,06 | 3,4 | 3,61 | 3,71 | 3,84 | 3,96 |
| x 12,7 | 40,5 | 51,6 | 4,01 | 3,43 | 3,66 | 3,78 | 3,89 | 4,01 |
| x 15,9 | 50 | 63,5 | 3,96 | 3,48 | 3,7 | 3,84 | 3,96 | 4,09 |
| x 19,0 | 58,9 | 74,8 | 3,94 | 3,56 | 3,78 | 3,89 | 4,01 | 4,14 |
| 152 x 102 x 9,5 | 36,6 | 46,6 | 4,9 | 3,81 | 4,01 | 4,11 | 4,24 | 4,34 |
| x 12,7 | 48,2 | 61,3 | 4,85 | 3,84 | 4,06 | 4,17 | 4,29 | 4,39 |
| x 15,9 | 59,5 | 75,5 | 4,83 | 3,89 | 4,11 | 4,24 | 4,34 | 4,47 |
| x 19,0 | 70,2 | 89,7 | 4,78 | 3,94 | 4,17 | 4,29 | 4,42 | 4,52 |

*(continuação)*

| CANTONEIRAS | | | | | | | | |
|---|---|---|---|---|---|---|---|---|
| **DESIGNAÇÃO** | **Massa Linear [kg/m]** | **A** | **$r_x$** | **$r_y$ [cm]** | | | | |
| Largura nominal x espessura [mm x mm] | | | | Afastamento s [mm] | | | | |
| | | [cm²] | [cm] | 0 | 6,4 | 9,5 | 12,7 | 15,9 |
| **178 x 102 x 12,7** | 53,3 | 67,7 | 5,71 | 3,66 | 3,89 | 3,99 | 4,09 | 4,22 |
| **x 15,9** | 65,8 | 83,9 | 5,69 | 3,71 | 3,94 | 4,04 | 4,17 | 4,27 |
| **x 19,0** | 78 | 99,3 | 5,64 | 3,76 | 3,99 | 4,11 | 4,22 | 4,34 |
| **203 x 102 x 12,7** | 58,3 | 74,2 | 6,58 | 3,51 | 3,71 | 3,83 | 3,94 | 4,04 |
| **x 15,9** | 72 | 91,6 | 6,53 | 3,56 | 3,76 | 3,89 | 3,99 | 4,11 |
| **x 19,0** | 85,4 | 109 | 6,48 | 3,61 | 3,84 | 3,94 | 4,06 | 4,19 |
| **x 22,0** | 98,5 | 125,8 | 6,43 | 3,66 | 3,89 | 4,01 | 4,14 | 4,24 |
| **x 25,4** | 111,3 | 141,9 | 6,4 | 3,73 | 3,96 | 4,09 | 4,19 | 4,32 |

# Leitura Suplementar

ASSOCIAÇÃO BRASILEIRA DE NORMAS TÉCNICAS. NBR 14323: dimensionamento de Estruturas de aço de edifícios em situação de incêndio. Rio de Janeiro, 1999.

ASSOCIAÇÃO BRASILEIRA DE NORMAS TÉCNICAS. NBR 15279: perfis estruturais de aço soldados por alta freqüência (eletrofusão) Requisito: Perfis I, H e T. Rio de Janeiro, 2005.

ASSOCIAÇÃO BRASILEIRA DE NORMAS TÉCNICAS. NBR 5884: perfil I estrutural de aço soldado por arco elétrico – Requisitos gerais. Rio de Janeiro, 2005.

ASSOCIAÇÃO BRASILEIRA DE NORMAS TÉCNICAS. NBR 6120: cargas para o cálculo de estruturas de edificações. Rio de Janeiro, 1980.

ASSOCIAÇÃO BRASILEIRA DE NORMAS TÉCNICAS. NBR 6123: forças devidas ao vento em edificações. Rio de Janeiro, 1988.

ASSOCIAÇÃO BRASILEIRA DE NORMAS TÉCNICAS. NBR 14432: exigências de Resistência ao fogo de elementos construtivos de edificações. Rio de Janeiro, 2000.

ASSOCIAÇÃO BRASILEIRA DE NORMAS TÉCNICAS. NBR 9077: saídas de emergência em edifícios. Rio de Janeiro, 2001.

ASSOCIAÇÃO BRASILEIRA DE NORMAS TÉCNICAS. NBR 8681: ações e segurança nas estruturas. Rio de Janeiro, 2003.

ASSOCIAÇÃO BRASILEIRA DE NORMAS TÉCNICAS. NBR 8800: projeto de estruturas de aço e de estruturas mistas de aço e concreto de edifícios. Rio de Janeiro, 2008.

ASSOCIAÇÃO BRASILEIRA DE NORMAS TÉCNICAS. NBR 5628: componentes construtivos estruturais – determinação da resistência ao fogo. Rio de Janeiro, 2001.

DIAS, L. A. M. *Estruturas de aço*: conceitos, técnicas e linguagem. São Paulo: Zigurate, 1997.

ESTADO DE SÃO PAULO. Decreto Estadual n. 46.076. 2001. Regulamento de Segurança contra Incêndio das edificações e áreas de risco.

INTERNATIONAL ORGANIZATION FOR STANDARDIZATION. ISO 1461: hot dip galvanized coatings on fabricated iron and steel articles – specifications and test methods. Genève, 1999.

INTERNATIONAL ORGANIZATION FOR STANDARDIZATION. ISO 8501-1: preparation of steel substrates before application of paints and related products – visual assessment of surface cleanliness: part 1 – rust grades and preparation grades of uncoated steel substrates and of steel substrates after overall removal of previous coatings. Genève, 1988.

INTERNATIONAL ORGANIZATION FOR STANDARDIZATION. ISO 9223: corrosion of metals and alloys – Classification of Corrosivity Categories of Atmospheres. Genève, 1998.

INTERNATIONAL ORGANIZATION FOR STANDARDIZATION. ISO 9226: corrosion of metals and alloys – corrosivity of atmospheres: determination of corrosion rate of standard specimens for the evaluation of corrosivity. Genève, 1992.

INTERNATIONAL ORGANIZATION FOR STANDARDIZATION. ISO 12944-2: paints and varnishes – corrosion protection of steel structures by protective paint systems: part 2 – classification of environments. Genève, 1998.

INTERNATIONAL ORGANIZATION FOR STANDARDIZATION. ISO 12944-5: paints and varnishes – corrosion protection of steel structures by protective paint systems: part – protective paint systems. Genève, 1998.

INTERNATIONAL ORGANIZATION FOR STANDARDIZATION. ISO 14713: protection against corrosion of iron and steel in structures – zinc and aluminium coatings: – guidelines. Genève, 1999.

LANKFORD, W. T. et al. (ed.). *The making, shaping and treating of steel.* 10. ed. Pittsburgh: Association of Iron and Steel Engineers, 1985.

MARGARIDO, A. F. *O uso do aço na arquitetura.* Fupam. São Paulo. Disponível em: <http://www.cbca-ibs.org.br/nsite/site/acervo_item_visualizar.asp?CodAcervoItem=1&Tipo=1&Pgn=2>.

MORCILLO, M. et al. (ed.). *Corrosion y proteccion de metales en las atmosferas de Iberoamerica*: parte I – mapas da Iberoamerica de corrosividade atmosferica. Madri: Salué, 1998.

SEITO, A. I. et al. (ed.). *A segurança contra incêndio no Brasil.* São Paulo: Projeto, 2008.

PANNONI, F. D. Microestrutura dos materiais metálicos. In: INSTITUTO BRASILEIRO DO CONCRETO – IBRACON (ed.). *Materiais de construção civil e princípios de ciência e engenharia de materiais*. São Paulo: Arte Interativa, 2007.

PANNONI. F. D.; PINHO, F. O. Produtos metálicos estruturais. In: INSTITUTO BRASILEIRO DO CONCRETO – IBRACON (ed.). *Materiais de construção civil e princípios de ciência e engenharia de materiais*. São Paulo: Arte Interativa, 2007.

PANOSSIAN, Z. *Corrosão e proteção contra corrosão em equipamentos e estruturas metálicas*. São Paulo: Instituto de Pesquisas Tecnológicas do Estado de São Paulo S.A. – IPT, 1993. v. 2.

PANOSSIAN, Z. et al. *Corrosão atmosférica de metais no Estado de São Paulo*. São Paulo: Instituto de Pesquisas Tecnológicas do Estado de São Paulo S.A. – IPT, 1991.

SILVA, V. P. *Estruturas de aço em situação de incêndio*. São Paulo: Zigurate, 2004.

SILVA, V. P.; FRUCHTENGARTEN, J. Notas de aula de PEF 2402. Escola Politécnica. São Paulo.

VARGAS, M. R.; SILVA, V. P. *Resistência ao fogo das estruturas de aço*. Rio de Janeiro: Instituto Brasileiro de Siderurgia/Centro Brasileiro da Construção em Aço, 2003.

WRANGLÉN, G. *An introduction to corrosion and protection of metals*. London: Institut for Metallskydd, 1972.